教育部高等学校轻工与食品学科教学指导委员会推荐教材

箱包设计
与制作工艺

（第二版）

王立新　主编

DESIGN AND MANUFACTURE
OF CASE AND BAG

中国轻工业出版社

图书在版编目（CIP）数据

箱包设计与制作工艺 / 王立新主编. —2版.
—北京：中国轻工业出版社，2020.7
教育部高等学校轻工与食品学科教学指导委员会推荐教材
ISBN 978-7-5019-9401-4

Ⅰ. ①箱… Ⅱ. ①王… Ⅲ. ①箱包-设计-高等学校-教材
②箱包-生产工艺-高等学校-教材 Ⅳ. ①TS563.4

中国版本图书馆CIP数据核字（2013）第212189号

责任编辑：李建华　　陈　萍
策划编辑：李建华　　　　　责任终审：劳国强　封面设计：锋尚设计
版式设计：锋尚设计　　　　责任校对：燕　杰　责任监印：张　可

出版发行：中国轻工业出版社（北京东长安街6号，邮编：100740）
印　　刷：三河市万龙印装有限公司
经　　销：各地新华书店
版　　次：2020 年 7 月第 2 版第 5 次印刷
开　　本：787×1092　1/16　　印张：21
字　　数：484千字
书　　号：ISBN 978-7-5019-9401-4　　定价：70.00元
邮购电话：010-65241695
发行电话：010-85119835　传真：85113293
网　　址：http://www.chlip.com.cn
Email：club@chlip.com.cn
如发现图书残缺请与我社邮购联系调换
KG1274—090045

前言 / *Preface*

　　在现代社会中，箱包早已成为人们生活中必备的时尚品，随着我国经济建设发展和服饰文化水平的提高，消费者对箱包产品的要求越来越高。箱包设计与制作工艺课程是箱包专业教育的主要课程之一，为了更好地发展箱包教育事业，提高我国箱包行业的设计和制作水平，根据教育部高等学校轻工与食品学科教学指导委员会的要求，我们对2001年第一版《箱包设计与制作工艺》教材重新进行了修订，完善了本书的知识体系，大幅增加了第一版中薄弱的箱包艺术设计和工艺技术内容，使本书更具系统性和实用性。

　　《箱包设计与制作工艺》教材由三篇内容构成，第一篇为箱包艺术设计篇，第二篇为箱包结构制图与制板篇；第三篇为箱包工艺技术篇。本书由齐鲁工业大学王立新教授担任主编，并编写了第一篇中第一章、第二章、第四章、第五章、第六章和第七章部分内容，第二篇第八章、第九章、第十章部分内容、第十一章，第三篇第十二章、第十三章、第十四章；齐鲁工业大学孙友昌副教授编写了第一篇第三章，第三篇第十五章、第十六章；温州大学刘霞副教授编写第二篇第八章，第九章、第十章的部分内容，齐鲁工业大学张雷老师编写第七章第二节部分内容，齐鲁工业大学李明辉老师编写第七章第三节内容。另外，在本书的编写过程中，得到了济南箱包总厂周萍工程师的热情帮助，同时，本书的出版也得到了中国轻工业出版社的大力支持和帮助。在此，一并表示深深的感谢！

　　本书是教育部高等学校轻工与食品学科教学指导委员会推荐特色教材，力求全面述及箱包专业最新艺术设计理论、结构设计制图技术以及工艺技术知识。本书是高等教育服装设计与工程（箱包方向）的专业教材，不但适合各种层次的专业教育使用，也可以作为箱包企业设计、技术人员以及服饰设计人员的参考书籍。

　　本书在编写过程中力求理论科学完善，实践工艺技术先进翔实，但由于编写人员所学有限，错误及不妥之处在所难免，恳请广大读者批评指正。

本书编写组

2013年6月

目 录 / *Contents*

第二篇
箱包结构制图与制板

第三篇
箱包制作工艺

第一篇
箱包艺术设计

01

绪　论

第一节　箱包设计的内容及其重要性

　　箱包的种类繁多，用途广泛，创意构思也多种多样，从而使箱包的设计变得错综复杂。一般来讲，箱包由"箱"和"包袋"两大类别组成。在现代社会中，社会产品极大丰富，箱包产品的类别与设计风格多样，随时尚变化而变。通常，箱包产品的设计风格与使用功能和使用环境关系密切，比如：商务用箱包，风格端庄，大方雅致；生活休闲箱包自然随意；时尚箱包紧随时尚趋势而变，时尚元素丰富多样。在实际设计中，主要是按照箱包用途进行分类的。一般来说，箱的分类有：家用衣箱、旅行衣箱、公文箱、化妆箱、专业用箱等产品；有时也按主体面料品种进行分类，如：皮箱、塑纺箱、帆布箱、塑料箱等。包袋的分类有：时装包、职业包、街市包、运动包、旅行包、双肩背包、公文包、钱包、化妆包、首饰包、晚礼包等。

　　在实际设计中，首先要完成产品的款式造型设计，当造型确定之后，才能进行下一步的结构分析和部件结构制图工作。如果拿到手里的是箱包实物，实物与设计效果图具有同样的作用，有时甚至更为直接和形象。当然，在实际设计中更加鼓励原创设计。所谓造型设计是指将自然形态经过一定的设计构想后进行的形象刻画过程。造型一般分为两步进行：第一步，先通过自然形象，去观察、分析、研究可以成为设计素材的要素。第二步，将所得的设计素材，经过合理的变化和吸收，使其进一步满足设计的需要。亦即既要增强产品的装饰美，又要适应于技术工艺的需要。对于产品的造型设计来讲，设计师必须熟悉结构工艺技术，设计时才会得心应手。因此，艺术设计是产品结构设计的前提基础，结构设计是艺术设计得以实现的关键。

　　箱包设计属艺术设计范畴，涉及平面构成、立体构成、色彩构成这三大构成的基础理论。

"三大构成"是艺术设计的必修课程，也是箱包设计的基础理论之一。款式效果图和工程款式图属箱包艺术设计的范畴，箱包艺术设计以素描、速写、色彩、图案等美术基础为基本素质要求，绘制时要充分表现面料的光泽和质地，可以使用艺术夸张和艺术变形。而各个方向的施工投影图是结构制图的基础，要求必须精确而且全面地表现箱包设计的各个侧面，以工程制图技术为基础，在绘制时对各个不同线条应选用不同粗细的笔来表现，在投影图绘制的基础上，标出各部件之间在尺寸上的关系，从而绘出部件结构图，这些属于工程制图范畴。如何将设计者的创作构思变成实际生活中的实用产品，部件的结构制图是至关重要的关键一环。合理的结构是时尚款式得以实现的根本。

材料的设计选用对于箱包设计而言也十分重要。天然皮革、人造皮革以及合成皮革是皮革类箱包的主要面料，在箱包材料中还有大量的纺织面料、塑料、竹木、金属等材料，它们的性能各是什么？风格特点又是什么？只有了解了这些才能更好地应用箱包材料，设计出既符合面料材质自身特点又迎合市场需求的时尚产品。除此之外，如何将各个零部件制成成品的制作工艺设计，同样是非常重要的，不懂工艺制作技术的设计师，其设计作品中往往存在不同程度的缺陷。因此，对于箱包设计和技术人员来讲，绘制彩色效果图、施工投影图、部件结构图、工艺流程图，制作产品部件样板，设计工艺程序等都是必须掌握的技能。

在现代生活中，随着经济建设的发展，我国的箱包产品设计水平越来越高，产品质量越来越好，同时随着人民物质文化水平的提高，人们拥有高设计技术产品的需求也越来越高。因此，箱包设计的重要性已被越来越多的专业企业所重视，专业设计人才的需求量也越来越大。而且，在当前社会中，新社会思潮层出不穷，包袋紧随服装潮流的变化而变化，更新换代周期大大缩短，箱包已成为服饰整体中不可分割的一部分。

第二节　我国历代箱包设计发展简史

在我国历代服饰史中，有关箱包的记录非常少。就历史而言，我国的箱包发展是十分漫长的，发展的速度也十分缓慢，从史前至清朝变化都不是很大，直到民国以后，随社会经济的进步及西洋文化的渗入，才有了突飞猛进的发展。研究箱包的发展历史，具有十分明显的历史特征。

我国的制革业作为一门工业，在距今三四千年前的殷商、春秋战国时代就已经开始了，人类的祖先从披挂兽皮到有目的地将兽皮熟化，制成各种各样有待缝制加工的原料是一个具有历史性意义的进步，从此皮革服饰向更高的文化阶段发展。

夏、商、周时期的皮革是社会集权的皮革，是军旅戎马的盛装。由于皮革耐磨挺括，具有极佳的防风御寒性能，在古代人们生活中常用于缝制帐篷、毯子和床褥，而很少用于日常穿着的服饰；皮革在军事上主要用来制作铠甲、战靴、盾牌、弓箭、剑鞘、马具、战鼓等，甚至地图、货币都由皮革制成。"甲"最初以厚犀牛皮和野牛皮制得，后来普遍采用水牛皮做里层，外层挂满用皮条穿连在一起的铁甲片，由于其交错的鱼鳞状排列，箭弩无法透过，所以十分牢固。春秋战国时代，在湖北江陵发现的皮甲是由两层皮革合成的，上面有孔和残留的小皮条。在长沙出土的春秋晚期的皮甲，由两层皮革用皮条缀缝而成，结实厚硬难以刺破。此时的皮甲是当时皮革性能最优化的体现，同时也是统治者集权的象征。由此，可以追溯皮革服饰象征权威、地位的发端。

战国时期的包袋又称为"荷囊"，又称"持囊"。用来装零星的细碎物品，提于手上或者肩背，新疆曾经出土一件用羊皮做的"荷囊"，外观为长方形，长6.7cm，宽3.7cm，上口部用一条绳系紧。令人叹为观止的是当时出现了以牛皮做内胎的漆盾，具有很好的实用性，而且大大促进了皮革表面涂饰技术的发展。战国中期以后，流行在漆器口沿、底部、腹部等部位镶套铜箍、铜扣，加固器身的同时具有一定的装饰美化作用，这种装饰手法一直到现今依然应用在箱包设计上。春秋战国时期染织业发达兴旺，为皮革染色提供了丰富的经验，皮革从此告别了单调的棕黄、棕黑的色泽，开创了多彩的纪元，为后世的皮革服装、包袋、鞋靴等服饰品的设计和制作提供了丰富多彩的皮革面料。

东汉武帝时，可在白鹿皮上饰以彩画，作为货币在市面流通。当时已经具有了相当高超的染色技巧，不但在皮革上染色，还可以将毛皮染成各种亮丽的色彩，用以制作彩色毛皮衣饰供皇室冬季保暖所用。毛皮质轻，手感柔软，保暖性极佳，而且外观奢华富丽，深受皇族喜爱。汉代官吏有佩印的习惯，将小小方寸印章放在丝绸制作的印囊中，佩挂在腰带上，实用又美观。而当时的人们觉得"荷囊"总是提在手上不方便，于是将包囊挂在腰间，称为"旁囊"，从此民间有了在腰间佩包的习惯。

魏晋南北朝时期，在服饰的装饰方面有在皮革腰带上佩挂各种饰物和小囊的习惯。在《三国志·魏志》中记载，曹操的腰带上就佩挂丝质小囊，用以盛装手中的细软之物。此时的包袋以小型为主，而且多由纺织物制成；贵族用丝绸为面料，其上装饰绣花或钻石等物；而民间多采用棉或麻为主要面料，装饰少量绣花或没有装饰。如图1-1所示。

唐代的服饰佩挂也非常讲究。唐代壁画中的包袋，清楚地显示与现代包袋已经非常相近了，如图1-2所示。武则天掌管朝政以后，规定有佩龟的服制。唐书《舆服志》记："中宗初罢龟袋，复给以鱼，君王嗣王亦佩金鱼袋。景龙中，令特进佩鱼，散官佩鱼自此始也。"鱼袋、龟袋是指鱼形和龟形的袋子，意在长命百岁，吉祥之符。唐代男人还有身佩香囊的习惯，随走动而香气四溢。可见，在腰带上佩挂饰物也是时尚之举。

宋代开始出现了"荷包"，也就是现今的钱包。多以丝绸为材料制作而成。宋朝官服有佩戴鱼袋的规定，只有着紫色和绯色官衣者，才能佩挂金银装饰的鱼袋，以区别职位的高低。在我国的千年古文明中一直推崇儒家文化，遵循君臣父子尊卑、长幼有序的教化道德观。这种上下有序的文化观体现在服饰上，即是自古以来崇尚服装制度，并借服装的形制、色彩、服章等以区别阶级，维系伦常。

宋、元时期，原来生活在北方以游牧为主的少数民族把北方的家畜带到南方各地，促进了中原以南广大地区饲养业的发展，从此我国的皮革制造业发展更为迅速。著名的珍贵湖羊羔皮就是在宋朝以后培育出来的。在宋朝，管理皮革设有皮角场，隶属于军器监。到元朝时开始利用植物鞣料鞣制皮革，在北京设有供给军用的毛皮、皮革加工厂，并设有甸皮局，熟造红甸羊皮。至此，我国的皮革制造业规模较大，

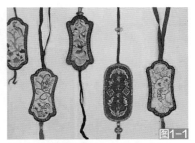

图1-1　腰带佩挂的小囊
图1-2　唐代壁画中的包袋

产品品种多样，色彩丰富。明朝时我国制革业在前朝的基础上已经发展得相当成熟，品种多样、材质手感更佳，适合制作各式各样的服饰品。明末科学家宋应星在《天工开物》中写道："麋皮去毛，硝熟为袄裤，御风便体，袜靴更佳。"从此以后，皮革才真正用于民间日常服饰。

明代女装修长窈窕，款式变化多样。明代女子手中出现了刺绣装饰的小手袋，盛装一些常用的物品，可以说这种小手袋是由"荷包"演变而来。手袋采用粗布或丝绸面料，采用绳带系紧袋口，袋上的装饰和刺绣具有非常强烈的民族特色。明代箱的设计富于民族特色，造型稳重大方，结构设计合理而巧妙，制作精美，多采用紫檀、红木、花梨等优质硬木，舍弃繁缛雕琢，充分利用材料本身的天然色泽和优美的生长纹理，线条流畅，注重装饰美，使形式与功能完美结合，是我国箱包设计史上的杰作。

清朝服饰变革是中国两千余年君主集权制中一次大的服饰变革，也是最激烈的服饰变革，清代虽然基本延续明代的服饰种类，但在服装形制上尊崇满州。清朝服装形制的变化，是清朝政府强制推行完成的，数千年宽袍大袖拖裙盛冠，一朝变成了衣袖短窄、衣身修长的旗装，使我国服饰向现代服饰迈上了一大步。河北辛集皮革业在明清时代就中外闻名，有"辛集毛皮甲天下"之美称。而据乾隆二十五年的《银川小志》中记载："宁夏各州，俱产羊皮，灵州出长毛麦穗，狐皮亦随处多产。"说明当时我国毛皮制造业跨域辽阔、产量丰富。清朝后期，我国的皮革工业开始进入兴盛时期，质量精良远近驰名。皮革也开始出口，在清光绪年间我国海关已开始转由香港开展皮革口岸贸易，远销日本及欧美多国，开创我国皮革进出口贸易之先河。

光绪末年，女性流行在衣襟上佩挂用丝绸制成的小镜袋，内装香脂和镜片等化妆用品。因为当时水银镜面刚刚发明出来，小化妆镜是当时最为时尚的女性用品，大家闺秀和贵妇都争相佩戴此物；当时的女性也流行在衣襟上佩挂装香料的小香囊，随走动衣裙飘香；这种佩戴香囊的时尚在现代仍然留有痕迹，人们用布做面内覆硬衬做成各种形状的小香囊，其上缝缀金银饰物，戴在孩子的颈上或悬挂在室内，以表达对吉祥美好生活的追求。

因此，在漫长的历史发展中，包袋和服装是紧密联系密不可分的。我国包袋设计造型变化不大，以中小型软体结构为主，材料和装饰图案具有明显的时代痕迹。由于服装的宽大造型，使得盛装随身细物的口袋能够藏在服装的内部，小型包袋多用于女性装饰自身或装饰闺房的饰品，出门或需装较多物品时，可使用包袱或褡裢。清朝后期，我国服装造型变得贴身可体之后，包袋就有了单独设计的必要。而且随着社会经济的发展，异地差旅的频繁，女性不再像过去那样大门不出二门不迈，而是走入社会并担当重要角色，从而促使我国的箱包设计真正进入快速发展时期。同期，由于中西口岸贸易的加强，西洋生产的箱包产品逐渐流入我国民间，成为追逐新潮服饰的贵族女性的宠儿，也为我国箱包设计制作发展提供了大好机会。

第三节　20世纪我国箱包发展演变

一、民国时期（1911—1948）：中西服饰文化融汇的新审美观

20世纪初，中国与西方在经济贸易上交流合作十分频繁，西方的艺术设计和审美文化对中国民众的影响十分巨大。因此，20世纪初中国服饰变化是在中西方交流基础上的变化，是中西文化融汇带来的巨变和发展。西方同期的服饰文化和艺术设计特征是中国服饰艺术变革追踪的热点，发展的轨迹和模式是当时中国学习的榜样。对于西方而言，20世纪也是西方工业社会艺

术设计逐渐走向成熟的时期，是西方服饰设计风云变幻的时期。这一时期的艺术设计因两次世界大战而划分为两个截然不同的阶段。

20世纪初的中国，社会的动荡与连年的战争，并没有毁灭人们对服饰美的追求。由于西方政治文化的大肆入侵，中国社会服饰发生了巨变。与西方社会一样，20世纪初期中国的服饰变化是在战争与和平中演绎发展的，更是与政治结下了不解之缘。伴随资本主义工商业发展和外来文化影响，现代文化和外来文化在缓慢融合。首先接触和接受外来文化的中国民众，在一定程度上产生了反"传统"的消费倾向。一部分有一定经济能力又追求新观念的人开始通过一种与传统中国消费模式完全不同的方式来展现自己的生活品位，一些与中国传统消费方式和文化有很大差异的资本主义生活方式开始在中上收入阶层流行。他们通过中西合璧的着装风格和采纳西方消费方式以促进和发展自我概念，显示"新潮"，迎合中国当时的变革背景。中西融合的消费价值观开始对社会主流文化形成影响，中西服饰逐渐融合形成新的主流服饰文化。

清末民初，一系列重大政治变革都对满清的服饰制度进行着一定程度的改变甚至颠覆，不断改造或重塑着中国民众的穿着形象，极大地影响着中国服饰历史的发展演变。1911年辛亥革命成功，孙中山倡导中山式男装，中山装为中国现代服装史上最成功的民族化男装。民国元年，民国临时政府将西式服装大胆地引进中国，随着政治的强制和时间的展开，中国人逐渐接受了来自西方的文化渗透。在东西方服饰文化的不断撞击下，西洋服饰因其简便实用而逐渐被国人接受。社会经济发展促使都市女性走出闺房投身社会，由于工作的需要，缝纫方法日益简化，面料上的装饰也逐渐被面料本身的花色所取代。受西方女式衣裙的影响，中国女服也流行紧窄时尚，显露女性的曲线身材而且活动方便。"五四"新文化运动使青年女子服装更趋简约朴素。衣衫狭窄修长，黑色长裙相配，袄裙不施绣文。女装借助共和革命之力，迅速推进了服饰简化运动。

此时长衫、马褂或马甲依旧是国人常服，但穿长衫的年轻人以穿着三节头式皮鞋为时髦。比较前卫开放的当数年轻的女学生，流行的穿法是身穿旗袍式校服，青春活泼而且端庄大方；社会对西式服饰开始推崇。1932年之后，旗袍流行花边装饰而更显妩媚，下摆长及脚踝或膝下部，穿高跟鞋方可行走，开衩旗袍是现代改良旗袍的重要标志。1935年以后，随抗战爆发，旗袍又缩短至利于行走之长度；袖型细窄合体短至肘上。1937年以后，旗袍的袖长更是缩至肩下两寸，甚至几近无袖。由此，形成民国典型服饰形象，造就了中国现代服装史上的一页辉煌。这种变化是传统的伦理观念文化向现代审美文化发展转变的表现。

随着封建专制制度的彻底结束，上海、天津等沿海城市的文化特征与审美追求呈现出多元化趋势，服饰西化特征非常显著。中西混合式穿戴在20世纪30年代大受欢迎，都市女性喜穿西式服装成风。不论女子穿戴何种新装，搭配手中拎提或肩背的挎包都是最为时尚的装束，包袋的面料为天然皮革或纺织织物，造型上以简洁的几何形状为主，基本没有花边蕾丝等装饰。30年代的男士十分讲究绅士风度，典型的绅士形象是：西装革履，头戴礼帽，手拿手杖，眼戴金丝眼镜，蓄西式胡子，口叼雪茄烟，手臂里夹一个皮革公文包。至于女子配饰品更是琳琅满目，头饰、化妆品、首饰、帽子、围巾、手套，还有各式手袋，皮革手袋是当时最为流行的饰品。

此时，西方的生活方式也渗透进中国，大都市女子频繁出入交际场合，合体着装更为流行。同时，也使晚礼包得以粉墨登场。晚礼包大多采用皮革和丝绸为面料，其上缀饰金光闪闪的饰物，外表十分华丽。同期，随服装的变化，与其搭配的包袋纷纷面世，包袋的种类繁多、造型各异，材料的变化、几何造型的变化以及金属配件的风格构成了这一时期包袋设计的特色，而中国传统的装饰手法却逐渐退化，民族特色逐渐被西式风格所取代。

众所周知，服饰的发展流行是以"模仿"为契机而发生的，既有空间性的地域传播又有时间性的传承变化。各民族的服饰都在民族的信念和凝聚力中巩固繁衍，也在对外吸收融合中发展演变。服饰也是一种非语言传通，一个民族的服饰对于其他民族来说，会产生一种信息的刺激和传通，式样独特、色彩鲜明、新奇触目就是非语言的刺激，这种非语言所具有的"潜在的信息价值"，经过跨文化传通的帮助后，会充分地显现出来，人们会自觉去模仿效尤，使信息接受者愉快地把它们移用到自己的身上。

民国时期中国服饰发展从引入西风，中西服饰纠缠争斗，西风逐渐占据上风，最后西方服饰以强劲之势压倒中国服饰。在不断的争斗和抵抗中，西方服饰文化和服饰设计强势登陆中国，体现了强势服饰文化对弱势文化的侵略和同化特征。同时，也说明了另外一个问题，那就是随着时代的进步，人们的思想发生了翻天覆地的变化，旧的服饰文化受到了强烈的挑战和冲击，由此带来服饰现象和服饰时尚的大转变。这种转变也体现着历史的必然性。中西服饰的争斗和演变，也说明了在中国人民心中求新求变的审美欲求亘古未变。

二、新中国成立初期到文化大革命前期（1949—1965）：朴素的审美意识

新中国成立后，由于经济刚刚起步，党中央号召全国人民勤俭节约，建设社会主义事业。受社会经济条件制约，民众服装整体上表现出朴素、整洁、统一和保守的特点。人们的穿衣打扮与革命紧紧地联系在一起，列宁装、人民装、中山装成为当时最时髦的三种服装。这既体现出人们着装上的实用性、审美性、追赶时髦的特点，又反映了中国当时的国情。艰苦奋斗和集体主义作为时代精神渗透于服饰观念之中，简朴、实用成为服饰的主流。

20世纪五六十年代，人们使用的包袋通常以布包为主，基本都是一种款式：长方形造型，中间设计3~5cm的厚度，包袋上部缝制两个提手。用单色素面棉布制作较多，男女通用，是最简单不过的了。有特色一些的是用不同色布拼接而成的包袋，剪成的三角形、长方形是几何装饰图案设计手法的先驱，由于不同颜色的拼配还会形成许多的配色效果和花型图案，可以说是那个时代非常别具一格的饰品。皮包在当时基本是属于国家公务人员的，由于皮革产量和成本限制，多以人造革面料为主。经典的款式为：长方形造型，色彩基本是黑色，扇面上口处缝两个提手，拉链式开关方式，多是银白色金属拉链，无论出差还是上班，无论男女都使用这种包。后来，流行在包的两侧装配上背带，变成了背提两用包袋，应用更为广泛。当时还有一种流行的箱包就是赤脚医生的医药箱，由红棕色皮革制作，方方正正的外观，里面装盛医药器具和常用药品，是那个时代革命形象的一部分，也是许多人向往的时尚品。

50年代后期，上海服装公司推出《服庄》专集。该书设计了180多款服装，其中多款设计涉及女包。如图1-3中女性手拎红色小型皮包，前后扇面加包盖设计，简洁大方，与身上的波点旗袍、红色外套搭配和谐；另一款是黑色职业女服套装，如图1-4中女性臂挽着一个黑色手提包，硬结构包体，双提手设计，风格干练。这两款设计都与第二次世界大战期间欧洲女包流行十分接近。表达了一种实用、简便、大方的时尚理念。如图1-5中设计的系列服装款式中，中式立领、滚边、收腰、镶边盘扣、褶皱大摆裙、对襟等时尚元素，多款都有拎提皮包，说明

图1-3 旗袍、外套、女包
图1-4 职业类女手提包
图1-5 50年代上海《服庄》中的服饰时尚

人们对皮革包袋的重视。

箱包设计与制作工艺

三、20世纪六七十年代（1966—1979）：政治审美观统治意识

通常，在服饰审美价值的变革中，社会政治是非常重要的因素之一，通过社会风气和社会规范等来达到审美价值的变迁与共识。农民、工人、解放军是社会的中坚力量，当服装的等级意识逐渐消失之后，取而代之的是阶级意识。在原有的艰苦朴素、勤俭节约的思想风尚中，又增添了浓烈的革命化、军事化色彩。在文化大革命时期，政治态度左右人们的审美观念。

对于包袋而言，当时最流行绿色军挎包，是"革命"的标志，如图1-6所示。挎包的两边缝制编织带作为背带，安装可以调节长短的方扣，材料为军用帆布。包里不可缺少的是一本"红宝书"，遇到什么具体问题，就有针对性地活学活用。到了七十年代中期，也有用人造革面料制作军挎包，公务人员中依然流行前几年的黑色皮包。

衣箱品种较多，按使用材料分有皮箱、人造革箱、帆布箱和塑料箱四种；按用途分有旅行箱、家用箱和公文箱三大类；在结构上又有硬箱和软箱之分，生产工艺已经有了模压一次成型技术。硬箱采用ABS或其他耐热、耐压、机械性能好的塑料制造，坚固耐用，硬度大，弹性强，美观大方。软箱面料主要是聚氯乙烯人造革和聚氨酯的泡沫人造革及合成革，手提为主，轻便美观。

同期的箱设计也少有变化，四五十年代的硬皮革衣箱主要是国家公务人员出差时使用；普通群众出差或走亲戚时，主要拎提一个较大的黑色或灰色旅行袋，面料为条纹或光面素色人造革，一般是银色金属拉链，包外附设一到两个拉链袋，唯一的装饰就是在提包的前扇面上印刷"北京"、"上海"等中文和拼音字样以及地球、卫星等简单图案，如图1-7所示。家用衣箱多用木材或皮革制作，个体比较大，长方形造型，有时在四角略带一点圆势。多采用对口式开关方式，弹子式合页锁，为了巩固使用强度，有时还会在箱体的两侧安装箍紧皮带，带头固定金属卡扣。内部衬有棉质平纹布衬里，箱盖衬里中间设计一个松紧带口袋，箱体腔设有箍紧带扣。家用衣箱整体设计以实用功能为主，美观装饰设计基本被忽视。60年代，由于猪皮、羊皮服装革迅速减少，几乎没有供应，故多以人造革作为替代原料。

图1-6　文化大革命时期的军挎包
图1-7　圆角旅行包

改革开放以来，中国经济建设高速发展，人民生活水平不断提高，中国与西方的经济文化交流日益频繁且深入，西方丰富多姿的服饰时尚，迅速被国人接受。在服饰上被禁限已久的国人，一旦得到解放，就以极大的热情投入到服饰美大潮中，对服饰美的热爱犹如新的运动般在中国大地上热烈展开。至此，西方六七十年代的服饰时尚和审美文化在70年代末期直接空降到中国大地，中国服饰设计迅速融入西方新时尚中。艺术设计更是变得日新月异，成为人人都能亲身体验到的生活现实，艺术设计作为人类一项创造性的事业走上更加自觉和理性的道路，一个更加民主化、大众化、多样化、国际化的服饰时代到来了。

四、20世纪80年代（1980—1989）：率先表现在实用性和多样化

80年代初，一切都在迅速的变化中，美学研究恢复了生机。当时每个人都想要丰富自己、充实自己的精神生活，提高自己的审美趣味和文化修养。社会公众被压抑多年的对美的欲求呈火山喷发之势一发而不可止。改革开放的春风吹遍了中国的各个角落，极大地促进了社会各行各业的发展。服装业是反映改革开放首当其冲的窗口，服装改革的呼声迅速响遍全国。1983年年底，延续了几十年的布票被取消了，国人重新获得了服饰穿戴的自由。经济的空前繁荣和观念的多元化，使服饰设计和生产发生了巨大变化。在思想解放与国民经济发展的前提下，人们追求新异的审美心理发展迅速。风格多样、色彩斑斓、求新求变，成为新时期服装流行的特点。对我国服装美学的演变和审美文化的构建起到了巨大的推动作用。

在建设经济的同时，中国敞开对外的大门，五花八门的西方思潮迅速涌入中国，西方服饰设计以及服饰文化也迅速进入中国市场，对中国的服饰发展影响堪称巨大。因此，七八十年代西方服饰时尚几乎没受到任何阻力就在中国如火如荼地上演，一浪高过一浪的服饰潮席卷中国的大街小巷。80年代的中国越过了西方五六十年代，直接承接了西方七八十年代的时尚特点，箱包设计变化与国际接轨，箱的设计完全可以纳入工业产品设计行列，呈现大规模生产，产品系列化的生产模式。而包袋设计也紧随服装时尚而变化，具备典型的多样化、时尚化特点。在箱包设计上，现代艺术设计的各种流派如立体主义、未来主义、表现主义等都有所体现。抽象艺术的几何形式手法，特别是象征现代性的机器美学的应运而生，对现代箱包设计的发展起到

了重大的推动作用。

机器美学是以简单立方体及其变化为基础的视觉模式，强调直线、空间、比例、体积等要素，抛弃一切附加的装饰，提倡以科学性取代艺术性，而形的简化则逐渐成为设计最为普通的手法，它们使设计完全摆脱古典艺术的禁锢，使箱的设计生产飞跃发展成为现代大工业的一员。20世纪80年代，直接影响到箱包设计领域的艺术思潮有流行于五六十年代的"太空技术"、"硬边艺术"和"极限艺术"。

1. 箱的设计：刚刚起步

因为箱包产品属于服装配饰，通常首先发展服装主体，因此箱包设计总的发展变化略落后于服装时尚。80年代的箱包设计仍然以实用性为主，最主要的设计变化体现在产品品种的丰富多样上，而在产品的细节设计和装饰美化上还有些滞后。

（1）公文箱（密码箱）

公文箱在80年代末开始流行，主要应用在商务上，是一种正装箱。其设计也稳重大方，内部有分装公务资料的隔层和笔插、眼镜袋等设计。其内部隔层有一定的变化，非常方便分类存放物品。当时，穿一身西装，手提一个密码箱是商务人士出差的标准装束，是成功人士和商务人士的典型形象。

（2）旅行手提软箱

在我国经济迅速发展的同时，人员和物资也随之大量流动，以前的灰色旅行袋已无法满足差旅需要了。1986年前后，手提旅行软箱问世，旅行箱前后面一般是软体材料，箱子的侧面，即箱墙由金属框架在内部衬托而成，是箱子成型的部位。这类箱子大小适中，可以采用人造革、塑纺面料制作，成本比较低。箱上设有提手和拉手，箱底有时会装设橡胶轮子。使用时既可以提拿，也可以拉动拉手使箱子向前滚动。其内部结构中比较重要的是拉链袋和固紧带设计。颜色多为黑色、蓝色，如是人造革箱的话，还有棕色和棕黄色等颜色变化。

（3）旅行拉杆箱

由于差旅便携的需要，1988年前后，旅行拉杆箱成为箱消费的新星。一般拉杆箱的组成结构分为两大部分，一部分是拉杆、底座、走轮体系，另一部分就是箱体。拉杆和走轮部分是拉杆箱实现行走的主体部分，拉杆有2~3挡长度调节控制，且连接点连接牢固，调节拉杆长度方便自如。箱体上面的设计必须包含有上部和侧部的提手各一个，主箱体一个，箱体内部设计一个拉链袋或松紧带袋，一对固定物品的固紧带。至于其他的变化就根据设计风格和使用目的来进行。尤其是箱体外侧的设计根据设计要求不同变化非常多。箱体材料以塑纺材料和皮革、合成革类材料为多，由于内部填充板材、硬纸板等硬性材料而呈现硬挺的外表，成为硬箱。颜色主要是棕色、棕黄色和黑色。

（4）ABS彩色拉杆箱

ABS彩色塑料拉杆箱在80年代末期开始流行，由于其色彩鲜艳，箱体一次成型，ABS塑料耐高温、防水、耐磨的使用特性，使这种箱子非常受欢迎。80年代的ABS箱以长方形造型为主，四角圆势比较小，一般在6cm之内。主要颜色是蓝色、黑色、灰色、红色，而黄色、橙色等色彩较为少见。由于ABS彩色塑料拉杆箱刚刚生产上市，还存在一些不尽如人意的地方，比如箱体材料不耐摔，摔后易产生裂纹甚至破碎不能使用；不耐日晒，在光照下容易褪色等。ABS塑料箱的设计变化也非常多，尤其是箱面的凹凸条纹和装饰图案的设计，更是使ABS箱深受青年人的喜爱。

2. 包袋设计：易搭配性和实用性为特点

80年代初，我国包袋设计刚刚起步，包袋的款式较少，设计变化还不太丰富。到了1985年以后，尤其是女包变得更加多彩一些。当时，我国的经济发展还不能满足包袋与服饰的成套配穿，往往是一个包袋要搭配一年四季的服装，因此包袋的耐用性、实用性和颜色的可搭配性要求十分突出。

（1）女式包袋：进入时尚配饰行列

流行时尚往往是从女性用品开始发展起来的，女式包袋也充当了时尚先锋的角色。80年代初，人造革女包大热，当时流行的女包分为单背带和双背带，造型多为长方形，女包四角带圆角设计，线条比较流畅，个体大小适中；颜色由原来的黑色、军绿色开始变得多彩起来，咖啡色、黄色、绿色、红色、米色等都开始流行，尤其是拼色设计非常受女性的欢迎。配色时主要采用对称手法，色块较大，通常主体色为深色，应用浅色拼配以形成跳色效果。

（2）少数民族布包：时尚盛行

改革开放后，爱美的女性对时尚的追逐非常迫切，由于此时包袋设计还不够丰富多彩，而少数民族包袋的丰富艳丽，民族装饰的魅力和多变成为女性包袋时尚的选择。云南彝族撒尼人包就是当时十分流行的款式，该包以细棉麻做底衬，辅以刺绣装饰，图案鲜活灵动，总体风格细密规矩。撒尼包背带很有特点，一边固定，另一边是活扣，可根据身高随意调节节背带长度。陕北的蓝花包更具有传统的韵味，深受广大女性的喜爱而风靡大江南北。

（3）水桶包：备受年轻人喜欢

1984年前后，由于迪斯科舞蹈在全国掀起热潮，年轻人去舞厅喜欢个性出新，常背提一个水桶包，包体造型为圆筒形，包口用抽绳抽紧，通常用皮革、人造革、发光人造革、细帆布、牛仔布、牛津布等材料制作，在表面用铆钉、金属片装饰。背提效果十分青春帅气。

（4）男士包

80年代，男士的包袋款式非常少，公文包是80年代最为时尚的男士用品。材料选用人造革或真皮，色彩为黑色、棕色、棕黄色，少量是灰色等。公文包造型主要是长方形，如图1-8所示。包体造型简洁大方，表面无多余装饰，内层较多，一般分类存放文件。有手提式、肩挎式和夹带式三种，手提式有把手，造型较多，夹带式无把手。正装公文包更多地适合在正式场合使用，一般用皮革制作，多为黑色或深色系列。

图1-8　男用公文包

五、20世纪90年代（1990—1999）：时尚性能日趋重要

90年代，世界进入知识经济和信息技术大发展的全新时期，服装界呈现出多民族、多文化、多风格、多品牌化局面，所以服装审美也出现多风格化态势。而流行代表整个社会的审美取向，流行趋势发展是一个从无序到有序，从个性到共性的过程。由于服装流行的方向变得无

拘无束，将包袋设计引入多样化格局，公文包、休闲包、街市购物包、宴会包、化妆包、晚礼包等时尚包款令人眼花缭乱，强烈吸引着大众的前卫消费，包袋设计由此进入功能化时代，开拓了现代包袋设计的装饰性与功能性并重的新时代。在这眼花缭乱的服饰变化大潮中，包袋成长为服饰整体设计的一部分，包袋的设计变化完全融入服饰设计的整体规划中，每一次服装的变化，必将带来包袋设计的变化，何种风格的服装搭配何种风格的包袋才是和谐之美、艺术之美。

1. 箱：居家旅游的时尚

（1）公文箱

图1-9

图1-10

图1-9　公文箱
图1-10　旅行拉杆箱

公文箱的尺寸一般是可以容纳14in（1in=2.54cm）或15in手提电脑，尺寸依据是横放1张标准A4纸，竖放2张标准A4纸。如图1-9所示的公文箱有4个横向夹层，由搭扣皮带固定，并可根据所放物品厚度调节夹层厚度，2个带盖夹袋，1个拉链袋，1个小插袋。

（2）旅行拉杆箱

旅行拉杆箱是出门旅行时的常用物品，设计时尚，款式多样，可淋漓展现个人的个性魅力和时尚品位，深受各界人士的青睐。硬箱多采用硬质材料制成，如：木材、竹子、ABS工程塑料等，或箱体中间采用硬质内衬使箱体变得硬挺，箱子的硬衬材料有金属、木板、纤维板、硬纸板等材料。拉杆走轮部分是拉杆箱实现行走的主体部分，设计趋势是质量超轻，底部360°万向轮设计，而且可以自动上下楼梯。拉杆结实轻便耐用，而且抽提自如。

图1-10中的旅行拉杆箱是典型的款式，设计非常实用。在箱体外部有两个拉链外袋，下部的外袋容积比较大，可以分开放置一些携带物品，而上部的外袋较小，一般装随身的小物件。彩色塑料拉杆箱自80年代后期进入市场以来，造型以方正为主。90年代中期以后，拉杆箱体四周的圆角设计多了起来，而且还出现了大于10cm的尺寸设计，箱体外形十分流畅圆润，符合国际上流线型设计的流行理念。

（3）化妆箱

由于女性化妆时尚的深入人心，化妆箱逐渐成为社会热点，款式也多了起来，如上下双层，多隔层设计，折叠设计等。

2. 包袋：包罗天下

90年代的包袋设计变化更为复杂，作为一种时尚配饰与服装时尚迅速靠拢。走在时尚前沿的人们对包袋的要求越来越高。

（1）时尚女包

时尚女包与女性的生活息息相关，女性在上班、购物时都要背提包袋。90年代初期，女性的包袋以中小尺寸为主，包体多为半硬或硬结构，以方形造型为主。风格端庄大方，四周圆角设计，使阳刚中透出女性的温柔味道。1993年前后，市场上流行半圆形造型女包，女性感更强。

到了1994年以后，开始流行较大尺寸的包袋，而且包体是软结构的。较大的包体容纳空间大，可以装下许多随身的物品，甚至逛街购物都可以使用，受到女性的热烈欢迎。90年代中后期，女包的时尚变化非常快速，各式各样的女包成为女性服装配饰的佼佼者，女包的款式丰富、风格多样，如图1-11所示的系列女包设计可以说是90年代女包变化的缩影。

（2）经典男包

20世纪90年代，男包的变化比女包要少得多。归纳起来主要有三个代表性设计"大哥大"包、公文包和单肩背包。

"大哥大"包是当时最具特色的男包，开始时是为装盛"大哥大"手机而设计，后来成为男士手包的前身。包体为长方形造型，拉链开关方式，包袋侧部装有提手供提拿使用。早期主要是拥有"大哥大"手机的老板使用，1995年以后，男士基本人手一个，成为街包。90年代后期，逐渐淡出人们的视线。

公文包是90年代十分流行的男士用包，由于当时许多男性供职写字楼，出入写字楼的标准服饰是西装革履，手提公文包。公文包的种类和款式开始有了些许变化，出现了正装公文包、休闲公文包、简易公文包等如图1-12所示。

图1-11　系列女包设计
图1-12　公文包系列

男式单肩背包，有皮革和塑纺两种面料之分。造型以方正为主，有包盖和拉链两种开关方式，风格较公文包休闲，一般受到经常出差的男士喜爱，如图1-13所示。

2000年以后，箱包的发展十分迅速，随着国际奢侈品牌的纷纷进入，国内箱包市场呈现了多元分化的状况。箱包的设计也更具多样化、时尚化特点。时尚品的主题设计是近年来非常主流的设计理念，通过不同主题的充分演绎，可以塑造出风格各异的时尚产品。皮革产品可以运用的设计主题非常广泛多样，比如：环保绿色、自由呼吸、热情奔放、美好家园、畅游世界、民族风情等，也可以某种社会现实或重大历史事件为主题，最重要的是设计主题要与现今社会文化意识和当季流行时尚保持一致性，使设计主题符合社会大众的审美感受，才

图1-13 男式单肩背包

能被市场和消费者认可。设计源于生活且高于生活，所以一个主题的设计元素要经过很好的艺术加工和提炼，才能运用到产品的设计实践上。

21世纪，艺术设计更注重在深层次上探索设计与人类可持续发展的关系，随着世界经济文化和科学技术的一体化格局的出现，设计不再是某一个具体的地域性行为，而是被赋予了更为宽泛的世界和全球化的意义。新世纪，古老皮革悠久的历史文化内涵得到最大程度的释放，糅入现代设计技法的皮革服饰设计已经进入多元化设计阶段。皮革时尚将会更加追求个性和与众不同，展示着服饰设计的无限魅力，皮革材质的时尚艺术和新面料的不断问世带来无限广阔的设计空间，多种不同质感面料的有机结合使设计更富现代都市风情，焕发出耀眼的光彩。

第四节 我国少数民族包袋设计特色

我国有56个民族，每一个民族都有各自的文化特点，服饰的民族特色非常明显，以下选择具有代表性的民族服饰来共同分析探讨。

一、满族服饰

满族是我国东北地区一个历史悠久、勤劳勇敢的民族。满族的服饰华丽，有很强的民族特色，在我国民族服饰文化中独树一帜。满族服饰从款式上看是非常统一而简洁的，男女服装基本以袍式为主，在服饰色彩中喜爱淡雅的白色和蓝紫色，另外红色、粉色、淡黄色、黑色也是其服饰的常用色。满族妇女擅长刺绣，她们在衣襟、鞋面、荷包、枕头等物品上刺绣花卉、芳草、龙凤等吉祥图案，使服饰的表面华贵多姿。在过去满族男子腰间挂许多佩饰，其中饭袋是必不可少的，后来饭袋逐渐变成了烟荷包，其上刺绣精美而且色彩艳丽，图案具有非常强烈的民族特色，面料既有粗布也有丝绸，如图1-14所示。

二、鄂伦春族服饰

鄂伦春族主要居住在我国东北地区大兴安岭的原始森林中，受传统的狩猎生活影响，鄂伦春族妇女对兽皮加工具有特殊的技能，经她们加工的狍皮结实、柔软，可以用来制作服装、包袋等服饰品。而且鄂伦春族人一年四季的服装均采用狍皮做面料，上面用刺绣装饰，而且装饰效果非常独特，图案的颜色以红、绿、黄、蓝、黑为多见，如图1-15所示。现在，许多鄂伦春族人已经结束了传统的狩猎生活，纺织品也逐渐成为他们服饰的主要原料。

图1-14 满族荷包图案
图1-15 鄂伦春族包袋

三、赫哲族服饰

赫哲族世世代代居住在我国东北的黑龙江、松花江、乌苏里江沿岸，是我国北方唯一以捕鱼为主要生产方式的民族。该民族的服饰特点很强，历史上还因为其以鱼皮为服装的主要原料而称其为"鱼皮部"。

鱼皮具有耐磨、不透水、保温、轻便等特点。赫哲族人将其制成服装、包袋、手套等服饰，并在其上镶补用野花染制的彩色鹿皮剪成的云纹或动物图案，将用鱼骨磨成的扣子作为装饰，在边缘上加缀海贝、铜钱等饰物，古朴美观。在江边的生活环境与水产品的丰富，使其装饰手法与江的联系非常密切，蓝天、白云、水鸟以及江面的波浪都是其装饰的常用图案，鱼皮自身花纹与其上的实物图案陪衬和谐，如图1-16所示。赫哲族服饰不但以鱼皮为面料，就连缝制所用的线也用鱼皮制成。

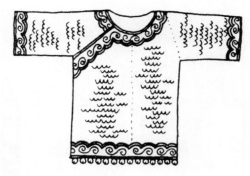

图1-16 赫哲族服装

四、苗族服饰

苗族是我国少数民族中人口较多的民族之一，主要居住在我国贵州、云南等地。苗族服饰是我国少数民族服饰中灿烂多彩的服饰之一，苗族服饰作为苗族形象的一种标志，一直保持着自己的独特风格，其基本特点是：男子服装或短衣长裤，或大襟长衫；女装一般为上衣下裙，或上衣下裤，服饰配件多，图案精美，色彩艳丽。

苗族服饰工艺很有特点，衣料多以自织自染的棉布为主，在服装上广泛地运用刺绣、挑花、蜡染、编制等装饰手法，技艺讲究，图案精美，色彩协调，尤其是蜡染的粗布制品，具有非常强烈的民族特色。用蜡染粗布制成的包袋更是美妙动人，色彩以蓝色和白色为主，在白色上不规则地染有因封蜡断裂使燃料渗入而成的细纹，这种细纹的形成既可能人为制造，也可能偶然所为，图案以人、动物和花草为主，形象栩栩如生，古朴自然。包袋为方正造型，多有背带而且包袋下部两角用流苏装饰，淳朴中透出细腻。

在现代，蜡染技术已有了很大的提高，颜色由双色增加到多色，图案也更为复杂多变，而且在皮革上也有了蜡染的装饰手法，用蜡染皮革制作的包袋风格更为独特，这种蜡染技艺的古为今用，是我国现代服饰制作中常用的手法。

五、彝族

彝族主要分布在我国西南部高原与东南沿海丘陵之间的地带，如四川、云南的大小梁山地区，贵州的部分地区。彝族传统的民族服饰形式很多，各地不同。彝族服饰在其质地、款式、纹样、饰品等方面均形成了明显的地域特征，服饰的表现手法有刺绣、挑花、贴花，还有蜡染，千变万化，丰富多彩。其中的凉山型服饰主要是指四川省凉山彝族自治州和邻县以及云南省沿金沙江地区的服饰，凉山型服饰传统面料以毛麻织品为主，喜用黑、红、黄等色，在其装饰工艺中喜用挑、绣、镶、滚等多种技法，服饰纹样以传统的火镰、羊角、涡形为主，如图1-17所示。

除了服装以外，凉山型的男服饰物很多，青年男子外出时多斜挎方布包，用于装钱、烟等物品，其上多刺绣美丽的图案，中老年男子不挎包，而是于前腰系一麂皮袋存放钱物。麝香包是凉山男子喜佩的饰物，一般挂在胸前，麝香包多为布制小包，内装麝香，外饰雄獐长牙，除装饰作用以外，人们还认为它可以祛病避虫，妇女腰间都悬挂着美丽的三角荷包，包面精心装饰着各种纹样，三角荷包下飘垂着彩带，一般系于腰之右侧，包内多装针线、烟叶等杂物，为妇女必备的腰间饰物，如图1-18所示。

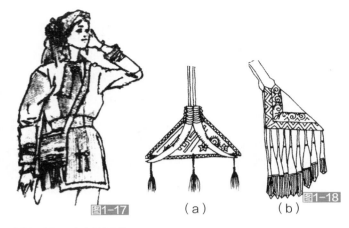

图1-17　凉山型服饰
图1-18　彝族饰物
（a）男用麝香包　（b）女用荷包

六、哈尼族

哈尼族主要分布在我国云南的广大地区。哈尼族服饰极为多样化，因其居住地区广泛，服装的款式有明显的地区差异。哈尼族的服饰色彩崇尚黑色、白色和绿色，服装的基本面料都采用黑色和蓝黑色，在此基础上装饰其他颜色的花边或饰物。

哈尼族男子多穿青布对襟上衣和长裤，缠黑色或白色头巾，束有各色图案的绣花腰带。西双版纳地区的男子服饰，还在沿衣襟处镶两排大银片和银币，缠螺旋状的青布头，上面插有彩色羽毛鲜花等装饰物，在肩上喜欢背挎缀有银饰的背包，如图1-19所示。哈尼族妇女多穿无领上衣，以银币或银泡为纽扣，衣服的大襟、袖口等处镶有彩色花边，如图1-20所示。哈尼族的服饰面料多用自织的土布，从种棉到纺线、染布都是哈尼族人自己所为，服饰上缝缀的大量银饰在黑色面料的映衬下，显得格外朴素而又雅致。

图1-19　哈尼族男装
图1-20　哈尼族女装

七、傣族服饰

傣族主要居住在我国云南省西双版纳傣族自治州，德宏傣族景颇族自治州以及其他自治县。傣族服饰有其强烈的民族特色，既简单又淡雅。傣族妇女上穿紧身窄袖短衣，细腰身，宽下摆，衣角起翘，略呈荷叶状，下着长及脚面的彩色花筒裙，系银质链式腰带，在脑后偏右梳发髻，插梳子和鲜花。傣族妇女外出时多背傣族花包，既有实用价值又起到装饰作用，傣族的织锦技术也相当高超，美丽的傣锦显示着独特的民族风格。

八、景颇族

景颇族主要居住在我国云南省德宏傣族自治州，景颇族男子一般穿黑色或白色对襟短上衣，下穿肥腿长裤，系腰带，挎彩色民族包，并人人佩长刀，如图1-21所示。景颇族的刺绣、织锦十分精美，妇女的筒裙花纹有300多种，无论男女服饰，都以黑、红、白三色为主要色彩，配以银饰和其他颜色，给人留下质朴、明快和热烈的感觉。

图1-21　景颇族男装

图1-22　基诺族女装

九、基诺族

基诺族人口较少，主要居住在云南省西双版纳地区。基诺族的服饰很有特点，色彩搭配十分协调，不论男女外出时都喜欢随身携带花挎包，挎包底部有流苏，面料上刺绣精美的图案，与衣裙上的图案相呼应，男子携带的挎包中可以盛装弹弓、长刀等物。基诺族女装如图1-22所示。

十、壮族服饰

壮族是我国少数民族人口最多的民族之一，主要居住在广西壮族自治区，云南、广东、贵州、湖南等地也有分布。壮族人民主要以从事农业生产为主。现代壮族服饰大部分与汉族相同，但还有许多地方仍保持着自己民族服饰的特点。壮族妇女一般上穿对襟短袄，下身穿青色或黑色宽脚裤，袖口和裤管上绣着美丽的边饰并镶有彩色的布条，布条上再绣花纹图案。出门喜挎布制挎包。壮族的服饰图案及美丽的壮锦是很著名的，其图案主要是自然形和几何形，形象简朴而抽象，色彩艳丽而协调。壮锦一般用于妇女的头巾、褶裙和民族包等日用品上。非常有趣的是壮族妇女背孩子的背包也要绣上各种图案花纹。

从以上十个民族服饰特色来看，我国民族服饰设计主要以刺绣、挑花、贴镶为主要装饰技法，装饰图案追求美好、吉祥，色彩艳丽明快，造型以长方形、圆形等简单几何形状为主，装饰配件多采用金银铜亮色及各种自然饰物，风格淳朴、自然，而且不同民族的包袋从面料、花色到装饰手法、纹样图案等都与服装紧密相连，丝丝入扣。可以看出我国传统服饰文化中追求的是服饰的整体和谐美，与现代设计所提倡的思想完全一致。

近年来，我国服饰文化风靡全世界，相信在中西文化的进一步融汇下，会有更多具民族设计特色的现代箱包产品问世。

第二章

箱包的设计分类与关键结构特点分析

通常，作为设计师必须要了解箱包的产品设计特征以及部件结构、部件的专业名称等知识，以保证产品结构与款式之间和谐统一。一般而言，箱包最为重要的结构特点包括以下几个方面，即：产品整体造型以及形状、尺寸，开关方式，部件情况（包括外部部件、内部部件以及中间部件），所有原辅材料的颜色品种，制作方法及工艺等。通过对上述内容的逐一分解和剖析，将箱包的整体情况予以全面的分析论述，进而得到制图的基础资料。在对箱包进行结构特点分析时，一定要反映箱包的全貌。不但要描绘出前后扇面的形状，同时也要对包体的侧部和底部形状进行描述。

第一节　箱的分类及其设计特征分析

箱在现代社会中的应用非常广泛，风格设计更是时尚多样，由于实际使用的需要，箱的款式类别也非常多。随着设计艺术的发展提高，不同类别的设计风格特征也有很大的不同。而且，随着现代工业机械化程度的提高，机械生产代替了许多手工操作，使箱包的质量、产量都有了飞速的发展。与包袋相比，箱子更多用于盛放数量较多、尺寸较大的物品。

一般来讲，箱由箱体和箱盖两部分组成，有些旅行箱由于旅行的需要还设有拉杆与走轮。箱类产品可以采用多种材料制成，所用材料一般分主料、配件、辅料三大部分。箱子的面料品种很多，有纺织面料、塑料、皮革和人造革面料等，辅料一般是各种丝绸、仿丝绸材料。在实际设计和生产中，不同的面料赋予箱包迥异的风格特色。

总的来讲，箱子分为软箱和硬箱两大类别。在硬结构箱中，可以采用硬质衬来成型，如钢板、纸板、胶合板、塑料等，也可以选用硬性面料使箱具备硬挺的外形，可以有效地保护箱内物品不受外力的损伤。软箱款式多样，变化复杂，而且制作成本比较低。箱体的盖和底以软体结构为主，箱墙衬有硬性材料加固箱子的外形，但由于箱盖和底的软性构造，使得箱体会随装盛内容物的变化而产生一定的变化。

一、箱的造型与特征

在进行箱的结构分析时，首先需要考虑的是产品整体造型情况，箱多以几何形状为造型设计基础，例如长方形、正方形、三角形、圆形、椭圆形和梯形等。箱类造型在习惯上分为规则造型和不规则造型两类。同时，又划分为有拉杆型和无拉杆型两类。

长方形或长方形四周带圆角的造型是常见的箱子造型，设计变化主要体现在长、宽、高尺寸比例和四周圆角半径的大小上。一般来讲，四周圆角半径越小，箱子整体规则性越强，风格稳重大方；四周圆角半径越大，箱子整体时尚性和活泼性越好，但圆角大会造成箱体容积下降。箱体可以采用半硬或硬结构，也可以选用有拉杆或无拉杆设计。有拉杆式箱子设计是近年来设计的主体。当产品外轮廓造型确定后，箱子前部是设计变化的主要位置。如，前

图2-1　箱正面款式
图2-2　箱后面款式
图2-3　箱侧部款式
图2-4　箱底部款式

箱面的拉链设计，拉杆的造型和装设位置。其款式的前面、后面、侧面和箱底的设计如图2-1至图2-4所示。如属无拉杆型设计则去掉拉杆和走轮部分。

不规则造型是指箱体采用不规则几何形体进行的设计。不对称的几何外形，造成视觉上的异型变化，产生设计的新意；这种不规则造型设计较少用于一般的生活产品，多见于那些概念性设计或创意性设计产品上，其外形具有一定的视觉冲击效果。有时，由于箱的某一面或多面有立体面而形成箱体几何外形上的不规则造型。

二、箱的分类及其设计特征

通常，箱是按照用途来进行分类的。根据用途不同可以把箱分为旅行衣箱、家用衣箱、公文（商务）箱、化妆箱、摄影器材箱、医药箱、工具箱等。不同用途的箱在结构上会有一些差异，下面以箱的品种分类为基础来探讨箱的结构变化。

1. 旅行拉杆箱

一般，根据拉杆的数量，可将旅行拉杆箱分为单拉杆式和双拉杆式两大类；根据其制造材料和内衬材料的不同，分为硬箱和软箱；根据使用者年龄的不同，分为儿童旅行箱和成人旅行

箱；根据使用者性别的不同，又分为男用旅行箱和女用旅行箱；根据设计风格分，还可以分为商务旅行箱、休闲旅行箱、时装箱等。因此，旅行箱的设计多样，变化多端。在此以使用者的年龄为分类基础。

（1）成人旅行拉杆箱

成人旅行拉杆箱是出门旅行时常用的产品，设计时尚，变化繁多，是展现个性和时尚品位的载体，因此深受消费者的重视和喜爱。成人旅行箱可以细分为休闲箱、时尚箱和商务箱三类。休闲箱追求自然和随性；时尚旅行箱通常色彩艳丽、造型活泼，装饰图案突出浪漫、活泼的风格；商务旅行箱则风格沉稳、造型大方、装饰较少，颜色多以深色为主，如深蓝色、黑色、灰色，女式商务旅行箱设计风格要轻松一些，色彩变化较多，白色、红色、黑色、蓝色、咖啡色或几何格条设计都深受职业女性的青睐。

一般，成人旅行箱的面料选择多样，如天然皮革、人造革、塑纺面料、ABS工程塑料（丙烯腈-丁二烯-苯乙烯塑料）等，软箱和硬箱都深受消费者喜爱。成人旅行拉杆硬箱多采用硬质材料制成，其中以ABS工程塑料为主；或箱体表面采用软性面料，但箱体中间用硬质内衬使箱体变得硬挺而成为硬箱。箱子的硬衬材料有金属板、木板、纤维板、硬纸板等。

① 旅行拉杆软箱：图2-5就是典型的旅行拉杆软箱设计，一般拉杆软箱的组成结构分为两大部分，一部分是拉杆、底座、走轮体系，另一部分就是主箱体。拉杆、走轮部分是拉杆箱实现行走的主体部分，设计趋势是质量超轻，底部360°万向轮设计，可以实现自动上下楼梯。拉杆结实轻便耐用，抽提自如，有2~4挡长度便于调节控制，且连接点连接牢固，调节拉杆长度方便自如。

主箱体由箱底、箱墙、箱盖组成，箱底和箱墙构成盛装物品的主体部分；在箱体上必须在上部和侧部各设计一个提手。以箱墙的部件组成为结构上的主要设计变化形式，其中有箱墙为一圈连体式结构，如图2-5所示，也有侧墙单独式，或上墙、下墙单独式的变化。箱盖与箱体在箱的后部连接在一起。箱体内部设计一个拉链袋或松紧带袋，一对固定物品的固定带。至于其他的变化就根据设计风格和使用目的来进行，尤其是箱体外侧的设计根据需求不同和时尚因素而呈现多种多样的变化。箱体材料以塑纺材料和皮革、合成革类材料为多。如图2-5所示旅行拉杆箱是非常实用的设计，在箱盖外侧设有两个拉链外袋，且大小不一，可以分开放置一些携带的小型物品。图2-6是旅行拉杆箱的常见内部结构。

旅行拉杆箱也存在单拉杆和双拉杆的不同，单拉杆旅行箱如图2-7所示。由于单拉杆负重不如双拉杆大，而且在拖拉过程中容易造成重量失衡，因此单拉杆旅行箱的尺寸相对双拉杆箱

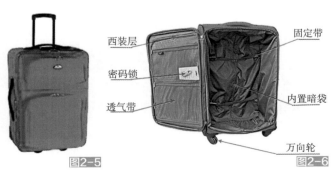

西装层
密码锁
透气带
固定带
内置暗袋
万向轮

图2-5
图2-6

图2-5　旅行拉杆软箱
图2-6　旅行拉杆箱的常见内部结构

图2-7

图2-8

图2-9

图2-10

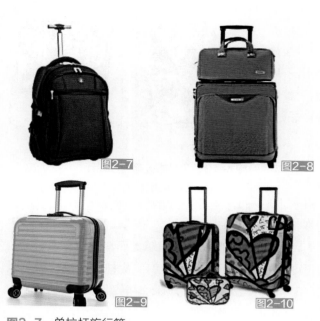

图2-7　单拉杆旅行箱
图2-8　旅行套箱
图2-9　彩色ABS塑料箱
图2-10　花色ABS塑料箱

要小。有时出于旅行的需要，还会设计旅行拉杆套箱，如图2-8所示。套箱包括一个拉杆箱，一个随身箱或包，随身箱包的后部装有卡套可套在拉杆上一起拖拉，且两侧装配有背带也可背在身上。

拉杆箱的尺寸设计一般呈系列变化，从小到大多个尺寸，如：$18^{\#}$、$20^{\#}$、$22^{\#}$、$24^{\#}$、$26^{\#}$、$28^{\#}$、$30^{\#}$、$32^{\#}$等，系列号越大箱子的容积越大。实际设计中根据需要也可以只设计尺寸系列中的一部分，如女箱以$18^{\#}$到$26^{\#}$为主，男性以$20^{\#}$到$28^{\#}$为主，$30^{\#}$以上的多为大型旅行衣箱。

② ABS彩色塑料硬箱：ABS彩色塑料硬箱是近年的流行款式，由于其色彩鲜艳，ABS塑料又有耐高温、防水、耐磨的使用特性，在制作中箱体一次成型，且造型可以随心所欲设计，使ABS塑料箱时尚感强，在市场上非常受欢迎。在现代设计中，ABS塑料箱的设计变化非常多，尤其是箱面的凹凸条纹和装饰图案的设计更是使ABS箱深受青年人的喜爱。如图2-9所示的ABS塑料箱，箱体为长方形均匀横条纹设计，整箱设计风格时尚商务；图2-10中的ABS塑料箱色彩亮丽，以几何纹样为装饰主体，设计风格活泼有活力，是旅游携带的热品。

（2）儿童旅行拉杆箱

儿童旅行箱是近几年出现的新产品。如图2-11所示的米奇儿童旅行箱外形独特可爱，既适合出门旅游，也可以在平时上学时做书包使用。箱体外观采用圆弧流线型设计，箱体材料采用ABS塑料吸塑而成，ABS材质具有优良的弹性强度及耐热和耐腐蚀性，因此箱体具有防水、耐寒、耐高温，耐摩擦等特点，箱体表面经亮面漆处理后加上热转印卡通图案，不容易被划伤。脚轮为八字形万向轮设计，即使是低龄儿童也可轻松操作；拉杆采用流线型弯拉杆，符合人体力学，拉起来更省力，可调节高度的拉杆设计非常适合儿童使用。

图2-11

图2-12

图2-11　米奇儿童旅行箱
图2-12　儿童单拉杆旅行箱

如图2-12所示的儿童旅行拉杆箱，外形采用方形加圆角设计，高强度、轻量、隐蔽式铝合金拉手，单拉杆设计，单手操作调节拉杆高度，走轮采用高速

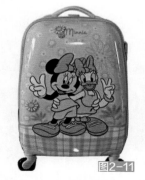

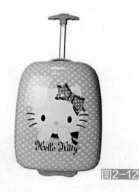

360度万向轮，瞬间转换方向，透明设计，材质坚固耐用，可胜任各种路况。箱子内部为内袋分层设计，收纳空间大而且利于整理，如图2-13（b）所示。儿童旅行箱只有箱盖和箱体两个整体成型部件，外形结构较为简单，采用拉链式开关方式，实用便捷。

（a）　　　　　　　　　（b）

图2-13　儿童旅行箱内部设计
（a）收纳空间最大化设计
（b）独特贴心内袋分层设计

2. 手提箱类

手提箱一般也可以分为软箱和硬箱两大类。手提软箱的前后面一般是软体材料，箱子的侧部部件，即箱墙由于有金属框架在内部衬托而成，是箱子成型的部位。这类箱子的尺寸适中，多采用塑纺面料或仿皮革类面料制作，成本比较低，如图2-14所示。箱的上部及侧部都设有提手，箱底部装有泡钉、立柱或滚轮，既可以提拿，也可以拉动拉手使箱子向前滚动。其箱体结构与拉杆箱类似，内部结构中比较重要的是拉链袋和固定带设计。箱体总质量比较轻，使用时灵活轻便。

如图2-15所示的是一款复古硬箱的设计，传统的长方形箱体上装有固紧皮带，既是装饰也起到加固的作用。箱体的四周带皮革包角，同样具有固紧并装饰箱体表面的作用，箱体的两侧带有固定背带的金属半圆环，可实现背提两用，底部有金属泡钉，避免地面污物、雨水等对箱底部的污染。

图2-14　拉链软箱
图2-15　复古手提硬箱

3. 家用衣箱

（1）家用木质衣箱

随着现代家居风格的改变，大型的综合性衣柜已经逐渐取代了传统意义上的家用衣箱。因此，除了具有怀旧意义上的木质衣箱外（如图2-16所示），皮革类家用衣箱已经较少见到身影，取而代之的是设计美观、制作精美、款式多样的简易家用衣箱，既方便了生活，又节约成本，减少消耗。

（2）简易家用收纳衣箱

在现代生活中，有时也需要一些简易的小型衣箱来收纳或分放衣物等生活用品，尤其对于青年学生或独居者来讲，简易的收纳箱盒是非常实用而经济的。新款布艺储物箱轻便简洁，内格可拆可装，可以根据喜好摆放任意大小的物件，不用时折叠收起又方便携带。此类简易收纳箱内衬硬板组成箱子的四壁，外面精致地包覆无纺布。无纺布又称非织造布或不织布，它是利用天然纤维经最新技术加工而成的，是柔软且透气的新型纤维制品，能有效长久地防止各类蛀虫侵入且不易受潮，防蛀又防霉，适合家居休闲生活使用。

① 多格软盖小件收纳盒：在日常生活中，总有些常用的小件衣物找起来让人头痛不已，例如：首饰、内衣、袜子等。如

图2-16　家用木质衣箱

图2-17所示的小件收纳盒采用无纺布制作，有单层、双层和多层之分，每层又有多个分隔，利于分开存放内衣裤、袜子、手套、手帕、口罩、毛巾等小件物品。收纳盒不用时折叠起来不占空间。如将隔板拿掉，可当做一般储物盒使用，根据喜好放置任意大小物品，非常随意方便，而且造价低廉，是居家整理的好帮手。如图2-18所示为三层多格收纳盒，方便区分不同类别季节的首饰、内衣，也可存放票据等各类物品，可以增加收纳的数量和使用空间。便携式设计、拆卸折叠非常方便，收起来的时候只有薄薄的一层，很少占用空间。

图2-17

图2-18

图2-19

图2-20

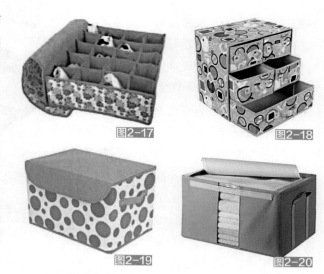

图2-17 多格软盖单层收纳盒
图2-18 三层多格收纳盒
图2-19 大号多用收纳箱
图2-20 带透视窗的收纳箱

② 简易收纳箱：当然，有关收纳箱的设计还有很多实用的创意，如图2-19所示的储物箱，是可折叠的便携式设计，但由于内衬为厚纸板，所以要尽量避免放于潮湿的地方和刻意搓揉，也不可水洗。如图2-20所示是一款带透视窗的收纳箱，可以看到收纳箱里收藏的物品情况，非常实用。

4. 公文箱

公文箱是一种主要应用在商务场合的职业类箱。其设计稳重大方，内部有分装公务资料的隔层和笔插、眼镜袋等设计，尺寸一般是：长45cm，宽33cm，高11cm，可容纳14或15in手提电脑，横放1张标准A4纸，竖放2张标准A4纸。如图2-21所示的是一种金属或ABS塑料面料的公文箱。

如图2-22所示是一种个人用公文箱，主要用于商务。公文箱箱盖上有多个横向夹层，由皮带固定并可根据所放物品厚度调节夹层厚度，2个带盖夹带，1个拉链袋，1个小插袋，非常方便分类存放物品。而主箱体内容空间较大，可以装盛少量个人物品和公文资料，多在平时上班或出差时使用。类似的设计还有很多，公文箱的设计重点是箱体内部结构，要根据使用需要设计内部的分隔和夹层，外部尺寸要满足公务资料放置的要求。

图2-21

图2-22

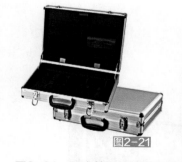

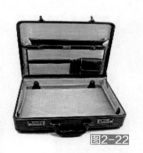

图2-21 公文箱及其内部结构
图2-22 带圆角密码箱内部结构

5. 医疗卫生箱

在现代社会中，每个家庭都需要自备一定的药品以备不时之需，如图2-23所示就是一个家庭药箱。通体采用塑料材料，安全无毒，没有异味；卫生箱内部既有分隔也有小抽屉，便于分开存放不同类别的药品。每个抽屉可以单独拉出，方便拿取药物。箱盖上设有提手，方便提拿。卫生箱的尺寸大小随家庭需要而变化，但多数以中小型为主。

卫生箱的内部结构也存在一些变化，如图2-24所示是一款家庭多层多功能保健药箱的外部造型图，其内部结构如图2-25所示。从图中可以看出，此箱内没有小抽屉，而是设计有折叠盒来分装药品。如图2-26所示也是一款家庭用药箱，是金属制成，分上下两层，而且每层也有隔板相隔，便于管理药品。另外，在医院、诊所中使用的是专业医疗卫生箱，一般多采用皮革或合成革制作，里面也是根据需要分成多个隔层，以便分装不同的药品和医疗器械。

图2-23　家庭药箱
图2-24　家庭多功能保健药箱
图2-25　家庭多功能保健药箱内部结构
图2-26　金属药箱

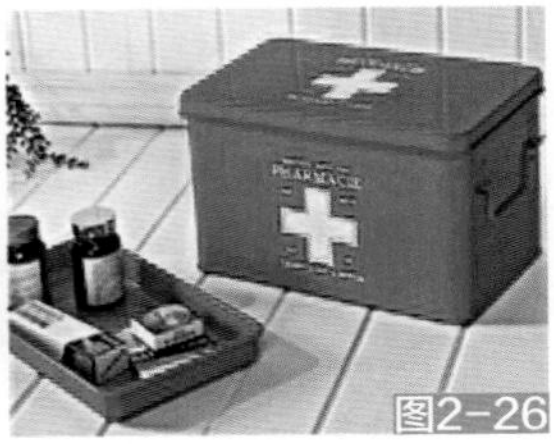

6. 专业摄影箱

由于摄影师在摄影时需要携带的专业物品比较多，需要一个大容量、多功能的专业摄影箱。因此，专业用摄影箱就是根据使用者的需求来设计的。如图2-27所示是一款多功能摄影箱，外观与普通拉杆箱类似。摄影箱内部存放摄影器材的情况如图2-28所示。主箱内空间由海绵隔板进行分隔，使用时可以根据需要来调整海绵隔板的位置，使容纳空间更符合个人需求。至于主箱体的深度，必须能够容纳佳能系列和尼康系列这样的全尺寸专业数码单反相机。

对于摄影箱而言，功能化设计是其设计的重点和特征。当然，每种功能化设计都要有特定的结构与其配合才能实现。首先，拉杆箱上部的弧形提手非常坚挺，正上方有一层柔软的皮革，整个把手被厚厚的海绵层包裹，手感舒适。拉杆采用内藏式设计，拉开拉链才能看到收纳在里面的拉杆把手。这样的设计不仅让整个拉杆箱整体感更强，而且也能避免拉杆把手污损。拉杆把手用橡胶层包裹，无论是左手还是右手、正手或者反手操作，手感都不错。值得一提的是，在拉杆把手的中央有一个带有凹槽的小盖子，打开盖子露出里面的金属螺纹孔，金属螺纹孔是用来安装相机的"脚架孔"。在随包的附件中，还有一个用来连接相机和"脚架孔"的小装置，通过这个小装置，相机可以便捷地固定在拉杆把手上，见图2-29。同时，由于铝合金拉杆有两挡长度调节，可以实现拍摄高度上的变化。

另外，将固定好相机的三脚架安装在箱体的前部，拉开箱体后部支架后，可以倾斜45°拍摄，如图2-30所示。这个功能对于户外拍摄尤其重要。

图2-27　摄影箱外形
图2-28　摄影箱内部构造

箱包设计与制作工艺

摄影箱的内部构造也具有功能化，见图2-28。打开主箱体盖，箱盖上部设有三个装存储卡的小袋，两个半透明大袋和一个带粘扣的小盖。存储卡存放位置的下面拉链闭合端由专门设计的尼龙绳牵引和三角形布遮挡，以避免硬质拉链头损伤器材。半透明袋空间有限，可以装镜头清洁布等物品。存储卡袋侧是一个带粘扣的盖子，打开后可以看到两个笔插和名片位等设计。取出主箱体后，可以看到内胆为银灰色的外壳箱体，箱体四周并没有任何内衬材料。需要说明的是，银灰色内衬是可以取下的，如果被弄脏了可以取下来洗净后再装上。在箱体的底部一侧，还设有手抠，方便搬运。摄影箱大多采用大尺寸滚轮，如果不慎损坏可以方便地通过常见的内六角扳手取下后清洁或修理。因此可以说，摄影箱不仅是一个做工精致的旅行箱，更拥有众多针对摄影人士专业需要的独特设计。

当然，专业摄影箱还有其他的设计和款式，外形如图2-31所示，内部构造如图2-32所示。此款摄影箱可以同时装2~3台专业135相机，5~8个镜头，闪光灯、配件，同时可放15in笔记本电脑或专业摄录机或6mm×7mm片幅机等物品。摄影箱采用双袋设计，可抽出式内胆可局部打开取放器材，也可全部打开；前部拉链袋可放15in笔记本电脑，如图2-33所示；左

图2-29

图2-30

图2-31

图2-32

图2-33

图2-34

图2-29 把手上安装相机
图2-30 箱体可倾斜45度
图2-31 帆布拉杆摄影箱外观
图2-32 可抽出式内胆设计
图2-33 前部拉链大袋设计
图2-34 前下袋内的数码卡专用位

右边袋可放水瓶、雨伞、毛巾或者器材配件，如电线、遥控器、电池等；前部下方的小袋内有数码卡专用位，如图2-34所示；前袋上方拉链打开取出小袋，可放置三脚架。根据人体工学原理设计的双肩背带可拆开直接与内胆配合使用。

7. 工具箱

应用金属或ABS塑料制作的工具箱有多种外观，图2-35所示只是其中一种。ABS塑料箱是一种新型的工具箱，具有密度高、防水、轻便、耐磨等特性，基本可以取代传统的木箱和塑胶制品箱，广泛应用于各种行业。其内部结构设有多个隔层或凹槽，以便于装盛各式工具和物品。如图2-36所示即是其中一款实用的设计。

图2-35

图2-36

图2-35 ABS工具箱
图2-36 工具箱内部结构

8. 化妆箱

化妆箱用于装盛化妆用品，有男用和女用之分。根据用途的不同个体差异较大。女用化妆箱外形方正常带有圆弧设计，箱上有提手或背带，通常采用拉链或箱锁式开合方式，材料多样，有金属、皮革、纺织材料可以选用。金属和皮革类化妆箱的装饰较少，以材料本身花

图2-37　女式化妆箱外观
图2-38　折叠化妆箱内部设计

纹图案为主，如图2-37所示；而纺织品化妆箱设计变化非常多，但风格基本以淑女和可爱为主，有时选用蕾丝花边、蝴蝶结、褶皱或者图案等作为装饰。化妆箱内部一般设计有一定数量的分隔或分层，箱壁上设计有条带式插口，供细长型化妆品插入固定。通常在箱盖上配有小镜子供化妆时使用。其他设计依风格或需要而设定，如图2-38所示。

男用化妆箱一般外形设计较为方正，风格稳重大方，较少装饰。内部视使用需要设置少量分隔。以软体结构或半硬结构为主。

第二节　箱的关键结构特点分析

箱的关键结构特点指的是箱结构上的特征，包括开关方式、部件情况、尺寸、制作工艺、装饰手法等。箱的关键结构特点分析即是对上述特点的分析和论证，找出箱结构上的关键特征，为部件的结构制图打好基础。

一、开关方式

箱的开关方式主要是指箱体和箱盖的配合方式，一般来讲有两大类型：拉链方式和接口方式。接口方式又分为对口接方式和套口接方式两种。通常，拉链方式在软箱和硬箱上都可以使用，而接口方式主要应用在硬箱上。

1. 拉链式开关方式

拉链式开关方式使用方便，造价低廉，是箱子最为常用的开关方式。箱上多选用大齿牙尼龙拉链，颜色为黑色或与箱体同色或根据设计确定的配色；硬箱的话需要用软性材料将拉链缝合后再装配到箱体的边缘上，其外观效果如图2-39所示。箱盖和箱体在箱的后部中间固定，箱体内部装有固紧带、网眼布袋等设计，其内部结构如图2-40所示。箱体底部设计一个长拉链，有利于更换拉杆装置。通常箱子的滚轮会嵌入箱体内部，通过里布遮盖使箱内部显得整洁清爽。

图2-39　拉链式开关方式外观
图2-40　箱的内部结构

2. 接口式开关方式

（1）对口接开关方式

采用对口接开关方式的箱子，箱盖利用凸缘、金属护口或塑料护口来固定，凸缘沿箱体帮周边设置，形成10~15mm高的护口，护口沿箱体帮和箱盖帮进行固定。这种开关方式应用非常广泛，其外观效果如图2-41所示，结构示意如图2-42所示。

（2）套口接开关方式

采用套口接开关方式的箱子，沿箱盖帮和箱体帮的周边固定有木框架，其结构示意图如图2-43所示。采用这种结构的箱子比较少。

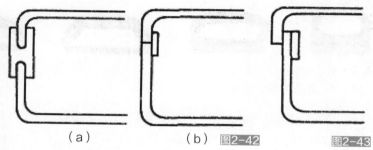

（a）　　　　　　（b）图2-42　　　　　　图2-43

图2-41　对口接开关方式外观

图2-42　对口接开关方式结构示意图

（a）凸缘对口接　（b）金属护口对口接

图2-43　套口接方式结构示意图

二、部件的形状、数量和尺寸

箱子的部件包括外部部件、中间部件和内部部件三大类。

1. 外部部件

外部部件又包括外部主要部件和外部次要部件。外部主要部件是指构成箱体和箱盖的部件，包括：箱墙、箱盖、箱底、拉杆、走轮等部件。

在这些部件之中，箱体的尺寸基本代表了整个箱子的形状和主体尺寸，同时也限定了箱子的规格。箱子的主要规格尺寸有长度、宽度和高度，其最常用的尺寸范围是：长400~800mm，宽110~350mm，高300~800mm。另外，还有箱底的弧度和箱角的弧度值也是非常重要的，由于所用材料的厚薄软硬以及结构和制作方法的不同，箱底弧度尺寸一般是30~100mm。除此之外，箱子护口凸缘部分的高度为10~15mm，把托间距为125~250mm。对于家用衣箱而言，一般衣箱的总宽度是长度的60%左右，高度是长度的28%~35%。一般旅行衣箱宽度是长度的70%左右。可以根据设计风格和需要来确定。

拉杆和走轮的外形设计多样，多要求360°静音轮，拉杆设计多节长度可以调节。拉杆的设计繁多，比较常见的拉杆外形如图2-44所示。底部是箱体托架，负责整个箱子的承重。走轮的设计变化如图2-45所示，材料要求耐磨、抗摔、耐久性好。

箱子的外部次要部件有：用于开关箱子的部件，如皮带、小盖等；用

图2-44　拉杆外形

图2-45

图2-46

图2-45　滚轮的设计变化

图2-46　把手的设计变化

于提拿箱子和固定把手的部件，如提把和把托，提把又称把手，如图2-46所示；用于装饰和加固接缝的部件，如压条皮、沿条等；用于加强箱子的结构装饰外观的部件，如连接板和包角等。

2. 内部部件

内部部件有里子、内袋、护口、箱内拢带、箱盖支托、合页等。这些部件对箱包的规格尺寸没有太大的影响，只是影响到箱包内部的外观效果和使用功能，但是它们的形状和尺寸一定要与箱体的尺寸相匹配。箱内里子多选用羽纱、美丽绸、真丝绸来制作，里料所选用的材料一般随面料的档次而变，原则上一定要里料和面料匹配为好。

3. 中间部件

中间部件是指填充在外部部件和内部部件中间的部件，它的基本作用是作为衬垫使箱子成型，而且也可使箱帮对口连接，同时还有加固配件的作用。中间部件有硬性和软性两种之分，应用于衬垫的主要材料有纸板、钢板、法兰绒、海绵等。

三、制作方法

箱的制作方法主要包含三个方面，其一是箱部件之间的连接方法，其二是箱体部件的形成方式，其三是拉杆、走轮等部件与箱体的固定方法。

1. 箱部件的连接方法

箱部件的连接方法主要有线缝法、胶粘法、高频焊接法、铆合法等。其中线缝法是应用最多的制作方法，不论是硬箱还是软箱都可以采用；胶粘法主要用于有硬质箱胎的面料复合方法和材料的热熔粘合；铆合法主要用在那些不易缝合的硬质箱体的连接上，如：木质、竹子、金属等材料箱体的制作。

（1）线缝法

在箱体工艺中，箱体最主要的连接方式是线缝法，采用传统缝制工艺时，部件连接有两种方式：一种为箱面和侧帮（墙）的连接，另一种是箱面和整帮（墙）的连接。缝制方法既可采用反面缝制法也可采用正面缝制法，反面缝制方法多用于制作半硬结构箱，如软箱的制作；而正面缝制方法的应用有两种方式，一种是用在箱体或箱盖的面夹在箱帮中间的时候，另一种用在箱面围绕在箱帮外面的情况下，如图2-47所示。

（2）胶粘法

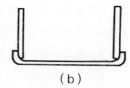

图2-47　箱面与箱帮的缝制方法
（a）箱面在内，箱帮在外　（b）箱面在外，箱帮在内

胶粘法既可将部件直接粘合在一起，多使用热熔胶或直接将面料通过热和压力熔融在一起；也可将面料附合在硬质箱胎外面，通过胶粘而形成箱的外观。这种部件之间的粘合有对接缝和搭接缝等不同方法。另外，胶粘法也可以用在粘合箱壳里布的操作中，粘合箱壳里布时用毛刷或专用喷胶工具，将胶刷或喷在箱壳里面，待能粘合后粘贴对应的箱里布，用专用工具清剪掉多余布边。用毛刷把胶刷在压条反面的箱壳对应位置上，待能粘合后把压条和箱壳粘在一起。胶粘法也常用在粘合箱的后背上，用专用热熔枪在后背两长边上按要求打胶，并将后背粘合在箱体对应位置上。

（3）铆合法

① 箱体部件的铆合：在大多数情况下，铆接硬箱采用整体大面结构，各个部件可以采用对接法连接或以搭接法套接的方式进行组合。部件对接以后，用包角、连接板、沿条等连接部件加固，如图2-48所示。部件采用一端叠放在另一部件的一端上的搭接法组合时，如图2-49所示。

为了避免在箱体或箱盖的拐角处产生皱褶，常在该处留一圆形切口，然后用包角将其遮盖住，如图2-50所示。

铆接箱各个部件结构图如图2-51至图2-53所示。一般而言，箱体的高度为箱子总高度的60%~80%，箱子底部和侧部的圆弧半径依材料的厚度和硬度的不同而有所变化为10~60mm。部件重叠搭接余量为10~20mm。

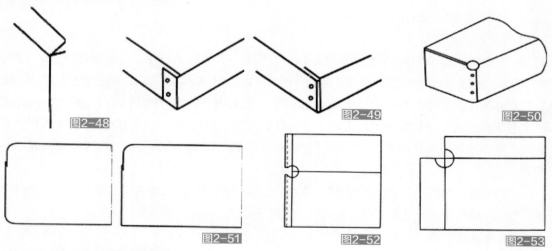

图2-48　铆接硬箱部件对接图
图2-49　铆接硬箱部件搭接图
图2-50　铆接硬箱拐角切口图
图2-51　部件结构剖视图
图2-52　箱体结构图
图2-53　箱盖结构图

② 箱零部件的铆合：铆合法还可以用在箱的其他制作工艺中，用冲床在规定位置上冲孔，用拉铆枪和规定的铆钉将带夹片固定。

　　a. 安铆泡钉：用铆钉机和规定的铆钉及垫圈，在箱壳对应的位置上安铆。

　　b. 安铆标牌：先用专用烙铁和专用铆钉机在箱面对应位置上烫孔或冲孔，然后把标牌固定在箱壳上。

　　c. 安铆箱框：按要求将箱框固定在对应的位置上，用液压压口机或订书机固定箱框。

　　d. 安铆拎带：用冲床在规定位置上冲孔，用拉铆枪和规定的铆钉将带夹片固定。

　　e. 安铆锁件：用铆钉机和专用风动螺丝刀及规定的铆钉、螺丝和垫圈，安铆在箱框对应锁孔位置上。

　　f. 安装提把：用专用风动螺丝刀，把规定的螺丝、垫圈固定在箱框对应的位置上。

　　g. 安铆边扣：用风钻在箱框的规定位置钻孔，用拉铆枪把规定的抽芯钉固定在箱框上。

　　h. 安铆锁钩及衣架座：根据锁孔位置调整冲孔模具尺寸，用冲孔机冲孔，用铆钉机和规定的铆钉把锁钩固定在箱框上。安铆中锁钩同时安铆衣架座，用拉铆枪和规定的抽芯钉固定。安铆连体锁的锁钩时，要在箱框上框锁孔对应位置用专用风钻钻孔，用专用风动螺丝刀和规定的螺丝、螺母固定。

　　i. 安铆合页：用冲床在箱框下框规定位置上冲孔，用铆钉机和规定的铆钉、垫圈固定。箱体扣合以后用风钻在箱框上框对应位置钻孔，用拉铆枪和规定的抽芯钉固定。

2. 箱部件的形成方式

　　根据现有箱的工艺制作方案，可以将箱体部件的形成方法分为箱胎成型法、坯片模压成型法、冲压成型法和固体材料裁剪法四类。

（1）箱胎成型法

　　当采用注塑法工艺时，箱体和箱盖连在一起下料。采用注塑法制作塑料箱胎的工艺比较先进，生产出的产品质量比较高。

（2）坯片模压成型法

　　模压成型法是指将片状的平面部件坯料放在模具中，在压力作用下进行模压成型。一般，在模压成型过程中，利用长方形平面部件制作具有曲面的箱体时，其成型过程较为复杂，因为长方形部件的变形在整个周长上是不均匀的，通过研究表明，在距离部件边缘20mm处所产生的变形最大，材料的纵向挤压力大于横向挤压力，因此在箱体的四角处形成材料的多余堆积，使得该处面料在成型后大部分以皱褶形式存在。所以料坯的形状应与压模几何展平图相吻合。

　　在实际操作中更为重要的是确定变形的特性和变形的大小，以便在计算部件尺寸时加以考虑。在实际操作中应先将料坯进行预成型，以保证成型后各部尺寸不再产生变形。

（3）冲压成型法

　　在成型模具的作用下，利用材料自身的延伸塑变能力，也可以完成平面与曲面的转换，这种工艺叫做"冲压成型工艺"。日常生活中所用的搪瓷盆就是这样生产出来的。那么，箱子是如何利用这一原理来进行平面与曲面之间转换的呢？箱子的成型必须依靠其棱边折痕或通过模具延展压制而成，而所使用的材料如皮革、人造革、纺织物、塑料等都具有良好的弹性和塑变性，箱包成型多是一个单向弯曲的曲面，因此箱包的展平是完全可能的。

在制箱业中由于产品造型和材料的复杂多变性，使得箱的平面设计方法有许多的不同，目前普遍采用的在箱体表面拉绷测量的手法，即是将测量得到的胖面的长宽数值变换成平面数值而得，如图2-54所示。

ABS塑料衣箱表面的展平，主要是利用这种材料本身的塑变能力，可以做连续的延伸和塑变，成型方法有阳模成型法和阴模成型法两种。在阳模吸塑成型法中，其材料的展平有效面积小于模具的长、宽、高之和，如图2-55所示。

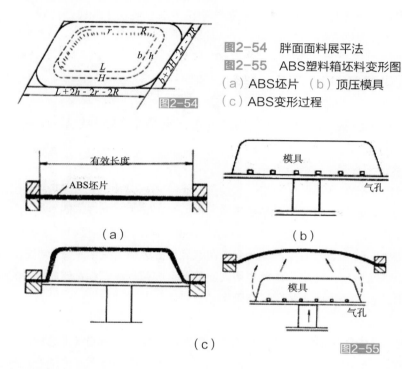

图2-54　胖面面料展平法
图2-55　ABS塑料箱坯料变形图
（a）ABS坯片　（b）顶压模具
（c）ABS变形过程

（a）

（b）

（c）

（4）固体材料裁剪法

固体材料裁剪法就是根据样板在面料上画样，然后进行裁剪的方法，是软箱制作常用的方法。下料前，要认真检查材料是否符合质量要求，严格按样品、样板、模具、尺寸下料，并严格按照使用规程正确使用不同的工具和设备下料。

3. 拉杆、走轮等部件与箱体的固定方法

拉杆可以安铆在箱体内侧，也可以安铆在箱体的外侧，效果如图2-56和图2-57所示。当然，有时，拉杆也可以安铆在箱墙上，从斜向拉提箱体。操作时，用风钻在箱壳对应的拉杆位置钻孔，用拉铆枪或风动螺丝刀和规定的铆钉、螺丝垫圈，把拉杆固定在箱壳上。根据箱走轮、包角的不同，分别用气动拉铆枪或铆钉机和规定的铆钉操作安铆。

图2-56　安铆在箱体内侧的拉杆
图2-57　安铆在箱体外侧的拉杆

四、配件与装饰方法

装在箱体表面上的各种部件，不仅在结构上起到一定的作用，而且也具有一定的美化和装饰功能。例如提手，既是功能部件也是装饰部件，在选择提手的位置时，必须设置在衣箱前墙的中间部位上，如果提手位置偏向箱墙的底部，那么在行走时就会由于失去平衡而出现箱子擦腿现象。箱锁的选用必须依据箱形结构和规格尺寸来选择，滑轮或泡钉应该安置在后墙较宽的位置上，安装时务必牢固并且保持对称垂直。

箱子也可以采用缉明线，异色沿条或压条等装饰手法，使箱子的风格各异。有关箱子的设计在后面章节中还会详细介绍。

第三节　包袋的分类与设计特征

通常，根据包袋类产品的设计风格与用途，可以将包袋类产品分成以下类别。

一、日常生活用包

日常生活用包是指在日常生活中使用的包袋品类，与日常生活息息相关。比如日常工作、学习、上街购物、郊游等，都要背提各式各样的包袋，不同的活动及不同的使用环境，需要不同的包袋来满足需要。此类包袋的设计风格时尚多变、自然随意，随潮流变化而变化。例如：休闲类包袋是与休闲装相配合的，设计上追求自然洒脱的风格。其色彩变化丰富，材料的应用范围也非常大，既可应用天然皮革也可应用人造革、合成革及纺织织物等材料。结构上多选用半硬或软体造型，以充分体现随意自然的风格。主要包括以下种类。

1. 背包

背包是日常生活中使用最多的包袋类产品，根据背包装配的包的背带数量可以分为单背带背包和双背带背包两种类别。其设计时尚特征明显，最大限度地体现潮流的变化趋势。

对于单背带背包而言，除了包体的变化以外，肩带的宽窄长短也是设计的主要方面。如图2-58就是一个典型单背带背包，其设计风格简洁大方，肩带长度适中，可背可提。如果设计成可调式肩带，则可将肩带进行长短调节，调成长带时可以斜肩背着。双肩带背包如图2-59所示，其背带长短适中，一般只是单肩背用或手提。背包的风格多变，随意性强，在日常生活中的使用非常广泛。

背包的个体设计随时尚变化可大可小，个体比较大的背包，风格大方雅致，容量大适合装盛比较多的物品。一般采用软结构设计，包袋外形随内容物的变化而变化。由于包体比较大，可以设计较多的附属功能，比如：拉链袋、带盖袋、挖袋、贴袋等，既丰富了包袋的款式变化，又增加了产品的使用空间，如图2-60所示。个体比较小的背包风格秀丽，方便随身携带，背带可长可短，既可以单肩背也可以斜肩背。

男用中小型背包多采用单肩带式，背带可调节长短，一年四季均可使用，如图

图2-58　　　　　　　　图2-59

图2-58　单背带背包

图2-59　双背带背包

2-61所示，只是秋冬季节包袋的个体大一些。背包可以分为横式和竖式两种，横式沉稳大方，竖式时尚休闲，是近几年流行起来的款式。总地来讲，男式背包较女式背包变化少。

图2-60　带外袋的背包
图2-61　男用单肩背包

2. 手提包

手提包没有背带，只是在手中提拿使用，由于负重的限制，一般个体较小或适中，在适当的范围内，包袋的个体大小及提手的长度可以随意调节，随风格而变，提手长一些的手提包既可以提拿在手中，也可以挎在手腕上。手提包的风格设计时尚性非常强，设计时可以采用多种设计手法，选用各式时尚元素来丰富产品的变化。比如：编织手把，在扇面上绗缝做皱形成新的时尚效果，彩色印花或刺绣等种种装饰变化。如图2-62所示的手提包采

图2-62　漆皮鳄鱼纹手提包
图2-63　可爱图案手提包

用漆皮与鳄鱼皮的拼配使用，外观大方时尚，适合上班使用。如图2-63所示的包袋，扇面装饰卡通风格图案，整体风格活泼可爱，适合年轻女孩使用。

3. 手包、手袋

手袋造型多变，有扇形、圆形、三角形、梯形等，线条非常柔和流畅，可以装设提手，也可以不装设。使用时捏在手中或夹在腋下，既可以营造时尚奢华的效果，也可以追求自然随意的休闲品位。如图2-64所示是一款信封手拿包。如果装设有提手的话，一般设于袋口部位，多为比较细长的条形，使用时可以在手中拎提也可以挎在手腕上，如图2-65所示。

在现代社会中，男用手袋也非常常见，而且设计时尚，功能多样。常用的男用手包如图2-66、图2-67所示。一般采用长方形造型，而且四边多为角形或较小半径的圆弧，选用黑色、咖啡色、棕黄色等颜色作为主色，具有独特的阳刚气质。手包的包口采用拉链或包盖的开关方式设计，其中拉链式手包轻便美观，包盖式手包稳重大方，既可以单独拿在手中，也可以放在大包中使用。

图2-64　信封手拿包
图2-65　带提手的手包
图2-66　男式拉链手包
图2-67　男式带包盖手包

4. 化妆包、饰品袋

化妆包可以分为男用化妆包和女用化妆包两大类。女用化妆包一般常用花边、缎带、珠子等女性味儿十足的材料来装饰包体，而且颜色多半鲜亮，配色鲜明，如图2-68所示。在包袋里面装一个镜子以便化妆使用，有时在包体中会加设一些可拆装隔层，方便分别装盛不同的化妆品。男用化妆包主要功能就是装盛护肤美容类产品和差旅用品，外形以方正为主，材质可以选择天然皮革、合成革、尼龙布等，产品成型性较强，总体颜色比较深，可以选用格面料或单色面料辅以较小面积的明亮色来调节总体风格，风格要比一般种类的男士包轻松随意一些。

图2-68　女用化妆包
图2-69　化妆包内部结构

此外，女用化妆包还可分为简易化妆品袋、口红袋、眉钳袋、粉盒袋、施妆袋等小型化妆包袋。这类小包袋造型比较简单，多以单空腔为主，在包袋外部常附加花边、压条等装饰，或用通体彩色印花设计，外观效果非常秀丽可爱。化妆包内部结构如图2-69所示。

5. 桶包

桶包通常用天然皮革、人造革、帆布、牛仔布、牛津布等材料制作，也可以选用各式花型面料，外形多似桶形，风格时尚而休闲，深受年轻人喜爱。包体外部可设计各式外袋，如拉链袋、带厚度的立体贴袋等，以增加了桶包的使用功能；或在表面用铆钉、金属片等装饰，形成青春热烈的风格。桶包也可以设计成一包多用的款式，可以单肩斜挎也可以双肩背，如图2-70所示。在包的上部应用包体抽带（绳）封口。

桶包也可以设计成运动休闲风格，适合运动、旅游时使用。包体侧部的堵头部件采用圆形或椭圆形外形，如图2-71所示，方便实用。

图2-70　时尚桶包
图2-71　运动桶包

6. 休闲郊游包

由于旅游业的兴起，近郊游成了方兴未艾的休闲活动方式，针对近郊游而设计的郊游包由此诞生。在产品设计上，休闲郊游包是一种休闲味很浓的包型，多用各种单色布、花布、细帆布、斜纹布、合成皮革等轻型面料制作。包外部设计多个明贴袋，而且袋体相对比较大，方便在旅游时装盛不同种类的物品或随时可能应用的东西。内部设计有可以装盛饭菜和饮料的隔层，一般来讲，郊游包必须要具有一定的防水、保温特性。如图2-72所示的保温郊游包套装，是按照常用餐盒尺寸设计的，具有保温层和防水层，可以将饭菜保温一定时间。

图2-72　保温郊游包套装

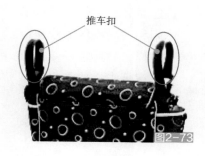

推车扣

图2-73

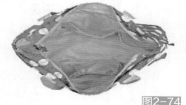

图2-74

图2-75

图2-73　母婴包
图2-74　母婴包内部结构
图2-75　时尚腰包

7. 母婴包

母婴包是实用性能非常强的包袋品种，通常采用环保防水材质制作，主要是用来在外出时装盛婴儿用品。基本设计是：包袋主体是一个大的拉链袋，包前扇面设置两个口袋，包后扇面一个大隔层袋，左右两侧各有一个口袋可以放奶瓶之类。母婴包一般既可单独背提，也可与婴儿车配合使用，其肩带长度可根据使用者的身高进行调整，而设于包体两端的推车扣，则可将其与婴儿车紧密固定，如图2-73所示。包体内部通常设有多个隔层及分区，可以合理分类放置宝宝的物品，如图2-74所示。宝宝长大后，母婴包还可以当做电脑包、街市包使用。

8. 腰包

腰包一般固定在腰间，由此而得名。一般来讲，腰包的体积不会太大，常用天然皮革、合成革、尼龙布、牛仔面料等材料制作，在外出旅游和日常生活中均可使用。如图2-75所示，即为时尚的腰包设计。在腰包的设计上，由于要将腰包固定在腰部，需要在腰包的两端设计可调节松紧的带子，并在带子两端装设固定的卡扣。腰包的前面一般设计多道拉链，以方便分装物品，在主拉链内部空间的侧内壁上设计有拉链袋，有时会在紧贴人体腰部的位置设计拉链袋结构，用以盛放比较贵重的物品。

二、时装包

时装包是专为搭配时装而设计的，其流行性和时效性极强，在造型和材料的应用上，强调新潮和时髦，有时可能就因为新材料的缘故而流行，通常时装包的造型及材料选用和时装风格一致。与生活包袋比较，时装包的特点是：造型新潮、时尚元素多，变化周期短。当季的流行元素是时装包的首选设计点。

三、晚礼包、宴会包

晚礼包、宴会包是新兴的包袋产品，其造型多变，有扇形、圆形、三角形、梯形等，线条非常柔和流畅，与时装包有些类似，但是时装包相对更显奢华、亮丽，一般多与晚礼服搭配。通常，晚装包设计的装饰性大于实用性，一般为女士出席正式的社交场合时携带，如晚宴、酒会等。这种类型的包，薄而小巧，表面用人造珠、金属片、刺绣图案、花边、金属丝等女性元素装饰。如图2-76所示的红色大花晚礼包，时尚华贵，金属架子口熠熠闪光，包袋前部大大的玫瑰花将女性的魅力演绎到极致。

四、钱包

钱包也称钱夹、票夹等，是用来装零钱、名片、信用卡等物品的小包，内有夹层，商务用

钱包通常以天然皮革制成，休闲和时尚品位的钱包设计多样，材料也多变，可捏拿在手中、放在衣裤袋内或装入随身携带的包内。

钱包可以分为男用和女用两大类。

1. 男式钱包（票夹）

男式钱包风格稳重大方，但不失时尚性，一般分为横式、竖式和长式三种。不管是哪一种款式，外形设计以长方形为主，商标标识要处在外部显眼位置上，其他设计随时尚而变化，商务类钱包变化不如休闲类多；除了外部设计变化以外，其内部设计比较复杂，有多个卡位和钞票位，而且位置和形状会有变化。经典的男长式钱包及其内部结构，如图2-77所示。横式钱包如图2-78、图2-79所示。当然，随着时尚设计的发展，男式钱包也有许多新的款式设计和更多的款式变化，材料、金属配件、拉链、造型等都是时尚变化元素。

图2-76	红色大花晚礼包
图2-77	长款男票夹
图2-78	横式男款钱包
图2-79	横式男款钱包内部结构
图2-80	女式钱包
图2-81	口架钱包

2. 女式钱包

女式钱包比男式钱包款式变化要多得多，可以从多方面进行新款设计。而且，没有男式钱包那么多的规矩限制，可以拎提在手上，也可以放在包内使用，如图2-80、图2-81所示。当然，在时尚的潮流中，女式钱包有很多的变化。

五、公事、职业用包

职业类包袋为上班族应用，一般与职业装配合穿用，造型风格简洁干练、端庄稳重，表面装饰较少但精致，根据具体职业特点，包体功能设置是不一样的，总体形态大方、沉稳、端庄，装饰造型与它的应用成为一体。

1. 女式职场包

女式职场包整体造型端庄典雅、简练利落，外观风格秀丽柔美。它的外形一般为长方形和梯形，提带可长可短，多根据流行趋势来设计。职场女式包主要靠自身材料和设计风格来体现时尚性和品位，装饰一般比较少，而且不宜过多地使用人造花、缎、花结、珠子等元素，如图

2-82所示。

2. 男式商务包

男式商务包略显严肃方正，造型设计应注意运用简约、明快的线条来衬托出其休闲时尚感。商务包大方、实用的款式可以自由搭配正装和休闲装。经典的男式商务包款式如图2-83所示。现代男式商务包设计还有许多的变化，带有休闲性质的软面皮革、拉链和贴袋的设计使男式商务包正式感和随意意味兼具。

3. 公事包

公事包也叫公文包，包体造型简洁大方，表面无多余装饰，内层较多，用于分类存放各类文件。通常有手提式、肩挎式和夹带式三种，手提式有把手，造型较多，夹带式无把手。公事包更多地适合在正式的场合使用，一般用皮革制作，多为黑色或深色系列。如图2-84所示。

4. 旅行公事包

旅行公事包综合旅行包和公事包的特点，一般应用于短期、短途的出差公务使用，其个体比一般公文包大，包体的厚度也比较大，而且内部会分若干空腔，以便将公文资料和生活物品分开存放。如图2-85所示。

5. 电脑包

在公事包袋类还有一种比较特殊的品种，那就是电脑包。在现代设计中，电脑包既可以设计成休闲风格的，也可以设计成商务风格的。休闲风格的电脑包如图2-86所示。具有办公和学习功能的电脑包，内部有笔记本袋和书本袋两个隔层，一般没有装盛其他用品的功能，当然，此包内也可以装少量的其他物品，比如，文具、手机等小型物品。商务风格的电脑包可以与公文包或商务包合二为一，通过在公文包内部设计电脑专用夹层来实现，如图2-87所示。

图2-82

图2-83

图2-84

图2-85

图2-86

图2-87

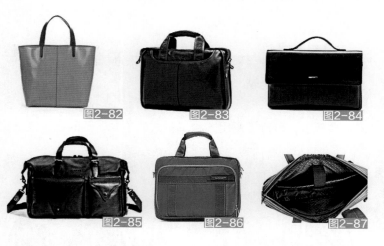

图2-82 女式商务手提包
图2-83 男式商务背提两用包
图2-84 正装公文包
图2-85 旅行公事包
图2-86 电脑包
图2-87 商务电脑包内部结构

六、运动、旅行包

运动包和旅行包是为满足人们外出运动和旅游的需要而设计的包型，都是体现青春、健康向上风貌的产品。这种包体积较大，要求结实耐磨。

1. 旅行包

旅行包的造型，主要考虑旅行的特点，容积尺寸略大，色彩搭配和谐统一、鲜亮，或采用一些色彩强烈对比的印花图案作为装饰，也可以应用背带、提带或拉链来进行装饰或配色。如图2-88所示。

2. 拉杆旅行包

拉杆旅行包是近年流行的产品，旅行包制作材料比较轻，在旅途中比旅行箱轻便，而且由于有拉杆和走轮，可以减轻背提的重量，是一种经常使用的产品。通常，根据拉杆的装配位置，拉杆旅行包分为立式和侧式两类；而根据使用者年龄可分为成人用和儿童用两大类；根据性别又分为男用和女用的不同；根据设计风格，还可

图2-88　耐克旅行包
图2-89　运动式拉杆旅行包
图2-90　商务拉杆旅行包
图2-91　立式拉杆旅行包

以分为商务类和休闲类两类产品。运动式拉杆旅行包如图2-89所示，商务类拉杆旅行包如图2-90所示，图2-91为立式拉杆旅行包。

3. 运动包

运动包具有强烈的个性和针对性，对于不同的运动项目而言，有不同设计的品种与之相对应，如：网球袋、橄榄球袋、专业比赛用袋。同时，由于大众运动的兴起，大众运动包更为多见。

（1）专业用运动器具包

专业用运动器具包如图2-92所示，根据运动种类和运动器具的情况来进行设计，一般在包袋的外侧设有器具带，而内部主要是装盛运动衣物等。

（2）单肩运动背包

单肩运动背包如图2-93、图2-94所示，有背提两用式和单背式的不同，同时在风格上，图2-93中的设计更具有时尚和休闲的意味，通常与时尚装扮或休闲装配穿，图2-94中的设计运动性更强，通常与休闲装或运动装配穿。

（3）双肩运动背包

双肩运动背包应用十分广泛，由于双肩背带可以分解重力，所以在背提过程中省力，而且是包袋背在身后，可以腾

图2-92　运动器具包
图2-93　时尚运动背包
图2-94　休闲运动背提两用包

箱包设计与制作工艺

出手来做其他的事情。另外，在双肩背包的设计上，也有许多独到的优势，比如：前部设计有多个拉链外袋，可以分装不同的物品，背包两侧的松紧网布外袋适合装水瓶和水杯，包的顶端设计一个提手，包体的拉链两侧一般装有可以调节松紧的卡扣，对拉链起到加固的作用。有的双肩背包，在腰部还装有横向腰带可以将包袋固定在人体的腰部，进一步分散包袋中物品的重量，并使包袋不易来回滑动。因此，双肩背包是一种非常实用而功能多样的包袋产品，如图2-95所示。

（4）登山包

登山包属于专业运动型包袋，设计时与人体的运动参数和运动状态关系非常密切。尤其是登山运动的环境特殊，运动形式也非常特殊，在登山过程中登山者背负的物品较多，背负重量比较大，因此登山包的个体要比一般的双肩运动包大许多。而且由于登山运动时，人体许多时候都是在弯腰攀爬，因此对于负重力的合理分解是登山包结构尺寸确定的关键。如图2-96所示。

图2-95　双肩背包
图2-96　登山包

七、儿童包、学生书包

学生书包是指专门为学生装盛书本与学习用具的包袋，在造型上，由过去的单肩挎包式样变成如今的双肩、单肩背包并存的状态，廓型更加人性化和时尚化，功能也更为全面。

1. 儿童包

儿童包一般指上幼儿园的3~6岁儿童所用的背包。与中小学生书包相比主要是个体比较小，结构要简单一些，外部设1~2个拉链袋，两侧有装水瓶的网袋，中间主袋还有一个拉链小袋，以大空腔为主，方便装拿物品。儿童包面料选用相对比较柔软但具有一定成型性的纺织物，包面上缝缀童趣图案，尤其是装饰图案与鲜艳的颜色搭配，使包袋更显活泼可爱。包袋形象时尚新颖，面料选用优质涤纶，既耐磨又方便清洗。所以，动画、卡通的形象和鲜艳的色彩搭配是儿童包的最大特点。图2-97的设计则是儿童书包的典型例子，属于双肩背包类。

2. 学生书包

学生书包的特点是色彩鲜艳醒目，很多学生包上都印有卡通人物、动物或动漫形象等装饰图案，适合少年儿童的审美心理，通常学生包常用防水牛津布制作。

（1）小学生包

小学生用包多为长方形、方形或方形带弧形造型，以拉链作为开关方式。在正面和侧面加设圆形或方形的立体小贴袋，使各类用具能分开放置，这种造型不仅能增加包体层次感，更为儿童的自我管理提供方便。如图2-98、图2-99所示。一般，到小学四年级以后，小学生的书包会变得大一些，装饰图案

图2-97　迪士尼儿童书包
图2-98　女小学生包

略微成熟一些。

（2）中学生包

由于年龄的增长，孩子的审美取向会发生较大的变化，初中学生一般都在13~17岁，因此，书包的设计也会产生较大的变化，主要体现在产品的个体增大，外袋的数量增多，而更多的是设计风格和装饰图案的变化。通常颜色要逐渐变得深暗，男用书包以黑色、咖啡色、蓝色、灰色、绿色居多，女用书包以粉色、红色、紫色、黄色居多，而且不论是男学生包还是女学生包都选用纯度较低的系列作为主色，配色逐渐减少，多数在四色以内，而且配色多为中小面积色，与主色之间形成较为和谐的配色效果，在装饰图案中卡通和动物图案大大减少，取而代之的是文字符号、抽象图像，尤其是具有运动风格的学生包很受欢迎。同时，中学学生包的装饰图案还具有一定的文化和符号意义，如图2-100所示。随着动漫的兴起，动漫形象成为中学学生包的新装饰热点。

在高中阶段，学生包与双肩背包的差距已经很小，配色更加温柔而协调，图案也变得有些成人化，花草树木、自然景观等形象都出现在包袋的设计中，如图2-101所示。

（3）拉杆书包

由于现代的中小学生文具书本的重量比较大，近年一些拉杆式学生书包成为校园新景。这种拉杆书包也可以将书包从拉杆上卸下来，成为地地道道的双肩学生背包。拉杆书包的款式设计与相应年龄阶段的学生包设计一致，只是在底部装上走轮和拉杆，提高了学生包的方便性和功能性，如图2-102所示。

（4）文具袋

文具袋的功能就是装盛文具，应该说是文具盒的换代产品。文具袋的设计种类和款式非常多，因为文具的使用主体是少年儿童和青年，所以文具袋的设计以不同年龄段青少年的审美特点和文具使用特点为主要依据。设计时，还有男式和女式的区分。如图2-103所示是简约大方型学生文具袋。

图2-99

图2-100

图2-101

图2-102

图2-103

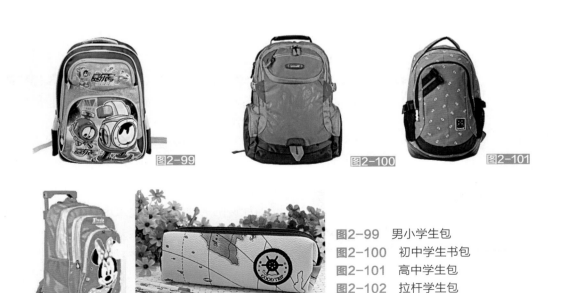

图2-99　男小学生包
图2-100　初中学生书包
图2-101　高中学生包
图2-102　拉杆学生包
图2-103　文具袋

第四节　包袋的关键结构特点分析

一、包体的基本结构分类

根据包体内衬材料的不同，可以将包体分为软结构、硬结构和半硬结构三类。

1. 软结构

软结构包是指包体内部没有硬衬部件，其外形随内部盛装物品的变化而变化的包袋品种，旅行包、购物包或小手包都属于这种包袋设计。

图2-104　硬结构女包
图2-105　半硬结构女包

2. 硬结构

硬结构包指包体所有内部均有硬衬部件（堵头条、墙条或拉链条除外），其造型固定而少有变化，如图2-104所示。

3. 半硬结构

半硬结构包则是包体的主要部件内衬硬衬，如包盖、前后扇面等，其他部件内无硬衬材料的包体，如图2-105所示。

二、包袋的开关方式分析

包袋常用的开关方式有四种，即：架子口式、带盖式、拉链式、敞口与半敞口式。

1. 架子口式

架子口开关方式是女包常用的开关方式，外观造型美观大方，架子口有许多的外观造型，如直线、工字方形、弧形、异形造型等。如图2-106的直线形造型，如图2-107所示的工字方形造型，随架子口的造型变化而使包袋的风格发生变化。但总地说来，直线型架子口利落大方，曲线型架子口女性气息浓厚。

2. 包盖式

（1）包盖与包体的固定方式

包盖与包体的固定连接方式有三种，分别为：①从后扇面直接引出；②单独设计下料缝合在后扇面上部；③从后扇面直接引出，但是与后扇面之间有拼接缝存在。其中单独下料的包盖最为常见，如图2-108所示。

（2）包盖的分类

根据包盖盖住前扇面高度的程度，可以将包盖分为：①长盖；②中盖；③短盖。其中：只盖住包高度上1/3的包盖，为短盖；处于包扇面高度的1/3~2/3位置的包盖，为中盖；盖住扇面下1/3的包盖，即为长盖。包盖也有许多其他的花式设计，如图2-109所示的不对称包盖就是一种新颖的设计。

图2-106　直线形架子口
图2-107　工字方形架子口
图2-108　单独设计下料的包盖
图2-109　不对称包盖

3. 拉链式

拉链开关方式拉合方便，制作成本低，是最常用的一种开关方式。根据拉链与包体缝合位置的不同，可以将拉链分为如下类型。

（1）直接固定在包体上口的拉链

直接固定在包体上口的拉链分为几种不同的方式，一种是直接固定在包体前后扇面的上端，拉链的两端可以做成全封闭式，也可以做成半封闭式，从而形成固定或可调的储物容积，如图2-110所示。另一种是直接固定在包体扇面与堵头部件上部的拉链，如图2-111所示。

（2）借助各式各样的拉链条固定

借助各式各样的拉链条固定，这样通过拉链条可以在包体的上端形成一定的宽度，从而具有增加包体容积的优势。如图2-112所示为借助普通直条拉链条固定的拉链，如图2-113所示的是借助弯折成90° 拉链条固定的包，这种包的上口容量更大，更容易装拿物品。

（3）与上部墙子连接的拉链

与墙子连接的拉链包如图2-114所示，这种形式是非常常见的拉链固定方式。主要应用在由扇面和墙子组成的包体结构中。

4. 敞口或半敞口式

（1）敞口包

主要应用在简易包袋的设计上，在包的上部没有任何封口装置，包内物品装拿方便简易，包体造型朴素大方；有时，在包上口部位只有一个磁性吸扣或挂钩的包也叫敞口包。

（2）半敞口包

半敞口包封口装置分别设有舌式或绳式结构，有时也有两种封口方式同时应用的，在实际使用时非常方便实用，但缺少一定的封闭性，安全性略有降低，如图2-115所示。

图2-110

图2-111

图2-112

图2-113

图2-114

图2-115

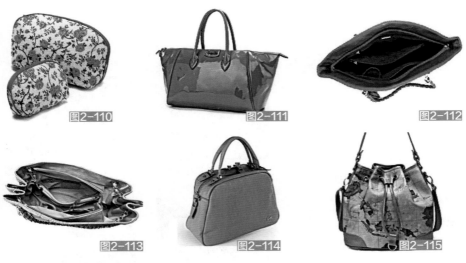

图2-110　固定在前后扇面上的拉链
图2-111　固定在扇面和堵头上部的拉链
图2-112　借助直条拉链条固定
图2-113　借助弯折成90° 拉链条固定
图2-114　与上部墙子连接的拉链
图2-115　抽绳式半封口设计

三、包体部件的基本结构组成

在包体的结构分析中，部件情况的分析占据十分重要的地位，部件是包体结构构成的基础，也是包体结构进一步设计制作的基础。

依据包体部件组成的不同，包体的结构可细分为六类，它们分别是：

① 由前后扇面和墙子组成的结构；

② 由大扇和堵头组成的结构；

③ 由前后扇面、包底和堵头组成的结构；

④ 由前后扇面和包底组成的结构；

⑤ 由整块大扇面或前后扇面组成的结构；

⑥ 由前后扇面和堵头组成的结构。

这六类基本结构由不同的部件组成，不同的部件在包体中的作用和角色不同，所构成的包体风格也不同。下面加以分述。

1. 由前后扇面和墙子组成的结构

由前后扇面和墙子组成的结构又分为由前后扇面加上部墙子、前后扇面加下部墙子、前后扇面加环形墙子三种类型。如图2-116即为前后扇面加下部墙子的结构，如图2-117为前后扇面加上部墙子结构。这种结构变化主体在扇面的形状和扇面与墙子缝合的部位。

2. 由大扇和堵头组成的结构

由扇面和堵头组成的结构主要变化在堵头，根据堵头的变化可以有不同的风格变化。图2-118为普通的扇面加堵头结构，其他的堵头变化我们在后面详细叙述。

3. 由前后扇面、包底和堵头组成的结构

由前后扇面、包底和堵头组成的结构如图2-119所示。这种结构的结构线较多，同时可以产生变化的位置也相应增多。

图2-116

图2-117

图2-118

图2-119

图2-116 前后扇面加下部墙子结构
图2-117 前后扇面加上部墙子结构
图2-118 由扇面和堵头组成的结构
图2-119 由前后扇面、包底和堵头组成的结构

4．由前后扇面和包底组成的结构

由前后扇面和包底组成的结构如图2-120所示。这种结构是女包非常常见的形式，在结构组成上有一定的省略，风格大方自然。尤其适合设计制作较大型的女式包。

5．由整块大扇面（前后扇面）组成的结构

由整块大扇面组成的结构如图2-121所示，这种结构外形非常简洁大方，由于结构线少，造型变化比较单调。由前后扇面构成的结构如图2-122所示，由于没有单独的侧部结构，这种结构包体比较扁平；另外，由于其前后扇面是单独的部件，在部件结构线上具有一定的变化灵活性，如图2-123所示即为在前后扇面边缘部位加放一定数量褶皱的设计效果，既丰富了包体外形设计变化，也增加了包袋的盛装容积。

6．由前后扇面和堵头组成的结构

由前后扇面和堵头组成的结构如图2-124所示，由于其包底和堵头部位具有结构线，所以可以完成比较复杂的设计变化。如图2-124中的扇面即加入一定量的褶皱变化。

图2-120

图2-121

图2-122

图2-123

图2-124

图2-120　由前后扇面和包底组成的结构
图2-121　由整块大扇面组成的结构
图2-122　由前后扇面组成的结构
图2-123　加入褶皱设计效果
图2-124　由前后扇面和堵头组成的结构

四、包体的部件分类

对于包体而言，不管其组成部件有何不同，包体都由前后扇面、侧部、底部和上部组成，只不过，有的部分由部件单独组成，有的部分由其他的部件延伸而成，而有些部分的部件因设计的需要省略（如敞口包的上部）罢了。例如，包底可由前后扇面延伸构成；包体的侧部和上部、下部可由整体部件构成，也可单独构成。但不论是哪一种细分结构的包体，包体的部件都由外部部件、内部部件和中间部件三部分组成。

1．外部部件

外部部件是指位于包体外部表面的部件，由外部主要部件和外部次要部件组成，而实际上，外部主要部件已从根本上决定了包体的形状和尺寸，外部次要部件只不过是依据流行或设计构思做进一步的平衡和变化。在外部部件中，前后扇面、堵头或墙子、包底、拉链条、包盖等为包体的外部主要部件，而某些小袋盖、插袢、钎舌和钎袢、提把、把托、外袋以及各种袋饰件等是包体的外部次要部件。

（1）外部主要部件

① 扇面：扇面是包体的主体部件，在由前后扇面和墙子组成的包体结构中，前后扇面是单独存在的；在由大扇和两个堵头组成的包体中，前后扇面合为一体成为大扇的同时也形成了包底部件；在由前后扇面和包底组成的包体结构中，前后扇面要向外延伸形成包体的侧部部件，也可能与拉链一起成为包体的上部部件结构；而在由整个大扇组成的包体结构中，扇面独立形成所有的部件结构。

a. 单独存在的扇面：一般存在于“由扇面加墙子（堵头）组成的包体结构”或由“扇面加包底加堵头组成的包体结构”中，如图2-125所示。硬结构或半硬结构包采用这种结构比较多。

b. 同时形成侧部结构的扇面：一般存在于“由前后扇面和包底组成的包体结构”中，前后扇面要向外延伸形成包体的侧部部件，如图2-126所示。这种结构应用在软体结构中比较多见。

c. 同时形成包底部件的扇面：这种结构多存在于“由大扇（或前后扇面）和堵头组成的包体”中，前后扇面合为一体成为大扇的同时也形成包底，如图2-127所示。

d. 同时形成包体上部部件的扇面：与拉链一起成为包体的上部部件结构，可以存在于“有扇面加墙子或堵头”的结构中，如图2-128所示。

e. 同时形成包体所有部件的扇面：存在于“由整个大扇组成的包体结构”中，扇面独立形成所有的部件结构。

② 包底：包底与扇面一样也是决定包袋形状的关键部件，在由前后扇面和包底组成的包体结构中，包底的形状和尺寸决定扇面的尺寸和形状，包底的形状也同扇面相似，有长方形、椭圆形、圆形等。长方形包底使包体造型富于棱角，多一些刚度；而带有圆角的包底会使包体的外观多几分女性的温柔，如图2-129所示；圆形的包底使包体成为类似圆筒的外形。

③ 堵头：包体的堵头专指包体的侧部结构部分，堵头的高度主要取决于扇面的高度，而其

图2-125

图2-126

图2-127

图2-128

图2-129

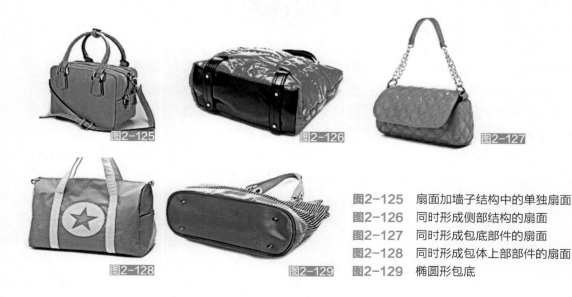

图2-125 扇面加墙子结构中的单独扇面
图2-126 同时形成侧部结构的扇面
图2-127 同时形成包底部件的扇面
图2-128 同时形成包体上部部件的扇面
图2-129 椭圆形包底

上部的宽度则取决于包的开关幅度，堵头的形状同时也决定包体的侧部形状。在由大扇和两个堵头组成的包体结构中，大扇的尺寸由堵头的形状和尺寸来决定。

堵头一般有平堵头、上部带软褶堵头、带堵头条的堵头、双褶和多褶堵头以及小行李箱式堵头五种类型。

a．平堵头：平堵头最为常见，结构也是最简单的，可用于各种风格包体的设计，如图2-130所示。

b．上部带软褶的堵头：上部带软褶的堵头结构主要是为了增加包袋上部的开关容量，既可以向外折叠成褶，也可以向内成褶，如图2-131所示即为向外形成的软褶结构。

c．双褶和多褶堵头：双褶和多褶堵头结构包袋的内装容积比较大，外观也规则正式，其结构如图2-132所示。堵头部件的褶量从上到下均衡加放。

d．带堵头条的堵头：带堵头条的堵头多用于硬结构包或半硬结构包的设计，有利于缝制时缝纫机压脚的操作，同时也带来包体的细腻别致，如图2-133所示。

图2-130　平堵头
图2-131　上部带软褶的堵头
图2-132　双褶或多褶堵头结构
图2-133　带堵头条的堵头
图2-134　小行李箱式堵头
图2-135　下部墙子结构包
图2-136　上部墙子结构包
图2-137　环形墙子包

e．小行李箱式堵头：如图2-134所示，这种结构堵头的中间可以开合，内部衬有软贴部件，以保证内装物品的安全。

④ 墙子：墙子是指与前后扇面连接而构成包体侧部的部件，它与堵头的不同在于它不但构成包体的两侧，而且可以构成包体的底部或上部。根据它的定义可知，在包体结构中墙子可有三种不同的结构分类，即：下部墙子、上部墙子和环形墙子。

a．下部墙子：是指构成包体两侧和包底的墙子，如图2-135所示是非常典型的下部墙子设计。

b．上部墙子：是指构成包的两侧和上部结构的墙子，如图2-136所示。

c．环形墙子：环形墙子同时构成包的底部、两侧和包的上部，如图2-137所示。墙子有长条形、上宽下窄形以及异形的形状之分，根据墙子形状的不同，所形成的包体形状也不同。如果包体采用上宽下窄形墙子结构时，会在一定程度上增加包体的储物容积，长条形墙子外观朴素而方正，比较适合风格正式感或具男性风格特征的包体结构。

⑤ 包盖：在包体的结构中包盖的作用是非常重要的，包盖不但是一种开关方式，而且是一种包体的装饰手段。带有包盖的包体在整体上给人一种严谨干练的感觉，外观效果更是庄重大方，许多职业用包都选择这类部件结构设计，如公事包和职业女包的设计。包盖的形状和尺寸的大小直接影响到包体的款式风格，例如，方直规整的设计风格体现男性的阳刚，而曲线圆润的设计赋予女性的温柔，应给予足够的重视。

（2）外部次要部件

除了外部主要部件以外，外部结构中还有一些次要的部件，外部次要部件是指那些不构成包体主体结构的外部部件。当然，并不是说这些部件对包体的造型和应用不重要，恰恰相反，通常这种部件对包体的外观效果有着相当大的影响，在一定程度上可以进一步烘托或发展包体的设计意图和风格，这些次要部件说明的是包体的细部设计，体现着设计师与众不同的匠心。这类部件往往同时也是功能性部件，具有独特的实用功能。

根据其用途可将它们概括总结为以下几大类。

① 关闭包体部件：如插袢、钎袢、钎舌等，一般来讲这类部件的风格要较那些锁扣等闭合部件更为随意而略显粗犷奔放，如图2-138所示。

② 拎提部件：主要是指提把，根据其形状和长短的不同有许多种，例如装卸式提把、伸缩式提把、软把、硬把等。

③ 固定提把的部件：称为把托，它们有各种形状的变化，如合页、连接板、插套等，一般均与提把配合使用。

④ 盛放各种小物品的部件：如各种外袋，包括挖袋、贴袋、敞口袋、带盖袋、立体袋等，如图2-139所示。

⑤ 装饰并固定主要部件的部件：有埂条（牙条）、装饰条、编织带、沿条等，起固定作用的同时还能装饰包体的表面，改善包体设计的单调沉闷，如图2-140所示。

图2-138 关闭包盖的部件
图2-139 提把、把托、贴袋
图2-140 埂条、装饰条带等外部次要部件

在分析包体外部部件的构成情况时，应遵循从大到小、从前到后的顺序，逐一无漏地分析清楚。

2. 内部部件

对于包体来讲，内、外部件设计达到和谐与平衡才是最佳境界。包体的内部部件虽然对包体的外观似乎没有直接的影响，但它的合理与否对整包的价值、应用性能以及成本等都有较大的影响。包体的内部部件是指：衬里、内袋、隔扇等。

（1）衬里

衬里是指在包体内部用于保护面料并方便使用，增加包体外形美观性的部件，在里子的设计上考虑较多的是其材质和颜色。一般而言，衬里可选用丝绸、仿丝绸面料及人造革面料等。

箱包衬里的作用主要是为了使用更方便，使装入的物品取放更为容易。另外，包袋的衬里还可以遮盖面料的缝缝和包反面其他的制作痕迹，使包袋美观；当然，包袋的衬里也可以避免放入包内的物品划破包面，同时保护包内物品。有时，使用衬里也是为了提高造型的可塑性，使整包造型更为丰满有型。在做里子设计时，

图2-141　女包内袋设计
图2-142　双肩背包的内袋设计
图2-143　大隔扇袋结构
图2-144　小隔扇袋结构

还有一点是值得注意的，即无论包体是由多少块面料组成的，里料的裁剪下料都应尽量合并部件，尽量采用整体下料或少量较简单的部件料片。这样既可以节省所选里料的消耗量，而且可以简化里料的制作工艺，美化整包产品里料的外观。

（2）内袋

通常，大部分的包袋都会做两个以上的内袋，分别分布在包袋衬料的两侧。其中一侧设有一个比较大的拉链袋，可放随身的贵重物品。另外一侧的内袋设计随包袋款式不同而变，一般的女包设计通常是手机袋和杂品贴袋，有的还会装有一个带松紧设计的钥匙挂圈，以方便女性固定钥匙，如图2-141所示；而男包通常设计有手机袋、烟包等贴袋；公事包类在内侧还会设有笔插、卡插等小部件。

一般而言，内袋和衬里布的色彩与包的颜色一致或相近，当然，有时也会设计成和谐的色彩搭配方案。图2-141就是一个非常典型的女包衬里与内袋设计方案。双肩背包的内袋设计也有自己的特色，内部设计有数码产品袋、手机袋、笔插等，如图2-142所示。

（3）隔扇

对于包体来讲，有时需要在包袋内部用隔扇将包的内部空间由一个分割成两个或多个各自独立的部分，以利于包内物品的分放管理。隔扇一般与包体的侧部辑合在一起，与包底相接或留有一定的距离，通过与侧部的固定将包体分成若干个空间。有的时候，隔扇装设在包的里料上，在包体的外侧观察不到。在隔扇上部还可以通过拉链再形成一个内置袋，将包内容积再次分割出新的空间，这个内置袋称为隔扇袋。等于相对增加了包体内部的分隔空间，也增添了包袋内部设计的层次性的多彩性，这种结构经常应用在公事包及女用包的设计中。

包袋隔扇通常分为两种，一种是固定在里子侧缝中的大隔扇，如图2-143所示。另一种是固定在里子一侧的小隔扇，如图2-144所示，小隔扇通常制作在有拉链内袋一侧。

3. 中间部件

相对于外部部件和内部部件来讲，中间部件并不在人们的视野之中，它处于外部和内部的中间，但对包体的造型效果和手感的好坏确实起到非常大的作用，它所选材料的好坏和结构设置的合理性直接影响到包体的外观效果和使用价值。

一般将中间部件划分成两大类，即硬质中间部件和软质中间部件。

（1）硬质中间部件

硬质中间部件具有较好的造型性，能使包的结构牢固，具有一定的刚度，对包内的物品起到一定的保护作用。常见的有硬纸板、聚氯乙烯塑料等材料。其中硬纸板又有钢板纸、纤维板纸、白板纸和黄板纸等种类，钢板纸的刚度及韧性都是最好的。

（2）软质中间部件

软质中间部件应用的目的主要是为了增加包体的丰满度，改善手感的触觉效果，同时也为了赋予包体较好的外形，主要应用泡沫、海绵、棉花、衬绒、无纺布等材料，属于提包的衬垫材料。海绵等弹性较大的材料还可与纸板配合使用，用于硬结构包体使包体外形丰满、凹凸感强，改变其僵硬的质感。

03 / 第三章
箱包材料的选择与运用

第一节　箱包材料的分类及其特性

　　箱包材料是产品的组成部分，也是企业生产的最基本要素，同时，对于箱包企业而言，材料也是产品成本的主要计算单位，在生产中和生产后的销售中都起到至关重要的作用，因此，对于材料的性能特征和使用特性应该给予十分的关注。

　　箱包材料的品种繁多、性能多样，常以原料来源、用途进行分类，并以此为依据探讨箱包材料的特性、使用途径以及对箱包形态、构成、性能等应用效果的影响，以保证设计制造出优良的产品。在箱包材料中，能在表面上看到的材料直接影响产品的外观形象，包括主体面料、装饰材料、缝纫线、金属材料等，而箱包内部衬里的材料虽然不能在外观上看到，但它对产品的造型、手感以及实用性能都有不可估量的作用，也不能忽视。

　　总地来讲，箱包材料分成主料和辅料两大类。进一步细分的话，最为实用的分类方法是按其用途分，将箱包材料分为面料、里料、中间填充材料、开关材料、缝合材料、胶黏剂、金属材料等。由于在实际选用中，面料和里料有一定的共通性，所以在本书的介绍中，将面料和里料一起介绍。

一、纺织材料（织物）

　　纺织织物在箱包中既可以用于面料，也可以用于里料。几乎所有的织物都可以用作箱包的面料，只不过会带来箱包产品风格和使用特性的不同。

1. 织物的分类及其性能

（1）按织物纤维的来源分类

织物的分类方法很多，最常用的是按其来源分，可将织物分为两大类，即天然纤维织物和化学纤维织物。

① 天然纤维织物：天然纤维织物是指用天然纤维制成的织物，根据其来源可分为四大类，为棉织物、毛织物、丝织物、麻织物。棉织物中的帆布面料在包袋中应用得越来越多，如图3-1所示；麻类织物色泽鲜艳自然，编织粗犷，风格随意，设计出的包袋外形挺括，具有自然、休闲的特点。

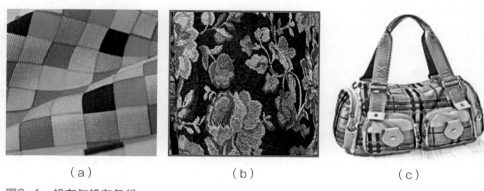

（a）　　　　　　　　（b）　　　　　　　　（c）

图3-1　帆布与帆布包袋
（a）格条帆布　（b）花色帆布　（c）格条帆布包

② 化学纤维织物：化学纤维织物是指以高聚物（如天然气、石油、炼焦工业中的副产品等）为原料，经过化学处理与机械加工制成的纺织纤维织成的织物，通常包括人造纤维织物和合成纤维织物两大类。人造纤维织物如人造棉织物、人造丝织物等，花型丰富，色彩亮丽；合成纤维织物包括腈纶织物和涤纶织物等。这类面料在箱包的设计制作中应用十分广泛。

仿毛型腈纶和涤纶织物现今也越来越多地应用在女式包袋的设计上，具有价格低、时尚感强的特点，如图3-2所示。

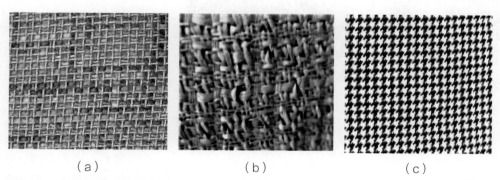

（a）　　　　　　　　（b）　　　　　　　　（c）

图3-2　仿毛型腈纶、涤纶织物
（a）仿粗毛呢图案1　（b）仿粗毛呢图案2　（c）仿细毛呢风格

尼龙是比较理想的包袋制作材料，尤其是运动类包袋。尼龙面料轻便，抗撕裂强度等物理性能优良，布面光滑，色泽亮丽，但价格相对于涤纶要高一些。通常有210D（1tex=9D），

420D，840D，1680D，1682D等常规尼龙（一般是70的倍数）。常规尼龙平纹织物一般以210D最为常用，是理想的里料材料。70D/190T一般用为里布，因为其牢度往往达不到要求。箱包用尼龙原料大致可以分为尼龙6，尼龙66两大类，其中尼龙6为常规尼龙，尼龙66为高强度尼龙，两者价格相差很远。组织结构一般有平纹、提花、双色提花、斜纹、格子等。常用的高档尼龙面料有杜邦的克杜拉，以轻薄和牢固而著名。根据产品的要求不同，也可以选用消光尼龙，消光尼龙色泽更加柔和，没有极光，外观感觉高雅精致，价格也较常规尼龙高。

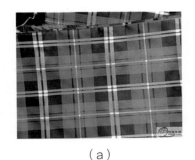

（a）

（b）

图3-3　涤纶面料
（a）条格图案　（b）印花图案

普通涤纶又称特多龙，是广泛应用于箱包产品的重要材料。由于涤纶纤维有些卷曲，因此织物不像尼龙那么光滑、色泽饱和，也不像尼龙那么亮丽。带有光丝的涤纶织物会有亮光，但是较尼龙的亮光干涩。组织结构一般有平纹结构、提花、双色提花、斜纹、格子等，如图3-3所示。涤纶的物理性能如抗撕裂强度、抗张强度都较尼龙弱，因此在使用线密度较低的面料时一定要注意面料的织造结构和背胶处理，一般300D以下平纹结构要测试后再使用。涤纶纤维由于异形纤维多，因此面料的种类也比较多，但大都用在服装领域，比如一些透气吸湿的面料和速干面料。一般箱包用各类网布以涤纶居多，包括一些钻石纹网和抓毛料。

轻薄型仿丝绸面料也可以用作里料，用来辅助产品的造型，同时起到保护产品面料的作用。还可以遮盖缝份和线头等使包袋的里面干净美观，也配合面料用来制作包袋里面的功能部件起到补强的作用。如图3-4所示。

（a）

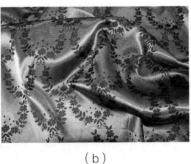

（b）

图3-4　仿丝绸面料
（a）素色　（b）花色

（2）按织物加工方法分类

纺织材料按织物加工方法分类可以分为机织物、针织物和非织造布。

① 机织物：机织物是指由相互垂直排列即横向和纵向两系统的纱线，在织机上根据一定的规律交织而成的织物。箱包常用的面料和里料材料以机织物为主。

② 针织物：针织物是由纱线编织成圈而形成的织物，分为纬编和经编的不同。纬编针织物是将纬线由纬向喂入针织机的工作针上，使纱线有顺序地弯曲成圈，并相互穿套而成。经编针织物是采用一组或几组平行排列的纱线，于经向喂入针织机的所有工作针上，同时进行成圈而成。针织物具有非常好的弹性。

③ 非织造布：是一种不需要纺纱织布而形成的织物，只是将纺织短纤维或者长丝进行定向或随机排列，形成纤网结构，然后采用机械、热粘或化学等方法加固而成，它直接利用高

（a）

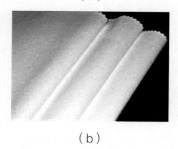

（b）

图3-5 非织造布（无纺布）
（a）彩色无纺布
（b）白色无纺布

聚物切片、短纤维或长丝通过各种纤网成形方法和固结技术形成的具有柔软、透气和平面结构的新型纤维制品，如图3-5所示。

（3）按织物纱线原料分类

织物按纱线原料分类可以分为纯纺织物、混纺织物、混并织物、交织织物四类。

纯纺织物是指经纬采用同一种纤维的织物，有棉织物、毛织物、丝织物、涤纶织物等。混纺织物是指构成织物的原料采用两种或两种以上不同种类的纤维，经混纺而成纱线所制成，有涤粘、涤腈、涤棉等混纺织物。混并织物是指构成织物的原料采用由两种纤维的单纱，经并合而成股线所制成。交织织物是指构成织物的两个方向系统的原料分别采用不同纤维纱线织成的织物。

（4）按织物纱线原料染色情况分类

按织物纱线原料是否染色可以分为白坯织物、色织物两类。

白坯织物是指未经漂染的原料经过加工而成的织物，又称货织物。将漂染后的原料或花式线经过加工而成的织物为色织物，又称熟货织物。另外，还有涂布材料，是指在机织物或针织物的底布上涂以聚氯乙烯（PVC）、氯丁橡胶材料等而形成的织物，具有优越的防水功能，如苏格兰方格布（图3-6)。这种材料有各种颜色和图案，而且有相当高的防水性和耐磨性，可以用来制作时尚包袋、旅行包、运动包、学生用包等。

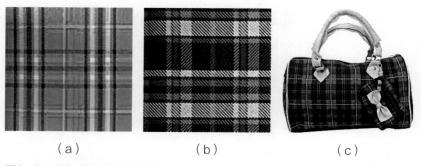

（a）　　　　　　　（b）　　　　　　　（c）

图3-6 苏格兰方格涂布材料
（a）冷色格布　　（b）暖色格布　　（c）女式手提包

2. 常用材料的鉴别方法

常用材料的鉴别方法有手感目测法、燃烧法、显微镜观测法、化学溶解法、药品着色法等。这些方法可以单独使用，也可以结合使用。总地说来，采用两种以上的结合方法进行鉴别的准确率比较高。

（1）手感目测法

这种方法最简单方便，而且不需要任何检测仪器，但需要鉴别人员具有丰富的实践经验。在对纺织面料进行鉴别时，首先从材料上仔细拆下数根纱线，对纱线予以解捻，然后根据纤维的形态、色泽、手感、伸长度、强度等特征来加以识别。如：棉纤维手感非常柔软，麻纤维手感粗硬糙手，羊毛纤维手感滑糯而富有弹性，化学纤维手感滑爽挺括；纤维素纤维、棉、麻、羊毛纤维等为短纤维，而蚕丝纤维为长纤维，有特殊的光泽，化纤的光泽非常好，有时甚至有特殊亮光，但不如蚕丝柔和；棉、麻纤维的伸长度相对较小，羊毛纤维、化学纤维则伸长能力较大，粘胶纤维湿强力很低，而涤纶、锦纶等合成纤维的强力高，伸长能力较大，伸长后恢复的能力也较大。综上所言，我们可以据上述差异对纤维进行初步的鉴别。

手感目测法虽然简便，但是需要丰富的实践经验，而且不能鉴别化学纤维中的具体品种，因而具有一定的局限性。

（2）燃烧法

燃烧法是鉴别纤维简单而常用的方法之一。它是利用各种纤维燃烧时对外呈现的特征的不同来鉴别纤维种类的。在鉴别时，首先用镊子夹住一小束纤维或纱线，将其慢慢移近火焰，仔细观察纤维接近火焰时、在火焰中以及离开火焰以后三种情况下，其燃烧速度、烟的颜色以及燃烧后灰烬等特征的差异，并将这些特征记录下来，对照表3-1的纤维燃烧特征表，就可粗略地鉴别该纤维到底属于哪类纤维。燃烧法也有其应用局限性，它只适用于纯纺织品或交织产品，而对于混纺产品、包芯纱产品及经过防火处理的产品不是非常适用，结果准确率相对较低。

表3-1　　　　　　　　　　　　几种常见纤维燃烧特征表

纤维名称	接近火焰	在火焰中	离开火焰后	燃烧后残渣形态	燃烧时气味
棉、麻、粘胶纤维、富强纤维	不熔不缩	迅速燃烧	继续燃烧	小量灰白色灰	烧纸味道
羊毛、蚕丝	收缩	渐渐燃烧	容易延烧	松脆黑灰	烧毛发臭味
涤纶	收缩熔融	先熔融后燃烧，且有熔液滴下	能延烧	玻璃状黑褐色硬球	特殊芳香味
锦纶	收缩熔融	先熔融后燃烧，且有熔液滴下	能延烧	玻璃状硬球	氨臭味
腈纶	收缩、微熔发焦	熔融燃烧，有发光小火花	继续燃烧	松脆黑色硬块	有辣味
维纶	收缩、熔融	燃烧	继续燃烧	松脆黑色硬块	特殊甜味
丙纶	缓慢收缩	熔融燃烧	继续燃烧	硬黄褐色球	轻微沥青味
氯纶	收缩	熔融燃烧，有大量黑烟	不能延烧	松脆黑色硬块	氯化氢臭味

（3）显微镜观察法

因为不同的纤维具有不同的外观形态、横断面和纵向形态，所以用普通的生物显微镜就能观察纤维的形态并加以鉴别(对细小的结构，可以用电子显微镜观察鉴别)。这种方法可用于纯纺、混纺和交织产品，但对于合成纤维却只能确定其大类，无法确定它们的具体品种。随着化纤工业的发展，仿天然纤维越来越多，仿制得也更加逼真，达到了可以以假乱真的程度，这将为这种鉴别方法的应用增加困难。

（4）化学溶解法

不同的纤维对于不同的溶剂和在不同浓度下的溶解程度不同，溶解法就是利用纤维在化学溶剂中的溶解性能来鉴别纤维的品种。这种方法适用于各种纤维和各种产品。

鉴别时，对于纯纺织物来讲，只要把一定浓度的溶剂注入盛有待鉴定纤维的试管，然后观察和仔细区分溶解情况(溶解、部分溶解、微溶、不溶)，并仔细记录其溶解温度(常温溶解、加热溶解、煮沸溶解)。对于混纺织物，则需先把织物分解为纤维，然后放在凹面载玻片中，一边用溶液溶解，一边在显微镜下观察，从中观察两种纤维的溶解情况，以确定纤维种类。由于溶剂的浓度和温度对纤维溶解性能有较明显的影响，因此在用溶解法鉴别纤维时，应严格控制溶剂的浓度和温度。

（5）药品着色法

根据各种纤维对不同染料的着色性能的差别来鉴别纤维，此法只适用于未染色产品。常用的着色剂分为通用和专用两种类型。通用着色剂是由各种染料混合而成，可对各种纤维着色，再根据所着颜色来鉴别纤维种类；而专用着色剂是用来鉴别某一类特定的纤维的。常用的着色剂为碘-碘化钾溶液。使用着色剂鉴别纤维时，要在着色前先除去织物上的染料和助剂，以免影响鉴定的结果。

二、天然皮革材料

天然皮革材料，俗称"真皮"，是制作箱包的高档原料，其原材料以及成品的制作流程与一般的织物箱包有很大不同。

1. 天然皮革的概念

天然皮革是指从动物身上剥下的原料皮，经过一系列物理化学和机械加工之后，形成的不容易腐烂、具备一定服饰功能的物质，是对天然皮革的通称和俗称。未经处理的动物皮叫原料皮，经过去油脱毛等处理后的皮称为裸皮，其化学组织结构未发生根本性的变化，此时不具备防腐以及其他优良的物理化学性能。只有经过鞣制后的动物皮，在鞣制过程中由于其生皮蛋白质与鞣料之间形成大量的横向交联后才成为革，此时铬鞣革通常称为蓝湿革。但是这时的革尚不能达到直接利用的要求，蓝湿革需要进行进一步的填充、烘干、剖层、压花、涂饰等后序整理以后才达到我们想要的厚度、手感、肌理、色泽，成为我们制作日用品的极佳材料。在箱包设计中，天然皮革是一种性能优良而且价格较高的箱包制作材料。

天然皮革与其他材料相比而言，由于其来源于大自然，动物的生长和繁殖具有一定的时间性和环境性限制，不能以人的需要标准而生产，所以属于资源类限制来源类品种。另外，由于皮革制作工序多、周期长，生产成本比较高，属高档产品。但是由于成品皮革在使用性能上具备独特的优良品质，手感丰满柔软，制成品风格高贵独特，因此在实际箱包生产中又是必不可少的重要品种。

2. 常用天然皮革的种类和特性

箱包常用天然皮革的种类可以按照以下几种方式进行分类。

（1）按照皮料来源分类

按照皮料来源分类，可将皮革分为普通皮革和特种皮革两大类。特种皮革有鸵鸟皮、鳄鱼皮等；普通皮革包括牛皮、羊皮、猪皮，其中牛皮革又可细分黄牛皮革、水牛皮革、牦牛皮革和犏牛皮革，羊皮革分为绵羊皮革和山羊皮革。

每种动物皮革均有各自独特的特征和性能，不同的皮革具有不同的特点，当然其市场价格也相去甚远。箱包业最广泛使用的真皮是牛皮，其次是羊皮和猪皮。在常见的天然皮革材料中，黄牛皮革表面平洁细腻，毛眼小，内在结构细密紧实，使用强度高，耐久性非常好，革身具有较好的丰满和弹性感，物理性能好。因此，优等黄牛革一般用做高档皮革制品的面料，男女包都可使用，如图3-7所示。绵羊革因其轻薄柔软，外观高雅，非常适合设计制作女士高档箱包。猪皮通常是作为休闲时尚类包袋或内里使用；猪皮压花皮革具有美观的外表，用其制作的包袋具有较高的时尚性。

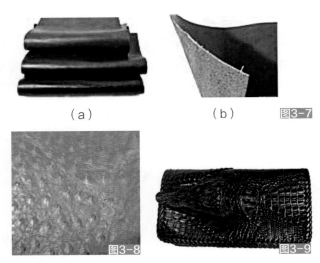

（a）　　　　　　　　（b）　　图3-7

图3-7　黄牛皮革
（a）正面　（b）反面
图3-8　鸵鸟皮
图3-9　鳄鱼皮包袋

鸵鸟皮和鳄鱼皮比较稀有珍贵，通常用来制作奢侈箱包产品或与普通皮革面料搭配，形成别具一格的装饰效果，以提高普通皮革面料产品的艺术附加值。如图3-8、图3-9所示。

（2）按照鞣制方法分类

按照鞣制方法分类可将天然皮革分为铬鞣革、植鞣革、油鞣革、结合鞣革等几大类。其中铬鞣革是应用最为广泛的皮革品种，也是使用性能最为优良的皮革品种，服装革、箱包革、鞋面革都采用这种方法进行鞣制。植物鞣革多为棕色或棕黄色，一般用于重革产品的制造，有时也用作专业箱包产品或硬体箱包产品的主体面料。

（3）按照剖层以后的层数分类

按照剖层以后的层数分类可以将皮革所处的不同的分层分为：头层革、二层革、多层革等，一般以牛皮剖层数量最多，多者可达五层以上，而且皮张质量没有过于明显的变化。一般国内牛皮以二层、三层多见，五层以上的皮革张幅会明显变小，而且随层数的提高，其利用价值逐渐减小。猪皮由于其毛囊几乎贯穿整个皮层，而且受皮下脂肪层的影响，二层以上的皮革表面会留有明显的凹陷小坑。而羊皮革一般不进行剖层。

（4）按照皮革表面状态分类

按照皮革表面状态可以分为：全粒面革、修饰面革、正绒面革、反绒面革、压花革、移膜革等。

全粒面革保持最多动物皮的风格，皮面有自然的皮面粒纹、毛孔等，偶尔还有加工过程中的刀伤以及利用率极低的肚腩部位，进口头层皮还有牛的编号烙印。在诸多的皮革品种中，全粒面革的品质应居榜首，因为它是由伤残较少的上等原料皮加工而成，革面上可以最大限度地保留天然皮革的自然特征；涂层薄，能展现出动物皮自然的花纹美；不仅耐磨，而且具有良好的透气性。对于高档箱包而言，全粒面革独特的色泽手感和华贵的气质一直是令广大消费者

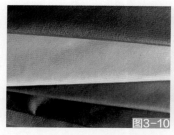
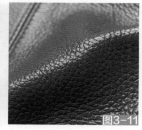
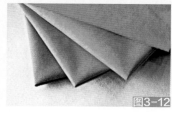

痴迷的不二选择，如图3-10所示。然而，由于可以用来制作全粒面皮革的动物皮源稀缺，全粒面皮的价格相当昂贵。

修面革是利用磨革机将表面轻磨后进行涂饰，再压上人工花纹图案来改变皮革表面的外观效果，可以掩盖皮革表面轻微的伤残，实际上是对带有伤残或粗糙的天然革面进行了"整容"。修面皮的皮面可以做出各种效果，具有一定的美化装饰作用，并且皮料利用率大大提高，基本保留了皮

图3-10　全粒面涂饰革
图3-11　荔枝纹修面革
图3-12　绒面革

料的物理性能，价格比较适中，因此在箱包业应用广泛。更有一些修面革因为工艺独特、质量稳定、品种新颖等特点，成为目前的高档皮革。如图3-11所示为荔枝纹皮革。

绒面革是非涂饰皮革，手感柔软丰满，具有丝绒般的外表，如图3-12所示；移膜革是在二层或三层的基础上粘合聚氨酯膜材料，形成一层类似于真皮的假面层，但性能也比较优越，价格是头层革的一半左右。而作为真皮制品，猪皮绒面革也是高档手袋常用的里料。

三、仿皮革类材料

人造皮革按原料分类可分为即聚氯乙烯人造革和聚氨酯合成革两大类。其中，在人造革系列中，有人造革、人造漆革、人造麂皮革、聚氯乙烯增塑薄膜等材料；在合成革系列中，那种表面涂有聚氨酯发泡层，外观与天然皮革十分相似的合成革应用最广。如图3-13所示。

目前应用广泛的是PU革和PVC革。PU革的发泡层材质为聚氨酯，PVC革发泡层的材质为聚氯乙烯。其结构一般包括三个部

图3-13　仿皮革材料

分：基层、发泡层、涂膜层。基层一般由梭织布、针织布或者无纺布构成，一般具有起毛处理以保证与发泡层的结合牢度，因为发泡层和涂膜层的物理性能达不到包袋的使用要求，所以需要通过基层的介入来起到加强牢度的作用。但是不同的发泡层可以使仿皮材料获得不同的手感效果，和基层一样都是构成仿皮厚度的主要部分。另外，涂膜层可以赋予仿皮材料以不同的质感，并具有较好的耐磨性能，当然配合不同的压花模板可以使其呈现不同的花纹图案，而又有更为美观的装饰效果。

在人造革产品中，主要应用那些比较柔软的品种，例如，具有泡沫感的仿羊皮革。目前，以超细纤维制成的仿皮已经达到很高的水平，基本具备真皮纤维不规则交织的网状结构和胶质填充，其外观和性能足以乱真。

四、裘皮与人造毛皮

随着纺织技术的发展，人造毛皮有了较大的发展，人造毛皮具有天然毛皮的外观，而且价

格低廉易于保管，在性能方面也与天然毛皮接近，在箱包设计中不但可以用于饰边材料，而且可以用来制作充满童趣的包袋产品。其外观和性能主要取决于它的生产方法，品种有：针织人造毛皮、机织人造毛皮、人造卷毛皮等，如图3-14所示。

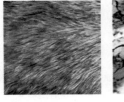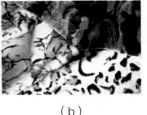

（a）　　　　　　　　　（b）

图3-14　人造毛皮
（a）仿原色人造毛皮　（b）花色人造毛皮

五、塑料

塑料是箱包常用的材料品种，多用于成型箱的制造，尤其是ABS工程塑料是旅行箱的主体材料，不但颜色丰富多彩，而且使用性能非常好。

六、填充材料

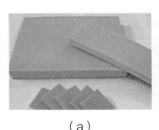

（a）　　　　　　（b）

图3-15　泡沫
（a）厚型　（b）薄型

填充材料主要是用来辅助产品的造型，同时增加产品手感的丰满柔软性的。有两种截然不同的材料应用，一种是硬衬材料，用于硬结构箱包的内衬材料，辅助产品的成型，材料主要为纸制品、塑料制品、纤维板、钢板等；另一种是软体内衬材料，用于软结构包体的内衬材料，使箱包产品外观丰满，主要为泡沫制品材料。泡沫有厚型和薄型的不同，如图3-15所示。

1. 泡沫制品

在箱包产品中，泡沫制品主要是作为面料和里料之间的填充材料，品种有聚氯乙烯泡沫、海绵等，用于增加产品的造型美感和丰满柔软感。通常有PU棉（开孔发泡）、PE棉（闭孔发泡）和EVA棉（开孔发泡）等品种，如图3-16所示。其中EVA通常可以被利用高温模压以塑造各种造型。

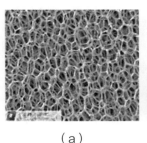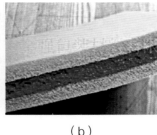

（a）　　　　　　　　（b）　　　　　　　　（c）

图3-16　常用泡沫产品
（a）PU棉　（b）PE棉　（c）EVA棉

2. 绒布及无纺布

主要用在包体底部、提把及肩带里面，起到支撑以及增强牢度的作用。绒布主要用具有棉感的短绒布，如图3-17所示；无纺布选择略厚，手感丰满的产品，如图3-18所示。

3. 纸制品

根据其来源可分为草板纸、白板纸、钢板纸和纤维板纸几大类，由于其各自性能的不同，在箱包产品中的应用也不同。例如钢板纸柔韧性好，可用在经常弯折的部位，如图3-19所示；白板纸主要用于零部件，如图3-20所示；草板纸和纤维板纸主要用在箱体的衬垫上，如图3-21、图3-22所示。

4. 包骨（牙条）

包骨一般用在包袋大片的边缝，起到支撑的作用。包骨外面通常会包有耐磨的材料，以起到良好的防护作用。包骨一般有空心塑条和实心塑条，并拥有不同的直径规格，如图3-23所示。

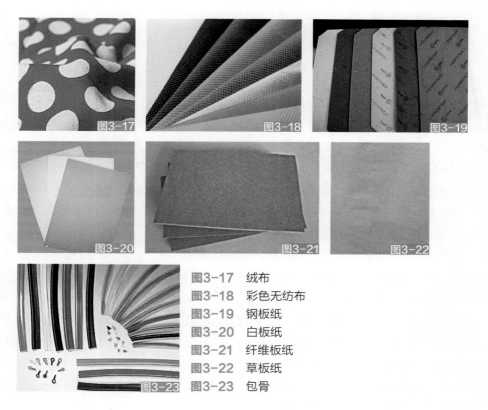

图3-17　绒布
图3-18　彩色无纺布
图3-19　钢板纸
图3-20　白板纸
图3-21　纤维板纸
图3-22　草板纸
图3-23　包骨

七、缝纫线的质量与效果

缝纫线是箱包制作的主要辅料之一，具有功能性和装饰性双重作用。虽然它的用量和成本所占的比例并不大，但占用工时的比重大，而且直接影响缝纫效率、缝制质量和外观效果。

对于缝制过程而言，缝纫线是裁片之间组合固定的主要材料，不论是对产品的内在缝制质量还是外观质量影响都非常大，应该引起足够的重视。

缝纫线的种类繁多，按其所用纤维原料的不同，可分为以下几类：

1. 天然纤维缝纫线

包括棉线和丝线两大类。这种线有良好的尺寸稳定性，优良的耐热性，但其强度比较差，目前主要用于手缝固定。

2. 合成纤维缝纫线

主要品种有：涤纶线、锦纶线、腈纶线和维纶线四种。合成缝纫线的主要特点是拉伸强度大，水洗缩率小，耐磨性好，耐潮湿并不易被细菌腐蚀，而且它的原料充足，价格低，可缝性好，是目前应用最多、实用性能最好的品种。

在合成缝纫线中，涤纶线和锦纶线应用得最多。涤纶线中，有普通涤纶线、涤纶长丝线、涤纶长丝弹力线三种比较常用。其中普通涤纶线由于价格低、强度高、耐磨、耐化学品性好，而占据主导地位。涤纶长丝线含油率高，接头少，强度更高，因此多用于军用品的缝制。而涤纶长丝弹力缝纫线主要用于有弹性面料的缝制。在箱包产品的缝制中，涤纶线主要用于里料或辅助材料的缝制，有时也用于薄型皮革面料或纺织物面料的表面缝制。

锦纶线有长丝线、短纤维线和弹性变形线三种，目前主要品种是锦纶长丝缝纫线，它与涤纶线相比，强度更大，弹性更好，质量轻，而且光泽性好，所以在箱包产品的缝制中，锦纶线主要用于面料的缝制。

八、胶粘剂

由于箱包面料具有一定的厚度和韧性，不易产生弯折变形，因此在制作产品时，很多时候都需要使用胶粘剂来进行局部的加工固定，而且有时在箱体的制作中，也有很多部位甚至直接用胶粘剂固定而不再使用线进行缝制。因此，胶粘剂是非常重要的辅助材料之一。

胶粘剂的种类繁多、性能各异，从组成成分上看，约有80%的胶粘剂以高分子材料为主要原料。胶粘剂的分类方法很多，根据其用途的不同，胶粘剂可分为：部件预粘合用胶粘剂和整包或部件正式粘合用胶粘剂。根据原料的不同胶粘剂可分为三类，即动物胶粘剂、植物胶粘剂和合成胶粘剂。

胶粘剂的分类方法中最常用的当数按胶粘剂的组成成分进行分类，可分为有机胶粘剂和无机胶粘剂两大类。其中有机胶粘剂又可分为天然高分子胶粘剂和合成高分子胶粘剂两类，天然高分子胶粘剂均来自自然界中天然生长的动植物体，还可细分为动物胶粘剂和植物胶粘剂。天然高分子胶粘剂由于来源少，在性能方面又不完善，因此目前应用得不多。

合成高分子胶粘剂分为三类：第一类是合成橡胶类，主要品种有氯丁橡胶、有机硅橡胶等；第二类是合成树脂类，主要品种有环氧树脂、酚醛树脂、聚醋酸乙烯酯等树脂胶粘剂；第三类是树脂橡胶混合型，主要品种有酚醛-氯丁胶粘剂等。

目前在箱包生产中，天然橡胶胶粘剂应用最多，天然橡胶胶粘剂以汽油为溶剂，所以通常又称为汽油胶，这种胶粘剂的毒性较弱，挥发快，对产品的粘污性小，而且价格低廉，使用方便，但它的粘合能力较弱，只能用于暂时性的粘合，一般用于里料、拉链和那些粘接后用线固定的部件。另外一种应用较多的胶粘剂是氯丁胶胶粘剂，这种胶粘剂黏度高，溶剂挥发快，适合需要永久性粘合的部位，但其溶剂中含有苯或甲苯，具一定的毒性，不但对人体有害，而且其蒸气与空气混合易形成爆炸性混合物，使用时要注意通风放火，严防中毒。

在生产中也会用固体双面胶条来代替一部分的液体胶粘剂，在一定程度上提高劳动生产率，并降低环境污染程度。目前，我国已研制出低毒性胶粘剂，相信不久的将来会大量应用于箱包的生产中。

九、开关材料

箱包的开关方式对于产品的整个设计来讲是非常重要的，一般而言，箱包的开关方式有四种，即：架子口开关、拉链开关、包盖开关、敞口和半敞口开关方式。这四种开关方式应用的开关材料有架子口、拉链、盖锁、皮带扣、锁框、按扣、磁扣、装饰扣等，它们在结构、尺寸、形状、固定方式、封口方式等方面都各有特点。

1. 架子口

架子口由两个固定在活动关节上的口框组成，有时一个架子口可以有两个辅助口框，以形成中隔，口框的基本形状有长方形、四角呈圆形的长方形、椭圆形、直线形等规则形状，典型的架子口包外形如图3-24所示。也有其他形状较复杂的架子口。

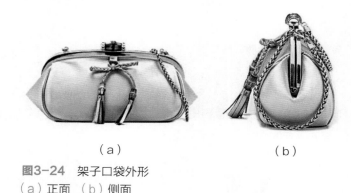

（a） （b）

图3-24 架子口袋外形
（a）正面 （b）侧面

2. 盖锁

盖锁的种类有很多种，带盖包上通常使用下列几种：

（1）普通盖锁

由锁壳和连接板构成，锁壳内装有封口锁紧机构。这种盖锁主要应用在普通档次的产品上，如图3-25所示。

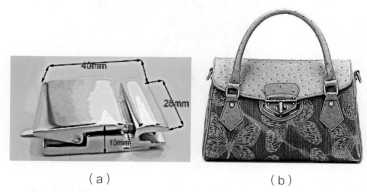

（a） （b）

图3-25 普通盖锁
（a）锁 （b）应用盖锁的女包

（2）插锁

由安装在包体上的锁环和内部设有封口锁紧机构的连接板构成。

（3）转锁

由带旋转头的锁壳和连接板构成，连接板的豁口能适用于各种形状的锁头，如图3-26所示。

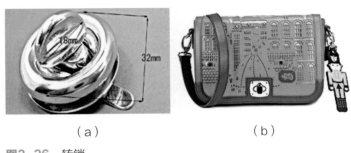

（a） （b）

图3-26　转锁
（a）转锁　（b）应用转锁的女包

（4）按扣锁

是由特殊结构的锁座和锁头构成，手套和皮包用的按扣有时也属这一类。另外还有各种形状的皮带、袢、合叶、涤带花结、插袢、钎舌和插套等。

3. 拉链

拉链在箱包的制作中起到了非凡的作用，拉链价格低廉、使用方便，不但使用以后对内容物的封闭效果好，而且可以对外观造型的塑造起到辅助作用。拉链既可关闭产品的外口，也可以用来关闭内袋以及扇面上的外袋，其各部位的名称如图3-27所示。

箱包产品所选用的拉链有金属拉链，主要是铜、铝制作的齿牙。也有用塑料、聚酯、尼龙制成的齿牙，有大齿牙和小齿牙之分，外袋一般用大齿牙的拉链，内袋用小齿牙的拉链。

图3-27　拉链各部位的名称
图3-28　金属拉链
图3-29　尼龙拉链

金属拉链品种有铝牙拉链、铜牙拉链（黄铜、白铜、古铜、红铜等）等，如图3-28所示。包袋最常用拉链为尼龙码装拉链，主要因为其拉动轻滑，自重轻，性价比高。最常用的有5#、8#、3#。尼龙拉链又分为普通尼龙码装拉链、隐形拉链、双骨拉链、编织拉链、反穿拉链、防水拉链等品种，如图3-29所示。树脂拉链（图3-30）分为金（银）牙拉链、透明拉链、半透明拉链、蓄能发光拉链等。花式拉链，如镶钻拉链非常具有装饰性和时尚性，如图3-31所示。

图3-30 聚酯拉链
图3-31 镶钻拉链

拉链按品种分类，可以分为码装拉链、开尾拉链（左右插）、双闭尾拉链（X或O）、双开尾拉链（左右插）、闭尾拉链等，随箱包产品设计的不同而有不同的应用。

十、其他辅料

1. 包边条带

包边条带一般是涤纶或者尼龙的薄型织带。通常是用来为接缝包边，尤其是主包体的接缝。包边后的接缝可以掩饰毛边使包内结构整洁美观，同时也有加强缝合牢度的作用。如图3-32所示为各种包边条带。

图3-32 包边条带

2. 织带

通常箱包用织带有丙纶、尼龙、涤纶、棉等材质，厚度、花纹因其组织结构不同而异，宽度也可以根据需要定制。织带通常使用在肩带、收束带等需要经常受力的部位。

3. 金属配件

在箱包设计中，金属材料作为双重身份出现，一种是它的使用功能，另一种是它的装饰功能。箱包用的配件多数采用黑色或有色金属、塑料制成，有时也有用木材或其他材料制成。在金属配件的外部镀有防锈或装饰涂层，也可以进行镀镍、镀铬、镀铜、镀金等处理。

金属配件种类很多，风格更是各不相同，在设计选用时应根据各自的使用要求和设计要求来匹配，尤其要注意其款式、结构、尺寸、颜色，与箱包整体风格的协调一致，如在一个箱包产品中使用几种用途不同的配件时，这些配件的形状、颜色、涂层应该保持一致。

根据用途的不同，可以将金属制品分为以下几大类：

（1）钎扣类

在箱包产品上，钎子是指用来固定带子长短或装饰的针钎类金属件，如图3-33所示，有许多的设计造型，如长方形、椭圆形、圆形、异形等，有时钎扣也可以选择塑料材质的，装饰效果更为多样。

在箱包产品设计上，还应用
各种金属扣来调节箱包带子的长
短，如具有两方孔的配件，形状
如"日"字，如图3-34所示。有
时也将边缘形状改变为圆弧形，
增加调节扣的圆润感。

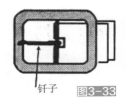
钎子

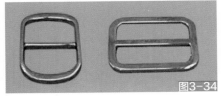

图3-33　钎子示意图
图3-34　"日"字扣

（2）环链类

金属环的外观多样，有圆形、椭圆形、方圆形、方形等，颜色有黑色、咖啡色、金色、银
色、铜色等，大小也成系列。在使用时，根据包袋的设计风格加以选用。通常大包选用大型
环，小包选用小型环。色彩除了要符合流行的需要外，多与包袋用色和材料相配合。金属环有
两种构造，一种是完整环结构，不能打开；另一种是可以打开的金属环，装入背带等材料后可
以自由取脱，使用起来灵活方便。

另外，在箱包产品中还用各式金属链来装饰产品的表面。金属链的颜色多为金色、银色、
灰色以及黑色等。有粗细不同系列，粗链风格张扬，个性感强；细链悬垂摇曳，淑女感非常明
显，都可以赋予箱包非常好的时尚性和流行性。

（3）钉类

钉在箱包产品上是一种起固定或装饰作用的配件。

① 固定用铆钉：铆钉的品类比较多，如空心铆钉、平头铆钉、半圆头铆钉、不锈钢铆
钉、圆头铆钉、锅钉、黄铜铆钉、平头半空心铆钉、平实实心铆钉、紫铜实心铆钉、扁圆头
中空铆钉等，有多种规格形状，如图3-35（a）所示。使用时，将铆钉与产品相应部件直接
铆接与铆合即可。

② 装饰铆钉：装饰铆钉主要安装在包体材料的表面，起到装饰美化的作用，这种铆钉
有时只用后部突出的尖脚固定在材料的表面，附着力较低；带有彩色水晶或钻石样表面的
铆钉安装后装饰效果十分突出，甚至可以做出各式各样的装饰图案，改变包袋的设计风格，
如图3-35（b）所示。

箱包设计与制作工艺

（a）　　　　　　　　　　　　　　（b）

图3-35　铆钉
（a）各类铆钉　（b）铆钉装饰包袋

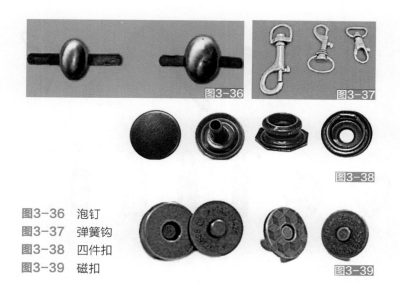

图3-36　泡钉
图3-37　弹簧钩
图3-38　四件扣
图3-39　磁扣

③ 泡钉：泡钉又称底钉，一般安装在箱、包的底部起站立支撑作用，使箱、包底部免受磨损，有金属、塑料等多种材料。泡钉因钉头有一小圆形铜泡而得名，如图3-36所示。

（4）弹簧钩类

弹簧钩是指装有弹簧片的金属钩，主要用在背带和其他需要装卸的部位，其形状、大小、颜色都呈系列设计，可以根据产品需要选择。通常大包用大型弹簧扣，小包用小型弹簧扣。除了如图3-37所示的常用弹簧扣外形以外，还有其他的外形设计，比如类似镊子、夹子等的弹簧扣设计，虽然外形不同，但是起到的作用都是一样的。

（5）扣类

① 四件扣：四件扣又称四合扣，是由四个部件配合而成的，起扣子作用，产品具有多种规格形状，如图3-38所示。使用时，既可以扣合包体的包盖等部位，也可以自由装卸调节背带长度。

② 磁扣：磁扣由于内设有磁铁而带有一定的磁吸力，用来固定箱包产品的包盖、袋盖，还有其他需要固定连接的部位，如图3-39所示。但是其吸力有限，只能用作暂时的固定使用。

（6）包角

为了增加产品的使用耐久性和实用性能，通常在箱包产品上会加设有包角、连接板等配件。如图3-40所示为三向立体包角，一般用在硬箱产品上，安装在箱包角处起保护作用；如图3-41所示为两向包角，主要用在包袋、票夹上。

（7）锁类

箱包锁分为密码锁和明锁两类，如图3-42所示。密码锁外形变化较少，多为长方形造型。明锁的设计变化则相对较多，用法各异，如拉链头锁，可将拉链头直接锁住。除此之外，包袋上的锁还有插锁、弹簧锁等类别。

其他用于箱包的配件还有许多，比如连接板、标牌、拎带扣等。连接板主要是对两部件起到固定或加固的作用；标牌用于标示产品的品牌，同时也是一种装饰；而拎带扣则主要用在箱类产品中，用于固定箱内物品。

图3-40　三向包角

图3-41　两向包角

图3-42　各种箱锁

第二节　材料的选择

一、箱包材料与造型变化的关系

本质上讲，材料是箱包造型设计的物质基础，是构成箱包造型美的第一要素。在箱包造型设计过程中，材料起到决定性的作用，甚至可以说，箱包设计的发展趋势是以材料的发展趋势为基础的。随着现代材料工业和纺织工业的快速发展，为箱包的设计造型提供了无穷无尽的新思路。

那么在箱包的造型设计中，设计人员应该怎样对材料进行把握和选择呢？一般而言，可以从下面三个方面入手。

1. 掌握新型材料的信息并合理利用

当代的箱包造型设计已越来越注重开拓新材料的性能和特色肌理，以此来体现箱包的时代风格。通过对新型材料的肌理效应、可塑性、耐用性等因素的研究，将材料的个性特征与箱包整体造型有机地融为一体，并且在箱包成型的过程中解决两者之间的内在协调性和统一性。设计师对于新材料的理解和驾驭能力已成为现代造型设计的重要标志。

新型肌理和图案设计的天然皮革面料，具有非常强烈的装饰效果，单是某种新型肌理外观就会带来绝对的时尚视觉；除了天然皮革以外，还有许多的功能性合成革和纺织材料，都会在某一方面形成突出的性能特质，一定要根据新材料的外观和使用特性来设计新型产品。

2. 注重材质的表现力和因材施艺

造型艺术既是视觉艺术又是空间艺术，它的物质材料媒介对造型既有制约作用又有支撑作用，应该说，一定的材质只适于一定的造型，发挥材质与特定造型相适应的质地特性和表现力是设计人员必须掌握的技能。

物质材料的美源于物质本身具有的自然属性，如形状、色泽、质感、量感、肌理及其性质、功能等。质材的质量特征须符合一定的造型需要，不同的材质应使用不同手法以最大限度地发挥质料的长处。例如，自古以来我们都推崇天然材质，天然材质的美是自然形成的，可以引发人们的联想、想象、比喻、象征及审美情感，这是由于这些自然材质本身包含着与人的社会心理和社会文化相适应的客观审美性，是多少年文化与审美的积淀。

在人们的心目中，由于金、银是稀缺金属，视其为富贵、尊严、豪华的象征，在近年的箱包设计中尤其流行金银色材质和金属配件，就是欣赏那种金灿灿的奢华感觉。而同样是天然材质的木材却是自然质朴、尊贵大气的，其纹理富于天趣，取材方便，加工容易，是造型艺术的最佳传统材质。在箱包设计中，木材作为一种装饰材料出现在产品的款式变化中，如木手柄、木珠扣、木质花等，使产品更显自然、亲近，凸显别样的时尚风格，如图3-43所示。

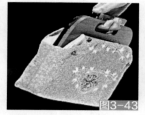

图3-43 木质手柄女包
图3-44 裘毛与皮革的华丽搭配

对于天然皮革来讲，其材料的天然特性真实亲切，自然淳朴，由于它和人们的生活长期密切接触，一直给人以舒适、亲切之感；裘皮自古以来素为我国女性推崇，裘皮的毛质蓬松柔滑、轻盈自然而富于弹性和张力，如图3-44所示。

另外还有颇具传统特色的民间特色材料，例如传统的蜡染、扎染技术的应用。具传统格调意味的蜡染、扎染花纹图案赋予箱包非常典型的民族特色，使箱包材料更加迎合现代怀旧的流行思潮。那些新型合成革材料，由于现代工业技术的发展，使其具备更加多变的花色图案和更多的实用特性，由此具有更为时尚和现代感的设计特质。

3. 尽力发挥材质的美感表现

造型艺术除了具有共性特征的空间性、造型性、可视性、审美性之外，还具有自己的个性、本质特征。箱包造型的形象语言就是通过形状、比例、体积、体量、色彩、质地、肌理、布局等抽象的造型媒介和语言，来表达思想情感、展现艺术的形式美。箱包的艺术美不仅表现在其外部立体造型和装饰上，还通过内部不同体量的实体、空间序列和广延组合来表现美。为了加强造型艺术的装饰性特征，抽象构成、图案花纹、设计样式、文字符号等装饰造型手段在箱包材料加工中应用普遍而广泛。这种图案的赋予使皮革材料或者更加古朴自然，或者更为时尚流行。

从美学心理学上讲，人获得生理快感和舒适感是美感赖以发生的基础。因此，要实现精神性的审美欣赏，是物质产品在使用过程中和使用过程后才实现的。所以，作为希望发挥审美功能的箱包实体，首先其材质必须要舒适宜人，符合特定审美对象的基本审美条件。

从产品设计角度来讲，色彩、款式造型和材料是设计的三要素，箱包色彩和材料两个因素直接体现在面料上。那些密度、硬度适中，有一定韧性、弹性，表面光滑润泽的材料，有稳重、柔韧、温和、淳朴的感觉，如竹、藤、人造纤维、塑料、橡胶、皮革类。而密度小，柔软疏松，吸湿透气，保温性好的材料，有亲切、温柔、暖和、轻松的感觉，如毛、绒、呢、丝、麻、棉、草、麦秆、纸、芦苇、棕毛、蒲叶等。彩色绒面背包色彩亮丽，绒面温暖、轻柔，富有亲和力。因此，在设计时一定要把握好产品的风格和材料的特质，使产品的款式设计与材质的特征完美融合在一起。

二、箱包材料与图案设计的关系

箱包材料很多都是由纤维构成的，纤维在编结、织造过程中所形成的结构肌理或组织纹路，很可能是箱包图案产生的另一个重要渊源。如编织物中常有的齿形纹、菱形纹、人字纹、米字纹、田字纹、八角花等，就是由于受到经纬交织的限制而形成的非常规律的、极易得到的几何图案。另外，不同的材料能够应用的装饰手法也不同，得到的装饰效果也各有差异。同样的装饰图案和装饰手法，在不同的材料上获得的装饰效果可能会完全不同，因此很有必要探讨图案设计与箱包材料之间的关系。

1. 毛皮与天然皮革

毛皮是具有特殊魅力的珍贵而高档的箱包材料，毛皮不仅具有结实耐用、柔软等优点，大都还具有自然天成的美丽色泽和斑纹。设计师往往利用毛皮自有的色泽和斑纹，通过各种形式的切割、拼接和饰条达到装饰效果。在毛皮材料上很少再采用其他的装饰手段，以免装饰不当降低毛皮材料的本身美感和艺术效果。

天然皮革也是高档的箱包制作材料，拥有天然的花纹和图案，比如鸵鸟皮革等；尤其是爬行动物皮革等品种具有凹凸的立体花纹图案，美观大方，比如蛇皮革、蟒蛇皮革、蜥蜴皮革等材料，其花纹图案自然天成而且随染色的不同呈现不同的色彩。这种皮革做成的包袋不需要再做其他的图案装饰，以免影响其自身价值的表现。而且，这种皮革可以作为普通细纹牛皮革的图案搭配来出现，装饰效果非常明显。

通常的装饰图案多出现在牛皮革包袋的设计上，可以增加牛皮包袋的装饰效果和艺术附加值，赋予包体卓尔不凡的艺术品位。

2. 纺织面料

纺织面料常以补花、拼接、织花及刺绣图案作为装饰。梭织物质地柔软、不易成型，多用于休闲性包袋装饰，图案装饰多采用不过分繁琐的工艺和较天然的材料，突出梭织物特有的柔和感和质朴感，如图3-45所示；麻织类面料可选拼接、补花、贴花、拉毛边等装饰处理，若辅以竹木、绳带、石骨贝等天然原材料作综合坠挂式装

图3-45　帆布面料与木珠的装饰设计
图3-46　草编装饰图案

饰，则别有一番情趣。草、毛编织类要以充分体现粗织物的质感为前提，可适当做些立体花、蝴蝶结或少量的压花、刺绣装饰，如图3-46所示。

3. 仿皮革面料

仿皮革的聚氨酯合成革或聚氯乙烯人造革材料是装饰图案设计的主战场，通过装饰图案的装饰，可以大大提升材料的装饰美感。对于仿皮革材料而言，一般的图案形象和图案装饰手段都可以运用。

总而言之，箱包图案装饰设计经过对自然结构、纹理进行重新组织取舍的装饰过程，可使箱包造型本身平添更高的艺术审美价值。箱包的图案装饰要与造型材料、工艺手段结合起来综合考虑，合理运用装饰技巧和表现形式，了解掌握各种工艺表现的特点、规律，才有助于开拓设计者的设计思维，更好地驾驭装饰方法，从而加强箱包图案的艺术表现力和感染力。

Chapter
04
第四章
箱包造型设计

箱包的造型风格可以从多个角度、不同方面来区分，例如：传统、现代、中式、西方、经典、时尚、简约、繁缛、淑女、职业商务、休闲运动、青春热烈、典雅精致、稳重大方、活泼可爱、另类风格等。但是箱包的外轮廓造型永远是风格塑造的根本要素。

第一节　箱包造型设计的基本要素

对于箱包而言，既具有物质产品的实用性，又具有不同程度的精神方面的审美性。作为物质产品，它反映着一定社会物质文化生产水平；作为精神产品，它的视觉形象又体现了一定时代的审美观。因此，箱包设计一定要融合在社会大文化背景之下，才能获得成功。设计师要用视觉去感知流行中的普遍性，通过大脑的积累、整理、分析，总结归纳其共性规律特征。正在流行之中的事物极具普遍性，流行元素相似的造型反复出现会引起视觉疲劳和心理麻木，最终导致其心理无视状态。设计师要适时地把握时机，从中提炼、挖掘能够调动人们视觉心理活跃的特殊流行元素，创造新的造型形式。

一、平面造型要素
平面造型就是二维空间造型，点、线、面、体是构成平面形状的四要素。

1. 点
几何意义上的点是一切形态的基础，是具有空间位置的视觉单位，点没有方向性、大小、质量和形状。箱包设计中的点代表一个局部，或一个装饰点，往往能起到突出或引导视线的作用。点的移动形成线，而多点的集合和线的排列形成面。在设计时，点的变化有疏密、聚散、小巧与粗重等，不同的点的排列和变化，有轻松与紧张、运动与安静、轻盈与沉重的感觉变化。

如图4-1所示的包袋设计，包盖的点是三点一组的组合点，点的组合排列要比单独排列的点更具力度感。有时可以将一组点的形状忽略而看作是一个大点，如图4-2所示的花可以看成是一个大点，具有非常好的视觉敏感性，因此点越大越容易形成视觉中心。而作为背景的小点，虽然数量非常多，排列很有秩序性，但点的性格却有一定的弱化。

2. 线

几何意义上的线是点的运动轨迹，具有位置和长度特征。点移动轨迹的方向决定最终形成的是直线还是曲线。如果点朝着一个固定方向移动则成为直线，点的移动不断变化方向则成为曲线。如果点在变化方向的移动中持续保持短暂的定向距离则为折线，由方向相反、长度对等的起伏曲线组成的线为波状线。自由曲线如心形、月亮形、太极形等，是由曲线、弧线构成的形状，既简单又复杂，既自由又规则，它们是自由形与规则形相结合的形状。

在箱包的造型设计中，不同的线条能引起不同的情感联想。在通常意义上讲，垂直挺拔的线条产生刚毅、尊严感和升腾或下垂的力度感，如图4-3所示的多彩纵线设计，由于多色更显得挺拔而跳跃。水平线产生平静、安宁、广阔、舒展的感觉，如图4-4所示的蓝色包袋设计，均等的水平三线将包袋扇面分割，使扇面变得不再单调，有水平拓展感。斜线动乱、危急、惊险、不安，如图4-5所示的包袋设计，扇面和包盖的边缘线都是斜线设计，由于方向的不同形成多个线条的交叉，具有一定的力度感。几何折线则显得坚硬、紧张、残酷、痛苦，如图4-6所示。而自由曲线则活泼、轻柔、飘逸、流畅，如图4-7所示。

箱包设计与制作工艺

图4-1　点的组合设计
图4-2　大点与小点的对比
图4-3　纵向线条分割设计
图4-4　横向线条分割设计
图4-5　斜线分割设计

箱包设计中的廓形变化、结构分割、空间分离以及虚实表现等都离不开线的巧妙运用。值得一提的是，在箱包造型设计中，还有一种线属于立体线的范畴，如图4-8所示。此线条游离于包体的外部，但又与包体通过一定的部件形成连接，使线条更加灵活而多变。

图4-6　折线设计
图4-7　自由曲线的设计
图4-8　立体曲线的设计

3. 面

通常，面是由点的聚集或线的横移运动而形成的。相对于点和线而言，面的体量感要强很多。一般来说，原有的单独的面和多个面之间可通过分割与合成的形式来构成新的形态面。因此，在箱包的设计中，我们可以通过面的分割与拼合来制造新的视觉效果。

从本质上讲，箱包造型的特征是箱包外部形状给人的视觉印象的反映。因此，几何意义上的形状意义可以在箱包设计中得以充分体现。例如，方形面给人以方正、坚实、平静、威严之感；正三角形有稳定坚实感；倒三角形危机变化感十分强烈；而多角形则有放射、不安之紧张感；圆形具有运动、饱满、完整、充实的感觉。在箱包的设计上，我们可以依照面的上述意义来进行设计，但也不能完全绝对化。

（1）平面的分割设计

二维平面的面的设计无非是面的分割和构成，其中又分为：面的直线和曲线分割的不同、相等面与不等面的分割等变化。其中，对等面的直线分割呈对称状，有统一感；不等同面的直线分割有大面挤压小面的排斥感；曲线分割的面呈凹凸自由形，互推互让，有一种对抗交流的热烈氛围。如图4-9所示。

图4-9　平面的不同分割设计

（2）平面的构成设计

在平面的构成中，平面的大小和位置不同，最终的外观变化也非常大。平面的面积大时，呈现扩大充实的视觉特点；平面的面积小时，呈现孤零、冷清的感觉。构成的平面零碎散乱而不规则时，可能会产生混乱不安和晕眩感；构成的面规则、整齐、秩序时，产生平静、和谐、安定感。因此，箱包的平面构成情况一定要根据箱包的风格来把握。

二、立体要素

在箱包设计中，立体要素主要指能够使箱包形成立体造型的要素。包括包体部件组合，开关方式、工艺技术方法等。包体部件组合是指：箱包的结构部件分类是属于哪一种关键结构类别，部件之间如何组合在一起的；另外，箱包的开关方式是什么？如何与包体组合在一起的，也是重要的立体要素；同样，工艺技术方法的选择对箱包造型的影响非常大，正面缝制法线迹外露，风格粗犷，而反面缝制法形成的包体精致细腻。

由此，立体要素与平面要素结合起来形成箱包设计的复杂化，也带来箱包款式风格的多样化。

第二节　箱包造型的外轮廓与内空间

一、箱包外轮廓的塑造

通常，客观存在的外轮廓和内空间是箱包造型表现的主体。

1. 箱包外轮廓的形状与形式语言

自从人类感知和利用形状以来，形状就被赋予了功能性，而形状的功能性又带来了形状的不断变化，几乎同时，形状的形式情感也随之产生了。人们对形状的形式情感总是在几何形与自由形、人工造型与自然形状之间协调平衡，导致在产品设计中自由形与几何形结合，抽象造型与具象造型结合，几何装饰与拟形装饰结合。例如，在几何体的框架结构中穿插自由的植物图案装饰纹样，既有活泼的情感化的生命具象再现，又有规则的理智化的几何抽象表现，形状的形式情感取得了和谐统一。

如图4-10所示的长方形造型女包，以长方形为包体形状，包的侧部堵头上部呈圆弧造型，直线与弧线结合，在稳重中赋予了几分温柔。如图4-11所示女包，包体是方形，包的上口线向下自然下垂形成波浪形，是直线与波浪线的结合，再加上软性包体结构与包底的抽褶，致使整体包身造型多变，更显女性的时尚感。

图4-10

图4-11

图4-10　堵头上部呈圆弧的女包
图4-11　波浪线包口女包

通常，人们获得形状感知，取决于物体外部轮廓边界线的清晰度和视觉感知强度。物体形状的秩序越好、越概括，视觉的判断越敏感。反之，物体形状秩序越乱，人们的视觉感知越迟钝，概念越模糊。从视觉原理上看，人的视觉容易接受秩序化、条理化的形状，秩序化的形状易于感知识别，便于记忆和积淀，便于感知概念的形成和概括力的加强。

2. 箱包造型与形状创造

艺术造型的基本线条形式有四种：直线、曲线、间断的线、粗细变化的线。在造型设计中这些线形成了许许多多不同的外观形象。

在箱包的造型设计中，一般存在下列形状和形体：

（1）规则几何形状

在几何图形中，规则几何形状是箱包造型最常用的形状，如：长方形、正方形、梯形、平行四边形、三角形、菱形、多边形、三角体、正方体、长方体、圆柱体、圆锥体、菱形体等，都由直线构成，较为简单明确。长方形、方形和梯形类包体，棱角分明，造型端庄，是男女商务职业箱包和休闲包的主要造型形状，如图4-12所示。而如图4-13所示的是六边形女包设计，由于六边形相比四边形多变，而且包底部加有褶皱，使得整包性格多变而神秘，更具时尚气息。

（2）自由形状

自由形状在造型中表现出无定形、非规则、复杂多样的性格。在自然界中，一切生物形状都是由自由形状构成，呈流畅的曲线波状形态，虽然是非规则的但有强烈的秩序感，显得多样而又统一。

自由形态的构成主体是曲线，曲线以其活泼流畅的特征使人们的视知觉愉悦。它富于变化，柔和圆润，流畅舒展，富有弹性。通常曲线可以构成螺旋形、旋涡形、楔形、弯勾形、拱形、半月形、心形等自由流畅的形态。其中，波状曲线最具运动感、节奏感，生动活泼，多用于表现流动起伏、灵活性强的造型，使其更富生命力。因此，波状曲线是所有线条中最具吸引力、最惬意、最优美、最富魔力的线条。如图4-14所示，该包的包口是波浪设计，包体上由于褶皱形成波浪形状，是一款非常有动感的产品。

（3）圆形和椭圆形

圆形是所有图形中最简明的形状，具有圆满、完整、充实之感。圆形与外界任何其他形状之间无任何一处的平行、重复和重合，所以突出醒目、独立鲜明。在箱包造型中，圆形和球形体显得既抽象又具体，既坦白又含蓄，既封闭又通透空灵，因此可以说，圆形与圆球体是所有形状中最美、最玄妙的形象。

图4-12

图4-13

图4-14

图4-15

图4-12　方形造型女包
图4-13　六边形女包
图4-14　波浪形女包
图4-15　椭圆形包

卵形和椭圆形是圆形的变体，具有光洁圆润的特点，与手握的卵壳形相符，柔和舒适。椭圆形既稳定又变化，既多样又统一，既规则又自由，既复杂又简练，视觉在刺激物模糊时，会自动将其视为圆形。在箱包设计中，圆形、椭圆形有时出现在包体设计中，有时出现在手把、包带的设计上。曲线、圆形是最简化、最自由最灵动的形状。一般而言，凡是轻快流畅的运动轨迹必定是曲线，而艰难费力的运动轨迹必然是直线。由于有圆形的加入，使原本深沉稳重的包体变得有些温柔动人。如图4-15所示的包体造型是一个椭圆形，由于包袋的弧线曲率比较大，再加上包前扇的蝴蝶结设计，塑造出非常可爱的形象，使整个包的设计风格在规矩中透着灵活多变。

二、箱包的使用功能与新空间的塑造

在箱包的款式变化中，其空间设计与细节设计和使用功能之间关系密切。在进行细节设计时，首先要确定组成包体的主要部件，然后再根据其设计风格、现有空间状况及使用功能进行设计和配置。

1. 在包体外部设置出折叠面

为了增加使用功能并节省空间，可以在包体的平面结构上设置出折叠面，或用拉链形式闭合，或直接固定成软折叠几乎不占多余的空间。

如图4-16所示的包袋设计，由横向断线将包的前扇面分成三个部分，在每个横断缝中加缝拉链后衬同色绒面材料，使用过程中将拉链打开时可以与包面材料形成不同材质的拼接装饰，而且拉链停留的位置不同，所形成的分割状态也不同。同时，也可以在拉链中装少量物品，拉链闭合后，外界只能看到拉链而看不到内部装盛的物品，具有较好的隐蔽性和装饰性。而如图4-17所示的包袋，包扇面上采用横纵交叉排列的分割方式，既装饰包体又形成新的使用空间。

图4-16
图4-17

图4-16　横向拉链装饰包
图4-17　交错拉链女包

2. 拉链袋

拉链袋的功能非常强大，在包袋设计中，拉链外袋可以设置成水平方向的，也可以设计成垂直或倾斜方向的。拉链袋作为包袋扇面上的主要功能设计，在箱包款式变化上非常重要。在拉链的材质选择上，一般来讲，金属拉链光泽度好，结实耐用；尼龙拉链色彩多样，可选择与布带或包袋材料同色或异色的款式，从而形成色彩的搭配。

如图4-18所示的包袋设计，其前扇面上的拉链袋一横一竖，是包体前扇面的主要变化设计位置，整体包风格休闲随意；拉链也可以成水平排列在包袋的中央，为多条分割设计，每条拉链袋既可以分装不同的物品，同时又形成新的设计风格，使包袋在细腻中带有一定的粗犷风格。而如图4-19所示包袋的拉链从头到尾横断扇面，但由于是隐蔽性的设计，拉链掩盖在上部面料的下面，所以包体外形依然不失端庄典雅。

3. 平贴袋

平贴袋与拉链袋有异曲同工的作用，都既可以装饰包面又可以增加包袋的使用功能。最常见的平贴袋设计是在前扇面上进行的，多为一个或两个平贴袋设计，如图4-20所示。图中包袋的前扇面对称设计两个平贴袋，可以分放不同的物品。平贴袋也可以只有一个，装设在包袋扇面的中部，上部两侧用铆钉加固防止使用中拉脱两侧缝线，贴袋下部各设计一个短折缝，透过少量的折叠形成折缝开放端的自由余量，从而赋予贴袋一定的厚度容量。如图4-21中的包袋前扇面设计一个大明贴袋，贴袋由异色皮条包边，而贴袋上部设计双向对称折缝形成贴袋的厚度余量，同时也使包的款式变得休闲意味浓厚。

在女包设计中也会采用在包袋的侧部缝贴两个对称的平贴袋设计，既变化了包袋的款式设计，同时增加了可以放置随身小物品的空间，增强了包袋使用的方便性。而前扇面带封口拉链的平贴袋女包，是拉链袋与平贴袋的合并方式，既有平贴袋节约空间的效果，也有拉链袋的封闭作用，而且由于拉链本身的变化还会带来新的装饰印象。

图4-18　横纵拉链休闲包
图4-19　隐蔽拉链女包
图4-20　前扇面平贴袋设计
图4-21　双向对称折缝的休闲包

4. 立体贴袋

立体贴袋是相对于平贴袋而命名的，由于其侧部具有一定的厚度，使整个贴袋可以突出在包袋前扇面的外部，呈现一定的立体外形，也正是由于这个突出的厚度，使得立体贴袋容积较大，可以装盛相对较多的物品，所以更具有功能性和实用性。立体贴袋本身有多种外形设计方案，在贴袋的开关封口方式上，可以采用包盖式、拉链式、绳带或扣式的方法，在包袋的侧部设计上，可以采用围墙式、扇面延伸式、堵头式等；在包袋部件的固定方向上，既可以采用水平方向固定，也可以采用斜向和垂直方向固定。单从这几个方面的变化，立体贴袋就有很多的变化组合。当然，还有色彩、材料、质地、花色图案上的变化，使得立体贴袋的设计变化更加丰富多彩。

如图4-22所示的包袋设计，采用四个不同的明贴袋设计，一个是水平向拉链袋，一个是垂直向拉链袋，包上口的两个立体贴袋，一个是带包盖式扇面延伸形成侧部的设计，另一个是带环形牙条的围墙式侧部拉链贴袋；同时，贴袋的大小也不同，还存在一定的配色变化，因此形成了丰富的视觉变化和多个使用空间。而如图4-23所示的立体贴袋属于较大型的贴袋形式，风格休闲粗犷。

5. 箱包内部空间的塑造

箱包内部空间的塑造包括衬里与内袋、隔扇与隔扇袋等设计。参照第二章的相关内容进行设计，这里不再赘述。

图4-22　异形立体贴袋包

图4-23　大明贴袋包

三、造型设计中色彩的作用

视觉是通过人的视觉器官来感知客观事物在某一特定时空的最初级的认识活动，而视觉与对象物之间相互影响相互作用，达到某种统一才能形成视觉感知。通常，视觉是一种主动而积极的生理活动，包括被对象吸引而转动头部，睁大眼睛，集中视觉注意力而后仔细观察。人的视觉并非被动地完全屈从于外部物象的强烈刺激力，主动占有更大的部分；视觉也是一种高度选择性的心理判断活动，不仅能够对那些颇具吸引力的事物进行选择，而且可以对看到的任何一种事物进行选择和评判。

在人体的视觉与判断过程中，视觉感知到的物体形状、色彩、空间、运动等形象因素越多越鲜明，对象形象概念的积淀就越丰富。如图4-24所示的各色包袋，其中高明度的黄色、橙

图4-24　各色包组合

图4-25　橙色的轮廓加强效果

色和蓝色包袋一般是最先被人看到的，然后才是中、低明度色包袋，因此在群体中要想引人注目，需要赋予该物体高明度色。这是赋色的基本原则。

如图4-25所示的包袋，由于配色的橙色与包袋体主色绿色之间形成比较强烈的对比，使得包袋的造型轮廓、前扇面上的贴袋轮廓等非常清晰明朗，因此可以说在同一包体上，颜色的搭配可以突出造型的变化，尤其是在不同轮廓的变化上，颜色可以加强造型边缘轮廓的视觉感知度。

从产品销售学上说，产品设计的宗旨是以鲜明的形态来刺激和吸引人们的视觉，唤起消费者的审美体验和审美需求，从而取得心理上的审美共鸣，最终形成购买和消费的欲望，完成销售购买的过程。因此，产品美的形态应该是内在功能化的有效体现，满足人们使用的物质功能为第一属性，艺术审美的渗透力表现为满足人们的心理需求。在箱包造型创作中，设计者一定要把握"宜人性"的特点，使箱包的形态、色彩能满足人们的生理需要和使用需要。从色彩学上讲，光是产生色彩的客观前提，而物质对象的形状仅是不同色彩的交界处和明暗关系转折处的一种抽象概括。因此，任何色彩设计都应当与形态密切结合，色依附于形，形借助于色。

在产品的实际设计过程中，不要一味追求色彩在客观自然条件下色相、色调、亮度、纯度的微妙层次变化，设计时色彩的层次梯度越少越单纯，则越具装饰性。色彩是箱包造型设计及结构设计中最主要的表现因素之一，常常体现为箱包的各个体面以及各种分割所形成的不同形态的色面。装饰色彩线在箱包设计中常常体现为轮廓线、分割线、明辑线、装饰线、皱线、包带等。作为一种形象语言媒介，形状比色彩简单有效，但是运用色彩得到的情绪感受不可能通过形状得到，那种微妙细腻的情感是不可言状的。

第三节　造型设计的规律

在产品的造型设计中，必须注意形式审美性、抽象几何化、图案化等形式元素的应用。在造型艺术中，对称是较为低级简单的多样统一，和谐才是高级的复杂元素的多样统一。造型设计的规律包括：对称、均衡、对比、调和、比例、夸张、节奏、韵律、秩序等形式特征。

一、造型的基本规律

1. 对称与均衡

到目前为止，由于对称造型具有严肃、大方、稳定、理性的设计特点，所以对称仍然是箱包设计中使用最为广泛的造型形式。

（1）对称

箱包的对称造型最重要的体现是在包体的外形塑造上，其次是包面装饰结构和包盖形状的对称。在实际设计中，常用的对称形式有左右对称、局部对称、轴对称、前后对称等，其中尤以左右对称形式最为多见。对称形式虽然在视觉上显得有些缺少变化，但由于它常常是陪伴在有自由曲线状态的人体身边，通过与人体的对比反而衬托出一种特别的端庄大方感。如图4-26所示。

图4-26　对称设计包袋

（2）均衡

均衡指通过调整形状、空间和体积大小等取得整体视觉上量感的平衡。对称与均衡都是从形和量方面给人平衡的视觉感受。对称是形、量相同的组合，统一性较强，具有端庄、严肃、平稳、安静的感觉，不足之处是缺少变化；而均衡是对称的变化形式，是一种打破对称的平衡，这种变化或突破，要根据力的重心将形与量加以重新调配，在保持平衡的基础上求得局部变化。

在箱包的造型设计中，均衡也是一种常用的设计手法，均衡而不对称的设计往往能够取得意想不到的时尚效果。如图4-27所示，包上口左侧低于右侧，包扇面上的花朵在左侧突出，获得了均衡的造型效果。

2. 对比

造型对比能有效地增强对视觉的刺激效果，给人以醒目、肯定、强烈的视觉印象，打破单调的统一格局，求得多样变化。箱包造型中的差异对比主要表现为：平面结构分割的疏密粗细，装饰构件的聚散顺逆和大小多少，面料色彩配置的明暗、柔和程度以及整体外形长短宽窄、转折与边缘线的刚柔曲直开合形式等，如图4-28、图4-29所示。

图4-27　均衡设计包袋

图4-28　直线的疏密分割对比

图4-29　分割线的曲直结合对比

3. 节奏与韵律

节奏与韵律是一种形式美感和情感体验的重要表现方面，它存在于形式的多样变化之中，也存在于和谐统一之中。

（1）节奏

节奏是一定的运动式样在短暂的时间间隔里周期性地交替重复出现。它不仅是指某一时间片段的持续反复，也是一种既有开头又有结尾的相继变化过程。例如连续的线，断续的线，黑白的间隔，特定形状与色彩重复出现就能形成节奏感。形状、色彩、空间虽是静止的，但视线随点、线、面、体、形状和色彩的排列与组合结构巡视的时候，必然产生视网膜组织的生理运动。生理机制上的运动使人感觉到造型形式节奏的存在。如图4-30所示的包袋扇面上线型的反复设计，就是一种节奏。

如图4-31中纹样和色彩的重复出现，也是一种节奏，如花布背包、索袋、挎包中经常采用二方连续或四方连续等反复形式。如图4-32所示，包面局部色彩与缉线、搭扣、花结、拉链、标签等配饰色彩的反复使用，形成节奏。还有就是当包面由两种以上不同面料构成时，不同面料间的反复以及包面与里层材料的反复也会形成节奏感，如图4-33所示。

图4-30　线型的重复排列
图4-31　纹样的节奏
图4-32　局部色彩的节奏
图4-33　不同面料的节奏

另外，从节奏的组成秩序上谈，箱包造型设计中的节奏有三种类型。第一是渐变型节奏：表现在设计元素呈递增或递减、渐强或渐弱的逐渐变化的延续过程中，富于空间感和运动感。第二是规则节奏：设计元素呈规则的运动和刻板的重复，一成不变地从头至尾循环反复，有着严格的延续运行秩序，主观性强。第三是非规律节奏：设计元素是一种非规则的、既重复而又不雷同的节奏。

（2）韵律

造型艺术中诸矛盾因素的变化统一便产生一种节奏的和谐即韵律。美丑依附于事物的模仿，也决定于材料相互间构成的形式关系。形式关系的美丑又在于形式节奏的对比是否和谐，是否能产生韵律。

（3）节奏和韵律的关系

节奏和韵律都是一种形式审美感觉，是从客观事物的结构和关系中提炼出来的普遍抽象形式。节奏是事物矛盾延续变化秩序的一般形态和基本形态，韵律是事物矛盾延续变化秩序的特殊形态和高级复杂形态。节奏是一般的简单变化秩序，韵律是特殊的复杂变化秩序。一个复杂节奏总是由多个简单节奏组合而成，从而形成具有音乐性韵律的美感节奏。节奏是韵律产生的根源和基础，韵律是节奏变化的产物结果。

4. 比例与夸张

箱包形态结构的变化，多注重形体的结构，以面造型，用边缘线表现结构。

（1）夸张

从艺术审美学和造型艺术形式而言，夸张变形大体可分为三种类型：一是基于形体结构的夸张变形；二是基于审美情感的夸张变形；三是基于几何形态的夸张变形。箱包的夸张变形围绕着这三种形式进行变化，变化的目的是为丰富箱包的造型艺术美感、生动趣味性和视觉美感。

夸张是一种最为强烈的变形形式。夸张的具体手法就是对表现有关本质和特点的部分加以特别的强调。造型上的夸张，要鲜明有力地突出箱包外形的造型特征。把握使用功能，根据创作的特定需要，对于物体的形状、色彩以及空间关系按理想进行夸张造型。变形与夸张形象尽管千变万化，但万变不离其宗：一是不失箱包的基本功能特征；二是将设计风格体现在形状上。如图4-34所示，外形是一个俏皮的小猪脸，大大的耳朵，嘟起的嘴，将鼻子和耳朵做一定的夸张，使小猪的可爱和憨厚表现出来。

图4-34　夸张

（2）比例

比例是指箱包的整体造型与局部造型以及局部与局部造型之间的数比关系。在造型设计中如果不能掌握合适的比例关系，就会产生不平衡的无序形状和怪异畸形。比例适合是指箱包造型的部分与部分造型、部分与整体造型之间合乎和谐的数理组合关系，这种合适的比例关系会使人产生和谐的视觉秩序感。

二、造型的心理与表现

箱包造型设计的实用性和审美性的表现程度是不一样的，在不同外观造型中，其实用性和审美性的侧重面是有差别的。例如在某些箱包产品的设计中，实用性是占主导地位的，审美性是占第二位的，如日常生活用包、公文包等；而在一些特定场合与高级礼服相搭配的手包装饰设计中，其审美性是占第一位的，实用性则是居第二位的。如果过分追求其个人性风格和艺术品位，使箱包的造型显得不伦不类会导致设计的失败。

1. 形状对视觉心理的影响

形状是箱包设计最为基础的部分。物体的形状都是通过形状的组成要素来产生变化的，因此设计师要把握形状对人心理的影响来赋予产品更为适合的形状设计。

（1）平直与倾斜的形状

垂直与平行的造型易产生平衡、静止的感觉，赋予产品稳定、庄重、挺拔的性格；而倾斜的造型可构成强烈的运动感。因此，在造型中有意创造的不规则位置可引起强烈的心理动感，如图4-35所示。

（2）圆形和带弧线的形状

带有圆形和弧线造型的箱包，由于曲线的变化强度使人产生一定的视觉舒适感。自由曲线以其活泼流畅的特性能增强视觉运动的快感，波浪线比曲线更为动人，它是一种富于节奏感的元素，有强烈的运动张力，如图4-36。

所以，单从直线与弧线上的对比，就可以产生许多的视觉变化和设计组合。

图4-35

图4-36

图4-35　直线斜线的组合
图4-36　圆形和弧线的形状

2．视觉平衡具整体性和综合性

视觉平衡是一种人体对物象感受的综合性结论，通过对物象的表象进行观察最终得出结论。视觉的平衡表现在：形状的大小、粗细、聚散、疏密；色彩的明暗、冷暖、浓淡、黑白；空间的虚实、开合、远近、立卧；方向的正斜、内外、上下、左右等各种因素，一起参加综合平衡。从艺术原理上讲，造型艺术的平衡法则是根据被表现物体在空间所占的地位及物体的各种不同的特性，在造型上求得不同分量的形体、色彩、结构等造型诸因素在视觉上的平衡统一。

对于视觉的平衡与否，针对人眼的视觉生理和视觉习惯，我们可以从以下几个方面来给予考察和设计：

首先，在箱包设计中，平衡可以分成两大类型：一类为对称式平衡，另一类为变化式平衡。对称式平衡简称对称，其特点是规则均等、安静稳定、张力含蓄，它是平衡法则中一种完美的特殊形态。变化式平衡是平衡的一般形态，特点是中轴线两侧或轴心点周围的形体不必等同，但心理张力要相当，它比对称富于变化，比较自由，也可以说是对称的变体。

① 对称式平衡法则是将两个以上相同、相似的事物加以对偶性的排列，主观性较强，变化少，单调呆板。对称式平衡分为中轴对称和辐射对称两种类型。中轴对称又称轴对称和镜面对称，以一直线为中轴线，在这中轴线的两边组织成严格的对偶性等同形象，如同镜面反映。辐射对称旋转对称，它以中心线或者中心点为轴线或轴心，向周围呈均匀的放射形等同分布。

② 变化式平衡可分为形状均衡、色彩均衡、动势均衡、物性均衡、比例均衡五类。形状均衡：将两种以上事物形状的差异因素加以比较对照。色彩均衡：其表现与形状是分不开的，而色彩本身的空间面积、冷暖色相、明暗亮度、灰鲜纯度、深浅浓淡等差异因素具有独立的对比性质，在对比中见和谐，多样中见统一。动势均衡：动势就是表现物体运动态势之走向。动势能增加重力，造型艺术的"取势"就是运用"动势重力"来调节作品的重力平衡。一幅不平衡的构图，看上去是偶然而短暂的，它的组成成分显示出一种极力想改变自己所处的位置或形状，以便达到一种更加适合于整体结构状态的趋势，适合表现突出个性化的造型设计。

其次，在空间位置的设计上，处于物体下部的形状要比上部的形状安排得大一些，重一些，才能避免头重脚轻的缺陷，以保持上下部分设计量的视觉平衡。

再次，人们的视觉习惯一般是从左向右依次扫描，最后容易将目光落在右下方的位置上，所以位于右侧的造型感觉比左边的要清楚些，出现在右侧的形状总是显得鲜明而突出，而鲜明突出的形状总是感觉分量重些。同理，有些同样大小的形状放置在产品的右边比放置在左边位置的感觉要重一些。

第四节　箱包造型的平面和立体要素

一、箱包的平面变化设计

箱包的平面变化设计是指对箱包某一体面中存在的形状进行的设计，从而实现箱包造型款式的丰富变化特征。箱包的平面变化设计手法多种多样，下面的设计手法具有一定的代表性。

1．外贴袋设计

有关这种设计变化手法，我们在前面章节有一些论述，这里不再赘述。其实，不管是平贴外袋还是立体贴袋，都能为单调的箱包造型外观添加丰富的变化，而且这种平面变化手法也是箱包款式变化的重要方面。

2. 平面装饰设计

在箱包设计中，我们可以通过抽纱、丝网印刷、手绘、蜡染、扎染、拼接等手段来美化箱包的表面。

从一般意义上讲，这些手法属于箱包装饰设计的范畴。如用抽纱工艺进行美化装饰，可以使箱包面料呈现新的外观效果，提升箱包的艺术附加值，使其具有高雅、秀丽、精美、华贵的艺术品位。彩印、手绘、蜡染和扎染都是在箱包材料上赋予花色图案的方法，能够通过图案独特的艺术语言增加箱包的艺术品位。

拼接和辑线的方式是一种行之有效的装饰方法，使用的缝线可粗可细，可素可彩，可用单线也可用双线，既可依结构辑线，也可在包体上自由辑线，均能获得理想的装饰效果。

3. 箱包的半立体造型设计

在箱包设计中，那些在箱包表面形成一定立体效果的装饰手法可以认为是半立体造型方法。包括折叠与褶皱、压印与熨烫、穿编和缝缀、铆钉、荷叶边、流苏等。

（1）折叠与褶皱

如图4-37所示，图中包袋运用的是折叠褶皱的手法，由于是在前后扇面拼接缝中捏的褶皱，具有一定的立体效果；同样，如图4-38所示也是应用折叠的方式，但由于其将折叠与分割配合使用，使折叠产生的褶皱变化复杂，产生了不同的表面效果。

（2）压印与熨烫

压印与熨烫主要是在包面形成一些凹凸的图案肌理，运用设计好的花板，通过热和压力来完成的塑造过程，使包面具有凹凸立体感，如图4-39所示。

（3）铆钉

铆钉是现今非常流行的装饰手法，通过铆钉的设计变化，可以在包面上形成各式各样的图形和纹理，以配合产品风格的设计变化，如图4-40所示。

（4）流苏

流苏的平面装饰更具有特点，改变流苏的位置，其装饰风格变化非常大。边缘流苏的设计主要用来装饰包体的边缘，使边缘富于变化，并有扩大某一平面的意味。如图4-41所示，其流苏设计盖住包体的扇面，使包体神秘而多变。尤其是随走动和风吹，流苏还会产生一定的流动，更是具有动

图4-37　折叠褶皱设计
图4-38　折叠与分割结合设计
图4-39　压花
图4-40　铆钉

态美感。当然，局部装饰的流
苏也具备非常强烈的装饰美感，
如图4-42所示。

二、立体造型要素

利用实际的物质材料，制
作出具有实在体积与空间的艺
术形象，这就是所谓的三维空

图4-41　整体流苏设计
图4-42　局部流苏设计

间造型，它能运用体积创造体积，运用三维创造三维，是一种可以触摸感觉的空间艺术。箱
包是一个内空的三维空间，此中二维平面、三维实体、虚空兼而有之，其基本造型语言是空
间语言：面、体形、体量、空间、装饰物。

1. 箱包由平面到立体的形成要素

（1）开关方式

对于包体来讲，开关方式是形成立体空间非常重要的一环，也是包体最为显眼的部位。没
有开关方式就无法形成包袋的使用功能。常用的开关方式有：架子口式、带盖式、拉链式、敞
口与半敞口式四种。这四种不同的开关方式不但在款式风格上存在差异，而且在应用形式上也
有所不同。

架子口式是一种女包设计中常用的开关方式，由于其结构、尺寸、断面形状、固定方式和
封口装置的不同，使架子口包变得复杂丰富。

带盖式开关方式非常常见，包盖与包体的配合有从扇面直接引出的，也有单独设计下料缝
合而成的。固定包盖与包体的方式有很多种，如各式盖锁、磁扣，另外还有各种形式的钎袢
等。设计带盖包时确定比例是十分重要的，包盖必须保证包袋能充分地开关而不影响包体的容
积，而且在装满物品时也能开关自如。包盖不但是包体的实用结构，也是包袋的装饰结构，包
盖的长短及口沿处形状的变化，可以赋予包体不同的款式风格。

拉链式开关方式在包袋的设计中应用也十分广泛，不论是男包还是女包都非常适用，容易
形成简洁大方的风格。拉链以其自由简便、灵活实用的特点而具有较高的实用价值。拉链作为
封口装置时，可以直接固定在包体前后扇面的上端，其两端可以做成全封闭式，也可以做成半
封闭式，从而形成固定和可调的储物容积；另外，也可以借助拉链条固定，这样，在包体的上
端形成一定的宽度，可以增加包体容积。

敞口与半敞口开关方式主要是用在购物包、休闲包等产品设计中，半敞口包封口装置有舌
式和绳式等，应用起来非常方便，但缺少一定的封闭性。

（2）部件造型与材料的选择

在箱包的立体结构中，部件情况占据十分重要的位置，它是包体组成容器结构的基础，也
是包体结构进一步细分的基础。

不同的部件在包体中的作用和角色不同，所构成的包体的风格也不同。对于包体而言，不
管其组成部件有何不同，包体都由前后扇面、侧部、底部和上部组成，只不过有的部分由部件
单独组成，有的部分由其他的部件延伸而成，而有些部分的部件因设计的需要省略（如敞口包
的上部）罢了。例如，包底可由前后扇面延伸构成；包体的侧部和上部、下部可由整体部件构

成，也可单独构成。

（3）工艺制作方法的确定

部件与部件之间的结合方式是反映包袋整体设计的极为关键的表现方法，同时也是连接从结构制图到生产样板制作的桥梁，只有合理地确定部件间的缝制工艺才能保证整包制作的完善。

具体的工艺内容可从以下几个方面进行分析和确定：①连接方式；②接缝种类；③缝制方法与边缘的修饰。

从整体上看，在现今包体部件的固定方式上，主要有透针缝合、胶粘、焊接、撩缝四种方式，其中以透针缝合方式最为常用，撩缝主要应用于局部做装饰所用，而焊接方法应用得很少。最常用的连接固定材料是缝制用线，因此缝制线的质量和特性对包体的使用影响非常大，保留在包体表面的缝线很可能由于磨损而断裂，影响包袋的使用寿命。与此同时，这些面线也对包体的外观起到一定的装饰作用，应根据具体情况来选用。

不论是何种连接方式，部件间的接缝种类都有以下几种，即：对针缝、反接缝、搭接缝、撩缝、对针缝加牙子皮五种方式，这五种方式应用在不同的缝制方法中有不同的效果。

在包体部件的缝制过程中，从大类上讲只有正面缝制和反面缝制两种方法，而在每一种方法中又有一些细分。

在反面缝制方法中，缝份即有毛边和光边的不同。光边是指先一次接缝，然后翻转再缝，这种缝制方法费时费力，多用在精工制作中；缝制留有毛边时，两部件之间既有无牙条形式也有镶牙条形式，一般而言，镶牙条有助于加固缝边的造型，毛边既可毫无修饰也可用滚条包住以保护缝线。如图4-43所示。

图4-43　反面缝制法
图4-44　正面缝制法

在正面缝制方法中由缝制带来的不同则更多，大致上分为折边和毛边两类。在折边方法中又有单侧外折边、单侧内折边、双侧折边的不同；而毛边的边缘修饰方法则使包袋各具特色，一般有本色边、滚边、染色边、镶牙子边以及撩缝的不同。如图4-44所示。

上述各个方面就是实现箱包从平面到立体转化的关键要素。

2. 立体装饰手法

箱包的立体装饰手法更是多种多样，富于变化。例如：编结、抽绳、荷叶边等手法都是非常好的立体装饰手法。

（1）编结

编结是将面料裁成条带状或片状进行编织、结穗或塑型。既可以应用在箱包的局部装饰上，如编织包带、包面边缘的流苏及包口处的花结等。也可以应用在整个包体上，如编织形成整个包的部件，效果强烈而又整齐，具有一种精致又休闲的美感。如图4-45所示。

图4-45　编结女包

（2）抽绳

平面形向立体形的转化设计还可以通过肌理塑型来表现。例如平面软材料，通过定点抽拉线带，即可束成立体造型的包袋形式，如图4-46所示。如果抽绳包裹在面料的内部，抽紧以后，也会形成漂亮的褶皱，使包口像一朵盛开的花一样。如果用带印花图案的纱巾作为抽绳，纱巾随着穿编的进出在包口形成配色与褶皱相间，然后在包上口前端系个漂亮的蝴蝶结，同样具有很好的装饰效果。

（3）荷叶边

荷叶边的装饰效果非常明显而突出。如图4-47所示，图中的荷叶边设计像展开的翅膀呈欲飞状，边缘突出在包袋平面之上，具有非常好的立体感；如图4-48所示的包袋设计则有所不同，该设计的荷叶边盖满包袋的前扇面，但没有向外伸展，只是铺满在包袋的平面上，同样具有非常好的装饰性。

装饰手段与箱包的有机结合，进一步丰富了箱包的造型语言和表现手法，这些装饰工艺极为细腻、精致，在箱包的造型中往往起到画龙点睛的作用。因此，可以利用装饰工艺来突出装饰工艺与箱包造型特征、使用功能的统一协调关系，加强箱包造型与装饰工艺之间的内在联系。

图4-46　抽绳包
图4-47　立体荷叶边设计
图4-48　多重荷叶边设计

第五节　系列设计概念与设计举例

一般的系列箱包设计数量在3～10款之间。系列款式在人们的视觉感受和心理感应上所形成的审美震撼力，是单款式所无法比拟的。运用造型要素的系列设计，在箱包的造型设计上，对款式、色彩、面料三种要素进行多种形式、多种角度的艺术处理，使其形成多样的系列箱包设计。

一、箱包系列设计要素

箱包系列设计要素可以归结为以下几个方面：

1. 款式造型要素

款式结构中的长短、松紧、大小、疏密、正反等是系列箱包设计中最基本的构成要素，这些要素与设计的形式法则相结合，便会产生造型各异的系列风格。

如图4-49所示是一个三款系列，采用同色彩、同面料，单以款式变化作为系列变化的主要元素，通过长方形、梯形、方形的造型变化实现款式的差异，再通过包上口设计和包带的变化来实现款式的进一步变化。

图4-49　三款系列设计

2. 色彩要素

运用色彩的纯度、明度、冷暖、层次、呼应、穿插等表现手法，使系列箱包的色彩配置既整体统一，又富于变化。在限定的几种颜色中，选择其中一种或两种主体颜色在箱包的适当位置进行穿插搭配，还可以在对应的部位进行色彩的阴阳置换。

3. 面料要素

利用面料质感的对比或组合效应进行系列箱包设计，常常是以一种面料为主，可使其与同质感的素色面料进行搭配。

如图4-50所示是一个五款系列设计，是两种材料的搭配设计。首先，在造型上有方形、梯形、方圆形等变化；其次，在材料的拼配和分割上变化较多，通过包扇面两种材料的组合拼接位置的改变到包盖形状、面料拼配都巧妙变化；再次，包袋的开关方式也设计了拉链、包盖等的不同；最后，包袋的背带虽然都采用细金属链为主体，但包带中部的设计还是有面料设计上的变化。体现了色彩、面料、款式的综合变化。

图4-50　五款系列设计

4. 款式、色彩、面料的综合要素

在系列箱包的造型上，我们常常对其款式、色彩、面料三种要素进行综合运用和艺术处理。

总之，在进行箱包系列设计时，如果箱包的款式相似，可以在色彩配置上设计变化；如果箱包的色调相近，可以通过变换面料的肌理等来变化；如果箱包的面料同质，则可考虑在款式或色彩上进行相互转换等。

二、设计实例

实例1 "京剧脸谱"运动系列包袋设计

（1）设计思想

脸谱是中国风设计中颇具代表性的元素，从古至今，一直深受国内外人士的青睐。一看到涂红画绿的脸谱，你一定会想到戏曲；或者一提到戏曲，你一定会想象到舞台上勾画五彩脸谱、身着各色戏衣的人物形象。脸谱是中国戏曲艺术的重要组成部分，也是戏曲艺术的重要特征之一。

前辈戏剧家张庚先生说过，脸谱是一种戏曲内独有的、在舞台演出中使用的化装造型艺术。从戏剧的角度讲，它是性格化的；从美术角度来看，它是图案式的。在漫长的岁月里，戏曲脸谱是随着戏曲的孕育成熟逐渐形成，并以潜移默化的方法相对固定下来。脸谱是中国戏曲独有的，不同于其他任何戏曲的化装。无论是在国内还是国际上，戏曲脸谱永远有着独特的迷人魅力。脸谱的色块鲜明，对比强烈，将脸谱运用到箱包设计中去一定会给人带来很强的视觉冲击力。因为脸谱与箱包有许多相通之处，如在图形上，它们都垂直于中心对称，线条简明，对比强烈，容易给人留下深刻的印象。对于脸谱的运用，不能仅是简单地将其刺绣或丝印上去，而是把箱包的造型，用不同颜色的色块脸谱化，用色块来表现脸谱的特征。

（2）颜色选择

本系列设计为三款，品类选择为运动旅行系列。对于运动包设计而言，主要考虑运动的特点，容积尺寸略大，主色调多为较暗的颜色，例如，黑色、深红色、暗绿色等，其上或采用面积较小的配色，或采用一些色彩对比强烈的印花图案作为装饰，也可以应用背带、提带或拉链来进行装饰或配色。运动装的流行色和配色对运动包的配色影响非常大，由过去的强烈对比、耀眼明亮，逐渐变得柔和而更为自然，色彩的搭配洁净明快。

京剧脸谱色彩是十分讲究的，看起来五颜六色的脸谱品起来却巨细有因，绝非仅仅为了好看。不同含义的色彩绘制在不同图案轮廓里，人物就被性格化了。红色是脸谱中最常见的颜色，红色脸象征忠义、耿直、有血性，如《三国》里的关羽、《斩经堂》里的吴汉。因此，本系列设计在包体颜色的选取上，采用红色作为主色调，主要表现的是正义的人物形象；黑色作为眼睛以及周围的纹路，将眼部、嘴部与其他部位做出分界线；而中间横过的灰色曲线块则代表着脸谱的眼睛。这样，只需用几片简单的色块就能把脸谱的特征表现出来。系列设计新颖独特，总体色彩感觉庄重大方而不失运动气息，其流行性则体现得更为明显。

（3）款式选择

日常用运动包袋与生活最为贴近，而且应用也最为广泛。对它的设计而言，其运动品种项目特点对它的约束比较少，主要根据当前社会的流行而定。在其款式设计上，其造型随流行由整包部件基本为长方形改变到侧部部件变为圆形或三角形，使整包风格更为活泼，动感更为强烈。现在，接近方形的扇面设计也颇为流行。

款式的选择是箱包设计中最关键的一个步骤，只有选择合适的款式，才会受到广大消费者的喜爱，才有可能获得良好的销量。运动包能体现一种青春、健康、向上的风貌。通过多方面的考察了解，选择以下包款作为将脸谱元素运用在运动包中的载体。

① 双肩包：若想把脸谱运用到箱包中去，双肩包无疑是最合适的选择。因为双肩包无论是

从形体上，还是从分割上都与脸谱极为相似。整个包体前面加放半圆小口袋的设计，既有实用功能，又有装饰作用，而且酷似京剧脸谱的嘴部效果，更能凸显脸谱的主体形态。

肩带部位加入红色块与黑色块的分割，与前部搭配更加和谐统一。背部则上面选用红色面料，下部选用黑色三明治网布，里面配有海绵，背起来更为舒适，符合人机工程学。黑色部分左右两端及下部分别缝有弧线装饰，既美观又与脸谱的特征相呼应。包体的内部设有小型口袋，上部配有CD孔，为喜欢音乐的人提供了很大的方便，让人在外出放松的同时也得到精神方面的享受。肩带右侧设有可拆卸的手机袋装置，方便放置手机，不用时可拆卸，丝毫不影响外表的美观。如图4-51所示。

② 圆筒包：现如今，圆筒运动包越来越受到运动爱好者的青睐。圆筒包与以前固有的运动包的形式不同，更能彰显自我，而将脸谱运用于圆筒包，突破了京剧脸谱的曲面形式，使其拥有另一番韵味。圆筒包的容量较大，相同容积的箱包里面，圆筒包要显得精致很多。包体的前后侧均有脸谱拼片，使用时不必考虑前后面的问题，可随心所欲地背用，斜挎与手拎均可。两侧各配有一个口袋，方便小物件的存放，更贴近人们的日常生活。如图4-52所示。

③ 旅行化妆包：旅行化妆包上部大圆弧的设计让化妆包更具有女性的特质，前部口袋是由脸谱拼片拼接而成，这样的设计为具有男性粗犷性格的脸谱增添一种温柔之美。

旅行化妆包是运动产品的一个欠缺之处，当今市场上，运动类产品更加注重其运动功能，却忽视了日常的使用。将运动包稍微加入化妆区域的分割，加强其实用价值，深受爱美人士的喜爱。此款化妆包的内部是用松紧带网格布制作而成的化妆隔袋，节省空间。在不使用其装盛化妆用品时也可以作为一个普通日常包使用，且配有斜挎的肩带，可根据消费者的喜好选择使用方式。如图4-53所示。

图4-51　脸谱双肩包（设计：许丽英）
图4-52　脸谱圆筒包（设计：许丽英）
图4-53　脸谱化妆包（设计：许丽英）

图4-51　　　　　　　　图4-52　　　　　　　　图4-53

（4）尺寸确定

包体的尺寸变化非常大，随着包体用途的不同可以制成大大小小一系列产品，箱包一般属于平面几何形体，也有一些属于几何曲面立体，因此和其他有容积的制品一样，具备三个基本尺寸，即长度、宽度和高度，计算单位以mm计，测量的时候，应按其在正常盛放物品的情况下能自由开关的状态为标准。

在箱包的尺寸设计中，要综合考虑包体与人体身高胖瘦的比例关系，还应符合人体生理的要求。综合考虑人体工程学、美学以及常规的运动包规格，双肩包的尺寸设为440mm×310mm×160mm，是双肩包的中号尺寸，大小适中，应用范围广泛，能适应各种外出场合背带。圆筒旅行包的尺寸设为450mm×240mm×240mm，是小号旅行包的尺寸，体积小巧，容量却不减，款式美观，方便携带。化妆包的尺寸设为360mm×240mm×140mm，与常见化妆品的大小在高度上保持一致。

（5）材质选择

面料是箱包产品的主体材料，也是产品的主要成本所在，面料不但直接影响产品的外观形象，而且关系到产品的市场销售价格，在设计选用时必须给予十分的重视。

目前，箱包材料正在不断开发研制新品种，以适应服饰潮流的需要，满足社会消费的需求，面料的应用更具时代特色，新型材料的应用层出不穷。总的趋势和特点是：采用新工艺、新材料，开发全新系列箱包革。诸如彩色系列箱包革的开发生产，使箱包产品色彩鲜艳缤纷，尤其是白色、浅色系列箱包革的问世，使夏季包袋格外轻松悦目。各种材质都向着超轻和增强牢固度的方向发展。同时多功能的材料也处于不断的发展之中，环保、防水、防火、耐冻等多种功能性材料的开发，为今后的箱包设计提供便利的条件。

① 包面材料：包面的红色和黑色部位选用的是420D尼龙面料，此面料重量和紧实度适中，有良好的耐磨性能，适宜制作运动包，在外出休闲使用时能抵抗外界的破坏。背侧加入防水涂层，起到良好的防水作用，即使在雨天也丝毫不妨碍其使用功能。光泽度良好，能提高整个包体的亮度；面料重量轻，易保养，且抗皱能力强，长期使用不易变形。可以说是运动类背包的很好的选择。灰色面料则使用的是仿尼龙条纹布PVC冷贴，手感柔软、有弹性，在制作的过程中需要对其折边，柔软的特性使它在折边时更容易操作。

② 包里材料：箱包里料主要是用来辅助产品的造型，同时起到保护产品面料的作用。一款舒适里料的箱包为人们带来的不仅是视觉上的享受，更是接触时的愉悦。包里的舒适与否对整个箱包的质量判断起着举足轻重的作用。包里使用的是150D春秋丁NEWCOM轧花。轧花的设计使其看起来有高档的感觉，150D的里料手感柔软舒适，在使用时拉近了与消费者的距离。

③ 填充材料：填充材料主要是用来辅助产品的造型，同时增加产品手感的丰满柔软性。为了提高使用时的舒适度，需要在面料与里料之间填充适宜厚度的发泡海绵或普通海绵。如双肩包的背部填充有3mm的发泡海绵还有10mm的普通海绵，以增加双肩包与人体背部接触时的舒适度和排汗性能；化妆包、圆筒包的拎手部位以及肩带部位均填充有发泡海绵，以缓解运动包在装满物品时对人体的压力。

本系列三款包袋全部选择密纹织带，密纹织带表面略带反光，与面料的光泽相搭配，更能表现其整体效果。在塑料件的选择上，全部选用高档的塑料配件以提升其档次。五金配件使用古银的颜色，使连接部位不至于很耀眼，整体显得更为和谐。

当今是一个充满运动活力的时代，年轻人对之更为钟爱，运动系列包袋的市场空间也就非常广阔，其设计显得尤为重要，一款好的运动包一定会大有销量。此款设计迎合大部分运动爱好者的需求，适宜大胆创新的运动爱好型消费人群。设计新颖独特，款式简洁大方，属于非专业运动包。对于那些对京剧情有独钟的运动爱好者尤为合适。选用的主色调为深红色，配有灰色及黑色做搭配，属于比较中性的颜色，不管男女老少，都是非常适合的选择。

实例2 "十二花神"系列女包设计

（1）创意构思

在古代，人们喜欢在布或纱上绣出各种花的形态，或在制作好的衣服上利用花卉作进一步的装饰，以表现出他们对美的追求以及对自然美的热爱、崇敬和向往。此系列包袋运用花朵的各种装饰手法，来体现主题。

① 一月花神梅花：梅花小巧而美艳，在雪白之中绽放一片火红，坚强而高雅，因此色彩主要以红色与白色为主。包体以月牙为形，造型张扬，有着月亮的皎洁与美丽，而此造型又给人一种失衡的感觉，于是加以流苏来控制，达到完美状态。梅花的排列同样需要考虑，不同的顺序给人不一样的感觉。如图4-54所示。

② 三月花神桃花：桃花的花语为爱情的俘虏。对于爱情，我们往往深陷其中不能自拔，不论距离有多远，都不得逃脱，因此此款女包为长环状。而爱情又给人一种朦胧感，永远不知道爱为何物，但却让人感到甜蜜、幸福，在设计中，纱往往给人这种感觉，所以此款包袋的设计离不开纱的装饰。同样的，既然从属一个系列，那需要有相同之处，不论是花的装饰还是流苏的运用，都要是同一主题。如图4-55所示。

③ 四月花神牡丹：牡丹花大色艳、雍容华贵、富丽端庄、芳香浓郁，素有"国色天香"、"花中之王"的美称，长期以来被人们当作富贵吉祥、繁荣兴旺的象征。因此包体要圆润、大气、不失华贵，色彩以红色为主，红色是喜庆、艳丽的代表，其间夹杂一些金色，更能体现雍容华贵的特点。如图4-56所示。

在古代，富贵家族的女眷出门常常以面纱遮面，给人一种神秘感，被人称之为端庄，所以此款包袋的设计一样离不开纱的装饰。而流苏同样在此装饰。

图4-54　腊梅花
图4-55　桃花
图4-56　牡丹花

④ 六月花神荷花：荷花象征着：纯洁、无邪、天真、坚贞；出淤泥而不染，濯清涟而不妖；清高、洁身自好；高尚，不随波逐流。花朵艳丽，清香远溢，碧叶翠盖，十分高雅。如图4-57所示。

生长于水中，水的蓝、叶的绿、花的红……为主要的色彩，而花的形态同样需要运用到设计当中去，但是不能一味地采用立体花装饰，改用平面或拼接的装饰手法，可以让人眼前一亮。纱的装饰同样必不可少，但要同前几款稍有不同，因此纱的走向和制作工艺也需要创新突破。包体造型来源于宽大圆润的荷叶。

⑤ 十一月花神山茶花：茶花是"花中娇客"，四季常青，叶片翠绿光亮，开红、粉、白花，花朵宛如牡丹，艳丽、娇媚，给人们带来无限生机和希望，是吉祥、长寿的象征。虽然市场上有许多包都运用到了立体的山茶花，但对于它的立体制作并不容易，可以选用最简单的方法来制作——层层花瓣通过胶粘的方法来完成。同样为了统一主题，包体外形也与其他款式相近。如图4-58所示。

⑥ 十二月花神水仙：水仙花是洁身自好、高尚、纯洁、高雅的象征，代表着坚贞的爱情。月亮的皎洁、明亮、单纯是水仙花设计的灵感来源，水仙花花小，无法单个运用，只能成簇出现，于是花朵的运用、制作及组合就很值得认真考虑。

水仙花的颜色有很多，但常见的为白色，因此此款包袋的设计就以白色为主，成簇的流苏装饰在花下，配合包体与花朵的走向更加协调统一。如图4-59所示。

图4-57

图4-58

图4-59

图4-57　荷花
图4-58　山茶花
图4-59　水仙花

（2）设计说明

① 款式一——梅花：此款女包灵感来源于古代服装中的云肩。白色的包体象征着白茫茫的世界，在这一片白之中，点缀着朵朵红色的梅花，而随风飘摆的流苏表现了梅花在这冰天雪

地、狂风大作的冬天摇摇晃晃地坚持着，永不向恶劣的环境低头的美好品质。同时，流苏装饰的另一个作用是，使得包袋整体上更加统一。如图4-60、图4-61所示。

包袋造型简洁、线条流畅而简单，扇面的分割看似是简单的分割但重点也在此。花的排列及大小以包袋的轮廓为基准，有一种跳跃灵动的感觉。这个款式运用比例与分割、多样与统一等造型艺术来达到包袋的和谐与完美。

② 款式二——桃花：此款包袋以"桃花缘"为题，它的外形设计来源于几何图形，此形状的包体表达着爱情对人们的束缚。纱的装饰，突出了爱情的朦胧，以及深陷爱情之中的人们的不知所措。而包袋局部的立体桃花，修饰了包袋整体的单一，又突出了女性的柔美；包袋的曲线、浪漫的细节，充分展示了都市之时尚精神。而流苏的设计使得整个包袋有了灵性。如图4-62、图4-63所示。

包袋线条流畅而简单，整体简约、优雅、大方，简单而又不失灵动，体现了女包的经典，重现逝去的简约风格。

③ 款式三——牡丹：此款包袋的名称为"富贵牡丹"，花大而艳，色彩则以红色为主，代表着美艳、富贵。包袋以暖色系为主色，调配以沉稳纯洁的白纱，就像单纯的少女羞涩地站在那里，不知所措。包袋的外形灵感来源于古代的服装，形态较小，红色的牡丹大而华贵，流苏随风摆动，都给人一种灵动的感觉。包袋款式虽然简单，但不失雍容华贵，线条简洁、优美。如图4-64、图4-65所示。

④ 款式四——荷花："花之精灵"呼应的是自然、清新的感觉，迎合春夏流行趋势，选用可爱的元素来突显年轻姑娘的美丽与清纯。蓝色、墨绿色、红色为主打色，加上款式的独特设

箱包设计与制作工艺

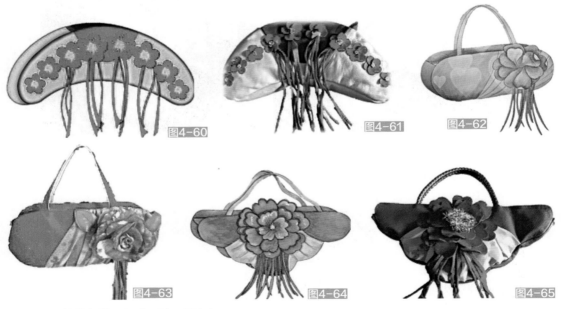

图4-60　梅花包效果图（设计：周方）
图4-61　梅花包实物图（制作：周方）
图4-62　"桃花缘"效果图（设计：周方）
图4-63　"桃花缘"实物图（制作：周方）
图4-64　"富贵牡丹"效果图（设计：周方）
图4-65　"富贵牡丹"实物图（制作：周方）

计，创意与知性的完美结合，极致地展现了柔美、自信的女性形象。

此款女包在款式设计上运用了面料层叠法和拼接法，在蕾丝边的制作细节上做了褶皱的处理。款式设计比较简单，除了花瓣与荷叶相叠与相拼接，还添加了一些蕾丝装饰。蕾丝的设计突出了女性的纯洁与可爱，设计特点是传统的，色彩单纯统一，以蓝色、红色为主调，富有纯净感，使人体到宁静和淡泊的心境。搭配下部层叠的荷叶，更具有古风特色，整体感觉清新脱俗。如图4-66、图4-67所示。

⑤ 款式五——山茶花：此款女包的设计同样以皮革与纱的搭配为主，外形与其他款式设计相协调，但是纱覆盖的部位呈圆形，与包体造型相统一，达到一个整体的融合。另外，因为堵头已经延伸到上部近中间位置，此时开口已经很小，所以不需要用到拉链等开关。而在色彩方面，采用的是艳红色，给人一种充满活力的感觉。如图4-68、图4-69所示。

⑥ 款式六——水仙花：此款水仙包袋以"轻舞飞扬"为题，外形设计灵感来源于月亮，月亮的皎洁与水仙花的特征相类似。立体花由大到小、再到大，凸显设计的动感之美，而花的排列方向以包体外轮廓为准，使包袋整体上达到一种和谐。花下的流苏装饰随风起舞，让人感到此款设计的灵性所在，同时均衡了包体的设计，更加协调统一。如图4-70、图4-71所示。

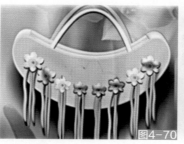

图4-66 "水中碧莲"效果图（设计：周方）
图4-67 "水中碧莲"实物图（制作：周方）
图4-68 "花中娇客"效果图（设计：周方）
图4-69 "花中娇客"实物图（制作：周方）
图4-70 "轻舞飞扬"效果图（设计：周方）
图4-71 "轻舞飞扬"实物图（制作：周方）

第五章
箱包的色彩设计与色彩美

　　色彩在箱包设计中占有十分重要的位置，它与造型、纹样、材料、工艺一样，是箱包设计的主要内容之一。色彩是视觉的第一印象，常常具有先声夺人的力量。在对箱包产品的最初注意力上，色彩的作用远远大于形态和材质。色彩在箱包的设计、审美及营销过程中发挥着巨大的作用。因此，对色彩的设计和把握能力是箱包设计师所必须具有的。

　　如图5-1所示的同款式包袋设计中，白色、红色、粉色最先被瞩目，而黑色、咖啡色容易被忽略。说明明亮色容易引起视觉的兴奋。在如图5-2和图5-3所示的设计中，前扇面是相似的仿人脸拼接，但由于图5-2中黑白配合的运用，使包袋显得更加清晰可见。说明在色彩设计中可以通过配色使设计意图更加凸显和明朗化。

图5-1

图5-2

图5-3

图5-1　同款异色包袋设计
图5-2　黑白配色拼接设计
图5-3　纯色拼接设计

第一节 色彩及其视觉心理

首先，本章介绍在箱包设计中有关色彩的基本概念，这些概念对于色彩的设计十分重要，是灵活运用色彩的前提。

一、色彩基本知识

1. 光谱色与标准色

太阳光和所有的灯光都是由各种波长与频率的色光组成的，这些光依次排列，形成所谓的"光谱"系列。太阳光谱色由红、橙、黄、绿、青、蓝、紫七色组成，也有观点认为是由红、橙、黄、绿、蓝、紫六色组成。标准色是指用颜料配置出和色光标准色相一致的六种色，定为颜色的标准色。如图5-4所示。

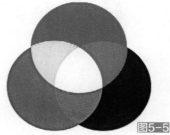

图5-4　光谱色与标准色
图5-5　色光三原色等量混合

2. 原色、间色、复色

（1）原色

原色是指不能再被分解的基本色。原色只有三种，色光原色为红色、绿色、蓝色，相加得白色光，如图5-5所示。而颜料的三原色为品红色、黄色、青色，相加在一起得黑浊色。

（2）间色

两种原色混合成为间色。颜料三间色为橙色、绿色、紫色，也称第二色。色光三间色恰好是颜料的三原色。

（3）复色

颜料的两个间色或一种原色和其对应的间色（红与绿、黄与紫、蓝与橙）相混合得到复色，也称第三次色。复色含有所有原色成分，但由于各原色间的比例不同，从而形成了不同的红灰、黄灰、绿灰等灰色调。色光中没有复色和灰调色。

3. 色相、明度、纯度

色相、明度和纯度是构成各种色彩关系的主要因素，因此色彩学上称它们为色彩的三要素。

（1）色相

即每种色彩的相貌名称，是一种色彩区别于其他色彩的主要特征。如红色、橙色、黄色、绿色、蓝色、紫色等，每个字都代表一类具体的色相。

（2）明度

色彩的明暗程度叫明度，也可叫作深浅度或黑白度。明度是全部色彩都具有的属性。色相环中，从黄色到紫色，呈现出由高到低的明度变化，无色彩白颜料是最明色，其他色彩混入白色，可提高明度，黑颜料明度最低，其他色彩混入黑色，可降低明度。

（3）纯度

纯度指各种色彩中包含的单种标准色的多少。纯度只存在于颜料的复色之中，一种复色中所含的某一种标准色成分越多，其纯度就越高，色感也就越强。

4．色相环、色立体

（1）色相环

将太阳光谱色首尾相连形成的环行图表，称为色相环。它表示着色相序列及各色之间的关系与规律，是进行色彩原理研究和配色实践时的有力工具。常用的色相环有6色、12色、24色色相环等。如图5-6所示。

（2）色立体

色立体是以三维形式表示色彩三要素变化规律的色标模型，它的横剖面表示相同明度的纯度变化，纵剖面表示补色间的不同明度和纯度变化。最具代表性的色立体有奥斯特瓦尔德色立体、孟塞尔色立体、日本色研色表体系（P、C、C、S）等。色立体提供了成百上千块秩序排列的色彩标样，形象地表明了三要素的相互关系，有助于色彩规律的理解和应用，并使用色视域拓宽，同时也极大地满足了现代化工业的需要。如图5-7所示。

5．有彩色与无彩色

（1）有彩色

带有某一种标准色倾向的色称为有彩色。有彩色包括三原色和所有的间色以及复色。

（2）无彩色

黑、白两色和由这两种色调出的灰，没有色彩和冷暖倾向，称为无彩色。

6．同类色、类似色、对比色、互补色

（1）同类色

色相相同而明度不同或以某一种色相为主，又分别包含少量其他色的各种色，称为同类色。

（2）类似色

色相环中90°范围以内的颜色，称为类似色。如图5-8所示的橙色与黄色，黄色与绿色之间的关系。

（3）对比色

色相环中90°~180°范围以内的颜色，称为对比色。如图5-8所示的橙色与绿色之间的关系，图5-9所示的蓝色与黄色之间的关系。

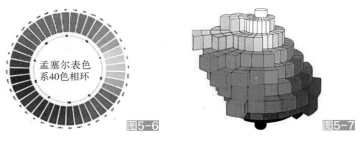

图5-6 孟塞尔40色色相环
图5-7 孟塞尔色立体
图5-8 类似色与对比色
图5-9 对比色

（4）互补色

色相环中180°角所对的两色，称为互补色。如红色与绿色、黄色与紫色、蓝色与橙色等。

7. 色调、色性

（1）色调

色调指一定范围内几种色彩所形成的总的色彩效果。色调的形成是色相、明度、纯度、色性、面积等多种因素共同造成的，其中，某种因素起主导作用，就可以称为某种色调。如明度因素起主导作用的亮色调、暗色调；色相因素起主导作用的黄色调、紫色调、红灰色调等。

（2）色性

色彩的冷暖倾向称为色性。由于人的生理感觉和心理联想，不同的色彩会被联想到相对应的事物而产生不同的心理感觉，如红、橙、黄等色类常使人联想到太阳、火焰等，因而具有温暖的感觉，被称为暖色。青、蓝色类则会使人联想起海洋、蓝天、冰雹等，因而具有凉爽的感觉，被称为冷色。绿、紫等色类兼具冷暖感觉，被称为中性色。

二、色彩的视觉心理

色彩能够表达出强烈的情感倾向，通过作用于人的眼睛，在不知不觉中引起人们的情绪、精神及行为等一系列的心理和生理反应，这个过程就是色彩的视觉心理过程。在箱包设计中，人们对箱包产品色彩的各种情感表现就是随着色彩心理过程的产生而形成的。

1. 色彩种类及其心理效应

（1）红色

红色的波长最长，饱和度最大时具有强烈的刺激性，饱含热情、力量和冲动，给人活泼、生动和神秘的感觉，象征希望、幸福、恐怖和生命。如图5-10所示。暗红色沉重而朴素；亮粉红色个性柔和，具有健康、梦幻、幸福、羞涩的感觉，是女性的色彩；红色趋黄，则色感近似朱红，明度增高，热气较盛；红色趋紫，则明度降低，性格变得冷静、柔和，但若使用不当，会产生悲哀、恐怖的感觉。

（2）橙色

橙色明度比红色高，具有兴奋、活泼、华丽、光辉的视觉特点。橙色淡化，其生动感顿弱；橙色中加入白色，会变得苍白无力；橙色中加入黑色，变成模糊、干瘪的褐色；与蓝色对比时，橙色显得更加灿烂辉煌；与无彩色组合时，配色效果和谐而又摩登。如图5-11所示。

（3）黄色

黄色明度很高，色性暖，具有光明、高贵、豪华、轻薄等视觉特点。黄色易受到别的色相左右，在白底上的黄色暗淡无光；在浅粉红色底上，黄色表现出强烈的光感；在红紫色底上，黄色变得暗弱无力；在黑色底上，黄色最为明亮。黄色与其他色混合会很快失去自己的特性，加入少量黑色，黄色很快会表现出绿色的性格特征。如图5-12所示。

（4）绿色

绿色是人的视觉最适应的色，是一种性格温顺、饱满的色。绿色的表现意义是丰硕、肥沃、充实、和平、宁静、希望等。绿色变化性很大，转调的领域非常宽，当明亮的绿色被灰色暗化时，会产生悲伤、衰退之感；如果绿色趋于黄色，会表现出清新、幼稚、朝气与青春；趋于蓝色，则显得端庄、冷峻并富有生命力；中等明度的绿色显得成熟，暗绿色则显得老练。绿色的表现力含有广泛的适应性，通过各种对比可取得许多不同的表现效果。如图5-13所示。

（5）蓝色

蓝色具有较强的空间性特征，表现意义为沉静、理智、宽容、博爱、透明、冷淡、消极、阴影感等。如图5-14所示。明亮的蓝色使人联想到天空、海洋；灰暗的蓝色则使人感到恐惧、痛苦和毁灭；黑色底上的蓝色明快而纯正；淡粉红色底上的蓝色畏缩而空虚；暗褐色底上的蓝色生动而强烈；红底上的蓝色更加明亮。

（6）紫色

紫色具有神秘、高贵、优雅、不安、病弱、孤独感。如图5-15所示。明亮的淡紫色具有典雅、甜美、轻盈、飘逸的女性感；较暗的紫色象征迷信、不幸、消极、混乱、死亡；红紫色显得温和、明亮、积极、富有梦想；蓝紫色具有孤独、清高、真诚的爱等意义。

图5-10　红色
图5-11　橙色
图5-12　黄色
图5-13　绿色
图5-14　蓝色
图5-15　紫色

箱包设计与制作工艺

（7）白色

白色属于无彩色系，在整个色彩体系中，白色明度最高，是一个极端色。白色高洁而又内在，在箱包上巧妙地运用白色，可产生纯洁、高贵、神圣、整洁、高尚等视觉特点。白色有着很强的视觉冲击力，弱点是受环境色影响较大。如图5-16所示。

（8）黑色

黑色与白色相对，居于整个色彩体系的另一端，明度最低，也是一个极端色。黑色在视觉上是一种非常消极的色彩，常使人想到黑暗、黑夜、寂寞、神秘、悲哀、沉默、恐怖、罪恶、消亡。但这种消极性也会由于不同的对比效果而发生转化，与黑色相配的色都会因它而倍感赏心悦目。黑色又具有稳定、深沉的感觉，是箱包设计中应用最广的色彩。黑色非常富于表情，箱包设计中巧妙运用黑色可表现出高雅、优越、理性、神秘、庄重的视觉效果。如图5-17所示。

（9）灰色

中性灰是一种全色相色，由黑、白色混合而成。其视认性、注目性依灰色的深浅而变化，明亮的浅灰色视认度高，越往黑靠近，视认度越低。浅灰色给人感觉平和、温文尔雅。深灰色具有冷漠、孤独感。如图5-18所示。有彩色灰是指由多种颜色（主要是补色）合成的颜色，具有复杂、不明朗的性格特征，给人平稳、内在、深沉、含蓄的感受，体现成熟的魅力。

（10）金、银色

金色是一种最辉煌的光泽色，是权力和财富的象征，银色也具有这种特性。金、银色在表现中具有非常醒目的装饰感，当多种颜色配置不协调时，通过金、银色线、色块的穿插利用，会使整体效果趋于和谐统一，并表现出华丽、辉煌的视觉效果。随着当今科技产品越来越多地使用银灰色，银色的象征也正在发生着变化，银色可以产生一种速度感、科技感和前卫感。如图5-19所示。

图5-16　白色
图5-17　黑色
图5-18　灰色
图5-19　金、银色

2．色彩的联想

当人们看到色彩时，通常会联想到与这种颜色相关连的其他事物，并产生一系列的观念与情绪变化，这种现象称之为色彩联想。色彩的联想具有多方向的变化性质，与人的个性、生活习惯、心理条件、地域、民族、年龄、性别、经济条件、文化素质等方面有着密切的联系，并紧随时代而变化。同一种色彩往往具有许多种不同的联想结果，进行色彩设计时，必须要有意识地给予明确表达，这就要求设计师对一般共同性联想方式及结果有所认识。

色彩的联想从形式上可分为具体联想和抽象联想两大类。

（1）具体联想

由看到的色彩联想到具体的事物，称之为具体联想。如看到白色，联想到白雪、白云、白砂糖、白纸等；看到红色，联想到红太阳、红苹果、红旗、血液等具体事物。日本色彩学家家田氏曾对不同年龄、不同性别的人进行色彩联想调查，表5-1是被调查的儿童和青年对11种主要颜色的具体联想。

表5-1　　　　　　　　　　　**色彩的具象联想（冢田调查）**

色彩 \ 年龄性别	儿 童		青 年	
	男	女	男	女
白	雪、白纸	雪、白兔	雪、白云	雪、砂糖
灰	鼠、灰	鼠、阴暗天空	灰、混凝土	阴暗天空、冬天
黑	炭、夜	头发、炭	夜、洋伞	墨、西服
红	苹果、太阳	郁金香	红旗、血	口红、红靴
橙	橘、柿	橘、胡萝卜	橘、橙、果汁	橘、砖
茶	土、树干	土、巧克力	皮箱、土	栗、靴
黄	香蕉、向日葵	菜花、蒲公英	月亮、鸡雏	柠檬、月亮
黄绿	草、竹	草、叶	嫩草、春	嫩叶
绿	树叶、山	草、草坪	树叶、蚊帐	草、毛衣
青	天空、海	天空、水	海、秋天天空	海、湖
紫	葡萄、紫菜	葡萄、桔梗	裙子	茄子、紫藤

（2）**抽象联想**

由看到的色彩联想到某种抽象的概念，称为抽象联想。如看到白色，联想到清洁、纯洁、神秘、神圣；看到黑色联想到阴沉、冷淡、悲哀、绝望等抽象概念。表5-2是冢田氏调查的青年男女和老年男女对11种主要颜色的抽象联想。

表5-2　　　　　　　　　　　**色彩的抽象联想（冢田调查）**

色彩 \ 年龄性别	青 年		老 年	
	男	女	男	女
白	清洁、神圣	清楚、纯洁	洁白、纯真	洁白、神秘
灰	忧郁、绝望	忧郁、郁闷	荒废、平凡	沉默、死亡
黑	死亡、刚健	悲哀、坚实	生命、严肃	忧郁、冷淡
红	热情、革命	热情、危险	热烈、卑俗	热烈、幼稚
橙	焦躁、可爱	下流、温情	甜美、明朗	欢喜、华美
茶	优雅、古朴	优雅、沉静	优雅、坚实	古朴、朴实
黄	明快、活泼	明快、希望	光明、明快	光明、明朗
黄绿	青春、和平	青春、新鲜	新鲜、跳动	新鲜、希望
绿	永恒、新鲜	和平、理想	深远、和平	希望、公平
青	无限、理想	永恒、理智	冷淡、薄情	平静、悠久
紫	高贵、古朴	优雅、高贵	古朴、优美	高贵、消极

　　总之，色彩的具体联想与抽象联想构成了极为复杂的色彩心理活动，两者有时是交叉、混合、难以区分的，设计时应灵活运用色彩联想的魅力来加强箱包个性和情感作用。

第二节　箱包色彩的设计构思

箱包色彩的构思，是设计者在设计前的思考和酝酿的过程，是一种融形象思维和逻辑思维为一体的创造性的思维活动。这种创造性思维具有独立性、连续性、多面性、跨越性及综合性等特征。构思过程应包括宏观整体设计的思考和微观具体设计上的构思。前者如使用者的生理情况、心理情况、使用时间、使用场合及社会环境等，后者如材料、质地、图案、色彩等。设计师通过宏观、微观上的思考，确定设计意向，进而展开具体的设计活动。

一、色彩构思的方法
箱包色彩构思的三种方法是：

1. 色彩为主，造型衬托
这种方法主要用于强调色彩配置、色彩特性，表达设计师对流行色彩的把握和运用。通常以流行色为主，造型时尚相对弱化。如图5-20所示。

2. 造型为主，色彩补充
这种方法主要用于强调箱包造型款式，突出造型的特点，而并不强调色彩的绝对时尚化。要求设计师对于造型的敏感和灵活运用。如图5-21所示。

图5-20

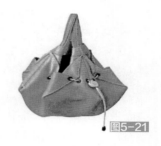
图5-21

3. 造型色彩并重
这种方法要求设计师从造型和色彩两方面综合考虑，确定设计意图，突出箱包的整体美。是设计师普遍采用的色彩构思方案。如图5-22所示。

图5-22

图5-20　以色彩为主的构思
图5-21　以造型为主的构思
图5-22　型色并重的构思

二、色彩构思的灵感启发
设计灵感是创作过程的一种特殊心理状态，具有偶发性、突出性和短暂性三个特征，是在注意力高度集中于设计创造的情况下产生的。设计师头脑中长期积累的知识是产生灵感的基础。箱包色彩的构思通常离不开灵感启示，任何事物现象都可能成为箱包色彩构思的灵感源泉。

1. 使用对象的启发
由于使用对象存在着生理、心理以及所处的消费阶层、文化素养等方面的不同，必然使设计构思产生与其个性相适应的配色计划，针对某一消费者或消费群进行色彩思考和选择，使箱包色彩与使用者的心理、生理和谐统一。如图5-23至图5-25所示。

如图5-23所示是儿童书包，一定要考虑儿童的色彩心理，选用鲜艳的色彩作为主色，其上装饰有卡通等图案，表现儿童活泼可爱的性格；如图5-24所示的双肩背包是为20岁左右的年轻人设计的，选用的色彩依然活泼，但纯度、明度降低，符合青年人对色彩的审美要求；如图

5-25中的包袋色彩以稻草黄为主色，以咖啡色为拼配色，形成规则的几何图案，图案规整有秩序感。但中间的红色和绿色条纹，很是具有民族传统气质，是时尚元素的体现，适合中青年人的品位要求。

图5-23　儿童书包
图5-24　青年用双肩包
图5-25　GUCCI手提包

2. 社会色彩信息的启发

　　色彩的社会信息及流行色，是一种社会中的色彩消费现象，往往表现为一定时期内出现一种或数种为某一集团阶层多数人接受和使用的色彩。色彩社会信息的传播渠道通常有网络、报刊、会展、商业活动等，通过准确及时的社会信息，可以分析和了解人们的色彩消费意识及审美需求，由此得到符合市场消费需求的流行色彩，指导箱包色彩设计的构思，使设计的产品适销对路，满足不同消费层次的要求。如图5-26的金属粉色，是近年来中青年女性十分喜爱的颜色，具备明显的女性味道，而又不失优雅格调；如图5-27所示的白色手提包，配衬黑色提手，一直处于时尚的前沿。

图5-26　金属粉色
图5-27　黑白色拼配

3. 自然色彩的启发

　　自然界有着非常丰富美妙的色彩，设计师可以通过细致观察、用心体会来启发构思。各种自然景物的色彩现象与变化规律，寻取大自然中色彩美的形式，积累色彩的形象资料，通过联想和想象，概括和归纳出比较理想的色彩形象，巧妙运用于箱包色彩设计中。此外，设计师还可借助网络、影视、彩色印刷品等色彩图片资料，作为间接的色彩形象资料，丰富色彩的形象思维。如图5-28所示的包袋，树叶的绿色，树干的棕色，花朵的橙色、紫色形成图案的主色调，大自然的气息十分浓烈；如图5-29所示的包袋选用彩虹的七彩色，十分梦幻多彩。

图5-28　自然色彩设计的包袋

图5-29　彩虹色包袋

4. 姊妹艺术的启发

各种艺术形式既有其自身的特点，也存在着相互联系和影响，箱包色彩设计可以学习和借鉴音乐、绘画、建筑、影视、文学等艺术形式的色彩及表现形式，从中西方不同的艺术风格流派中广泛吸收色彩营养，寻找配色美的规律。如由激昂的乐曲联想到鲜明的色调，由忧郁的乐曲联想到阴暗的色调，由文学词汇联想到相应的色彩意境和情调，启发诱导箱包色彩的设计与构思。如图5-30所示的编织设计，选择编织艺术手法，营造了粗犷、凹凸的时尚风格；如图5-31所示的包袋在扇面和包盖上蒙覆一层蕾丝，透过蕾丝隐隐约约可以看到内里的皮革，凸显优雅神秘的淑女气质。

图5-30　编织包袋

图5-31　蕾丝包袋

5. 民族文化的启发

世界上各民族之间由于所处的地理位置、自然环境、生活方式、宗教信仰、风俗习惯等方面的差异，形成了不同的民族文化。每个民族都有自己的色彩爱好和使用习惯，深入分析这些民族色彩文化现象，对于箱包色彩设计构思具有不可忽视的重要意义。借鉴和吸收民族文化特征，是择其精华，用其精神，可以通过一个民族的绘画、音乐、用具、宗教、服饰等诸多具有本民族特色的素材，借助箱包设计所特有的表现方法，进行独到的创意设计。如图5-32所示的印第安风情设计，将体现印第安色彩的红色、黑色和旋转图案以及刺身效果，应用在包面的图案设计上，民族气息浓烈；如图5-33所示的包底，运用中国青花瓷的颜色和艺术手法设计包袋的图案，中国传统意味悠长。

图5-32　印第安风情包袋

图5-33　青花瓷图案包袋

第三节　箱包色彩形式美的构成

一、色彩的比例

　　比例是形式美的规律之一，是指对象部分与部分、部分与整体之间构成一定的比例关系。箱包色彩的比例关系是随着包面形态分割和色彩配置而产生的，即各色彩的形状、面积、位置等相互关系的比率和比较。常用的比例形式有等差比例、等比比例、黄金分割比例、根号比、宽银幕比等。在箱包色彩形态美的构成中，任何一种比例的运用，本质上都是一定的色彩面积、一定的色彩数量比例和一定的色彩对比调和程度比例。

　　色彩的面积比是箱包设计中经常涉及的问题，当色彩形状与对比关系不变，扩大对比色双方的面积，对比效果随之加强，若缩小对比色双方的面积，对比便削弱。扩大对比色一方的面积，便有了主次关系。如图5-34所示的包袋，主色是白色，从色是紫色。当选用两个色相互补的高纯度色彩配置时，双方的面积比若设为1∶1，会使对比效果过于强烈，产生不调和感。可以使其中一色的面积占优势，另一色居于从属地位，从而缓和对比度，产生和谐美感，如图5-35中的白色、黑色和红色的配合。

　　色彩的比例关系还与色彩的位置、聚散程度有一定关系。在色彩关系不变的情况下，两色远离时对比弱，接触时开始增强，切入时较强，当一色进入另一色中心时对比最强。如图5-36中的黄色与蓝色、黑色与红色、白色与红色的对比。当色彩形状集中时，对比效果强烈，分散时对比减弱。色彩形状分散成雾状时，色感较模糊，由于色彩的空间混合，失去原色彩的本色，对比消失了许多。如图5-37所示。

图5-34　主色与从色设计
图5-35　色彩与面积的协调
图5-36　相接位置色的对比
图5-37　色彩打散成雾状的对比

箱包设计与制作工艺

二、色彩的平衡

　　色彩的平衡是指由于色彩分割布局的合理性和匀称性而产生的一种视觉上的平稳安定感。色彩的明暗、冷暖、轻重、色度强弱、色面积大小比例、色彩位置等都可以造成或影响箱包整体色彩的平衡感。箱包色彩设计中的平衡形式主要包括两种状态。

　　1. 对称

　　对称平衡包括上下对称、左右对称、中心对称。色彩的对称具有严谨、大方、理性的特点，但处理不好会产生机械、呆板的视觉感受。如图5-38所示。

　　2. 均衡

　　均衡的配色在箱包设计中表现为等量而不等形，对等而不对称的关系。它是对称的变体，在人们的视觉心理上，往往表现出变化、灵活的感性特征，以使人感到轻松、活泼。配色中，上下呼应、内外呼应都是均衡的外在形式。均衡在静中趋向于动，如果处理不好，易产生松散零乱感。如图5-39所示的手包设计，金黄、白色的人物在图案的一侧，绿色的叶子在另一侧，中间是较大的深绿色背景，但从叶子一侧飞出三只玫粉色的蝴蝶，图案中动与静、深与浅、大与小之间形成均衡的色彩效果。

图5-38　色彩的对称平衡

图5-39　色彩的均衡

三、色彩的节奏

节奏一词源于音乐、诗歌艺术，随着时间流动展开有秩序、有规律的反复和变化。视觉艺术中的绘画、建筑、雕刻及工艺美术设计等艺术形式的节奏美感，则是随着空间的扩展延伸而表现的，具有空间的形式和特征。

箱包色彩设计中，通过色相、明度、纯度、形状、位置等方面的变化和反复，产生具有一定规律性、秩序性和方向性的运动感，当视线在其间反复移动时，就会产生节奏感。通过色彩形态的反复所形成的节奏，可引导观者的视线，随着箱包色彩、形态变化而上下左右移动，延长瞩目时间，增加箱包色彩在视觉上的丰富感，同时也达到视觉上的平衡、和谐与呼应。

1. 色彩节奏美感的类型

箱包色彩节奏美感产生的类型有：

① 包面纹样色彩的反复运用：如花布背包、索袋、挎包中经常采用二方连续或四方连续等反复形式。如图5-40所示包袋的扇面图案节奏；如图5-41所示的包盖图案节奏。

② 包面局部色彩与配饰色彩的反复使用：如图5-42所示的女包面为白底色花，搭配橘色包角、提把、嵌条，与包面小花形成局部色彩的反复使用，形成一种视觉上的节奏美感。图5-43所示的包盖边缘浅咖啡色与背带中间的浅咖啡色的反复使用。

③ 包面由两种以上不同面料构成时，不同面料间色彩的反复以及包面与里层色彩的反复也会形成节奏感。如图5-44所示。

图5-40　包面纹样色彩的反复运用

图5-41　包盖色块拼接形成纹样反复

图5-42　包面局部色彩与配饰色彩的反复

图5-43　包盖局部色彩与背带色彩的反复

图5-44　面料间色彩的反复

2. 色彩节奏美感的表现形式

箱包色彩节奏美感的表现形式分为以下三种：

① 重复节奏：将同一色彩要素进行几次连续反复或将两个以上的色彩要素进行方向、位置、色调、肌理交替变化，在视觉上造成一种动势性的反复节奏。如图5-45所示。

② 渐变节奏：将色彩三要素和一定的色形状、色面积按照一定的秩序进行等差或等比变化，产生渐强、渐弱的节奏感，具有起伏柔和、优美而流畅的视觉特点。如图5-46所示。

③ 自由性节奏：色的形状、位置、面积以及色彩的色相、明度、纯度等的重复变化，是一种自由性的、无规律性的构成，具有跃动的色彩效果，但组织不当则容易引起视觉疲劳。如图5-47所示。

图5-45 重复节奏
图5-46 渐变节奏
图5-47 自由性节奏

箱包设计与制作工艺

四、色彩的强调

色彩的强调是指在同一性质的色彩中，适当加上不同性质的色，形成强调的意味。在箱包色彩配置中，通过色彩的强调运用，表现箱包的某个重点部位，增加该部位的注目性，以展示设计特色或商标品牌。为了打破无中心的平淡状态和多中心的杂乱状态，选择某个色加以重点表现，以吸引观者的注意力，形成视觉中心，并起到使整个配色和谐生动的作用。利用色彩的强调，还可以取得色彩之间的相互关联，保证色彩的平衡美感。如图5-48所示。

强调的色一般应具有以下特点：

① 强调的色应该比其他色更为强烈，一般宜选择与整体色调相对比的调和色，以便达到既对立又统一的配色效果。

② 强调的色应为小面积色，因为小面积色更容易增强注目性，形成视觉中心点。但若面积过于小，则可能被周围的色同化，从而失去强调的作用。

③ 强调色的位置应在箱包的关键部位或视觉中心部位。这是由于人的视觉注意力在一定范围内存在差异性，中心位置的色最为耀目，越往边缘移动色彩的注目性越差，居于边角位置的色就更不起眼了。

④ 强调色的数量不要过多，以1~2处为宜。强调数量太多，视觉中心游离分散，将会冲淡整体色彩效果。

图5-48 色彩的强调

五、色彩的呼应

色彩的呼应在箱包配色中表现为某种色彩在箱包上不是一种单独存在，而是在其他部位上存在同一或同类的色彩与之呼应，或者色彩与色彩之间具有相互联系性。箱包色彩的呼应既包括包面多种色彩的呼应，也包括包面与包里、包面与饰件色彩的呼应。通过色彩的呼应形式，延长观者对箱包色彩的注目时间，并诱导视线向不同的方向移动，产生视觉上的丰富感和变化性。呼应色彩的选择、位置的安排、面积的比例，都必须服从箱包整体色彩的需要，使箱包配色产生多样统一的美感。如图5-49所示。

图5-49　色彩的呼应

第四节　箱包色彩的调配与流行

一、箱包配色的基本方法

1. 色相配色

（1）单一色相配色

箱包设计中只采用一种颜色，包括单一无彩色设计和单一有彩色设计。通过不同材质、纹理、形状的不同产生色彩上的层次变化，如图5-50所示。

（2）邻近色相配色

色相环上30°以内的两个或两个以上颜色进行色彩配置，由于相互间的色相差很小，容易取得统一的配色效果。处理不当易显得单调、模糊、乏味，应加大各色间的明度差或纯度差，增加变化美感，使视觉效果更加生动。如图5-51所示。

（3）类似色相配色

色相环上30°~60°之间的两个或两个以上颜色进行色彩配置，由于色相差较小，易取得统一协调之感，视觉效果和谐、雅致、柔美、耐看。运用时应注重变化对比因素，注意色相差、明度差及纯度差的距离。如图5-52所示。

（4）中差色相配色

色相环上60°~120°之间的两个或两个以上颜色进行色彩配置，对比效果适中，具有鲜明、饱满、活泼、热情等视觉特点。设计中应注意各色面积的主次关系及明度和纯度的适度变化。如图5-53所示。

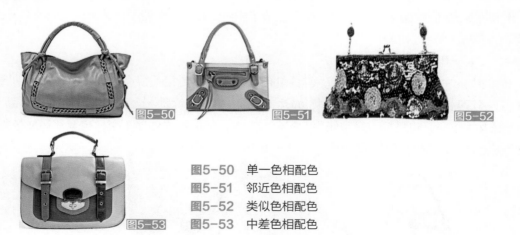

图5-50　单一色相配色
图5-51　邻近色相配色
图5-52　类似色相配色
图5-53　中差色相配色

（5）对比色相配色

色相环上120°~150°之间的两个或两个以上颜色进行色彩配置，形成较强的色相对比关系，具有饱满、丰厚、强烈、兴奋、明快的视觉特点。由于各色之间鲜明的色彩个性和强烈对比，配置时容易产生不统一感，应增加统一调和的因素，从各色的色量、面积及位置明度、纯度等方面综合考虑，使其在变化对比中统一起来。如图5-54所示。

（6）互补色相配色

色相环上180°相对两色的色相配置，形成最强的色相对比关系，具有刺激、饱满、活跃、生动、华丽等视觉特点。采用互补色进行设计时，需要进行调和处理，增加相同或相近的要素，使互补色双方既互相对立，又互相统一，达到最大化的视觉满足。如图5-55所示。

（7）有彩色与无彩色配色

无彩色黑、白、灰与各种有彩色进行色彩配置，极易产生统一调和，通过设置不同的面积比例、明度差距，可形成各种不同视觉效果的和谐美感。使用低纯度色与无彩色配置时，应使各色明度有所差别，以避免产生苍白无力感。如图5-56所示。

图5-54　对比色相配色
图5-55　互补色相配色
图5-56　有彩色与无彩色配色

箱包设计与制作工艺

2. 色彩的明度要素配色

（1）高长调

色组中的主面积色为高明度色，其他颜色的明度与主色相差很大，这样的配色称为高长调。以高长调设计出的箱包具有明亮、轻柔、清晰而强烈的视觉特点。高长调配色使用范围比较宽泛，适合于各种不同年龄、季节、环境使用的各类箱包。设计时如果用明度较低的色彩作为主面积色，由于要提高明度，使得彩度必然降低，容易造成色彩贫乏，导致画面没有生气。而选用明度较高的色彩做主面积色，由于保持了相应的彩度，可使配色效果产生明快、开朗、辉煌、灿烂的感觉。如图5-57所示。

（2）高短调

色组中的主面积色为高明度色，其他颜色的明度与主色相差很小，这样的配色称为高短调。以高短调设计出的箱包具有明亮、温柔、优雅、抒情、朦胧、含蓄的视觉特点。高短调最受年轻女性喜爱，也是夏季最常使用的配色方式。设计时如果处理不当，也容易造成色彩贫乏，无精打采，缺乏注目性的效果。如图5-58所示。

 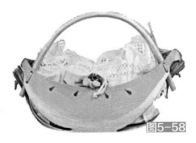

图5-57　高长调
图5-58　高短调

（3）中长调

色组中的主面积色为中明度色，其他颜色的明度与主色相差很大，这样的配色称为中长调。以中长调设计出的箱包具有活泼、兴奋、强烈或含蓄、平静、庄重的视觉特点。中长调明度适中，对比又强，极易产生理想效果，是男性最常用的色调，也是一年四季最常用的色调。如图5-59所示。

（4）中短调

色组中的主面积色为中明度色，其他颜色的明度与主色相差很小，这样的配色称为中短调。以中短调设计出的箱包具有柔和、含蓄、凝重、朦胧、形象清晰度低等视觉特点。中短调较受中、老年人欢迎，是一种适合于冬季使用的色调。如图5-60所示。

（5）低长调

色组中的主面积色为低明度色，其他颜色的明度与主色相差很大，这样的配色称为低长调。以低长调设计出的箱包具有深沉、庄重、文雅、含蓄等视觉特点。低长调适用于各种年龄层次的成年人，夏季一般较少使用。如图5-61所示。

（6）低短调

色组中的主面积色为低明度色，其他颜色的明度与主色相差很小，这样的配色称为低短调。以低短调设计出的箱包具有深沉、寂静、含蓄、忧郁、悲伤等视觉特点。

低短调也是一种适用于各年龄层次成年人的色调，不适合夏季使用。采用低短调进行设计时，明度差不宜过小，也要注意彩度变化，否则配色效果将极为沉闷。如图5-62所示。

图5-59　中长调
图5-60　中短调
图5-61　低长调
图5-62　低短调

3. 色彩的纯度要素配色

（1）高纯度色彩与高纯度色彩的配置

此种配色方式中，由于各色纯度都很高，因而配色效果刺激、鲜明而强烈。如果两色为互补色，应注意适当调整面积关系，或采用黑、白、金、银、灰色进行分割，使配色效果趋于和谐。也可在高纯度主色调中，点缀一些中纯度或低纯度的色彩，配色效果活泼、生动，富有变化美感。如图5-63所示。

图5-63　高纯度色彩与高纯度色彩的配置

（2）高纯度色彩与中纯度色彩的配置

这种配色效果具有统一而又有变化的视觉美感。具体运用时应注意色相差及纯度差和面积比例。如图5-64所示。

（3）高纯度色彩与低纯度色彩的配置

这种配色的表现领域较宽，视觉效果或华丽而刺激，或朴素而安静。设计时可根据需要，自由控制各色的面积大小，灵活安排颜色的主次色，使配色达到最佳的视觉效果。如图5-65所示。

（4）中纯度色彩与中纯度色彩的配置

这种配色效果具有温和感和稳重感，与中年人的性格特点相吻合。配置时应适当注意各色的明度差、色相差及面积比例，静中求动，会产生较完美的色彩效果。如图5-66所示。

（5）中纯度色彩与低纯度色彩的配置

中纯度色彩与低纯度色彩的配置具有朴素、深沉的视觉效果。设计中若采用低明度冷色作为主色，应增加各色的明暗对比，并扩大各色间的面积差距，使配置后的效果内在而又生动。如图5-67所示。

（6）低纯度色彩与低纯度色彩的配置

低纯度色彩与低纯度色彩的配色效果具有统一、含蓄、朴素、沉静的视觉特点。适合于性格内向的人群。设计时可通过增大明度差，或点缀一些高纯度色彩，使配色效果沉静而活泼，温和而明快。如图5-68所示。

箱包设计与制作工艺

图5-64　高纯度色彩与中纯度色彩的配置
图5-65　高纯度色彩与低纯度色彩的配置
图5-66　中纯度色彩与中纯度色彩的配置
图5-67　中纯度色彩与低纯度色彩的配置
图5-68　低纯度色彩与低纯度色彩的配置

二、流行色与箱包设计

流行色的英文名称为Fashion Colour，释义为时髦的、时兴的色彩，即一定时期和地域内特别受消费者欢迎的几种或几组色彩。流行色现象普遍存在于人类生活的各个领域，并具有极强的时代性、社会性、民族性、季节性、演变性特征。1963年，法国、瑞士、日本率先发起成立"国际流行色协会"，此后，许多欧洲国家和亚洲的国家相继加入，我国也成立了流行色研究机构，"国际流行色协会"通过每年两季的国际流行色预测发布会，向世界各国提供色彩流行信息，并积极推动各国的设计、生产与消费。

1. 箱包色彩流行的规律

箱包色彩的流行具有周期性的特征，其变化周期一般包括始发期、上升期、高潮期和消退期四个阶段。箱包流行色周期的长短通常与一定地域经济发展水平、购买力以及审美要求密切相关，一般以5~7年为一周期，经济发达的国家和地区，流行色的变化周期往往快于欠发达国家和地区，而一些经济上极度贫困的国家和地区对于服饰产品的亲和力较差，箱包流行色在一定时期内常常没有什么明显的变化。近年来，随着社会经济的飞速发展，生活节奏不断加快，人们对新鲜事物表现出了越来越迫切的要求，箱包色彩的流行周期也随之形成了日渐缩短的趋势，7年周期逐渐缩短至2年，一些高消费地区甚至一年一变。

季节的变化也是影响箱包色彩流行的一个重要因素。箱包产品设计常常随着季节气候的变化而变换材料和色彩，以迎合色彩消费审美心理的时变性，从而获取箱包产品销售的最大市场份额。目前，以季节变化作为人为划分色彩流行周期的方式已得到广泛采用。

箱包色彩的流行一般体现为三种方式：第一种是由上层社会率先采用并逐渐向大众传播，且形成某种程度的流行态势的"滴流"式，这种流行方式的实质是基于人们对某个人、某个集团的热爱而产生的模仿行为；第二种方式为"模流"式，由社会某一阶层在某种场合采用，然后逐渐向其他阶层传播并形成流行趋势；第三种流行方式是"潮流"式，发起于社会底层，然后逐渐向上层传播并形成流行趋势。

2. 箱包流行色的应用

箱包设计中流行色的应用灵活多变，运用时应注意面积比例的适度性，把握好主色调。配色时，大面积主色一般应选用始发色或高潮色，选用花色面料设计箱包时，面料的底色或主花应为流行色。流行色之外的色彩运用一般多以少量的点缀色形式出现，且通常与流行色构成互补关系。另外，无彩色和各种含灰色也经常作为辅助色彩频频出现于箱包色彩设计中。

箱包设计中流行色的应用主要有以下几种形式：

（1）单一流行色彩运用

选择流行色谱中的任意单种色彩进行箱包设计，均能取得令人满意的效果。如图5-69所示。

（2）色相的多种流行色彩组合运用

配色中由于各色具有相同的色相要素，易取得和谐统一的色彩效果，设计时应注意增加明度和纯度的变化层次，使箱包色彩更加生动悦目。如图5-70所示。

（3）流行色双色组合运用

在流行色组中，取其中两个颜色组合配色，通过变化各色的明度关系，使配色效果丰富多彩。如图5-71、图5-72所示。

（4）多种流行色组合运用

多种流行色彩组合运用时，一般应以其中的一种色彩作为主色调，其他颜色有选择地穿插应用，形成不同程度的对比效果。选择多种颜色进行色彩配置时，各色的面积比例及形象位置应妥善安排。如图5-73、图5-74所示。

（5）流行色与非流行色的组合应用

这种配色方法中，流行色作为主调色，非流行色通常以小面积点缀色的形式出现，可以选择流行色谱以外的任何颜色进行配置。

（6）流行色的空间混合应用

这种配色常用于箱包材料设计，方法是选择两种以上的流行色，以极细小的色点或色线形式并置，形成一种新的视觉色感。也可选择流行色卡以外的两种颜色，通过空间并置，形成流行色谱内的某种视觉色感。

图5-69　单一流行色
图5-70　色相的多种流行色彩组合
图5-71　橙、绿色组合
图5-72　黄、蓝色组合
图5-73　不同色块的多色组合
图5-74　多色图案的流行色彩组合

06 / 第六章
箱包图案设计原理与创新

第一节　箱包图案设计的素材与表现

从艺术设计的角度讲，图案可以说是一种纹样装饰，具有特定的装饰性和实用性，在箱包产品的图案设计中，图案与工艺技术密不可分，而且相辅相成，互相补充。在箱包设计中，箱包图案通常要根据箱包造型特点、色彩、风格及工艺要求来进行创作和设计。箱包产品因为有了图案的装饰和塑造而产生了丰富多彩的变化和表现。

一、箱包图案的分类与作用

在箱包产品设计中，图案对于箱包风格的表现与塑造具有非常重要的作用。在箱包产品上，有以下不同的图案设计及其表现。

1. 箱包图案的分类

透过箱包产品形形色色的图案表面，可以把箱包图案按照其类别进行如下分类：

（1）箱包产品的logo标识

产品的logo标识是产品图案表现的重要方面，一般来讲，箱包产品的logo标识既有语言文字也有图像，既有单色也有多色设计。将logo标识设计成产品的装饰图案时，有不同的安排方式，既可以使logo标识成为箱包上的某一局部或某一个点，也可以将其布满材料的表面。如图6-1所示，路易威登的包袋产品就是满面logo标识图案设计，是字母与花型图案的组合；如图6-2所示是香奈儿双C手拿包，logo标识安排在包袋中下部显眼的位置，使产品具有非常明显的标识识别效果。这种图案的表现方式被许多品牌包袋产品设计所选用。

（2）原材料编织形成的图案

这种图案是与包袋部件材料一起形成的，图案与编织形成的组织结构、色彩和材料为统一体，实际上属于编织设计的一部分，图案设计一般走在时尚的前列。由于在编织时采用复杂多变的手法和色彩配置，使编织的外观风格各异，同时由于编织材料在粗细、宽窄、质地和色彩等方面的变化，使编织图案呈现凹凸明暗、色彩缤纷的效果，更是别具艺术欣赏价值。

如图6-3所示，图中包袋是应用皮条材料的宽窄、疏密设计的波浪形编织图案，图案凹凸有致、波浪自然悠闲，是一款艺术感很强的时尚设计方案；如图6-4所示的彩色编织包，采用具有一定硬度和柔韧度的材料双色穿编而成，使包面呈现深色与浅色相间的图案，而在图案的中间，随上下穿编结构的展开，又形成单色和双混色的表面效果，外观效果亮丽多姿。

（3）材料经织造或染整形成的图案

纺织材料经过织造、染整或仿皮革材料经过特殊的表面处理，形成各式各样的花纹图案，包括植物、动物、文字、建筑物、日月星辰等，或是产生龟裂、激光、荧光等各种各样的表面特殊效果，如果选择此类材料来制作包袋的话，材料上的花纹图案也就成为了箱包产品的图案，因此，选择什么样的材料也就同时选择了产品的图案设计，如图6-5、图6-6所示。

（4）天然皮革材料本身的花纹图案

对于天然皮革材料来讲，不同种类的皮革有不同的毛孔排列情况和表面纹理状况，尤其是特种动物皮、爬行动物皮的花纹非常漂亮，如图6-7所示的鳄鱼纹图案包，由于动物本身的鳞片形成的凹凸、粗细和疏密感，非常美观大方；如图6-8所示的鸵鸟皮包，由于鸵鸟羽毛脱去后遗留的毛孔比较粗大，而且有一个凸起的点状暗影，形成了漂亮的规则点状排列图案。

图6-1　图6-2　图6-3　图6-4

图6-5　图6-6　图6-7　图6-8

图6-1　路易威登包袋的图案

图6-2　香奈儿双C手拿包

图6-3　波浪编织包

图6-4　彩色编织包

图6-5　格条图案包

图6-6　花形图案包

图6-7　鳄鱼纹图案包

图6-8　鸵鸟皮包

（5）装饰手段赋予的图案

除了上述与材料一体的花纹图案以外，还有许多图案是由其他的手段或方法赋予的，如刺绣、拼接、缝缀、熨烫、穿编、立体花等手法，不同装饰手法赋予的图案效果不同，特征也不同，但都对包体具有非常好的装饰作用，如图6-9、图6-10所示。

图6-9　缝缀形成的图案

图6-10　手绘形成的图案

因此，箱包图案的设计包括专门性设计和利用性设计两大类。专门性设计是针对某一特定箱包所进行的图案装饰设计；利用性设计即利用面料原有图案进行有目的、有针对性的适形装饰设计。箱包都是直接运用带有纹样的面料制作，但面料图案并非箱包图案，两者之间有一个转化、再创造的过程。带有同样图案的面料，运用在不同的对象和装饰部位，就会产生不同的审美效果。同一款式的箱包用同一图案的面料，由于剪裁、拼接方式的不同，其图案效果也会有很大差异。箱包图案的这种再创性，使原来单一的面料图案呈现出丰富多彩的视觉效果，使得适应广泛的面料图案具体化、个性化、多样化。

2. 箱包图案的作用

一般来讲，任何装饰图案都既具有物质美作用，又具有精神美的作用，是实用功能与审美功能的统一。箱包图案作为图案艺术整体的一个部分，有着自己特定的装饰形式、工艺材料、制作手段和表现方法，当然应该具有它自己的特殊属性。

从箱包图案的分类与表现上看，箱包图案是与工艺制作相结合、相统一的一种艺术形式，图案的装饰作用是以装饰设计或图案纹样构成物体外表的美化形态，它必须与被饰物相适应，并受被饰物约束。需要在整体设计中进行统筹安排，使装饰图案与造型融为一体、相互衬托，这是箱包图案设计的从属性表现。装饰图案设计的最终目的是要实现实用和工艺的完美结合，因此装饰图案具有特定的从属性、审美性、装饰性和实用性的特点。

（1）修饰、点缀

箱包图案的一般作用就是对包体进行修饰点缀，使原本单调的造型在层次、格局和色彩等方面产生视觉形式上的变化，使箱包产品更具有个性和风采。箱包产品表面装饰图案的修饰和点缀，可以渲染箱包的艺术气氛，提高箱包的审美价值。

如图6-11所示的红色包体上面的白色装饰图案，有小动物、小花、心形等温馨的小型图案，使包袋从朴素无华立即变得生动活泼起来，温馨的气氛凸显了对生活的热爱；如图6-12所示的包袋，黑色包体比较沉闷呆板，如果没有彩色物形、人体姿态形、音乐符号等坠挂装

图6-11　点状组合装饰

图6-12　彩色物形坠挂装饰

饰，则整包风格过于单调，缺少青春活力。图案的修饰性是显而易见的。

（2）强调、醒目

通常，一般的装饰图案都可以起到强化、提醒、引导视线的作用，特别是强调某种特点，或刻意突出造型对比，对带有夸张意味的图案进行装饰。箱包图案应用的意义在于增强箱包的艺术魅力和精神内涵，通过视觉形象的审美价值，或人文意蕴的指征等功用价值具体表现出来。比如商标图案、logo标识等就具有很好的强调作用。

（3）标识认知

如图6-13（a）中的日系饼干形手提包，外形为饼干造型，扇面上文字为饼干的身份；拎提此手包的人多半是该饼干的喜爱者。如图6-13（b）中的购物袋图案设计，购物袋的图案完全围绕购物场所的特征进行设计，包括售卖场所的建筑外形、销售特点等，可以形成明显的区别特征。所以，箱包的装饰图案对箱包的风格塑造起着非常重要的作用。

（a）　　　　　　　　（b）

图6-13　标识认知
（a）日系饼干形手提包
（b）购物袋图案设计

二、箱包图案的素材及表现

从本质上讲，图案的根本作用就是装饰，而装饰的目的就在于使装饰对象更加美化，所以具有美化作用的要素都是箱包装饰图案可以运用的素材来源。可以说在人们的生活中，具备美化装饰作用的物象都可以成为装饰图案的素材来源。因为人们生活在大自然中，所以装饰图案取材于自然界，是客观事物的真实反映。

装饰图案的"形象素材"概括起来可以大致分为两大类。第一类是自然界客观存在的物象，包括植物、动物、人物、风景的物象，从大到宇宙星辰，小到各种物象的局部，甚至那些要用放大镜、显微镜才能看见的各种微生物、矿物质的结晶、分子结构、细胞形态等；第二类是社会生活时尚和种种人文事物，包括人造物、文字、符号、标徽、纹饰，以及社会热点、重大事件等与人们生活息息相关的各种事物形象。图案的取材来源于人们的社会生活，可分为植物图案、动物图案、风景图案、人物图案、几何图案等。图案造型艺术要以人为中心，反映人的生活与思想情感，借景抒情，借物抒情。

综上所述，根据图案的形象特点，我们将箱包图案分为具象图案和抽象图案。具象图案是指模拟客观存在的具体物象的图案，其传达表征作用十分明了直接，是一种很容易让人们接受的形式，是设计师形象地把握现实生活、直观地表达设计意图的一种便利形式。而抽象图案是根据具象物质的典型特征抽提出来的高度凝练的图案形式，具有非常强的形象表现性。

1. 植物、花卉图案

在中国的传统文化中，花卉图案是重点表现的内容，不同的花卉可以代表不同的含义和意义。通常而言，花卉可以代表吉祥如意、物丰人和，比如牡丹花开富贵、菊花人寿年丰、玫瑰情投意合。在箱包图案创作中，千姿百态的花卉造型及变形，永远是箱包装饰造型表现的主体，其表现形式更是趋于多样化和复杂化。各种具象的、抽象的花卉图案，成为设计师取之不尽、用之不竭的素材源泉。

因为不同的花卉之间存在很多相同的生长结构，所以某种特定植物的枝干、叶茎、花蕾的适当添减不会影响整体造型结构和表现。无论是具有民间服饰图案风格的传统刺绣工艺，还是现代的染色技术，无疑都在影响和尽力表现着花型、花色。传统的花卉图案保持着古香古色的气息，运用到箱包上面，平添了几分雅致和复古情怀；现代花卉图案的运用，犹如游鱼得水，印染在不同质地的箱包织物材料上，好像激活了花的灵气，拥有了万千的优美姿态。

如图6-14所示的花型图案，是多种花卉的组合设计，鲜花与绿叶环绕在一起呈现繁花似锦的整体效果；如图6-15所示是皮革材料制作的包袋，在其扇面处印压大朵花卉图案装饰，拉链尾部装饰长链，随走动摇曳而具有十足的动态美，平添包体的艺术装饰韵味。

当然，在箱包的植物和花卉图案设计上，通常采用不同的花型组织结构来对自然植物花卉进行抽提和表现。

（1）花型的组织结构

在箱包图案设计中，花型图案通常采用拆散与组合的方式来进行表现，由此使花型图案的表现风格具有不同的特点。

① 花型的拆散：将花、枝干、花头、叶片等部分做拆散处理，选取其中某一部分作为设计表现的对象，因为图案设计中花瓣失去某一部分是不会影响整体结构和造型表现的。一般而言，这种拆散的处理方式往往使花型设计具有简洁、突出的表现效果。

② 花型的组合：对花型进行各种"移花接木"式的处理，即或将花卉删减添加，或将其重新组合（花中套叶、叶中套花），都不至于削弱或破坏花的一般结构特征和基本形象。从而将多种或多个花型组合在一起，形成新的花型图案形象。这种花型图案设计具有复杂多变的性格，同时可以使图案更加丰富多彩、变化多端。

（2）花卉的表现手法

花卉图案形象的变化有写实、变化、抽象之分，其装饰形式也是多种多样，既有平面装饰、凹凸装饰（浅浮雕状），也有各种形态生动的立体花装饰。如图6-16所示的花型图案是选取花的单一形象组合完成的图案设计，运用镂空的方式形成重复而规律的花朵艺术形象。而如图6-17所示的花型图案截取单一的花朵形象，运用贴花手法塑造，装饰效果可爱而活泼。在

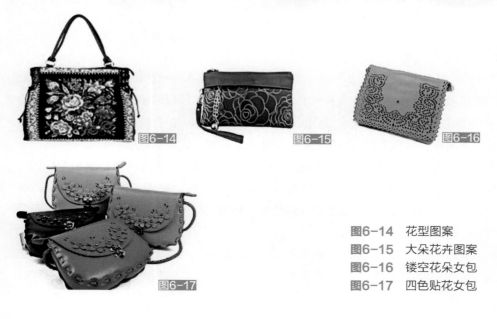

图6-14　花型图案
图6-15　大朵花卉图案
图6-16　镂空花朵女包
图6-17　四色贴花女包

设计中，有关花卉的表现手法还有很多，如绣花、雕刻、扎染、手绘等。

2. 动物图案

在箱包装饰图案设计中，动物图案的应用灵活而广泛，由于图案表现的动物本身就具有不同的装饰意味和文化特征，使得动物图案具有鲜明的装饰效果和文化表现意味。

近年来，箱包流行以动物皮毛的斑纹作为图案装饰，给人以新颖别致、贴近自然之感。箱包面料中常见的有斑马纹、豹皮纹、虎皮纹、斑点狗纹、鳄鱼纹、蛇纹等。如图6-18所示的斑马纹、豹纹的图案设计，通过小块面的斑纹色彩、纹路的变化组合，使图案具有时尚、夺目的美；如图6-19所示的图案设计，将马车的造型在扇面上栩栩如生地表现出来，具有很强的趣味感和生动感，同时赋予图案设计较强的立体感。

当然，动物图案还可以应用立体的手法，将动物本身的造型与产品造型之间形成和谐统一的形象，如图6-20所示的立体猫头鹰包袋设计，用写实的手法将猫头鹰的眼睛、鼻子、身体都安装在包袋上，翅膀突出在包面上，具有一定的立体感，童趣风格十分强烈。而如图6-21所示的手抓包设计，运用蝴蝶的写实图像作为装饰图案，同时形成腕带结构，效果非常独特。

图6-18　斑马纹、豹纹图案
图6-19　马车造型图案
图6-20　猫头鹰造型包袋
图6-21　蝴蝶造型手抓包

3. 风景、人造物等图案

箱包中的风景图案大多经过高度提炼、归纳和重新组织。如图6-22所示的田园风景人物就是经过浓缩的剪影般图案设计，图案中的风车、冒炊烟的房舍、郁郁葱葱的树木、村间蜿蜒的小道，还有天边的白云，一派幸福祥和的生活场景，对生活的浓浓爱意跃然而出。如图6-23所示的庄院风景图案作为图案主体，小车、鸭子、铁锹、扫把、树木、绿草等农家小院风景一览无余，自然亲切。如图6-24所示的包袋设计，选用树屋图案作为装饰图案，图案占据包面的整个前扇面，房子是拟人的设计手法，整体设计十分生动可爱。另外，如图6-25所示的扑克牌图案女包设计，非常写实的扑克牌图案倾斜摆放在包盖的中间部位，富有生活情趣，而且有一丝诙谐气氛，生活情趣浓厚。

当然，还有很多的风景、人造物可以应用到箱包的图案设计中，如建筑物、日常生活用品、交通符号、服饰品等，这些图案与箱包本身的风格融合在一起，具有非常独特的装饰效果和文化意味。

图6-22　田园风景人物
图6-23　庄院风景图案
图6-24　树屋拟人图案
图6-25　扑克牌图案

4. 文字图案

文字图案虽然也属于人造物的一种，但由于文字图案在箱包产品设计中的应用范围和频率非常高，所以本篇将文字图案单独介绍。通常，文字具有较强的表达意味和文化内涵，因此也具有丰富的表现性和极大的灵活性。无论中国文字还是外国文字，都拥有颇多字体和字形，图案设计的选择余地很大。由于文字具有鲜明的文化指征特点，任何一种文字都明白无误地指征着它所属的国家、民族、地域以及文化背景，文字同时也具有非常明确的品牌标识作用。因此，文字图案的设计具有其独特的内涵和装饰意义。

在实际设计中，我们通常会在文字与文字的组合排列、大小、间隔、色彩、比例、材料等方面进行处理，来分别展现文字图案的设计风格。另一方面，也力求对文字图案进行独特变化，实现文字的自由灵活设计，极力寻求标新立异、形式多样的设计表现手法和方案。

如图6-26所示的包袋设计，包袋整体图案由字母组成，字母排列整齐规律，包袋风格稳重大方。如图6-27所示包袋的白色mm字母图案，与包袋主体的蓝色之间形成非常清新的色彩搭配，同时与包袋侧部的褶皱共同烘托了一种休闲的设计主题。这种具有一定品牌指向的文字图案设计，可以进一步升华包袋的设计主题。

如图6-28所示的情趣文字图案包袋设计，在黑色包袋上用白色文字书写了"我只吃饭不洗碗"文字，具有诙谐的生活情调意味，使人在微笑中享受生活的轻松和休闲；而如图6-29所示的包袋设计，采用句式文字图案，叙述着使用者的心绪或情绪，具有明显的语言表述效果，将使用者和观者融入一致的情景向往之

图6-26　路易威登字母图案
图6-27　mm字母图案
图6-28　情趣文字图案
图6-29　句式文字图案

中，会产生非常强烈的共鸣感。因此，文字语言类图案具有非常独特的文化表现和阅读性，使用者和观者在对文字的阅读和理解中产生非常默契的审美共鸣和一致的审美体验。

5. 人物图案

在箱包图案设计中，有关人物图案的设计多种多样。人物造型的变化手法也十分多样，有简化、夸张、添加、组合、分解重构、变异等，不同的变化手法装饰效果明显不同。设计时，既有将人物简化到单纯的剪影或几根线条的图案设计，也有竭力夸张变形，追求趣味，将嘴唇、眼睛、手印、足印等随意散布在包袋上的设计，以取得怪异荒诞或诙谐的装饰效果。如图6-30所示的图案设计，将人物的整体形象赋予在包面上，图案中女孩的轻松与青春跃然而出。当然，由于人物的动作和生活场景的不同而会产生不同的语言含义。如图6-31所示的包袋设计，坐着的女孩与背景形成了一幅静谧的画面，图案美好而恬静。在箱包的人物图案设计中，多半采用动漫形象，具有非常时尚的外观，深受青年人的喜爱。

图6-30　人物头像图案
图6-31　女孩图案

6. 几何图案

几何图案是指不代表具体形象的概括化的几何化图形，舍去自然物的具体形象和一切细节的描绘，采用单纯简明的几何形和色彩构成纹饰。规则形画面显得严谨、整洁，并带有一定的机械性；不规则的点、线、面的形状，排列均不规范，没有统一的标准，表现出一定的随意性。规则与不规则的点、线、面也经常结合运用，或在规则基础上表现出一定的随意性。

从艺术感受上来说，抽象图案，特别是传统的几何图案，格律性较强，具有规则、严谨、理性等特色。具象图案则往往具有生动、活泼、感性等特色，相互补充、对比、配置则另有一番美感。我国传统图案深谙此中诀窍，数千年来两者一直并行不悖。如果说把现代抽象图案和传统抽象图案相比较，前者新颖、明快而轻巧，后者典雅、庄重而富丽。

如图6-32所示的设计是典型的静态竖条纹图案，运用多色营造多彩效果。如果采用衍缝的菱格图案，呈现高低凹凸、明亮与深暗的变化效果，时尚而多变；采用交叉的条纹图案设计，具有非常强烈动感和较好的时尚变化性。后者的条纹图案与菱格图案相比，具有更为强烈和尖锐的变化气质。如图6-33所示的包袋设计，运用规则的方形图案，使整包效果活泼不失稳重。不规则几何图形图案设计，如果采用不规则尖角设计，类似于干裂的土地纹路，更具有裂变的动态效果。

由此可见，几何图案的种种设计变化会带来包袋风格的极大变化，因此图案设计一定要与整包的设计主题相一致，才能使图案与风格之间互相呼应，使箱包产品的设计更上一层楼。

图6-32　竖条纹图案设计
图6-33　规则几何图形图案

第二节　箱包图案的构成要素与设计

一、箱包的图案构成

1. 图案的构成元素

图案的构成元素是图案自身的构成状态，是图案在箱包上的装饰布局情况。通常，图案在箱包上的装饰布局分为四种类型：第一种是包面上局部或小范围的块面装饰，称为"点状构成"形式；第二种是箱包边缘或局部的细长形装饰，称为"线状构成"形式；第三种是布满箱包整体表面的"满花装饰"，称为"面状构成"形式；第四种是上述三种类型综合应用的"综合构成"形式。以上四种装饰布局形式可以从图6-34中看到经典的设计表现。

一般来讲，前三种装饰布局既可以单独出现，也可以两种或三种同时出现在包面上。

（1）点状构成

点状构成具有集中、醒目、活泼等一系列"点"所具有的特征，容易成为引导视线的焦点，它能使箱包造型增添活泼感，使某一局部更加突出、醒目。纯粹的装饰图案，或某些配饰、扣子、蝴蝶结、立体花等都可以看作是点的形式。如图6-35所示的蝴蝶图案可以看作点的构成，属于平面的点状构成，而如图6-36所示的则属于立体的点状构成。平面的点依附于包袋的表面，而立体的点由于游离在包体的外部，因此需要一定的支撑才能够完成点的构成。如图6-36所示的包中，则是通过包带和金属链的连接而形成立体的点状构成形式。

图6-34　图案在箱包上的装饰布局状况
图6-35　平面的点状构成
图6-36　立体的点状构成

（2）线状构成

线状构成是指以相对细长的图案呈现于箱包边缘或某一局部的构成形式。线具有使观者视线沿着线形方向不断移动的特性，因而线状装饰会对所在的面产生一定的作用，通常用以强调某个面的边缘，调节箱包的宽窄、曲直等特性。

通常，线型图案装饰多为两方连续图案或带状群合图案，两方连续具有严谨的规律性，鲜明的节奏感。线型图案装饰具有非常重要的作用，首先，线型图案可以通过勾勒边缘而起到突出边缘的作用，使箱包的边缘部分通过装饰提醒而得到进一步强调，对边缘轮廓起到一种加强和界定的作用。这种线型构成的特点是最大限度地利用了线的特性，它引导观者视线顺形边而行，以线的面貌出现，但给人以深刻印象的是形的显现。这种构成形式有利于加强箱包的款式结构特征，图案形象简洁秀丽，箱包整体显得精致、严谨。如图6-37所示。

在图6-38的红色包袋设计中，包袋扇面的左右对称位置，由铆钉整齐排列形成了非常清晰的线型装饰，由于铆钉的特有装饰特点，使得线型装饰异常突出而明显。

（3）面状构成

面状构成是指以纹样铺满整体的形式呈现于箱包表面上的构成形式。面状构成有多种构成形式，比如均匀的面状分布是指将四方连续图案、单独图案或群化图案自然地运用于箱包装饰。当然，也有不均匀的面状构成形式，由此而形成多变的图案形象。实际设计时，设计师并不刻意追求图案本身的组织排列与箱包的结构、分割、转折变化相适应，而是更注重图案的风格、基调与箱包造型特点相谐调呼应，融为一体。面状构成还可以通过构成元素的大小和疏密来调整表现风格，如图6-39所示的彩点面状构成图案，即是通过装饰元素的大小变化和色彩变化完成面状构成的。

图6-37

图6-38

图6-39

图6-37　不同的线状构成形式表现
图6-38　铆钉形成的线型装饰
图6-39　彩点面状构成图案

（4）点、线、面的综合运用

实际上，点、线、面的综合运用是箱包图案设计的重点形式。无论是抽象的图案还是倾向写实的图案，具体表达时都离不开点、线、面的共同作用，它们是构成图案的基本元素。点、线、面有各自的特征，可形成不同的视觉感受，点是一个相对的概念，有大小不同的面积，同样的点在不同的环境中可以转化。点如果与线和面一起组成图案则又会产生新的变化效果。

点、线、面的综合运用方式可以产生下列变化：

① 点加线：在点加线的形式中，点状装饰通常是主体，在箱包上起着装饰重心的作用，而线状装饰则常以背景、边缘、陪衬的角色出现。两者安排得当，会有主从分明、呼应有序之感，使箱包既具备点状装饰的活泼、明快，又呈现线状装饰的精巧、雅致。如图6-40所示。

② 面加线：面加线形式中的线状装饰像轮廓框架一样将满花图案围住，使充满扩张感的面状装饰有明确的边缘界定并有内聚的感觉，形成线面相依、互相映衬的效果。大面积的繁复华丽被线饰轮廓结构衬托得醒目清晰。如图6-41所示。

③ 点加面：点加面构成中，面一般为背景图案，而点则是主要强调的位置。如图6-42所示的包袋设计，背景是小型波点、动物、人物的组合场景，色彩多样，活泼而温馨，包扇面上一朵大立体花悬浮在背景图案上面，体现花样生活的主题构思。

④ 面加点加线：面加点加线形式的一般处理方式是突出点状、线状装饰，而将面状装饰减弱，使之成为陪衬或底纹，如图6-43所示。有时点状、线状装饰被做成立体形态，拉大了与面状装饰的距离，从而使繁杂的平面变化为有秩序的层次。

图6-40　点加线构成
图6-41　面加线构成
图6-42　点加面构成
图6-43　面加点加线构成

2. 箱包图案的组织形式

（1）箱包装饰图案的组织形态特征

从箱包装饰图案的组织形态来看，有单独式、连续式、群和式之分，表现为单独图案、适合图案、二方连续、四方连续和独幅式综合图案等，而且每种形式都有鲜明的特点。单独式图案醒目、突出、活泼，在箱包造型中常成为视觉的焦点，其中心感、分量感很重；二方连续、带状群和边饰则主要是"线性"的表现，在箱包表形上常起勾勒、分割、界定的作用；四方连续、面状群是以包面体拼裹的形式出现的。

在图案装饰中，一切对称形式的图案和所有的连续图案都是反复这一形式的具体体现。单独图案的左右对称、上下对称是相同形象的反复；适合图案中的放射、向心、旋转转换式的对称是单元结构的反复，这些不同反复都各自组成了变化有序的统一体。

（2）箱包装饰图案的空间状态

箱包的图案装饰可分为平面图案和立体图案两大类。平面图案多用于平面装饰设计意图的表现，如面料图案设计、拼缝图案设计、染织图案设计等。立体图案是相对平面图案而言的，指具有视觉、触觉立体感的装饰图案设计。

图6-44　纱巾装饰

在箱包图案设计中，平面式图案是指没有厚度的箱包图案，设计师通过印、染、绘等工艺手段，使图案紧贴于箱包材料表面，或直接利用面料纹理使图案、色彩融合于材料之中。二方连续、四方连续是具有一定厚度的箱包立体装饰图案，装缀在包体表面，或在制作、织造的过程中使箱包面料形成厚薄不一、凹凸不平的装饰图案效果。立体式图案造型以三维的形式附着于箱包表面，它强调一种体积感、分量感和空间感，增进箱包形象的视觉吸引力。如图6-44所示的包袋设计，由蝴蝶结进行的装饰具有一定的立体特色。

（3）箱包图案造型的排列组合关系

在装饰构图中，常常根据某一形的轮廓边缘创造另一形，使形与形相互适应，通过互衬，形象得以充分表现。形与形之间相互错让、自行调节，空间得以合理利用，形态紧凑完整，自由地呈现出天然的秩序。有效地表现了形与形的适应关系，也充分表达了图案求全的特点。

① 形与形轮廓线的相互借用：形与形轮廓线的相互借用，表现为由此而形成一条公共轮廓线。公共轮廓线使两形相互制约、相互依存，产生了一种共生的现象，增强了装饰艺术的表现力，通过基础装饰造型与构图创造了独特的艺术形式，所造成的形与形的严密结合提高了空间的利用率，体现了构图的巧妙，如图6-45所示。

② 形与形的叠压：形与形的叠压可以产生明确的前后关系；完整的形态在前，被遮挡的不完整的形态在后。当前边的形态作为主体出现时，通常是将主要的黑白变化用于前者，后者则相对减弱；常将个性强的形态安排在前面，后面的形态则相对简练，这对前面的形态会起到有效的衬托作用。如图6-46所示。

图6-45

图6-46

图6-45　形与形轮廓线的相互借用
图6-46　形与形的叠压

总之，对于箱包图案设计而言，图案装饰强调包体结构和风格特征的默契和谐。造型结构较简单的箱包，为求变化丰富，装饰图案可以设计得多一些、复杂一些；造型结构复杂的箱包，其结构线、转折线必然多，附加部件也多，图案装饰则可相对少些、简略些。有时可以直接利用结构线来做装饰的文章，这往往能制造一种严谨、明晰的装饰美感。箱包图案必须接受款式的限定，并以相应的形式去体现其限定性。

二、箱包图案的形式美设计表现

箱包图案设计的创作程序通常分为两步：第一步是构思，第二步是表达。构思是设计者在动手设计之前的思考与酝酿过程，是在观念中规划设计意向、营构艺术形象的过程。表达则是设计者通过一定的造型技巧和物质材料，将观念中的艺术形象转化为可视可感的现实形象的创作过程。从设计理论上来讲，任何的设计形式都存在一致的设计法则，那就是形式美法则，对于箱包产品的图案设计而言，同样要遵循形式美法则，只不过在箱包图案设计中的形式美法则有独特的表现形式和表现手法。形式美设计法则在图案设计中的运用如下。

1. 对称与均衡

在人们的日常生活中经常见到对称的事物形式，甚至包括人体在内。如人体躯干的左右对称、植物叶片和动物羽翼的对称生长造型等。通常，那些对称的、中心式图案布局显得端庄、稳定；平衡的、多点状布局趋于活泼、轻松。而不平衡的、突兀的布局则能造成一种新颖奇异的装饰效果。

① 对称：对称造型的特点是图形具有相对平稳的关系，它包括绝对对称和相对对称两种类型。一般来讲，绝对对称是指中轴线两边或中心点周围各组成部分的造型、色彩完全相同。绝对对称往往由于过于对称一致而显得有些呆板，缺少变化，但其设计风格稳重、端庄，也是一些箱包产品追求的设计风格。

通常，绝对对称分左右对称、上下对称、上下左右对称、反转对称和旋转对称等形式。如图6-47所示的包袋设计，就是典型的左右对称形式，整包风格端庄秀丽。

② 均衡：在图案设计中除了对称以外，还有一种均衡的形式美。一般来讲，图案的均衡不受中轴线和中心点的限制，没有对称的结构和构图，但有对称式的重心，在设计时，由设计的重心来控制方案的构成。因此，运用均衡的形式进行图案设计，一定要掌握好重心，只有这样才不会产生轻重不等的设计缺陷。如图6-48所示的手包设计，包盖上的蝴蝶结与扇面右下角的平贴袋之间通过图案形状的变化，包盖边缘轮廓的尖圆、长短等配合，形成均衡的设计效果，整包的外观活泼俏丽。

2. 重复与对比

① 重复：图案设计中的重复是指相同、相似的形象或单元，以某种形式有规律地重复排列，给人以单纯、整齐的美感。在图案设计中，重复的设计手法和表现有很多种，如色彩的重复表现在色彩的色相、色调、纯度、明度的重复运用；形状的重复表现在形状的造型、构图、构成、形象的重复；空间的重复表现在空间位置、面积、体积、体量、方向的重复。除此之外还有表现技巧和艺术风格的重复等，这些重复都会导致作品形成和谐统一的艺术秩序。如图6-49所示的包袋设计，采用形状的重复设计，使产品外观端庄大方而又亮丽多彩。

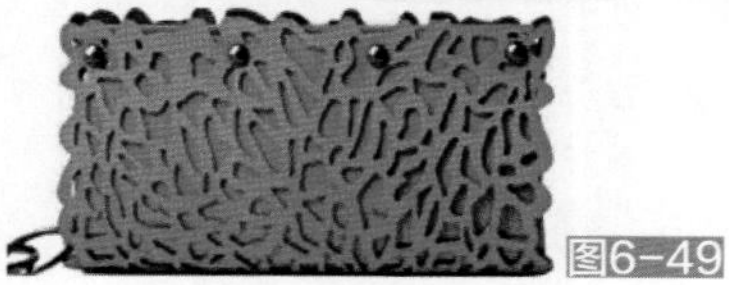

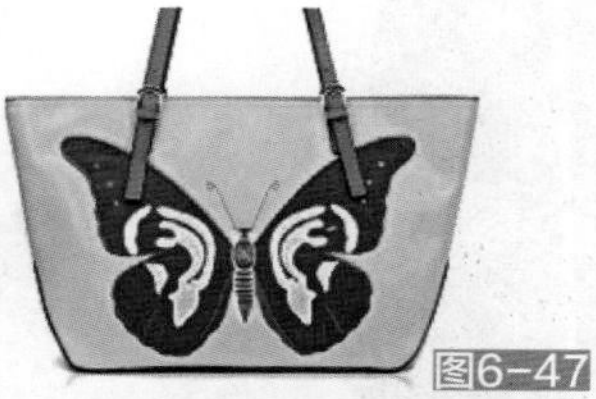

② 对比：在图案设计

图6-47

图6-48

图6-49

图6-47　左右对称图案设计
图6-48　均衡的图案设计
图6-49　重复的图案设计

中，对比也是常用的设计手法，对比的设计表现也有很多方面，比如图案的造型对比、色彩对比等。图案的造型对比通常有图案的大小对比、轻重对比、粗细对比、疏密对比、曲直对比、凹凸对比、方向对比、聚散对比。如图6-50所示的双肩背包，其图案设计就是采用对比的手法，运用图案大小、粗细线条、曲直对比的变化，在包面上形成有前有后、主次分明的图案表现。因此，运用对比手法可以加强或减弱对比元素之间的差距，在众多的造型对比中，刻画主要图案造型、淡化次要图案造型，使主体突出。

在图案色彩对比中，有明度对比、色相对比和纯度对比。色相对比变化最丰富，是色彩变化中感受最强、最直接的变化形式，如图6-51所示的双肩背包设计。当然，在具体的图案对比设计中，如果过分强调对比，方法运用不当，就会使图案组合显得生硬、刺激，甚至有时让人觉得过分，不能接受。

3. 比例与夸张

形态比例具体表现在形体结构、形状的大小、数量的多少、画面的空间等方面。比例的变化形成夸张，夸张美化是将自然物象中典型的、有代表性的东西进行强化处理，使其更具特点、更具装饰性和趣味性。经过夸张后的装饰形态往往要打破形体结构的原有比例关系，使形状的大小比例随之发生变化。

4. 节奏与韵律

节奏是指单元图形有规律地、连续不断地出现形、色的反复交替的现象。在箱包图案设计中，图案的节奏感一般通过包体表面的元素和箱包面料图形的排列组织形式来表现。设计时，有组织地安排图案形象的强弱、反复、重叠、交错等，形成灵活有序的、如同美妙旋律般的韵律。

韵律存在于宇宙万物之中。如植物枝叶的分布、枝梗的粗细新老变化、叶子的大小、叶脉的分布等，再如动物的斑纹，不同形状有规律地排列也充满着韵律的变化。如图6-52所示。

5. 条理与秩序

装饰图案在布局方面追求形的完美，合理有效地利用空间，有规律地组织排列图形，可以产生秩序的美感。装饰图案的布局不是自然的真实写照，而是设计者依据形式美的规律刻意安排的。

① 秩序：秩序是使复杂事物条理化、系统化、单纯化的手段，化繁为简，分类归总，是形成艺术秩序的主要手段。诸如多样的统一、对比的均衡、杂乱的规则、变化的和谐等都是秩序化的法则和形态。通常来讲，图案设计的秩序包括色彩秩序、形状秩序、空间秩序和质料秩序

 图6-50
 图6-51
 图6-52

图6-50 图案对比设计
图6-51 色彩对比设计
图6-52 图案的节奏与韵律

等类别。色彩秩序就是色彩的调和，形状秩序则要求在多样变化的形状对比中寻求条理和统一。空间秩序要求在物理空间中遵循物理力的平衡规律，在空间排列上讲究系统的均衡，在视觉空间上遵循焦点透视原则。如图6-53所示的双肩包袋设计，图案采用渐变秩序，产生动态的变化效果。

图6-53　渐变图案设计

② 条理：装饰图案创作将纷杂的自然对象有规律地加以整理、概括，使之成为变化有序的统一体。这种条理越单纯，所形成的图案就越庄重、严整；条理越复杂，所形成的图案就越活泼、自由。条理法则即秩序化，使形象、布局的处理趋于一致，从而形成一种重复、均衡、呼应、类似、递变、对称等性质的协调统一式样。造型艺术的一切秩序都是为了化繁为简，化杂乱为条理，化模糊为鲜明。

三、箱包图案色彩的运用

箱包图案装饰不是对造型空间的简单填充，它是装饰造型不可缺少的组成部分。通过对图案纹样、色彩、材料的处理，可丰富包体表面的肌理效果，不仅体现出装饰的个性特点，而且能增添装饰的新意和情趣感。通常，箱包图案以简练、明快的色彩来表现，以有限的几种色彩来概括丰富的图形，追求不同的对比变化、诱人的色调和多层次的效果。

无花型的多色彩条格搭配统属箱包图案设计的范畴，因为这种设计的箱包表面由多块色彩形状拼割而成，色与形密不可分，形成整体意义上的箱包图案效果。箱包图案与色彩之间无论是调和的还是对比的关系，图案中的色彩只起陪衬、烘托的作用。

1. 图案色调的意境表现

箱包的色彩表现是根据色调的变化而呈现着特殊的意境效果。一般而言，柔和素雅的色调带来宁静安详的感觉，图案富于变化且让人感觉和谐愉快，适合那些不事张扬、舒适优雅的生活方式；而那些具有冲击力的颜色，会产生令人震撼且充满矛盾的感觉，属于那种招摇的、寻求众人瞩目的高调生活方式。欢快的色调令人不禁愿意去幻想、感觉和体会，充满了力量、生机、希望以及自由等感觉；沉默的中间色调平静安定、柔和安宁、轻描淡写、低调坦诚，不表达明确的态度，灵感来自于不张扬的、平凡的事物和服饰。

2. 色彩的性格

在进行图案色彩设计时，由于色彩具有比较明确的性格和联想，因此设计者一定要根据使用者的欣赏标准进行设计。对于设计者而言，要求掌握消费者色彩心理，能够充分把握流行色彩系列，在设计之前对色彩的市场消费状况做相应的一手调研，并总结色彩消费规律，针对不同消费者的心理需求来创作色彩设计。比如学生包的卡通、漫画式图案设计及大胆的色彩搭配等，就是色彩性格和色彩消费的和谐统一表现。

如图6-54所示的黑白图案色彩，采用豹纹作为图案的主题表现，色彩选用黑白色搭配，尤显包袋的时尚特色，甚至有些许的冷酷和单调；而如图6-55所示的橘粉花卉图案包袋设计，与前者相比具有非常强烈的女性特点，来自橘色和粉色家族的一组顽皮、亲切、爽直的色彩，使热烈的花束团发生了裂变和变异，成为一组流畅的暖调亮色。这是极度女性化的色彩，同时充满了轻盈、有趣、天真和孩子气。

图6-54 黑白图案色彩

图6-55 橘粉花卉图案

图6-56 亮色图案设计

终极亮色令人产生色彩撞击感。纯粹、有力、强烈、积极，好似来自于运动世界的缤纷色彩，明亮与大胆的色彩之中蕴涵着优雅；富丽、绚烂的金属质感色彩，光彩熠熠、焕发出无限的魅力，如图6-56所示。而强调夸张、强调个体的白色是永恒的色彩，是智慧与诗意的色彩，优雅而有魅力。

四、图案设计与箱包材料的关系

箱包材料很多都是由纤维构成的，纤维在编结、织造过程中所形成的结构肌理或组织纹路很可能是箱包图案产生的另一个重要渊源。如编织物中常有的齿形纹、菱形纹、人字纹、米字纹、田字纹、八角花等，就是由于受到经纬交织的限制而形成的非常规律的、极易得到的几何图案。另外，不同的材料能够应用的装饰手法也不同，得到的装饰效果也各有差异。同样的装饰图案和装饰手法在不同的材料上获得的装饰效果可能会完全不同，因此，有必要探讨图案设计与箱包材料之间的关系。

1. 毛皮与皮革

毛皮是具有特殊魅力的珍贵而高档的箱包材料，不仅具有结实耐用、柔软等优点，大都还具有自然天成的美丽色泽和斑纹。设计师往往利用毛皮自有的色泽和斑纹，通过各种形式的切割、拼接和饰条达到装饰效果。在毛皮材料上很少再采用其他的装饰手段，以免装饰不当降低毛皮材料本身的美感和艺术效果。

天然皮革也是高档的箱包制作材料，拥有天然的花纹和图案，尤其是爬行动物皮革等品种，具有凹凸的立体花纹图案，美观大方，比如蛇皮革、蟒蛇皮革、蜥蜴皮革等材料，其花纹图案自然天成，而且随染色的不同呈现不同的色彩，这种皮革做成的包袋不需要再做其他的图案装饰，以免影响其自身价值的表现。而且，这种皮革可以作为普通细纹牛皮革的图案搭配来出现，装饰效果非常明显。

通常的装饰图案设计大多出现在牛皮革包袋上，可以增加牛皮包袋的装饰效果和艺术附加值。而那些仿皮革的聚氨酯合成革或聚氯乙烯人造革材料来讲，才是装饰图案设计的主战场，通过装饰图案的装饰，赋予包体卓尔不凡的艺术品位。

2. 纺织面料

纺织面料常以补花、拼接、织花及刺绣图案作为装饰。梭织物质地柔软、不易成型，多用于休闲性包袋装饰，图案装饰多采用不过分繁琐的工艺和昂贵的材料，突出梭织物特有的柔和感和质朴感。麻织类面料可选拼接、补花、贴花、拉毛边等装饰处理，若辅以竹木、绳带、石骨贝等天然原材料做综合坠挂式装饰，则别有一番情趣。

3. 草、毛编织类

草、毛编织类要以充分体现编织物的质感为前提，可适当作些立体花、蝴蝶结或少量的压花、刺绣装饰。如图6-57所示。

4. 其他类

包括竹、木、金属等硬性面料。

图6-57 钩编毛织的装饰设计

总而言之，箱包图案装饰设计经过对自然结构、纹理进行重新组织取舍的装饰过程，可使箱包造型本身平添更高的艺术审美价值。箱包的图案装饰要与造型材料、工艺手段结合起来综合考虑，合理运用装饰技巧和表现形式，了解并掌握各种工艺表现的特点及规律，才有助于开拓设计者的设计思维，更好地驾驭装饰方法，从而加强箱包图案的艺术表现力和感染力。

第三节　箱包图案的表现工艺技术

箱包的图案设计多姿多彩，而将这些图案赋予在箱包表面的工艺手法更是丰富多彩，当然，应用不同的表现手法表现的图案具有不同的艺术效果。通常，图案的工艺表现手法包括几种类型，如材料肌理的变化手法、表面装饰工艺手法、立体装饰表现手法等。其中，图案肌理的工艺处理方法包括：折叠、整体或局部的加皱处理、局部做旧、局部烫压、染后加皱再染、印纹加皱再印纹等方法。而其他的箱包图案工艺手法可以归为刺绣、蕾丝、立体花、亮片、珠宝、拼合缝缀、坠挂等类别。

箱包图案的表现工艺分述如下：

一、包体本身形成图案的技术

1. 折叠与褶皱

褶皱是女性服饰品应用非常多的表现手法，褶皱一如女性的妩媚与神秘，给包袋设计带来别样的设计风格。通常，褶皱既可以通过缉线的方式形成，也可以通过边缘折叠的方式形成。如图6-58所示的设计，首先设计好褶皱的形态边界线，然后在边界线上缉线，形成褶皱的基本形状，而用于缉线的缝纫线具有松紧，或用细松紧带缉缝，这样通过松紧线带的收缩在材料上形成不规则的褶皱，使材料的表面形成凹凸变化、或高起或低暗的图案形象，松泡感十分明显。这种褶皱的两端都没有固定的位置，可以随包内所装物品的多少而变化。

如图6-59所示的包袋设计也具有明显的褶皱特征，这种褶皱的一端通过拼接缝固定，另一端是自由端。通常这种褶皱通过折叠量来控制褶皱的大小，而且由于一端是固定的，只有褶皱中间和另一端具有可变性，没有前一种褶皱变化多端，但也有它自己的变化特色，由此形成的褶皱可大可小，可以是大折叠量的褶皱，也可以是小折叠量的细碎的褶皱，既可以是规则的褶皱，也可以是不规则的褶皱等。如图6-60所示的包袋设计，是一种边缘褶皱形式，一端固定折叠量，另一端是边缘的自由端，可以是单层褶皱边缘设计，也可以是多层褶皱边缘设计。当然，在这种褶皱设计中，还存在两端都固定的设计变化，只是在褶皱的中间具有变化性。

2. 拼合

将相同或不同的材料以各种形状的小块片或条片拼合在一起，使材料之间形成拼、缝、叠、衬、透、罩等关系，创造出各种层次对比、质感对比以及缝线凹凸的肌理效果。利用多种不同色彩、不同图案、不同肌理的材料拼接成有规律或无规律的图案制作的箱包，形成一种独特的装饰效果。这种拼接可以是平接，也可以在接缝处有意做凹或凸的处理。将面料折叠或加皱后予以固定，形成规则或不规则的褶裥、皱纹，也起到较好的装饰作用。如图6-61所示。

组合拼接是指将若干块面拼接组合成图案而布满整个箱包的图案形式。比如：将几种四方连续图案（或花色面料）随意裁成可以续接的小块，再进行各种拼合；或将若干单个图形或不同色相的单色面料按一定的意图组合在一起，或者将若干条两方连续并列起来循环展开等。组合拼接的形式十分多样，有随意自由的拼接、规律严谨的拼接；横向拼接、纵向拼接、斜向拼接；大块面拼接、小块面拼接。自由拼接有随意感，规则拼接有沉稳感，横向图案的连续拼接会使装饰形体拉长；纵向图案连续拼接会使装饰形体加宽；斜向连续拼接会产生活泼、稳定的感觉；大块面拼接有分量感，小块面拼接有闪烁跳跃感。

图6-58

图6-59

图6-60

图6-61

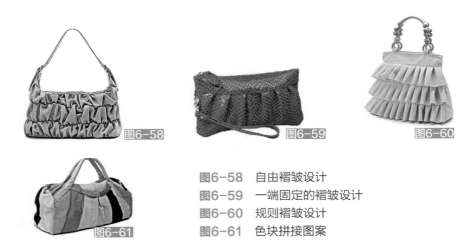

图6-58　自由褶皱设计
图6-59　一端固定的褶皱设计
图6-60　规则褶皱设计
图6-61　色块拼接图案

3. 钩编盘绕

钩编是应用钩针来完成的装饰图案设计，钩编的图案多姿多彩，非常具有艺术装饰效果。如图6-62所示的包袋设计，就是将钩编应用在包袋的扇面中间，将不同形状的分割块料连接在一起，既形成不同的材料质感，也形成了钩编花型图案，风格优雅。而如图6-63所示的包袋设计，是在包袋的边缘上应用钩编手法形成的钩编装饰图案，也具有非常明显的装饰效果，使原本深暗的包面具有了装饰亮点。

盘绕是以绳带为材料，编结成花结钉缝在包体上或将绳带直接在包袋上盘绕出花形进行缝

图6-62

图6-63

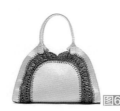

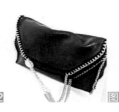

图6-62　扇面中间的钩编图案
图6-63　边缘钩编图案

制，这种装饰形象略微凸起，具有类似浮雕的效果，在我国传统服装应用较多。编结盘绕工艺难度较大，要做得平整、流畅需一定的技巧。

4. 编织

由编织所形成的图案也是多种多样的，既可以应用同色条带编织，也可以应用异色条带编织，如图6-64所示即是由同色条带编制而成的规则几何图案，图案效果大方整齐；如图6-65所示的包袋设计是异色条带编织的图案，由于所用条带与包面主体粉色形成色彩搭配，所以使编织出的图案更加清晰可见。

由毛线编织而成的各种花色图案都可以成为包袋的图案变化，尤其是棒针图案具有非常好的立体感，装饰效果突出。如图6-66所示的手包设计，同样是利用条带穿编而成，但是在穿编的过程中由于有褶皱的加入，又形成了新的复杂视觉效果，将女性的多变和温柔体现得更加突出。

图6-64

图6-65

图6-66

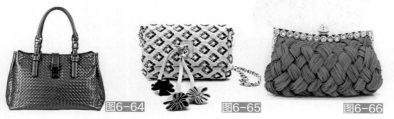

图6-64　同色条带编织图案
图6-65　异色条带编织图案
图6-66　条带穿编图案设计

二、平面图案装饰技术

1. 缉线与绗缝

缉线与绗缝也是图案设计的常用手段，通过缉线可以在包面上形成不同的线迹图案，线迹可以是直线、曲线、弧线，也可以是格条图案等。弧线缉线图案，与包面同色的线迹在包面上形成大小不同但形状相似的图案，文雅大方。如图6-67所示的包袋设计，是一种波折线缉线轨迹，由于包内衬有泡沫类软衬，缉线部位凹进，其他部位凸起，形成波折凹凸图案，由此产生新的面料效果。绗缝而成的斜格图案设计，具有规则的图案美。

2. 蕾丝与纱边

蕾丝与纱边是塑造女性美的主要材料，在箱包图案设计中同样具有重要作用。如图6-68所示的纱边图案设计，设计中利用粉红纱边辅以褶皱，形成非常女性化的设计效果。如图6-69所示的包袋设计，用蕾丝花边覆盖在包扇面上，其间用细皮条隔出规则的方格。透过蕾丝花边的空洞可以透出内里材料的色泽，形成双色配色效果，透露出非常优雅的淑女风范。

图6-67

图6-68

图6-69

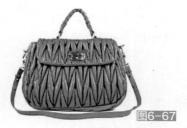

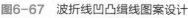

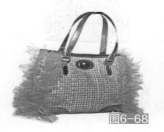

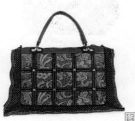

图6-67　波折线凹凸缉线图案设计
图6-68　纱边图案设计
图6-69　蕾丝图案设计

3. 亮片

亮片装饰具有亮闪闪的图案效果，在箱包设计中，亮片的应用是近几年的新方式。如图6-70所示的亮片设计，应用黑白色亮片铺满整个包面，而且有疏密、大小的变化，在包袋扇面的中间用黑色亮片形成米奇头的图案，整包效果非常时尚而闪烁。如图6-71所示的亮片图案设计，应用黑色与金色亮片形成规则的异色菱形方格形态，具有较强的动感形象效果，整包闪烁着一种迷人的时尚味道。这两种设计，亮片基本铺满了整个扇面，将亮片应用在图案的局部上，用以强调某个局部的装饰效果，同样具有不一般的装饰效果。

图6-70　亮片米奇头设计

图6-71　异色波浪亮片设计

4. 刺绣

刺绣俗称绣花，是民间应用最为广泛的一种工艺技术。它不仅应用范围广，而且品种多，针法表现相当丰富，使得刺绣这一工艺的品种更为多样，其装饰效果也显示了自身的特点。刺绣的图案内容以花鸟、鱼虫为主。

如图6-72所示包袋的刺绣图案设计，是一款晚礼包设计，在黑色的金丝绒面料上刺绣金色和黄色的花型图案，具有优雅富贵的装饰特点；采用同色花线刺绣，形成了明确而又有些隐约的花型图案，具有优雅含蓄的装饰效果，配以蜜桃粉色包面，使整包呈现淑女的秀雅；包袋设计是经过绗缝后再刺绣的图案，用与面料同色的线缉缝菱格，然后再刺绣上白色的花纹图案，装饰效果时尚而优美。

5. 熨烫

熨烫是指在热和压力的作用下在包面形成图案的过程，通过熨烫可以在包面上形成各式各样的凹凸图案，风格各异，装饰效果突出。尤其是产品的品牌形象和规则几何图形和花型图案最为多见。如图6-73所示。

图6-72　刺绣图案设计

图6-73　熨烫图案

6. 铆钉

铆钉图案设计是近几年非常流行的装饰手法，铆钉本身有各种各样的形状和颜色，也有大小的不同，在包面上的图案既可以形成满布设计，也可以排列在包面的某个局部，既可以应用大小均匀、形状各异的图案组合，也可以选择大小不等、形状也不同的铆钉组合，由此可以带来铆钉图案设计的千变万化。如图6-74所示的包袋设计，采用规则的星星状铆钉在包盖上形成装饰带，应用铆钉的大小变化设计形成变化效果，图案设计规则中透着变化。另外，利用铆钉也可以形成文字图案设计。因此，在现代箱包设计中，铆钉的图案变化丰富多彩，效果各异。

7. 彩印、手绘

由于彩印、手绘的艺术效果突出，所以该手法可以赋予包袋较高的艺术附加值，见图6-75的包袋设计。

8. 镂空与雕刻

镂空与雕刻的手法主要应用于皮革类面料的装饰图案设计中，镂空是指通过在皮革表面按照事先设计好的花型图案进行刻画，在皮革的表面形成空洞形象，再由空洞中透出内部的里衬质地和色彩，具有立体变化效果，如图6-76所示。而雕刻主要是指在皮革表面进行的一种图案装饰形式，雕刻不会刻透皮革，只是在皮革表面刻出纹样图案，具有凹凸效果，然后再将颜料赋予到雕刻的图案之上，形成丰富多彩的图案色泽，具有富贵美好的装饰效果，如图6-77所示。

图6-74　星星铆钉面型图案
图6-75　手绘图案设计
图6-76　镂空图案设计
图6-77　雕刻

三、立体图案装饰技术

1. 立体花

立体花是在包面上塑造花型图案的新型手法，通过立体花的塑造而形成迥异的设计效果。如图6-78所示的包袋设计，运用与扇面同质同色面料制作，立体花型设置在包面的中部，具有非常明显的装饰效果，在同色的包面上形成富贵的装饰效果。如图6-79所示的包袋设计，立体花是通过条带折叠而形成的，同样具有花型装饰特征，只不过不如前者花型细腻雅致，显得有些粗犷而休闲，因此，对于立体花而言，其装饰效果不单是优雅的淑女气质，也有悠然的休闲风味。

图6-78　与扇面同质同色立体花设计
图6-79　条带折叠立体花设计

单从立体花设计来讲，可以选择单独的花卉形象，也可以将花卉与树叶形象组合在一起，甚至是形成一组花卉图案组合，都是立体花设计变化的方方面面。当然，立体花也可以在大小上进行设计变化，既可以是小花型图案，形象俏丽优美，也可以是大花型图案，形象张扬而且个性，使得立体花图案设计各具风姿。

2. 补花与贴花

补花是通过缝缀来固定，贴花则是以特殊的胶粘剂粘贴进行固定后再用线迹固定的装饰手段。通常，补花、贴花适合于表现面积稍大、形象较为整体、简洁的图案，而且尽量在用料的色彩、质感肌理、装饰纹样上与包面材料形成比较鲜明的对比，在其边缘还可做切割或拉毛等处理。有时，补花还可在针脚的变换、线的颜色和粗细选择上做文章，以增强其装饰感。在编织、钩挑的过程中，通过变换各种针法能够显现出千百种花纹图案来，这些图案规律严谨，而且厚薄、凹凸、镂空变化非常丰富。

3. 蝴蝶结

蝴蝶结装饰历来是女性产品的经典装饰方式，在箱包设计中，蝴蝶结依然占据重要位置。蝴蝶结可以通过单个、一组的变化形成不同的性格，也可以通过大与小的个体变化烘托产品的设计风格，同样，还可以改变蝴蝶结本身的构造和形象来改变整体装饰效果。

单独的小型蝴蝶结设计，能使整包风格秀丽精巧。如图6-80所示的包袋设计，虽然是同色同面料蝴蝶结设计，但蝴蝶结占据扇面较大的面积，具有张扬的个性，由于蝴蝶结的尖角和多褶设计，又使蝴蝶结显得神秘而生动，由此带来包体的张扬个性与女性柔美的冲突美感，整包时尚前卫。如图6-81所示的小蝴蝶结设计，采用同色小型蝴蝶结组合，在花型的包面背景上带来淑女品质的装饰图案，整包效果精致俏丽。

图6-80　大蝴蝶结设计
图6-81　小蝴蝶结设计

4. 缝缀

缝缀是指在包面上缝缀一些装饰品而形成不同表面效果的手段，装饰材料有很多种类，比如珠宝、水钻、彩色塑料或人造透明水晶饰品等，通过这些装饰品构成的图案来提高包袋的艺术附加值。

这种缝缀装饰既可以在整个包面上满布，也可以在某个局部形成装饰重点，装饰效果不同。当然，所应用的装饰品的不同也会带来装饰效果的迥异，有时甚至是截然不同的装饰效果。如图6-82所示的手袋设计，扇面上缀满大型红色、蓝色、绿色珠饰，而且形状各异，其间还饰有小型的金色珠饰，异域风情跃然呼出；在红色包面上口的两侧集中缝缀对称的彩色透明装饰，呈现多彩的蓝色、绿色、黄色、白色的闪耀效果，使包袋变得亮丽夺目。

5. 缀挂式装饰

缀挂式装饰是将装饰件的一部分固定在包面上，另一部分呈悬离状态，如常见的缀穗、流苏、花结、珠串、银缀饰、金属环、木珠、装饰袋等。这类装饰独具动感且空间感很强，它随着人的动态变化而呈现出飘逸、摆荡、灵动的魅力。缀挂式装饰既可以采用与包面同色的饰物装饰，也可以采用异色的装饰物装饰，同色装饰端庄秀丽，异色装饰可以形成色彩搭配效果。如图6-83所示。

图6-82　彩色珠饰缝缀设计
图6-83　流苏、裘毛缀挂式装饰

四、综合图案装饰方式

上述各种图案装饰手段不是单独存在的，在图案设计中有时会应用两种甚至两种以上的手法，来共同进行装饰图案的设计与表现。如图6-84、图6-85所示。

总之，人造物的时尚与流行一直以来都随着人们的喜好而变迁和发展。现代社会的消费者想要的是舒适与美的统一，既要别人眼中的艳羡也要自己身体的舒适！近年来人们的消费呈现非常明显的个性化趋势，表现出时代风格和人们的价值取向，无论是设计、选料，还是制作、装饰，均追求标新立异。同时，适应现代人回归自然的消费心态，突出休闲化韵味的设计大受推崇，透露着自然、生命中华贵与平凡相生相伴的生态法则。

在世界经济文化一体化的今天，我国社会文化意识、社会心理状态和消费需求特征发生了很大的变化，新形成的社会流行文化对社会产品的设计产生了不可估量的巨大影响。新的改变更多地体现在箱包图案的设计和表现手法上。尤其是服饰文化、消费意识、环保意识、影视文化、网络文化，在图案、造型、色彩、表现手法等方面对服饰图案设计的影响十分巨大。箱包图案设计只有紧随社会文化意识变化而变，反映社会心理、追踪社会消费热点，才能具有旺盛的生命力。

图6-84　绗缝与褶皱设计
图6-85　铆钉与纱边设计

箱包设计效果图表现技法

绘制效果图是箱包设计师的必备技能，作为箱包设计师应加强基本绘画技巧的训练，并结合箱包产品的外形特点和风格塑造，完成效果图的绘制工作。

在箱包设计中，由于表现的产品和要求的不同，会有不同种类的效果图表现。通常，箱包产品设计效果图根据色彩情况分为彩色效果图和黑白效果图两大类。其中，根据上色方法将彩色效果图分为铅笔、水粉、水彩、油画棒等类别；而黑白效果图也可以分为速写、线描、素描等类别，黑白效果图具有绘制快速，表现清晰的特点。根据绘制方法分为手工绘制效果图和计算机绘制效果图两类。在实际设计中，不论采用哪种方法进行绘制，都首先要了解箱包的外形设计特点和结构特点。

第一节　效果图绘制的基础与准备

一、箱包的基本立体结构

箱包的立体结构是绘制箱包效果图的基础，箱包的造型以几何图形为主，有长方形、圆形、椭圆形、三角形、梯形，有大的、小的，有左右对称形、非对称形。形成的三维立体结构也多为立方体、圆柱体等。但也有前后两片组成的简单结构造型，更有多个三维立体结构叠加组合的不规则结构形式。因此，绘画时，仍然以几何图形和几何形体为绘制基础。设计师要在设计的过程中逐步积累经验，掌握其结构规律，并得心应手地运用到创作设计之中。

在绘制过程中，由于箱包造型多为三维立体几何图形，存在三维尺寸的变化。所以在绘制设计效果图时，一定要注意结构的透视性和平衡性。绘制时，效果图的最佳表现角度是平视正外侧3/4角度，这样既能表现所设计款式的正面造型与结构，也能表现其侧面的效果与结构，可以比较全面地反映绘制对象的设计特点。如图7-1所示。

在绘制效果图时要先画出准确的透视直线，找准所设计包袋的透视关系与外形特点，然后画出准确的立体透视框架，如图7-2所示。之后在框架的相应位置逐步画出各个局部，如口袋、把手、褶皱、拼缝的

图7-1　包袋效果图绘制角度
图7-2　箱包透视框架
图7-3　包袋效果图
图7-4　整体表现效果

造型与透视等，最后画出各种配件，如拉链、金属环扣、卡钩，以及某些装饰品的造型效果，如线迹等。如图7-3、图7-4所示。

二、基本工具与材料

箱包设计效果图的绘制工具和材料多种多样，主要包括纸、笔、颜料及其他用具。

1. 纸

常用的草稿纸包括白报纸、图画纸、毛边纸和拷贝纸等。正稿纸通常选用一些具有较强表现力的纸张类型，白板纸、白卡纸、色卡纸、素描纸和水彩纸等都可作为此类用纸。

2. 笔

常用的笔包括铅笔、钢笔、马克笔、水彩笔、水粉笔和毛笔。

铅笔包括普通铅笔和彩色铅笔。普通铅笔是初稿阶段常用的绘制工具，笔芯有软硬之分，6B笔芯最软，6H笔芯最硬。绘制设计图时，一般选用H、HB、B几种型号。彩色铅笔有8色、12色、24色、32色之分，因其携带方便，常用作收集资料时记录色彩及勾画草图。水性彩色铅笔还可在涂色后用毛笔蘸清水渲染，产生水彩效果。

钢笔包括普通书写钢笔、弯尖钢笔和针管笔。针管笔是绘制黑白款式图的常用工具，分为0.2~1.2mm若干型号，可绘制出不同粗细的线条。

马克笔分为油性和水性两种，笔感较硬，色彩鲜艳，色与色之间难以调和。绘图时，通过同种色笔触的排列与重叠，快速地表现画面效果，色彩明快而富有装饰性。

水彩笔毛质松软、蓬松、吸水性强，以圆头狼毫为佳，根据笔头大小可分为多种规格。

水粉笔毛质较软，吸水性略低于水彩笔，笔头呈扁平状，多用于厚重材料及画面底纹的表现，包括十几种不同大小的规格。

毛笔根据笔毛的软硬分为硬毫、兼毫和软毫三种，含水量依次递增。硬毫常用以勾勒结构

线和轮廓线，软毫用以渲染色彩，兼毫软硬适中，勾、染均可。

3. 颜料

箱包效果图绘制的颜料种类包括水彩色、水粉色、照相水色和丙烯色等，其中又以前两种颜料最为常用。

水彩色透明度好，色彩明快，但覆盖能力差。颜色种类一般有：白色、淡黄、牛黄、土黄、橘黄、赭石、湖蓝、群青、紫罗兰、深蓝、淡绿、草绿、翠绿、朱红、大红、深红、黑色等。

水粉色覆盖力强，易于改动。缺点是颜色干、湿状态下明度会发生变化，绘制时应注意衔接。水粉色通常以系列进行颜色划分：

红色系列：橘红、朱红、土红、大红、玫瑰红、赭红、深红、紫红等。

黄色系列：柠檬黄、淡黄、中黄、土黄、橘黄等。

绿色系列：粉绿、淡绿、草绿、中绿、翠绿、橄榄绿、深绿、墨绿等。

蓝色系列：湖蓝、钴蓝、群青、深蓝、普蓝等。

其他颜色：赭石、紫罗兰、青莲、黑色、灰色、肉色、白色、金色、银色等。

4. 其他材料、工具

绘制箱包效果图还会用到画板、直尺、刀子、剪刀、夹子、图钉、胶水、胶带等，某些特殊肌理效果的制作还可能用到布片、纸团、毛刷、竹笔、镊子等。另外，新的绘画工具和材料也在不断涌现，设计者要勇于尝试，勤于练习，熟练运用各种材料和工具，绘制出符合设计需要的优秀作品。

第二节 手绘效果图

一、黑白效果图绘制的基本技法

1. 线描效果图技法

绘制时，用铅笔或针管笔勾线，准确地勾画出包袋的造型和结构，首先画准手袋的透视框架，然后描绘出具体的造型结构细部，如有褶皱也要进行形象的描绘，如图7-5所示。一般线描也能生动地表现箱包的材质与肌理效果，如图7-6所示。

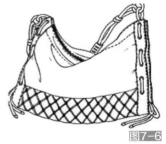

图7-5　线描效果图1

图7-6　线描效果图2（作者：李嫚）

2. 速写效果图的绘制

速写法必须要有整体观察能力来表现出箱包的主要特征。要做到意在笔先和胸有成竹，不能看一眼画一笔，否则，画出来不是呆板就是琐碎。速写绘制前要统筹画面，对事物做到恰到好处一气呵成，从而使画面充满感染力。另外，速写时的黑、白、灰层次处理也很重要。速写一般是单色，黑、白、灰在画面形成反衬对比关系。黑通过白才能达到极致，而白也需要黑的存在才体现其价值，在黑、白两色之间有着广阔丰富的灰面层次，这是绘者要着重刻画深入的地方，这一层次的递进处理直接导致画面的丰富性和深入性，画面能否出彩主要就靠灰这一层次来展现。

图7-7

速写时可用钢笔、炭笔或铅笔。用速写钢笔以速写的形式来表达设计意图的一种表现手法。速写钢笔勾勒的线条粗细可以任意变化，因此能将对象表现得生动有趣，如图7-7所示。同时也可以通过线条的疏密来表现对象的花纹、图案和光感，如图7-8所示。炭笔的性能较软，线条的粗细、浓淡可随用力的轻重来调节，还可以随手擦出一些明暗，用炭笔表现，画面会显得非常鲜活。

3. 素描效果图的绘制

从定义上来讲，素描就是朴素的描绘，指的是用单色的线条或块面来塑造对象的形体、结构、质感、空感（空间感）、光感的绘画形式，是所有造型艺术的基础。素描效果图是快速绘图的方法之一，是指运用铅笔或者炭笔之类的单色调黑色美术用笔对物体进行刻画，先运用线条将块面铺出，再进行黑白灰的刻画，从而让物体的明暗交界线、暗部、亮部、高光等把对象立体地表现在纸张上面，这就是素描的特征。素描的步骤是，先找形，然后修线，找出灰面跟暗面后再上调子。在绘画时，要从整体入手，先勾画出对象的外形比例，涂上大体的明暗，再详细地刻画局部，最后再进行明暗的调整。

图7-8

图7-9

利用素描手法进行效果图绘制时，在画准手袋轮廓与透视的前提下，用铅笔或炭笔画出手袋的明暗关系和材质肌理，使对象更直观、更立体。素描效果图如图7-9所示。

图7-7　速写效果图1
图7-8　速写效果图2
图7-9　手提包素描效果图

二、局部及部件绘制技法

在箱包效果图绘制中，提把、把托、钎舌、开关以及各种装饰件等包体局部附件的绘制也是值得注意的问题。这类部件种类繁多，形式自由，与包体构成一个有机整体，绘制时应根据不同的箱包特点和风格表现相适应的局部附件造型。一方面，附件作为箱包的组成部分，其造型是极为考究的，特别是在一些高档手包或宴会包中，附件往往占有重要的位置，起到一种画龙点睛的作用；另一方面，就整款箱包的装饰效果而言，附件毕竟是用来陪衬和烘托主体箱包的，因此要注意把握好主从关系，不可喧宾夺主而影响了箱包整体的充分表现。

1. 提把（把手）

提把的尺寸和形状根据箱包的实际用途、结构、工艺特点和箱包的式样分为许多种，有装卸式提把、伸缩式提把、软把、硬把、立体状提把、带状提把、合页状提把、绳把等。如图7-10所示。

2. 把托

把托是用来固定提把的零件，分为框形把托、圆环形把托、半圆环形把托等，还有各种弹簧钩、金属插套、球形锁钉和皮带扣等。如图7-11所示。

3. 钎舌

钎舌常见于带盖包、拉链包和半敞口包，是插入袋扣内，用来封口或关闭箱包的外部次要部件，既可防止物品遗失，同时也能起到装饰美化作用。钎舌一般缝合在后扇面或包盖上，形状分为规则和不规则多种样式，绘制时应把握好其与包体的连接及比例关系。如图7-12所示。

4. 部件的组合局部

部件的组合局部，如箱包上金属配件与条带之间的组合部位等，其绘制如图7-13所示。

5. 装饰图案

箱包图案的一般作用就是对包体进行修饰点缀，使原本单调的造型在视觉形式上产生层次、格局和色彩的变化，或使原本有个性的箱包更具风采。装饰图案起到强化、提醒、引导视线的作用，通常表现为特别强调某种特点，或刻意突出造型对比，抑或对带有夸张意味的图案

图7-10　各式手把的绘制
图7-11　各式把托
图7-12　各式钎舌
图7-13　部件的组合局部绘制

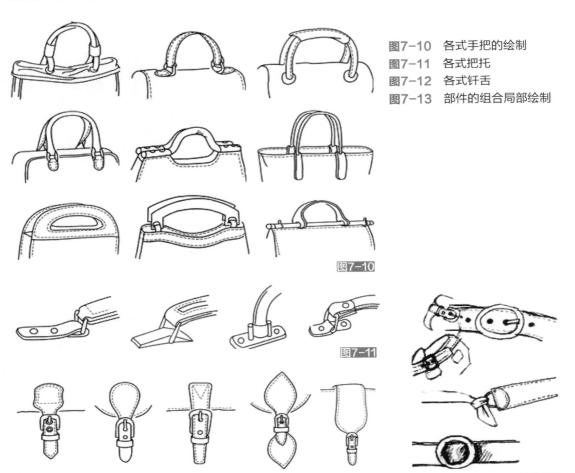

图7-10

图7-11

图7-12

图7-13

进行装饰。

图案的取材来源于生活，可分为植物图案、动物图案、风景图案、人物图案、几何图案等。图案造型艺术要以人为中心，反映人的生活与思想情感，借景抒情，借物抒情。装饰图案是箱包设计的重要内容，而装饰图案也需要有一定的绘制技巧。

在观察现实生活中的各种事物、现象的同时又要善于捕捉自己内心的种种感受，不断地从中汲取对设计有用的东西。确立了造型意向后，就要基于造型依据进行造型手法的考虑和选择。塑造图案形象的造型手法有写实、变化、抽象等。为了能使僵硬与灵动相互谐调起来，图案装饰就成为一种理想的手段。

图案素材的造型变化过程如下：

（1）写生

写生的首要目的是为图案创造搜集素材，图案中的形象均来自于大自然。要从中得到有用的素材，先要认识、了解、分析描绘的对象，掌握其特征、比例、结构及有关的规律，才能进行客观的描绘，反映其精神面貌。写生变化是对具象形态的整理、升华过程，它始于"具象"、终于"抽象"，图案设计者可以变化出万千种不同的图案。图案的写实造型分为绝对写实和相对写实两种。

（2）变形设计

从自然中写生来的形象经过了概括和取舍后，才能适应某些装饰物的特殊需要。那些杂乱无章和不伦不类的繁琐形象，不能引起审美冲动。相反规律性、条理性强且富于秩序感的定型特征和简化形象，则容易驱动人们的视觉感知，引发审美兴致。将无序的自然形象变化为装饰形象，去繁就简、净化提纯，用朴素、简洁的艺术语言表达丰富的内涵，使形象刻画得更典型、更精美，并使主题更突出。

① 把握图形特征：任何事物的认识总是以"特征"为辨别的依据，形与形、物与物的差别就是特征。

② 图形组织规律和形象变化：在认识特征的基础上，将繁杂的自然生态进行一定的条理化、规律化。扬弃非本质的东西，将本质特征尽量夸张、加强，使其更典型动人。

③ 理想化与工艺化的创作：为了使写生变化的形象更富有感情和审美情趣，须把夸张后的形象再赋予主观意念的内涵，或使之拟人化，抑或求全构成。

工艺化处理变化形象取决于图案应用造型的工艺特点，如图案在染织、非纺织等方面均受不同材质和工艺特征的局限。

（3）变化造型

变化造型特点是将客观形象进行比例、造型的改变，塑造出新的、有别于原形的图案形象。常见形式有简化、夸张、繁化、变异等。

简化指高度概括、省略的手法，舍弃物象原形次要部分，提炼出简洁、单纯而又具有典型特征的形象。而夸张是用加强方式突出形象特征，通过对原形较大幅度的改变使其更具艺术感染力。夸张的形式很多，有局部的、整体的，形态、神态，倾向客观形象、倾向主观意向，要有明确的目的和情趣。繁化是使形象变得细密、丰富的手法，常以添加、综合、重复等形式出现，它可使装饰图案显得华丽、繁复、富丽堂皇。繁化造型的图案在民间、民族服饰上运用最多且多作满花或较大面积装饰。变异是为了适合箱包装饰的需要，图案素材必须经过人为改造和精心安排，才能使图案形象十分恰当贴切地出现在箱包上。

图案在箱包上的装饰布局分为四种类型：局部或小范围的块面装饰，称"点状构成"；边缘或局部的细长形装饰，称"线状构成"；布满箱包整体的"满花装饰"，称为"面状构成"；上述类型综合应用的"综合构成"。如图7-14、图7-15所示。

图7-14　满花设计（作者：秦楠）
图7-15　局部小花图案设计（作者：戴晓丹）

三、箱包设计效果图的表现技法

1. 箱包设计效果图的绘画步骤

箱包设计效果图的绘画步骤一般分为初稿、拷贝、着色和勾线四步，如图7-16所示。

（1）初稿

用铅笔完整描绘出整款箱包的造型结构。

① 画出箱包的基本外形。

② 标出各局部的具体位置和大致形状。

（a）　　　　　　　　　（b）

（c）　　　　　　　　　（d）

图7-16　箱包设计效果图的绘画步骤
（a）铅笔勾画初稿并拷贝
（b）包面主体着色
（c）附件着色
（d）勾线

③ 描绘出各局部及整体的具体结构形态。

（2）拷贝

运用拷贝材料和工具将初稿转印到正稿画纸上去。

① 将拷贝纸覆在初稿上，用削尖的铅笔准确完整地拷贝下来。

② 从拷贝纸的反面将拷贝完的箱包图再描绘一遍。

③ 将拷贝纸正面朝上覆在正稿的合适位置，再用笔尖将绘好的图样线完整地描画一遍，拷贝到正稿上去。

（3）着色

用色彩工具描绘出箱包包面及附件的颜色。

① 绘制主体包面颜色，一般按从上到下、从左到右顺序依次绘制。

② 绘制附件颜色。根据设计意图有重点地刻画，附件体面及色彩关系应表达清晰、准确。

（4）勾线

用勾线工具勾画箱包的外形和结构线。勾线一般宜在着色干透后进行，选择用线应符合所绘箱包的种类、款式及材质特征。皮革、细棉布等轻薄面料一般宜采用勾线勾勒；手工编织、粗花呢等凹凸肌理的面料则应运用毛笔侧锋，并借助勾勒过程中手臂的自然抖动勾勒出不规则的线条。

2. 箱包设计效果图的表现技法

箱包设计种类繁多，其结构形式、面料类型、工艺特点及设计风格丰富多彩，绘画表现千变万化。总结这些绘画特点，大致可划分为以下几种类型。

（1）水粉水彩画法

水粉水彩画是表现效果图常用的技法。水粉和水彩颜料是以水量的多少来调节颜色的厚薄浓淡，水分多的湿画法常用于大面积着色，较干的笔触多刻画细节及转折处。水粉覆盖力强，一般先画出中间调子，然后画暗部、亮部，高光部位可用白粉提亮或留出空白。水彩色透明感强，应按照由浅及深的顺序依次绘制。如图7-17所示。

（2）勾线淡彩法

勾线淡彩法简洁明快、表现迅速，适合表现细腻质地的皮包。绘制时选用水彩或彩色墨水，在箱包的主要部位简略地敷以色彩，并用钢笔、铅笔、毛笔或马克笔等勾画外轮廓和内部结构线。如图7-18所示。

（3）色彩平涂法

这种画法采用色彩平涂与勾线相结合的方法，先以水粉或马克笔平涂色彩，在适当部位留出空白，以表现光感和虚实效果，然后在色块外勾画结构线或装饰线。也可根据具体面料特点，在第一步平涂完成之后，作进一步的刻画，表现出面料的图案或肌理特点，最后勾线完成。如图7-19所示。

（4）彩色铅笔法

彩色铅笔色彩清淡、笔触清晰，既可用于收集素材时进行速写表现，也可用于较正式的绘画表现，单独使用或与其他表现工具和方法结合使用，都能产生较为理想的艺术效果。彩色铅笔法用色讲究虚实、层次关系，通过反复排列彩色线条由浅入深地表现箱包的明暗关系。如图7-20所示。

（5）油画棒表现法

油画棒是一种油质颜料，笔触粗糙，可单独使用，也可与水粉色或水彩色结合。绘画时先用油画棒在画面上勾勒、涂抹，然后在上面涂抹一层水粉或水彩色，由此产生两种不同性质的颜料相互分离的肌理效果。如图7-21所示。

图7-17 水粉水彩画法
图7-18 勾线淡彩法

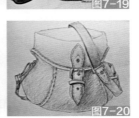

图7-19　色彩平涂法
图7-20　彩色铅笔法

图7-19

图7-20

（6）马克笔法

马克笔笔触粗犷，线条粗细不一，既可通过连续排列线条表现秩序而又简洁的画面，也可进行曲直、聚散等自由表现。缺点是颜色透明，细节部分不易刻画。绘制时把握好线与面的秩序感和节奏感，下笔干净利落，一气呵成。如图7-22所示。

（7）底色法

这是一种较为简单的绘制方法，先调好箱包本色，以宽头笔蘸色平铺画面作为底色，再用深色或浅色勾画箱包轮廓线、结构线和工艺线，并稍作明暗表现。这种方法要求线条运用严谨、流畅，结构和透视关系准确。如图7-23所示。

四、不同材质的表现方法

材质，即人对于材料外观质地的视觉和触觉感受。箱包材料种类繁多，绘画时应着重于表现不同材料的视觉感受，根据设计需要，选择合适的工具和表现方法。

1. 毛皮

毛皮有长、短、厚、薄之分，外形柔软、蓬松，光泽自然。绘制时要求能大致表现出毛皮的特点，而不必完整、准确地刻画每一类毛皮的特征。

毛皮箱包的表现要点如下。

① 边缘线的处理，应以短细线条沿毛向排列，疏密穿插，表现出毛皮的厚度。

② 毛向分为顺向和逆向，绘制时不能画颠倒。短线条不能平行排列，否则会使画面显得呆板。通过不同明度组线的分次排列，表现出毛皮的厚度与蓬松感。着色顺序可先深后浅，先画暗部和明暗交界线的颜色，接着画中间灰色，并注意使暗部略有反光，最后画亮部颜色。

图7-21

图7-22

图7-23

图7-21　油画棒表现法
图7-22　马克笔法（作者：刘爽）
图7-23　底色法

箱包设计与制作工艺

③ 通过描绘图案和色泽来表现各类毛皮的不同外观。如豹子皮毛短，图案呈不规则的圆点形；紫貂皮呈紫黑色；黄鼬皮呈黄色等。如图7-24、图7-25所示。

2. 皮革

皮革具有挺括、柔软、光泽感强、弹性好的特点，绘画时应着力表现其明暗对比，凹陷的部位画暗，突出的部位画亮。

皮革箱包的表现要点如下。

① 皮革具有较强的反光性能，表现时可加重其高光与阴影的反差，凸起的受光处要画得明亮，明暗交界处要画得很暗，明暗之间的中间色较少。

② 皮革箱包结构线分明，明缉线清晰，可采用画线工具加强这种效果。

③ 表现皮革的技法多种多样，可使用铅笔、碳笔、淡彩法、摩擦法等工具和方法来表现皮革。如图7-26所示。

3. 编织面料

编织箱包是采用不同粗细的线、绳、带、条等长形材料进行经、纬两个方向的上下垂直交叉或斜向交叉穿编形成包面，进而连接各包面构成包体。常见的编织纹样有凹凸花纹、镂空花纹、条纹、波纹、斜纹、格纹等，描绘时应抓住不同材料和纹理的结构特点进行概括表现。

编织面料的表现方法主要有铅笔素描法、淡彩法、油画棒法等。如图7-27所示。

4. 棉麻织物

棉麻织物包括各种纱织的厚、薄棉布、棉绸、亚麻布、帆布等，多用于休闲类箱包的设计制作。由于不同的编织规律，织物分成横纱、直纱、斜纱和横竖纱。表现时要绘制出织物的组织纹路，也可采用压印法，先用水粉色平涂底色，再将粗纹布覆在上面压印，形成布纹效果，最后用深一度的色彩勾画阴影及缉线。如图7-28所示。

5. 绒面织物

绒面织物的表面具有毛茸茸的肌理效果，光泽含蓄，面料柔软且厚重，体积感强。绘制时不宜过分强调笔触，可采取湿画法，明暗转折柔和，过渡自然。如图7-29所示。

6. 牛仔面料

牛仔面料质地粗糙，边缘及分割处常用明缉线加固和装饰，有砂洗效果。绘制时，可先用中号水彩笔或尖头毛笔平涂底色，再以深一度的同种色画出明暗，颜色干后，用小号水粉笔或尖头毛笔刻画局部。也可用彩色铅笔、木炭

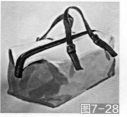
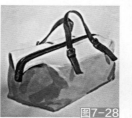

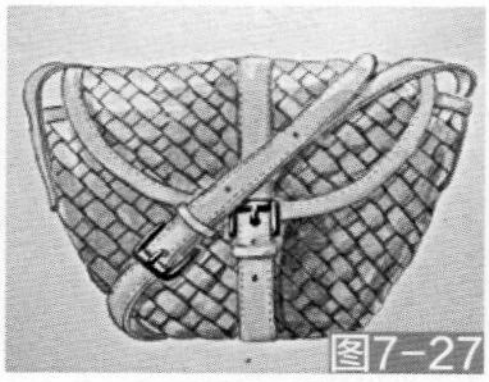

图7-24　短毛毛皮箱包
图7-25　长毛毛皮箱包
图7-26　皮革箱包（作者：范坤）
图7-27　编织面料箱包
图7-28　棉麻织物箱包
图7-29　绒面织物箱包

图7-30　牛仔布箱包（作者：张文利）
图7-31　花布面料箱包（作者：邢红文）
图7-32　丝绸面料箱包
图7-33　格子面料箱包
图7-34　绗缝面料箱包
图7-35　透明面料箱包

笔、油画棒等工具绘制。如图7-30所示。

7．花布

花布的画法一般分为涂底留花法和画花空底法两种。涂底留花法是针对底花型箱包的画法，步骤是先用铅笔画出花样位置及形状，然后用尖毛笔涂花样周围的底色，将画纸色作为花色；画花空底法用以表现面花型花布箱包，适合单色和多色花布制成的箱包绘制。起好铅笔稿后，直接调好不同明度的同种颜色分别绘制，亮、暗面色彩处理可一步到位，也可在完成花样及底色刻画之后再进行处理，如采用深色彩铅加深暗部或罩一层透明色。如图7-31所示。

8．丝绸面料

丝绸面料轻薄柔软，表面光泽柔和，有良好的悬垂性，绘制时要注意箱包的外轮廓线不要画得过于硬挺，应尽量表现出它既悬垂又柔和的特点，要避免横向褶纹，而尽量表现其斜向悬垂的包纹。画时一般选用彩色铅笔或水彩颜料，明暗转折柔和而不要反差过大。如图7-32所示。

9．格子面料

绘制格子面料时一般先平涂底色，然后按照所设计格子的大小画格子，先横排后竖排，注意分清格子的深浅变化。最后做肌理刻画，并勾勒轮廓及结构线。如图7-33所示。

10．绗缝面料

绗缝面料内层填充定型绵、羽绒等材料，外观呈现不同程度的泡鼓状。绘画时应着力表现其蓬松的质感，并注意透视变化和立体感，外轮廓线要画得圆滑简单一些，尽量减少外形复杂的变化。如图7-34所示。

11．透明面料

透明面料在整体表现时要注意外层包面的透明感对内容物的反映规律。绘画时一般先画好内容物的色彩及明暗关系，再覆盖表层面料的色彩，适量加水将颜料稀释，然后通过反复叠加淡彩来表现层次错落的透明感。最后在箱包的外轮廓线处画上略深于面料的同种色彩。如图7-35所示。

五、箱包效果图的艺术表现技法

1．箱包效果图的构图

箱包效果图的构图与一般绘画的构图相比显得更加规范，形式感更强一些。通常采用的构图形式有下列几种：

（1）横竖构图

箱包效果图通常采用竖构图和横构图。采用哪种构图没有太多的限制，主要根据设计者的意愿和产品风格来定。

（2）单品构图

单个产品构图时，一定要注意箱包在画面上的大小

图7-36　单品构图（作者：嵇成琳）

图7-37　多产品构图（作者：徐洁）

比例要适当，注意画面虚实空间的处理。如图7-36所示。

（3）两个产品构图

两个产品构图时，需要注意画面中两个产品之间的相互关系，这种相互关系一般是通过两者之间的大小、远近、动态的呼应关系以及画面的向心性等因素来体现的。

（4）多产品构图

采用多产品构图时，要通过画面产品之间的动态的一致性、协调性和组合方式进行表现，力求使画面疏密空间处理得当，具有一定的层次感，避免画面结构松散、凌乱。如图7-37所示。

2. 箱包效果图的背景处理

效果图的背景处理属于效果图的装饰性设计表现内容。效果图的装饰表现是通过各种装饰风格的不同表现手段进行创作，以达到对箱包设计作品特定的装饰美感。它有不同于一般绘画的独特艺术魅力，可以大大提高箱包设计效果图的审美情趣，有装饰色彩、装饰造型、比例的夸张装饰、人物动态的夸张装饰、服饰纹样的装饰等不同装饰手段。通常，设计者依照构思设计主题来添加背景内容，选用素材（如花卉、建筑物、海螺、文字、人物等）作为画面的构成背景，使其与箱包造型、纹样、色彩相得益彰，追求产品、人物、形象与背景画面的整体艺术效果，但要以突出产品设计主题为目的，不能喧宾夺主。虽然描绘的视觉效果不完全符合生活实际，却带给人美的享受和对美的追求。如图7-38、图7-39所示。

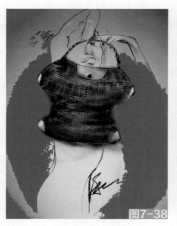

图7-38　背景处理1（作者：徐陵）

图7-39　背景处理2（作者：周培培）

装饰表现技法，在众多造型艺术手法中是最为广泛、影响面最大的一种表现形式。它综合了各画种中的一些技法，使之相互渗透、延伸，通过融合各种工艺语言表达，逐渐成为设计者的一种特殊语言形式和特有的装饰情趣。装饰表现一般多以线条排列的曲直、疏密，线面结合的主次，色块的分割、组合，情调气氛的烘托，黑白的对比或构图形式的讲究，以及衬景与服饰形象整体统一的融会贯通来体现。尽量施展自己的艺术鉴赏能力、对形式美的表达能力及具备控制把握画面艺术效果的能力，并逐渐借用技法表现出的各种独特肌理，恰如其分地强调突出产品设计的装饰风格，使设计主题与装饰表现达到个性鲜明、事半功倍的效果。

3. 箱包效果图的写实性

写实性是实用箱包效果图表现技法基础之一，它要求画面结构严谨，表现的描绘对象具体、深入、真实，在构图上要完整，用笔、用色要明确，虚实处理得当，主次分明。写实表现侧重于近乎超写实的表现，具有照片风味的真实写照。箱包产品形象刻画得十分细腻、逼真，不同箱包材料的质地、质感也表现得淋漓尽致，如皮革、丝绸、薄纱、珠片、塑料、金属配件、裘毛等。如图7-40、图7-41所示。

图7-40　效果图的写实性1（作者：王亚楠）

图7-41　效果图的写实性2（作者：杨龙）

尽管写实画法是真实地反映客观对象的形象，但在写实之中也包含了许多夸张、省略的成分和作者主观的（个人画风）因素在里面。写实只是一种表现手段，在实际刻画中哪些细节应重点深入，体现其神韵，哪些地方会影响画面，需要概括省略，作者在作画之前要做到心中有数，全盘考虑，更好地表现出设计效果，这样画面的视觉感才能生动和自然。当然，写实表现的画法也有多种艺术表达形式，有自然的明暗方法，有装饰性的、以线为主的写实风格，也有先勾线、后平涂，留有适度空白的，亦有先平涂、后勾线或不平涂不勾线而直接用水彩渲染的等。但无论哪一种表现方法，都是根据对象在一定的夸张概括基础之上的写实表现，只要设计者勤学苦练，定会自如地表达出个人的写实画风。

4. 箱包效果图的省略

一幅好的效果图往往离不开作者运用夸张或省略的艺术变形手法和设计布局进行艺术处理。产品造型轮廓清晰，动态优美，用笔简练，用色明朗；重点突出产品的设计特征和强调的设计部分；增加其形体和内外空间，使产品造型、装饰部位、面料质地、色彩搭配等诸特征更典型、更强烈，构成视觉反差的对比，达到丰富其内涵和强化形象美的目的。

夸张是变形的重要手段，是对画面中描绘的对象或对象的某一方面进行相当明显夸大的一种变形手法，在不影响整体效果的基础上增加设计者所绘作品的设计情趣和审美意识，以实现最大的表现力和感染力。

而省略表现法是设计者根据设计内容和表现形式进行的取舍。顾名思义，就是删繁就简，省略产品形象中的某些局部和细节。如省略箱包产品的部分细节，更能突出箱包产品设计特征的整体感。同样，在描绘箱包造型、内部结构及面料质地细节上也可作省略处理，不必全部画出面料具体的纹路，预留一定的空白，既避免了其呆板的一面，又活跃了画面气氛。需要指出的是，此法的运用应注意其艺术的分寸感（从写实到抽象）和特定的主题性，以恰到好处为宜，突出表现产品典型特征为最终目的。

第三节　三维效果图的计算机绘制

在箱包产品设计中，硬体女包外形高雅，自然随意、曲线流畅，是女式包袋设计中的主流品种。Rhinoceros是工业设计中应用广泛的通用三维设计软件，具有非常强大的绘图和渲染功能。本章以一款由前后扇面和包底组成的时尚女包为例，探讨包袋在Rhinoceros中的分解建模及三维效果渲染的技术要点和难点。

首先，我们先看一下女包渲染后最终的正面效果图，如图7-42所示，并对其结构和造型进行必要的分析。从图7-42中可以看出，此包袋为由前后扇面和墙子组成的结构，包体为硬结构，包的颜色为白色与黑色拼配。包体侧部包口

图7-42　女包渲染图

上有两个固定包带用的金属环，正中为产品的商标标识，为黑色英文字母与商标图案。至于包袋的开关方式我们定为带拉链条的拉链结构，这种结构比只有拉链开关的结构要复杂一些，更具有探讨分析的代表性。下面详细论述和探讨应用Rhinoceros软件绘制上述硬体女包三维效果图的程序和技术关键。

一、包体的制作

1. 在Rhinoceros中新建一个模板

单击 ▯（打开新文件）按钮或在命令栏中输入"New"后按回车键，系统显示模板文件

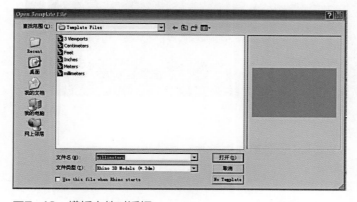

图7-43　模板文件对话框

对话框（图7-43），在此对话框中选择Centimeters（cm）为单位的模板。

2．画包体轮廓

绘制效果如图7-44（a）所示，我们在作截面线的时候一定要考虑到它的比例，单击 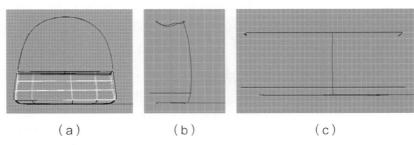 命令，在Front视图中作一条曲线，并用 命令进行调整，调整后右击 去掉编辑点，在XY面作出三条截面线，然后依次向上平移一段距离，相互间距如图7-44（b）、（c）所示。

（a）　　　　　　　（b）　　　　　　　（c）

图7-44 包体外形的绘制
（a）包体轮廓线图 （b）Right 视图 （c）Front 视图

3．作包上口软褶、包扇面成型

用 命令调整最上一条曲线的两边，做出包褶的感觉，效果如图7-45所示。主要截面线就做出来了，成体有两种方法，一种用 放样出形体；另一种做出它侧面的截面线，用 命令扫出形体，效果见图7-46。

4．做包上口厚度

做出如图7-47（a）所示形状后，用 命令或复制后用 命令做出它的内层，如图7-47（b）所示。

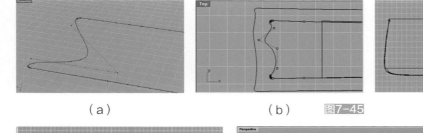

（a）　　　　　　　　　（b）　　**图7-45**

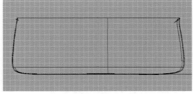

图7-46

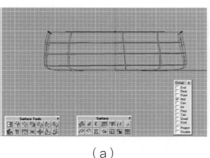

（a）

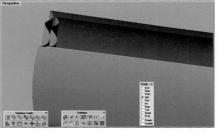

（b）　　**图7-47**

图7-45 画包上口软褶
（a）软褶结构线 （b）软褶结构线调整
图7-46 包体扇面成型
图7-47 做包上口厚度
（a）单层包体形状 （b）做出包体内层

箱包设计与制作工艺

5. 倒角

剩下的补面用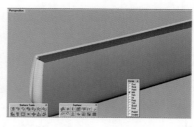命令将其补上，在弹出的参数框中自行调整一下，直到满意。结合所做成的面用 或 命令对其倒角（Fillet），效果如图7-48所示。

6. 做包口上部的拉链条

提取内面的边线，捕捉两边的中点作一条直线，用 命令切断它，用 命令结合，再用 命令扫出面，将此面和上层的补面用Match Surface命令适配。如图7-49所示。

图7-48　倒角

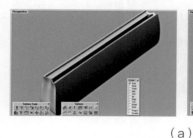

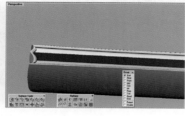

（a）

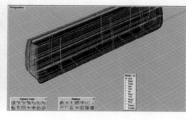

（b）

图7-49　做包口上部的拉链条
（a）拉链条模型效果　（b）包体与拉链条整体线框图

7. 修顺曲线

在绘制过程中，我们也许会碰到曲线不太合理的情况，如图7-50所示。如果你认为此缺陷对整体影响不大而不愿从头返工的话，可以用 （Patch）或 命令对其进行修补。修补的效果也很好，如图7-51和图7-52所示。

图7-50　不合理的侧部上口曲线
图7-51　包上口侧部不合理曲线的修顺
图7-52　包上口及拉链条曲线的修顺

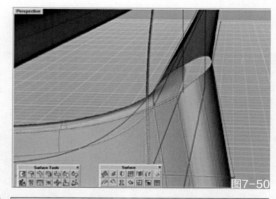

图7-50

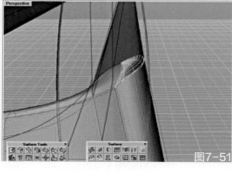

图7-51

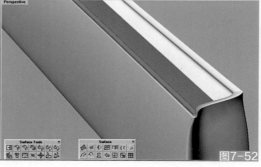

图7-52

8. 做包的底部和侧部

包的下底面处是黑色，与包的主体白色形成对比，需要把包体切割分离，如图7-53所示。在Top视图里画一个平面，平移到一定高度，用 命令把包体切割，然后把平面删去，并把包的上下部分重新归类图层。效果如图7-54。至此，画出包体部分。

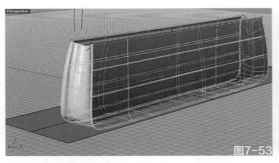
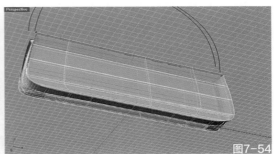

图7-53 做包的下部、侧部
图7-54 做包底部结构

二、包带的制作

1. 绘制包带各方向轮廓

在Front视图里做轮廓线，然后平移—复制—平移，绘制出包体正面和斜侧部。如图7-55、图7-56所示。

在Front视图做与这两线共面的面，用 命令找出它与包体的交线，做出包体的侧部图，见图7-57，删除两个面，分别连接四条线。点击 然后逐次点击上下两根线，接着会生成与两条线的曲率都匹配的曲线，重复此命令把两条轮廓线连接完全，用 命令把它们结合到一起，如图7-58所示。

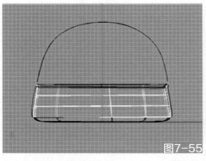
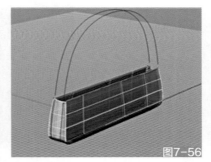
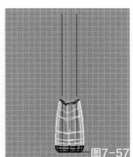

图7-55 包带正面图的绘制
图7-56 包带斜侧图的绘制
图7-57 包带侧部图的绘制
图7-58 包带侧部曲线的绘制

2. 包带侧部曲线的调整

如图7-59所示，把底面部分隐藏，点击刚才作的曲线，并用 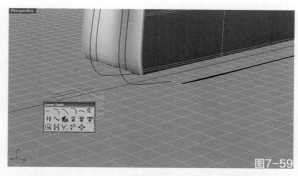 命令进行调整，让曲线某些部分向包外偏移，调整后右击 命令去掉编辑点。也可以把下面的线打断让它的末端"消失"在包底。

3. 作包体侧部的转角弧线

用 命令做两面的曲面，作包体侧部和正面的包带弧线。效果如图7-60、图7-61所示。

4. 包带轮廓的绘制

把做好的面用 命令向内平移一定距离，如图7-62所示，然后提取另一面的曲线，用 命令结合捕捉命令做出两曲线侧面的过渡线，如图7-63所示。用 命令以同侧两条轮廓线和过渡线扫出侧面的面，再以同理做出另一个面，结合四个面，用 或 命令对其倒角，如图7-64所示。

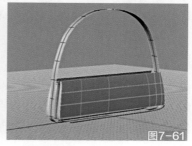

图7-59　包带侧部曲线的调整
图7-60　包侧面包带的绘制
图7-61　包斜侧部包带弧线的绘制

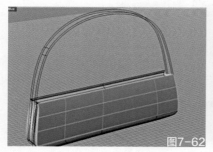
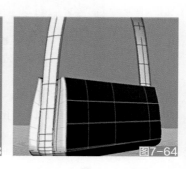

图7-62　斜侧部包带、包体凸点绘制
图7-63　过渡曲线的绘制
图7-64　倒角

5. 包带立体效果的绘制

取消隐藏，点击All-Curve选中所有曲线，将其隐藏，得到包体、包带效果如图7-65、图7-66所示，这样包体包带部分就完成了。

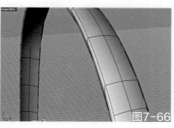

图7-65　包体、包带立体效果的绘制
图7-66　包带立体图放大效果

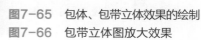

第七章　箱包设计效果图表现技法

三、带扣的制作

带扣处由三部分组成：金属扣、固定扣和带子的金属环、被扣固定的带子。

1. 做带扣

用Line工具作一个对称的截面线，用 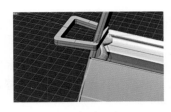（Fillet）命令把线倒角后，用 命令结合起来，再用 命令拖出形状如图7-67（a）所示。在Front视图用 命令画一条弯曲曲线，如图7-67（a）中黄线所示，再用 命令拉出一个平面，与之相切 ，把环扣以上的部分都剪去，如图7-67（b）所示。

（a）

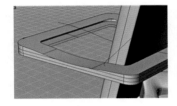

（b）

图7-67 带扣的绘制
（a）带扣基本形状
（b）修剪后的带扣形状

2. 做金属环

把内侧面删去，留着外侧面与扣的上下面结合并倒角，内侧利用边线结合 命令补上面，如图7-68所示右边的内侧需要另做一个大弧度的面，用 命令结合捕捉工具做出中线处的曲线，然后用 扫出如图7-69所示的面。

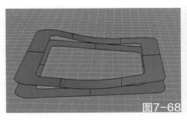

图7-68

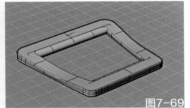

图7-69

图7-68 金属环上下面的绘制
图7-69 金属环立体效果的绘制

3. 做带扣与包带的固定

同理做出环扣和带扣以及扣的别针，如图7-70所示，把它们的位置搭配合理，三个部分就完成了。

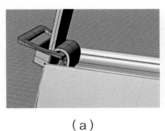

（a）

（b）

（c）

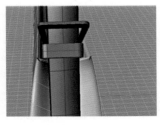

（d）

图7-70 带扣与包带的固定状态的绘制
（a）带扣、袋扣、环扣的形状
（b）线框图
（c）整体模型效果
（d）侧面模型效果

四、商标的绘制

把商标处单独"抠"出一个矩形，然后点击 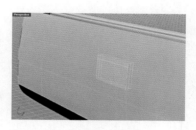 投影到面上，用 命令把它们分离，再用 命令拉伸一定距离，如图7-71所示，这个部分留着在3D Max里贴图就行了。

到这里就完成了箱包三维立体图的制作。点击 命令把相应的部分分类归于不同的图层，改变一下图层的颜色，把多余的线隐藏或删除。

图7-71 商标的绘制

五、渲染

在Rhinoceros里看看效果如何，如图7-72（a）~图7-72（d）所示，如果满意，则可进行渲染工作。

用3D Max渲染，把包模全选，然后用Export Select命令存成3DS格式，精度选默认就行，也可以按部位分开存，这样更条理。在3D里打开，附上材质，用自带渲染器渲染，效果如图7-72（e）所示。

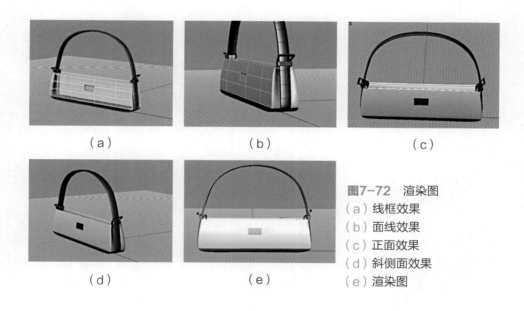

（a）　　　　　　（b）　　　　　　（c）

（d）　　　　　　（e）

图7-72 渲染图
（a）线框效果
（b）面线效果
（c）正面效果
（d）斜侧面效果
（e）渲染图

第二篇
箱包结构
制图与制板

包体基本结构及其设计

第一节　尺寸确定依据的分析及尺寸设定

　　箱包产品完成设计之后进入结构设计阶段，首先根据结构设计原理进行部件结构制图，之后再根据工艺要求加放缝份量，然后进入制板阶段。

　　在结构制图时，首先确定箱包产品的尺寸。包体的尺寸变化非常大，随着包体用途的不同可以制成大大小小一系列产品，箱包一般属于平面几何形体，也有一些属于几何曲面立体，因此它和其他有容积的制品一样，有三个基本尺寸，即长度、宽度和高度，计算单位以mm计，测量的时候，应按其在正常盛放物品的情况下能自由开关的状态为标准。

　　包体的长度是指前扇面在水平方向的最大尺寸，这一点对于那些不规则包体尤其要注意，前扇面在水平方向上的最大尺寸有可能并不在包体的底部或上部，而是在包体中间的某一部分；包体的高度是指前扇面在垂直方向的最大尺寸，一般情况下高度尺寸在正面和侧面投影图上基本一致；包体的宽度是指包的侧部在水平方向的最大尺寸，包体的侧部上下尺寸不等时，以最大的数值计，但应在投影图上分别标明。

　　在实际情况下，大部分包体采用下列基本尺寸数据：长度150~800mm，高度80~500mm，宽度300mm以内。在这个数字范围内有许许多多的组合，不同的长宽高组合体对外显示的风格有很大的不同，例如旅行包、公事包、背包、手包等。对于某些特殊形状的包体，应给以特殊的说明，例如设计梯形提包时，应将包体上部和下部的长度和宽度全部加以设计，还有就是包体的部件尺寸，也必须要加以详细的标注。

一、尺寸确定的美学基础

在日常生活中，当你接触任何一件事物，在判断它的存在价值和美丑时，由于人们所处的经济地位、文化素质、思想习俗、价值观念等的不同而有不同的审美追求，然而单从形式条件来评价某一事物或某一造型设计时，对于美或丑的感觉在大多数人中间存在一种相通的共识，这种共识的依据就是客观存在的美的形式法则。

在我们的视觉经验中，帆船的桅杆、工厂的烟筒、高楼大厦的理论轮廓都是高耸的垂直线，因而垂直线在艺术上给人以上升、高大、严格之感；而水平线则使人联想到地平线、平原、大海等，因而产生开阔、缓慢、平静等形式感。这些源于生活的共识，使我们逐渐发现了形式美的基本法则，正如西方自古希腊时代从数的量度中发现的"黄金分割比例"被应用于一切艺术作品的领域，在构成设计的实践中，更具有重要意义。

对于单独的一种线条和颜色无所谓和谐，几种要素具有基本的共性和融合性即为和谐。和谐的组合中也保持部分的差异性，但当这种差异性表现为强烈的显著时，和谐就向对比的格局转化，而转化是把质或量反差很大的两个要素成功地配列在一起，使人感觉到鲜明强烈的感触而仍具有统一感，它能使主题更为鲜明，作品更为活跃。对比关系主要是通过色调的明暗冷暖，形状的大小粗细、长短、方圆，方向的垂直、水平、倾斜，数量的多少等诸多方面的因素来完成。

因此，在箱包设计中无论是从长短还是高度的各种变化上，都应按设计意图加以完善的体现。例如，强调包体的某一方向或高或低，或胖或瘦，上宽下窄还是上窄下宽等，既可能存在某一种强烈的对比，也可能均衡表现，但一定要配比平衡、统一和谐。

一般而言，多数箱包设计遵循对称的原则，存在左右或上下对称轴线。当然某些不对称的设计可赋予包体更为灵活的生命。

对于包体上的部件设计除了要遵循上述要素以外，更要注意部件与部件和部件与全体之间的数量关系，而且要考虑视觉重心的影响。

二、尺寸确定的客观依据

在箱包的尺寸设计中，同样要考虑包体与人体身高胖瘦的比例关系以及春夏秋冬四季服饰的尺寸配比。因为服装与包袋都是服饰整体的一部分，单一的美需要和谐来进一步烘托。

当然包袋的尺寸确定还应符合人体生理的要求，尤其是对于学生包和公事包来讲更为重要。它们的外廓尺寸根据人体体型测量数据和所盛物件的尺寸而定，应能容纳所需书籍、纸张、文具和其它物品的盛放（保证单排或双排并行码放的尺寸），并根据目的需要符合正常的负重标准；对于学生包来讲，还要符合该年龄时期的生长要求，以免由于超荷负重而影响少年儿童的正常生长速度。我国现行书籍、杂志、纸张的参考规格如表8-1所示。

表8-1 我国现行书籍、杂志、纸张的参考规格（部分） 单位：mm

名称	长度	宽度	名称	长度	宽度
中小学教科书	184	129	期刊	284	210
	260	185		260	184
	209	145	纸张	264	188
书籍	260	184		295	211
	260	220		266	192
	184	110			
	189	132			

三、公事包尺寸确定的生理依据

公事包根据其使用目的不同有不同的款式设计。例如简易公事包，个体较小，内设一到两个空腔，可以盛放少量的办公用品和私人用品，依据书籍文件纸张的尺寸限定，其长、宽、高尺寸通常分别在300mm、70mm和200mm的范围以内；办公用公事包，个体适中，而且内部分割较多，可以盛放日常用办公用品和随身文件资料，其长、宽、高尺寸通常在350mm、120mm和250mm左右；再有就是旅行用公事包，不但个体较大而且内部结构比较复杂，甚至有的包底还加设走轮以备推拉方便，它的尺寸要大得多，甚至要参考旅行包的尺寸。这样，它们的个体就有了许多一系列的设计，除了美观上的因素以外，这些数据还与人体的正常负重有关。

对于公事包而言，存在一个不同年龄组的负重问题，其允许体力负重和公事包装满物品时的单位容积重量之比，即是这类公事包的最大容积。由于男女负重不同，其最大容积也不同。如表8-2、表8-3所示。

表8-2 　　单位容量0.50kg/cm³时公事包最大容积计算表

公事包种类	负荷种类	负荷/N	最大容积/cm³
男式办公用公事包	男子轻量	60	10400
女式办公用公事包	女子轻量	40	7000
旅行公事包	男子中量	150	16000

表8-3 　　公事包参考尺寸

包的种类	容积/cm³	长度/mm	宽度/mm	高度/mm
男式办公用公事包	10400	340~450	65~160	250~390
女式办公用公事包	7000	310~420	60~120	220~300
旅行用公事包	16000	430~450	60~200	320~400

办公用的男女公事包应按轻体力负荷值进行计算，因为这类公事包每天都需要提拿，而旅行用公事包应按中等体力负荷计算，以保证旅途工作和生活的需要。在盛放物品时，公事包应能在包内轻松码放两排物品为宜，以最大限度地利用包的容积，当然那种简易型公事包可更灵活一些。

除此之外，要想使提拿公事包与本人的服饰身高甚至周围环境更为和谐美观，公事包的尺寸还应与周围的物品和环境具备一定的比例关系。例如，提包站立行走时，包底距地面应大于20cm，因为在上楼梯时，一般一级楼梯的高度是14~18cm，而且包底应与第一级台阶还要有一定距离。如将公事包或公文箱放在地上，其尺寸应在长为400~540mm，高为320~360mm范围内变动，才能与办公桌和座椅相协调。也就是说，与人体的身高、体型如肩宽和指点距地面的高度有关，如表8-4所示。

表8-4 　　人体身高与包体高度的最佳匹配比例

身高/cm	指点高度/mm	地面距包的距离/mm	公事包高度/mm
180	670	380	290
175	650	380	270
170	630	370	260

续表

身高/cm	指点高度/mm	地面距包的距离/mm	公事包高度/mm
165	610	370	240
160	590	360	230
155	570	320	250

通过实际观察，包的底边至地面的高度在320~380mm时，公事包的高度为250~290mm，从美观和力学的角度而言是最佳配比尺寸，如果包的高度增加，则包底距地面的距离变小，而包底距地面的距离越大，包提拿起来越省力。因此人的身高与包高之间的比例关系是不容忽视的因素。

四、学生包尺寸确定的生理依据

学生包的尺寸确定更重视的是同龄学生的生理特点，根据少年儿童的生长规律，可将学生包大体分为三类，即小学低年级、小学高年级和中学低年级、中学高年级，学生包的设计有许多种，根据其生理特点，第一类学生包的最大容积为4400cm³，第二类学生包的最大容积为5400cm³，第三类学生包的最大容积为6800cm³，根据其最大容积可以计算出这三类学生包的合理尺寸范围，如表8-5所示。

表8-5 学生包参考尺寸

类别	容积/cm³	长度/mm	高度/mm	宽度/mm
一类	4470	300~360	220~260	80~100
二类	5400	320~380	250~270	100~120
三类	6800	360~420	250~300	110~130

学生包既可以设计成高圆造型的软体双肩背式，包体上加设多个立体贴袋以分放不同的书本；也可以设计成长方造型的半硬结构双腔式，通过内部的分割增加其用途。

总之，在包体尺寸的确定上，有关人体的生理负重依据、所盛装物品尺寸、应用季节和环境以及与人体身高胖瘦的比例关系等，都具有十分重要的实际意义。

第二节 不同结构包体的制图原理

一、由大扇和堵头构成的包体

由大扇和堵头构成的包体非常常见，是女式包袋的主要结构。如图8-1、图8-2所示。

（一）堵头

1. 梯形堵头

梯形堵头是指包的堵头形状呈梯形，它的展平形状有上底加宽、上底

图8-1 圆形堵头和大扇构成的包
图8-2 三角形堵头与大扇构成的包

图8-3

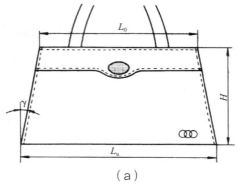

（a）

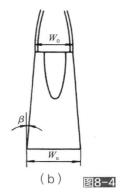

图8-4

（b）

图8-3 上部带软折的堵头
图8-4 包体视图
（a）主视图 （b）侧视图

收窄两种。上底加宽的梯形堵头常用在半硬或软质结构中，而上底收窄的梯形堵头常用在硬质结构中。这两种结构的堵头制图方法相似，只是上底部分不同。上部带软褶的堵头如图8-3所示。

在绘制堵头样板时，首先确定它的基础尺寸。堵头的基础尺寸根据成品包的宽度、长度和高度而定。通常堵头的高度取决于扇面的高度，而其上底宽度取决于成品包上口宽度及扇面上长尺寸。若要知道它的尺寸需作包体的施工投影图，包括主视图和侧视图，如图8-4所示。

（1）通过主视图和侧视图确定部件尺寸

扇面下底长L_u，扇面上底长L_0，堵头下宽W_u，堵头成品上宽W_0，包体高度H，侧面与垂直方向形成的夹角γ，扇面与垂直方向形成的夹角β。而堵头样板上部宽度W_p未知，须计算得出。

下面以上底加宽的梯形堵头为例进行制图。见图8-5。

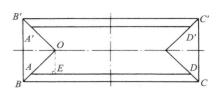

图8-5 包的水平投影图

梯形堵头上底加宽，目的是为了保证包口开关自如，有足够的开启度和有效容积。包在盛放物品即成品状态下，堵头的形状为下底较宽的普通梯形，堵头上部的中央呈软褶朝里折进。通常朝里弯折的深度约为包体上部长度的1/4。在成品状态下从包体水平投影图的结构分析得知，堵头成品上底宽度和扇面上部长度是决定堵头样板上部尺寸的关键因素。

首先作两条相互垂直的对称轴线，沿水平对称轴线作两条平行线，其距离等于成品堵头上底宽度的1/2，分别确定线段AD、$A'D'$等于扇面上部长度。

经过点A截取线段AE等于扇面上部长度的1/4，过点E作垂线与水平轴线相交于O点，连接AO、$A'O$，$AO+A'O$即是堵头样板上部宽度尺寸。

在三角形AOE中，其中AE等于$L_0/4$，OE等于$W_0/2$，则AO等于$\sqrt{\left(\frac{L_0}{4}\right)^2+\left(\frac{W_0}{2}\right)^2}$，所以堵头样板上部宽度为$AOA'$，即

$$W_p=2\sqrt{\left(\frac{L_0}{4}\right)^2+\left(\frac{W_0}{2}\right)^2}$$

（8-1）

（2）堵头的基础图及施工图

堵头的基础尺寸求出后，即可着手绘制堵头的基础图和施工图。

见图8-6，其制作过程如下：

① 作一条垂直对称轴线，截取堵头高度$OO_1=H$；

② 分别过O、O_1点作两条垂直轴线的平行线，截取$OB=OB'=\dfrac{W_u}{2}$，$O_1A=O_1A'=\dfrac{W_P}{2}$，得$A$、$B$、$A'$、$B'$点，连接$AB$、$A'B'$。

由于成品包堵头上部折有朝里的软褶，因此，堵头的上端低于扇面水平线形成折线而影响包的美观和有效容积，而且随着γ角和β角的增大，折线的顶端越低，下降的深度越大（如图8-7）。所以堵头的基础图须修正，但又根据γ角和β角的是否存在而稍有不同。

若扇面为长方形，即γ角不存在，β角存在，则补夹角β，堵头的基础图如图8-6所示。

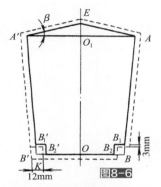

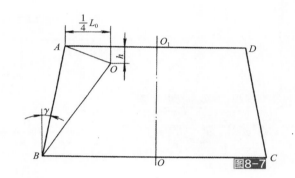

图8-6 正面缝制的梯形堵头图

图8-7 包的正面投影图

若扇面为梯形，即γ角存在，β角也存在，则补夹角$\gamma+\beta$，堵头的基础图如图8-8所示。

为了使堵头上部线段平滑，稍切去$\angle AEA'$。在实际的工业样板中，增补夹角通常都省去了，一方面由于尽量减少工艺的复杂程度，另一方面$\gamma+\beta$角相对较小可以忽略不计。

考虑到工艺制作的要求，在放出加工余量后，堵头底部拐角处需作切口，以便于压脚通过，防止皱褶产生，而切口尺寸K根据缝制工艺的不同而不同。

若采用正面缝制法，切口尺寸K约为12mm，切口越大，堵头弯入包内越深，如图8-6所示。

若采用反面缝制法，切口尺寸K应比加工余量的宽度小约1mm。切口太大，则包体翻折后堵头拐角处线迹露出，影响美观。切口太小，包体翻折余量不足容易产生皱褶。

用粗实线完成堵头的净样板，虚线完成堵头的施工样板。如图8-8所示。

为了满足功能细化的需要，有些包体容积较大，所以常利用隔扇或隔扇兜将包的内腔分隔成两部分。一般隔扇安装在堵头的中央部位，在堵头上部1/4~1/3处与隔扇缝合固定。

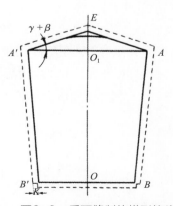

图8-8 反面缝制的梯形堵头图

随着时代发展，包体的基本结构相互组合，表现出具有时尚特征的结构美。如大、小双堵头同时运用在一个包体中，小堵头构成的腔体套在大堵头构成的包体内，添充了硬质中间部件的小堵头起着支撑包体的作用，而大堵头起着两个腔体的连接作用。

长方形堵头样板的处理方法同梯形堵头相似，这里从略。

2. 多褶堵头

多褶堵头一般应用在正面缝制的带隔扇的包体中，多使用一个或两个隔扇形成两褶或三褶堵头。其内部结构如图8-9所示。男式公文包常用这种结构，它的外形和结构主要体现严谨、理智、大方、有力的特点。

在这种结构中，堵头的形状一般为长方形，所以堵头样板宽度和隔扇安装部位的确定是制图的关键。

根据设计的包体效果图，绘制施工投影图，包括主视图和侧视图，如图8-10所示。

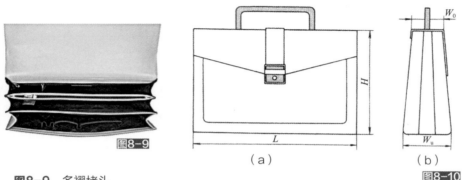

图8-9 多褶堵头
图8-10 多褶堵头的包体视图
（a）主视图 （b）侧视图

（1）确定部件尺寸

扇面长度L，堵头高度H，堵头成品状态下上底宽度W_0和堵头的褶数n。在设计和制作过程中，还需引入一些未知量：设堵头样板宽度为W_P，在展平状态下一个褶子宽度为f'，成品状态下一个褶子宽度为f，褶深系数为N，它等于在展平状态下一个褶子宽度f'与成品状态下一个褶子宽度f之比，为1.3~3.5，一般常取2。它表示褶子的平展程度，N越小，褶子越浅。当堵头成品上宽W_0较小时，褶子较深，N值稍取大。

（2）堵头的基础图及施工图

堵头样板宽度尺寸可以用两种方法求出。一是利用褶深系数N，通过给出的已知和未知的参数，可以得到下面这个公式：

$$W_p = n \cdot f' \tag{8-2}$$

而

$$N = \frac{f'}{f} = 1.3~3.5, \quad f = \frac{W_0}{n}$$

则

$$f' = N \cdot f = N \cdot \frac{W_0}{n} \tag{8-3}$$

考虑到这种结构隔扇和正面缝制对包体成品效果的影响，通常堵头两侧需加双倍的加工余量，一般为10mm左右。

将f'的值代入（8-2）式，得堵头样板宽度W_p为：

$$W_p = N \cdot W_0 + 2 \times 10 \qquad (8-4)$$

二是利用经验法。在实际样板制作中，展平状态下一个褶子的宽度f'一般为60~80mm。但是随着人们对包体轻便、舒适性的要求，尺寸的取值在逐渐变小。f'已知，直接代入式（8-4）即可。

根据堵头的基础尺寸作出基础图，在基础图中用细实线标出隔扇的位置，用点画线标出褶线的位置，如图8-11。

其制作过程如下：

① 作长方形堵头的基础图$ABB'A'$，其中AB等于堵头高度H，BB'等于堵头样板宽度W_p；

② 从B和B'点截取线段BE和$B'E'$，使$BE = B'E' = \dfrac{f'}{2} + 10$；

③ 在线段EE'上标出隔扇和褶子的位置。因褶子数为n，则隔扇数等于$n-1$，线段EE'除以$n-1$，则得f'。所以把线段EE'可分成下列等分：$ES = SO = OS' = S'E'$；

④ 分别从点E、S、O、S'和E'作垂线，与直线AA'分别相交于点E_1、S_1、O_1、S_1'和E_1'。其中直线EE_1、OO_1和$E'E_1'$构成朝向包内的褶背，而直线$S'S_1'$和SS_1是缝制隔扇的位置。

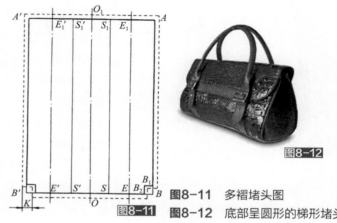

图8-11 多褶堵头图
图8-12 底部呈圆形的梯形堵头

根据不同的工艺要求放出加工余量，在堵头底部拐角处作切口，处理方法同梯形堵头相似。

3. 底部呈圆形的梯形堵头

底部呈圆形的梯形堵头与椭圆形堵头的处理方法相似，关键在于圆弧长度及堵头与扇面缝合部分的周边长度的确定。堵头的上底可大可小，如果上底朝内折进，堵头上部处理方法与梯形堵头相同。

下面以上部收窄的底部呈圆形的梯形堵头为例，介绍堵头样板制图的方法。包袋外形见图8-12。

（1）确定部件尺寸

根据设计的包体效果图，绘制施工投影图，如图8-13所示。确定包体的部件尺寸：扇面下底长L_u，扇面上底长L_0，堵头下宽W_u，堵头成品上宽W_0，包体高度H，圆弧半径R。

（2）堵头的基础图及施工图

作图方法见图8-14：

① 作一条垂直对称轴线，截取$OO_1 = H$，分别过O、O_1点作两条垂直轴线的平行线，截取

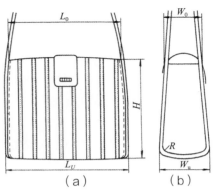

図8-13　包体视图
（a）主视图　（b）侧视图

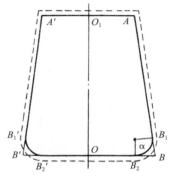

图8-14　底部呈圆形的梯形堵头图

箱包设计与制作工艺

$O_1A=O_1A'=\dfrac{W_0}{2}$，$OB=OB'=\dfrac{W_u}{2}$，得$A$、$B$、$A'$、$B'$点，分别连接$AB$、$A'B'$；

② 分别以B、B'点为中心，以R为半径画圆并与AB和BB'相交，过交点分别作AB和BB'的平行线，两线相交处即是半径为R的圆弧的中心；

③ 从中心点向AB边和BB'边作两条垂线，分别得点B_1和B_2，这两点即为圆弧和直线的共轭点，弧线连接点B_1和B_2；

④ 以OO_1线为对称轴作出堵头的另一半图形，即得底部呈圆形的梯形堵头的基础图，其中$AB_1B_2B_2'B_1'A'$是堵头的周边长。

若圆弧半径R较大，则堵头底部的宽度W_u与线段BB'的长度不相等，用上述方法作出的圆弧与侧视图有较大的误差。所以它的制图可以参照中底部为圆角的扇面的制作方法来确定。

根据不同的工艺要求放出相应的加工余量，用虚线表示。在堵头样板中，点B_1、B_2、B_2'、B_1'处需作标志点以确定与扇面的准确对位，避免包的底部出现不对称的现象。

4. 中间加有圆锥形软褶的梯形堵头

中间加有圆锥形软褶的梯形堵头多用在小行李箱中，但女式的架子口包也常采用这种结构。如图8-15（a）所示，堵头一般为半硬结构，两边有纸板加固，中间部分有伸向包体内的圆锥形软褶，而堵头样板的形状呈梯形，它制作的关键是梯形堵头上底宽度的确定。通过包体的侧视图可以确定堵头上底硬质部分的宽度，而伸入包体内软褶部分宽度的确定可以借助梯形堵头中的公式（8-1）。

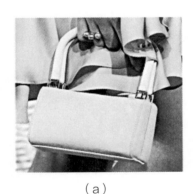

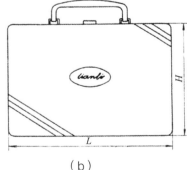

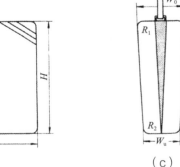

（a）　　　　　　　　　　　　（b）　　　　　　　　　　　　（c）

图8-15　包体视图
（a）实物图　　　（b）主视图　　　（c）侧视图

由于在成品状态下软褶部分的宽度很小，即$W_0/2$接近于零可以忽略不计。所以$W_p=\dfrac{L_0}{2}$，也就是说堵头软褶部分的宽度近似等于1/2扇面上长，而褶入深度约为1/4扇面上长。堵头的关键尺寸已经得出，其他尺寸可以通过包体的施工投影图确定，如图8-15（b）、（c）所示。

作堵头图时，先绘制它的软褶部分，如图8-16所示。

① 作一条垂直对称轴线，截取$OO_1=H$，过O_1点作一条垂直轴线的水平线，并截取$O_1E=O_1E'=\dfrac{W_p}{2}$，连接$OE$、$OE'$即得堵头的软褶部分；

② 从线段OE、OE'开始作堵头的硬质部分。过点O作OE和OE'的垂线，并截取线段$OB=OB'=\dfrac{W_u}{2}$，得B、B'点；

③ 过点E、E'作EO、$E'O$的延长线并截取$EA_1=E'A_1'=\dfrac{W_0}{2}$，得$A$、$A'$点，连接$AB$、$A'B'$即得堵头基础轮廓线。

由于这种堵头的角一般呈圆弧形，因此必须求出直线与圆弧的共轭点并用弧线连接起来，其他的制作方法与前面介绍的内容相同，这里不再赘述。

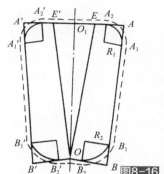

图8-16 中间加有圆锥形软褶的梯形堵头图

图8-17 加有堵头条的堵头包

5. 加有堵头条的堵头

有些堵头是借助堵头条直接固定在包的大扇上，其目的一方面可以包住毛边、加固部件，另一方面可以起到装饰和美化作用，如图8-17所示。这种包体一般为半硬结构，堵头条可以是毛边，也可以折成光边。它的样板制作方法同前，但是加堵头条这一部分的部件只需加放对针缝余量，一般为4mm。

堵头条的形状是长方形，它的长度等于堵头的周边长。

若是梯形或长方形堵头，则堵头条的长度等于$2(AB+BO)$，若采用正面缝制法还需减去$2K$，K为切口尺寸，如图8-6所示。

若是底部呈圆形的梯形堵头，则堵头条的长度等于$2(AB_1+0.018\alpha R+B_2O)$，其中$0.018\alpha R$是$\overset{\frown}{B_1B_2}$的长度，如图8-14所示。

有时堵头的周边长度也可以直接用软尺测量。

堵头条的宽度一般为15~35mm，堵头条越宽，堵头伸入包体的部分就越多。

（二）大扇

大扇是包体的主要部件，它的主要尺寸和形状是由基础部件——堵头决定的。为了提高材料的利用率，增加包体的外形变化，常把大扇进行分隔，分隔的位置和形状因包体所表现的风格和内涵而不同。但在现代的包袋设计中，由于人们对产品的单纯化和抽象化的审美要求，对包体的分隔日益趋向简洁化，有的甚至不作任何分隔和装饰以体现时代特征。

由于堵头的形状不同，所以大扇的制图方法不完全相同。大扇制图的关键在于侧边长度的确定，它的尺寸是由堵头的周边长度决定的。

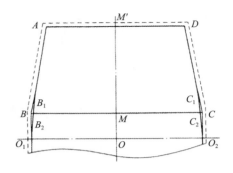

图8-18 堵头底部呈圆弧形的包的
半片梯形大扇图

底部呈圆形的梯形堵头的包体，其大扇的制图方法如下（图8-18）。

① 作一条垂直对称轴线，截取 $MM'=H$，得 M、M' 点；

② 分别过点 M、M' 作两条垂直轴线的平行线，截取线段 $M'A=M'D=\dfrac{L_0}{2}$，$MB=MC=\dfrac{L_u}{2}$，得点 A、D、B、C，连接 AB、DC；

③ 过点 B、C 作两条垂直于 BC 的直线；

④ 考虑到工艺制作的要求及与堵头的准确对位，修正 B、C 点的折线成弧线；

⑤ 在大扇的侧边上重新截取 AB_1 等于堵头中相对应的线段 AB_1，线段 B_1B_2 等于堵头中 B_1B_2 的弧线长，线段 B_2O_1 等于堵头中相对应的 B_2O_1，得 B_1、B_2、O_1 点；

⑥ 同理可确定 C_1、C_2、O_2 点，用点划线连接 O_1O_2；

⑦ 由于大扇是以直线 O_1O_2 为对称，所以绘制一半图形即可。根据不同的缝制方法放出加工余量，在大扇样板的 B_1、B_2、C_1、C_2 点作标记，以便于与堵头准确对位。

对于长方形或梯形堵头来说，大扇的制图方法同底部呈圆形的梯形堵头相似，但是需考虑堵头拐角处切口的尺寸对大扇侧边长度的影响，这里不再赘述。

二、由前、后扇面和墙子构成的包体

在六种基本的结构中，由前、后扇面和墙子构成的包体运用较多，无论是男包、女包、童包都较常见，体现的风格也因加工工艺的不同、硬质中间部件的有无而各异。有的明线清晰、均匀，显得粗犷大方；有的干净利索、清秀，显得细腻柔和。

由这种结构构成的包体，基础部件是扇面，扇面的尺寸和形状决定了墙子的尺寸和形状，所以首先进行扇面的设计与样板的制作过程。它的缝合工艺常采用反面缝制或偏压缝。

墙子的种类较多，主要分为五大类：下部墙子（通常分为上部加宽的下部墙子、上部收窄的下部墙子、整体宽窄一致的下部墙子）；上部墙子；环形墙子；多褶墙子；侧边呈曲线的墙子。

墙子的种类不同，设计及制作过程不完全相同。

（一）扇面

扇面的形状通常由长方形、梯形、圆形等基本的几何形构成。随着时代发展，扇面的造形变化愈加丰

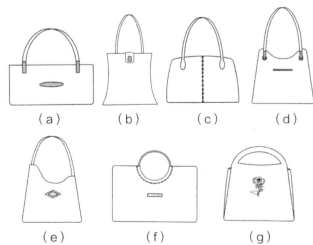

图8-19 扇面常见的几何外形
（a）圆角（b）内弧（c）外弧（d）对称（e）不对称
（f）下凹（g）上凸

富，在基本形的基础上作一些外形线的变化如边缘、拐角处采用一些圆角、内弧、外弧、不对称等形式，使得其造型新颖别致。常见的有下列几种，如图8-19所示。

下面就以底部呈圆形的梯形扇面为例介绍扇面的制图方法。

根据设计的包体效果图（图8-20），绘制施工投影图包括主视图、侧视图，如图8-21所示。

（1）确定包体的部件尺寸

扇面上底长L_0，下底长L_u，高H，圆弧半径R，墙子成品上宽W_0，下宽W_u。

图8-20　下部墙子包

（2）扇面的基础图及施工图

其制作过程如下（图8-22）：

① 作一条垂直对称轴线截取$MM'=H$。过M、M'点作两条垂直轴线的平行线，确定扇面上长$AM'=M'D=\dfrac{L_0}{2}$，得A、D点；

② 过M点，在垂直轴线上截取$MM_1=R$得M_1点，过M_1点作一条垂直于对称轴的水平线，并截取$EM_1=M_1E'=\dfrac{L_u}{2}$，得$E$、$E'$点；

③ 分别连接AE、DE'并延长，与过M点的水平线交于点B、C，这样就得到了基本轮廓线$ABCD$；

④ 作距B点距离为R、平行于AB和BC的平行线，两线交于O点，过O点作OB_1垂直于AB，OB_2垂直于BC，得共轭点B_1、B_2；

⑤ 以O点为圆心，以OB_1为半径画弧。同理得$\overset{\frown}{C_1C_2}$，$AB_1B_2C_2C_1D$即是所求扇面的基础图，而它的长度决定着墙子的长度；

⑥ 根据不同工艺的要求，分别放出加工余量。

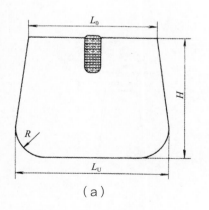

（a）

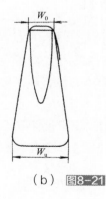

（b）　图8-21

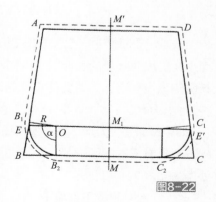

图8-22

图8-21　包体视图

（a）主视图　　　（b）侧视图

图8-22　底部呈圆形的扇面图

图8-23 上部加宽的下部墙子包款

（二）墙子

1. 下部墙子

（1）上部加宽的下部墙子

由上部加宽的下部墙子构成的包体与梯形堵头相似。在成品状态下，包体侧面朝里折进呈梯形结构，打开包体则呈倒梯形，目的在于满足包体有足够的容积。所以常采用软质或半硬结构，呈现随意大方、柔和的一种视觉效果，如图8-23所示。它的侧视图如图8-21（b）所示。这种结构的关键在于墙子上宽尺寸的确定，其计算方法与上底较宽的梯形堵头相同。

墙子的基础尺寸已知，其制作过程如下，如图8-24所示：

① 绘制两条相互垂直的对称轴线交点为O_1，在垂直的轴线上截取$AO_1=O_1A'=\dfrac{W_P}{2}$，得到点$A$、$A'$。

② 分别作两条距离水平对称轴线为$\dfrac{W_u}{2}$的平行线。以A、A'为圆心，以扇面样板中线段AB_1的长度为半径画弧，交两直线于B_1、B_1'点，连接AB_1、$A'B_1'$，即为墙子的加宽部分；

③ 在水平直线上分别截取线段$B_1B_2=B_1'B_2'=$扇面中的B_1B_2弧，其中$\overset{\frown}{B_1B_2}=\dfrac{\pi}{180°}\alpha\cdot R=0.018\,\alpha\cdot R$，截取线段$B_2M=B_2'M'=$扇面中的$\overset{\frown}{B_2M}$。由于墙子是以$MM'$为对称，所以另一半图形对称作出。

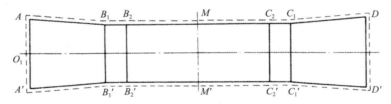

图8-24 上部加宽的下部墙子图

根据不同的缝制工艺，放出加工余量并标明标志点。由于扇面中$\overset{\frown}{B_1B_2}$加放余量后长度增加，而与它相吻合的墙子中的直线长度B_1B_2没有变化，若要使它们的标志点对位，需在墙子样板中的线段B_1B_2上打剪口，以补充差量。

如果扇面是长方形，为了保证扇面与墙子的顺利吻合，并得到一个长方形的断面形状，则需在墙子图上侧面与包底的分界处作约5mm的切口。

（2）上部收窄的下部墙子

由上部收窄的下部墙子构成的包体，多为硬质结构。包体棱角分明、胖形饱满、弧线流畅自然，是上班族时尚的选择。

它的制作方法如下：绘制侧视图并确定部件尺寸，如图8-25所示。墙子上宽W_0，下宽W_u，高H，如图8-25所示。

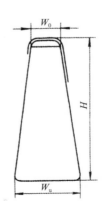

图8-25 上部收窄的墙子包体侧视图

① 绘制两条相互垂直的对称轴线交点为O_1，在垂直轴线上作$AO_1=A'O_1=\frac{1}{2}W_0$，得$A$、$A'$点；

② 分别作两条距离水平对称轴线为$\frac{W_u}{2}$的水平线，以A、A'点为圆心，以扇面样板中的线段AB_1的长度为半径画弧，交两条平行线于B_1、B_1'点，分别连接AB_1、$A'B_1'$，即为墙子的收窄部分；

③ 截取线段$B_1B_2=B_1'B_2'=$扇面中的$\overset{\frown}{B_1B_2}$，$B_2M=B_2'M'=$扇面中的线段B_2M，以MM'为对称作出另一半图形并放出加工余量，即得墙子的基础图和施工图。与前面内容相同，需在墙子样板中B_1B_2、$B_1'B_2'$上打剪口，以满足工艺需要。

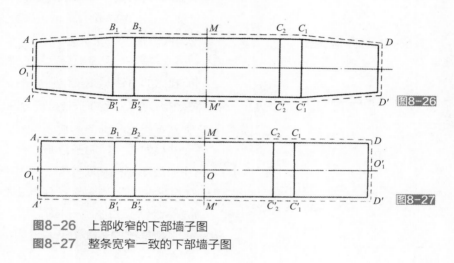

图8-26 上部收窄的下部墙子图
图8-27 整条宽窄一致的下部墙子图

（3）整条宽窄一致的下部墙子

由整条宽窄一致的下部墙子构成的包体，既可以是硬质、软质、也可以是半硬结构，形式较自由，呈现的风格也各有千秋。

它的制作方法如下（图8-27）：

① 作两条相互垂直的对称轴线交点为O，在水平对称轴线上截取$OO_1=OO_1'=\frac{1}{2}L$，L为扇面$AB_1B_2C_2C_1D$的长度；

② 过O_1、O_1'点，作垂直于O_1O_1'的两条直线，分别截取$O_1A=O_1A'=\frac{1}{2}W_0$，$O_1'D=O_1'D'=\frac{1}{2}W_0$，得$A$、$D$、$A'$、$D'$点，连接$AD$、$A'D'$，即得墙子的基础图；

③ 为了使扇面与墙子能准确吻合，需标注标志点B_1、B_2、B_1'、B_2'，使$AB_1=$扇面$\overset{\frown}{AB_1}$，$B_1B_2=$扇面$\overset{\frown}{B_1B_2}$，并在线段B_1B_2、$B_1'B_2'$上打剪口，以满足工艺加工的需要。以MM'为对称作出标志点C_1、C_2、C_1'、C_2'，并根据工艺要求放出加工余量。

2. 上部墙子

由上部墙子构成的包体，前后扇面常组合成一块大扇，整个墙子借助嵌条嵌入扇面中，体现出精巧、细致、含蓄的一种风格。墙子的宽窄根据设计者的意图及包的用途可宽可窄，而它的长度取决于大扇与其相连接的周边长度。此类包体多以拉链作为包的开关方式，其款式如图8-28所示，其施

图8-28 上部墙子包款

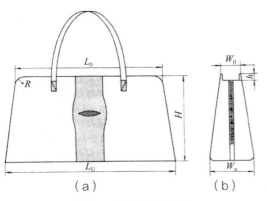

图8-29 上部墙子构成的包体视图
（a）主视图　　（b）侧视图

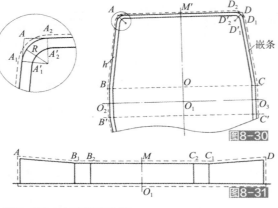

箱包设计与制作工艺

图8-30 大扇的样板图
图8-31 上部墙子图

工投影图如图8-29所示。

包体大扇的制图方法可以参照第一节内容，它的样板如图8-30所示。

墙子和嵌条的样板制作如下：

（1）上部墙子的样板制作

从大扇的样板中可以确定墙子的长度为$BA_1'+\overset{\frown}{A_1'A_2'}+A_2'D_2'+\overset{\frown}{D_2'D_1'}+D_1'C$，其中$\overset{\frown}{A_1'A_2'}$小于$\overset{\frown}{A_1A_2}$，且$\overset{\frown}{A_1'A_2'}=0.018（R-h）\cdot\alpha$，而$\overset{\frown}{A_1A_2}=0.018R\cdot\alpha$，$h$为嵌入扇面的深度，约20mm。

上部墙子的基础尺寸都已得知，其样板制作的方法与下部墙子类似，这里不再赘述。通常上部墙子被拉链分割成两部分，所以墙子的基础图制作完成后，以水平对称轴线为界，把墙子分割成对称的两部分并加放相应的加工余量。其中线段B_1B_2、C_1C_2上需打剪口，以确保与扇面标志点的准确对位。如图8-31即是所求的墙子样板，拉链的安装部位及长度根据设计需要而定。

（2）嵌条的样板制作

嵌条的作用是使上部墙子嵌入扇面中。它的形状和尺寸与大扇的外边缘重合，它可以直接从大扇中取样，如图8-30所示。由于大扇整个边缘较长，常在嵌条拐角处进行分割并加放相应的加工余量。上部墙子与嵌条反面缉缝后，再与大扇正面缝合而成。

上部墙子的包体多以拉链为开关方式，有时，墙子需要借助嵌条嵌入扇面中。如图8-32所示。

此包的做法与上面的那款包大部分相似，只是此包在制作样板时需要制作协助墙子嵌入扇面的内贴皮。内贴皮的形状与大扇的外边缘重合，所以可直接从大扇中取样。另外，由于大扇整个边缘较长，在贴皮拐角处需进行分割，而贴皮的宽度根据实际需要而定。

3. 环形墙子

环形墙子是由上部墙子和下部墙子围合而成。上、下同宽的环形墙子在公文包、工具包、学生用包中较常见。有的上部墙子由拉链取代而与下部墙子直接围合侧面，使包体容积较小，显得小巧、清秀，如图8-33所示。

它的样板制作与上、下部墙子的方法相同，这里不再赘述。

若由拉链取代了上部墙子，则下部墙子的上部宽度应与拉链的宽度相同，通常为$a+2s$（a为锁紧状态时咪牙的宽度，s为拉链咪牙至扇面边缘所能达到的最大距离）。在缝制过程中，拉链先与下部墙子缉缝成环形，再与前后扇面反面缝合。这种包体结构边缘通常加埂条，作用是支撑包体的外形，使其饱满、挺括。

图8-32 带有嵌条的上部墙子

图8-33 环形墙子包

4. 多褶墙子

多褶墙子的包体多使用在男式公文包中，其中双褶和三褶的墙子较多，作用是用隔扇将包内腔体完全分割成几个空间，以便装盛各类物品、文件等。

其样板制作的方法同多褶堵头相似，这里不再赘述。不同的是在多褶堵头的包体中，隔扇只是与包内腔体的侧面缝合，与包底没有固定。而多褶墙子与隔扇缝合是将包内腔体完全分开，所以多褶墙子宽度的确定还需要考虑缝合隔扇时所需的加工余量。

假设在展平状态下，一个褶子的宽度为 f'，墙子的褶数为 n，则隔扇数为 $n-1$，所以，墙子样板宽度为 $n \cdot f' + 2 \times 10$（边缘双倍的加工余量）$+ (n-1) \times$ 缝合隔扇的加工余量（约 20mm）。墙子的长度从大扇中可以确定，墙子样板如图8-34所示。其中 EE'、FF' 是隔扇的安装部位，SS'、OO_1、S_1S_1' 是墙背。根据不同的工艺要求放出加工余量，即得墙子的施工图。

5. 侧边呈曲线的墙子

侧边呈曲线状的墙子，它的曲线部分是由扇面侧边的曲线决定的。在绘制墙子的曲线部分时，可以采用多点定位的方法使它的形状与扇面主视图中的曲线部分相同，而其他部分的作图参照前面的内容，如图8-35所示，这里不再赘述。

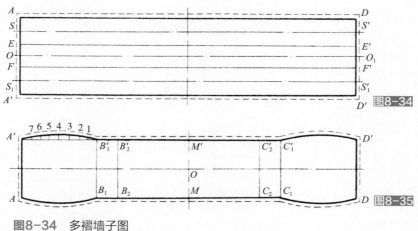

图8-34 多褶墙子图

图8-35 侧边呈曲线的墙子图

三、由前、后扇面和包底板构成的包体

由前、后扇面和包底板构成的包体，无论是软质或硬质在女包中运用都较多。常见的软质结构，包的体积较大，显得随意大方，休闲味十足；而硬质结构体积相对较小，线条简洁流畅，充分体现新材料的光亮感和材质感，时尚感很浓。

由这种结构构成的包体，其基础部件是包底板，即包底板的形状、尺寸决定着扇面的形状和尺寸。

通常包底板的形状有以下五种：

长方形包底板；四角略圆的长方形包底板；椭圆形包底板；圆形包底板；两头弯入包体侧面部分的包底板。

随着人们对人与产品之间协调程度要求的提高，包底板的形状由规则的几何形逐渐趋向于不规则形变化，以满足与人体接触面形状的吻合。

（一）长方形包底板的包体制图

长方形包底板及其制图如图8-36、图8-37所示，扇面图如图8-38所示。

（二）四角略圆的长方形包底板的包体制图

1. 包底板

绘制包体的施工投影图即主视图、侧视图和底视图，如图8-39所示。

（1）确定包体的部件尺寸

包体下底长L_u，包体上底长L_0，包体高度H，包体侧面下宽W_u，包体侧面上宽W_0，包底圆弧半径R，包体侧面样板上宽W_p。

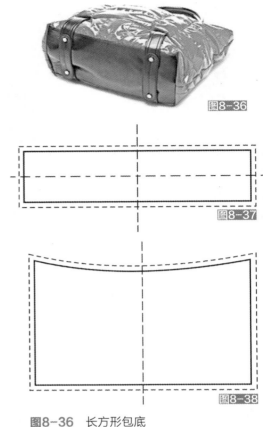

图8-36　长方形包底
图8-37　长方形包底图
图8-38　扇面图

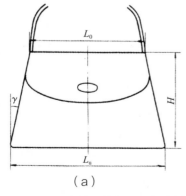
（a）

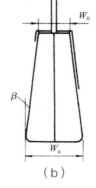
（b）

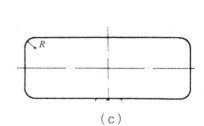
（c）

图8-39　四角略圆的长方形包底板的包体视图
（a）主视图　（b）侧视图　（c）底视图

箱包设计与制作工艺

（2）包底板的基础图和施工图

其制作过程如下（图8-40）：

① 绘制两条相互垂直的对称轴线交点为O，以O为中心在垂直对称轴线上截取$OM=OM'=\dfrac{W_u}{2}$，得到点M、M'；

② 过M、M'点作两条水平对称轴线的平行线，在水平对称轴线上截取$OO_1=\dfrac{L_u}{2}$，得O_1点；

③ 过O_1点作一条水平对称轴线的垂线，分别交上、下平行线于B、B'点；

④ 以$R=20mm$为半径作出圆弧部分，分别交于切点B_1、B_2、B'_1、B'_2；

⑤ D、D'分别是圆弧的中点，即扇面与侧面的分界点；

⑥ 以MM'为对称轴作出另一半图形并放出加工余量。

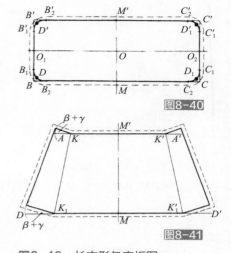

图8-40

图8-41

图8-40 长方形包底板图

图8-41 长方形包底板的包的扇面图

2. 扇面

制作过程如下（图8-41）：

① 作一条垂直对称轴线，截取$MM'=H$；

② 分别过M、M'点作垂直轴线的两条平行线，截取$M'K=\dfrac{L_0}{2}$，$MK_1=$包底中的MB_2+B_2D，其中$B_2D=\dfrac{\pi R}{4}$，得K、K_1点；

③ 过点K、K_1作$KA=\dfrac{W_0}{2}$，$K_1D=$包底中的$O_1B_1+B_1D$，得点A、D。

由于包体侧影轮廓为梯形即包体侧面与垂直方向呈γ角，扇面与垂直方向呈β角，所以在扇面底部与侧面的分界点K_1处作切角$\gamma+\beta$。由于底部切角使侧面高度变小，前、后扇面缝合后，包体侧面上部形成折角而影响美观，所以，侧面上部也需补夹角$\gamma+\beta$，但上部、下部宽度不变。以MM'为对称轴作出另一半图形并加放加工余量。

（三）椭圆形包底板的包体制图

1. 包底板

椭圆形包底板效果图如图8-42所示。绘制包体的施工投影图即主视图、侧视图和底视图，如图8-43所示。确定部件尺寸同前。

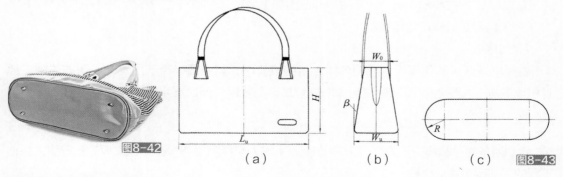

图8-42

（a）　　　　（b）　　　　（c）　　图8-43

图8-42 椭圆形包底

图8-43 椭圆形包底板的包体视图

（a）主视图　（b）侧视图　（c）底视图

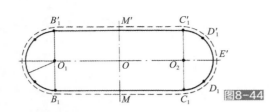
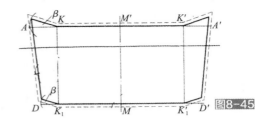

图8-44 椭圆形的包底板图

图8-45 椭圆形包底板的包的扇面图

其制作过程如下（图8-44）：

① 绘制两条相互垂直的对称轴线交点为O，在垂直轴线上截取$M'O=OM=\dfrac{W_u}{2}$，得M、M'点；

② 分别过M、M'点作两条水平对称轴线的平行线；

③ 在水平轴线上截取$OE=\dfrac{L_u}{2}$，得E点，距离E点为R确定点O_1，以O_1为圆心，以$\dfrac{W_u}{2}$为半径画圆弧，交于切点B_1、B'_1；

④ D、D'点分别是圆弧的中点即扇面与侧面的分界点；

⑤ 以MM'为对称轴作出另一半图形并放出加工余量。

2. 扇面

扇面制作过程如下（图8-45）：

① 作一条垂直对称轴线截取$MM'=H$，得M、M'点；

② 过M、M'点作两条垂直于MM'的平行线。并截取MK_1=包底中的MB_1+B_1D，其中$B_1D=\dfrac{\pi R}{4}$，$M'K=\dfrac{L_0}{2}$，得K_1、K点；

③ 以细实线连接KK_1，即得扇面的外形轮廓线；

④ 过K_1点作K_1D与包底样板中DE的弧线长度相等，长度为$\dfrac{\pi R}{4}$，得D点；

⑤ 过K点作$KA=\dfrac{W_0}{2}$，得A点，连接AD，即得包体侧面的外形轮廓线；

⑥ 由于包体侧影轮廓为长方形即γ角不存在，而扇面与垂直方向形成的夹角为β，所以扇面下底边在K_1点处作切角β。与前面所述相同，上底需补切角β以满足工艺需要，但侧面上、下宽度不变；

⑦ 以MM'为对称轴作出另一半图形并放出加工余量。

（四）圆形包底板的包体制图

1. 包底板

由底部呈圆形的包底板构成的包体，结构较简单，其中圆半径的确定是制图的关键。通过包体的施工投影图，可以确定包体的高度H、宽度W，而底圆半径等于包体宽度的一半即$R=\dfrac{W}{2}$。

绘制两条对称轴线交点为O，以O为圆心，以R为半径画圆即得圆形包底板的基础图，根据不同的工艺要求加放余量。

2. 扇面

由圆形包底板构成的包体，通常扇面样板呈长方形，它的长度等于底圆周长的一半即πR，

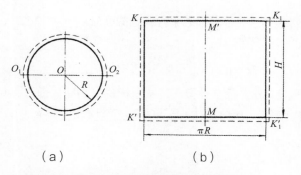

（a） （b）

图8-46 圆形包底和与其相连接的扇面图
（a）圆形包底 （b）扇面

高度为H，绘制长方形$KK_1K_1'K'$，即得扇面的基础图并放出加工余量，如图8-46所示。

（五）两头弯入包体侧面部分的包底板的包体制图

1. 包底板

由前后扇面和两头弯入包体侧面部分的包底板构成的包体外观效果如图8-47所示。只需作两个投影图，即主视图和侧视图，如图8-48所示。通过侧视图可以确定弯入侧面部分的形状和高度，并以此为基础制作包底，所以这种结构弯入侧面部分的形状是制作包底部件的关键。

其绘制过程如下（图8-49）。

① 作两条相互垂直的对称轴线交点为O，在垂直轴上以O点为中心作$MM_1=W_u$；

② 分别过M、M_1点作两条水平对称轴线的平行线，截取$M_1B_1=MB=\dfrac{L_u}{2}$，得B、B_1点，连接BB_1与水平对称轴线相交O_1点；

③ 在水平轴线上截取$O_1E=h$（弯入包体侧面部分的高度），确定E点。若弯入部分的形状为三角形，则分别直线连接EB_1、EB。若弯入侧面部分的形状为圆弧形，则用曲线连接B_1EB与侧视图的形状相似。以MM_1为对称作出另一半图形并放出加工余量即得包底板的基础图与施工图。

2. 扇面

扇面的绘制过程如下（图8-50）：

① 作一条垂直对称轴线，截取$MM'=H$，得M、M'点；

图8-47 呈尖角弯入包体侧面的包底

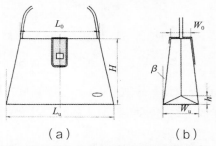

（a） （b）

图8-48 弯入包体侧面部分的包体视图
（a）主视图 （b）侧视图

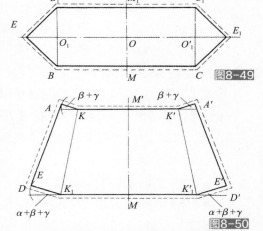

图8-49 弯入包体侧面部分的包底板图
图8-50 弯入包体侧面部分的包的扇面图

② 分别过M、M'点作两条垂直对称轴线的平行线，截取$MK_1=\dfrac{L_u}{2}$，$M'K=\dfrac{L_0}{2}$，得K_1、K点，细实线连接KK_1，即得扇面的外形轮廓线；

③ 过K_1点作线段$K_1D=$包底样板中的EB，过K点作$KA=\dfrac{W_0}{2}$；

④ 由于包底弯入侧面形成α角，而包体侧影轮廓呈梯形，扇面与垂直方向呈β角，所以在扇面与侧面的分界处K_1点作切角，使$\angle DK_1E=\alpha+\beta+\gamma$，过$K$点在侧面上部补夹角$\gamma+\beta$，但上部、下部宽度不变；

⑤ 以MM'为对称作出另一半图形并加放加工余量。

若侧影轮廓为长方形即γ角不存在，而β角存在，则在扇面下部作切角$\alpha+\beta$，上部补夹角β。若弯入侧面部分的形状呈圆弧形，则相对应的扇面部分应作成凹形曲线与包底的形状相吻合。

3. 包底板

包底部分呈长方形时，包体效果图如图8-51所示。绘图原理与前面所述相同，只是在包底的两端进行形状上的修改，如图8-52所示。

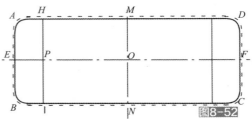

图8-51 呈长方形弯入包体侧面的包底
图8-52 呈长方形弯入包体侧面的包底板图

首先，设包底宽度为L，包体高度为H，扇面与垂直方向呈β角，包体侧面下宽为W，侧面上宽为Z，包底端头延入侧面的高度为h，包底两端圆弧半径为R。

绘制步骤为：

① 作两条相互垂直的对称轴线，交于点O，以O点为中心在垂线上截取$MN=W$，得M、N点；

② 过M、N点分别作与水平轴线平行的两条平行线，截取$MH=NI=\dfrac{L}{2}$，得H、I点；

③ 分别过点H、I在平行线上向外截取$HA=IB=h$，得A、B点，连接AB；

④ 长方形$ABNM$即为包底一半的外轮廓线，同理得另外一部分；

⑤ 根据半径为R将四角作成圆弧（方法与前面的圆弧处理相同，这里不再赘述）；

⑥ 根据工艺加放加工余量，同时注意标明标志点，以便于后期工作的进行。

包底部分呈圆形时，其款式如图8-53所示，结构图如图8-54所示。对于扇面制作方法与前面相似，只需要在扇面上相应部位减去多出的包底即可。

四、整体下料的包体

由整体下料的结构制作的包体在实际运用中较少，主要由于这种结构不便于天然材料的合理套裁和有效利用。对于合成材料来说，这种结构却是一种简洁、单纯的体现。在某些里部件样板的制作中使用较多。外观效果如图8-55所示。

箱包设计与制作工艺

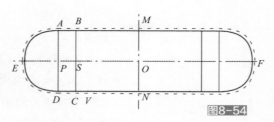

图8-53　呈圆弧形弯入包体侧面的包底

图8-54　呈圆弧形弯入包体侧面的包底板图

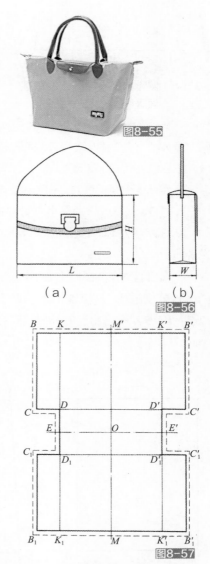

整体下料包是指用一个整体大扇制成的包，即包底板、前后扇面和堵头设计成一个整体，其特点是整个包体是由一个部件构成。设计整体下料的大扇时，需用细实线标出弯折线，以区分包体的前后扇面、包底和堵头的位置。

整体下料包设计和制图的关键在于包体的侧影轮廓线和包底的侧面特征。所以绘制施工投影图时，首先确定包体的侧影轮廓和包底的侧面特征。

（一）侧影轮廓为长方形、包底侧面部分为直线状的包体

绘制包体的施工投影图，如图8-56所示。确定部件的尺寸：扇面长度L，包体高度H，包体侧面宽度W。对于整体下料结构的包体绘制基础图时，首先是作包底部分，其次是扇面部分，最后是侧面部分。

其绘制过程如下（图8-57）。

① 作两条相互垂直的对称轴线交点为O，在水平轴线上截取$EO=OE'=\dfrac{L}{2}$，得E、E'点；

② 过点E、E'作与垂直轴线平行的垂线，截取$ED=E'D'=\dfrac{W}{2}$，得D、D'点，连接DD'，即得包底在整体大扇上的外形轮廓线；

③ 水平延长DD'，使$DC=DE=\dfrac{W}{2}$，$D'C'=D'E'=\dfrac{W}{2}$，得C、C'点；

④ 作一条与线段CC'距离为H且平行于CC'的直线，与垂直轴交于M'点；

⑤ 过M'点作一条水平对称轴线的平行线，在平行线上截取$M'K=M'K'=\dfrac{L}{2}$，得K、K'点，连接KD、$K'D'$，则$KDD'K'$即为整体大扇上扇面的外形轮廓线；

⑥ 在KK'的延长线上截取$KB=K'B'=\dfrac{W}{2}$，得B、B'点，连接BC、$B'C'$即得堵头在整体大扇上的外形轮廓线；

⑦ 以EE'为对称作出另一半图形并放出加工余量。

图8-55　整体下料的包体

图8-56　侧影轮廓为长方形、包底侧面部分为直线状的包体视图

（a）主视图　　　（b）侧视图

图8-57　侧影轮廓为长方形、包底侧面呈直线的包的大扇图

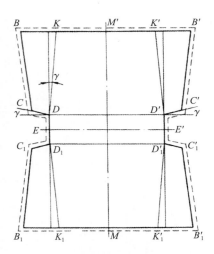

图8-58 侧影轮廓是梯形、包底侧
面呈直线的包的大扇图

（二）侧影轮廓为梯形、包底侧面部分为直线状的包体

这种结构与侧影轮廓为长方形、包底侧面呈直线状的包体大扇的制图方法相似，不同之处在于包体的侧面与垂直方向呈 γ 角。由于存在 γ 角，扇面的两侧边轮廓线由直线旋转 γ 角成斜线而形成梯形结构，且线段 KK' 等于扇面上长。

为了满足包体结构的稳定性和工艺要求，在堵头与扇面的分界点 D、D' 处作切角 γ，使线段 DC、$D'C'$ 的长度不变。由于这种结构的包体常为软质结构，而且 γ 角较小，所以堵头上底不需补夹角，如图8-58所示。

（三）侧影轮廓为长方形、包底侧面呈折线的包体

首先绘制施工投影图，如图8-59确定部件的尺寸：包体长度 L，包体高度 H，包体侧面下宽 W_u，包体侧面上宽 W_0，包底呈折线弯入侧面的高度 h，包底折线与水平线成 α 角。

其绘制过程如下（图8-60）：

① 作两条相互垂直的对称轴线交点为 O，在水平对称轴线上截取 $OO_1 = OO_1' = \dfrac{L}{2}$，得 O_1、O_1' 点；

② 过 O_1、O_1' 点分别作水平对称轴的垂线，截取 $O_1D = O_1'D' = \dfrac{W_u}{2}$，得 D、D' 点并连接；

③ 在水平对称轴线上截取 $O_1E = O_1'E' = h$，得 E、E' 点，分别连接 ED、$E'D'$ 即得包底的外形轮廓线；

④ 在垂直对称轴线上作距离线段 DD' 为 H 的一条水平线，交垂直对称轴于 M' 点；

⑤ 分别过 D、D' 点作两条垂直于水平对称轴线的直线，与经过点 M' 的水平线分别交于 K、K' 点，$KDD'K'$ 即是扇面的外形轮廓线；

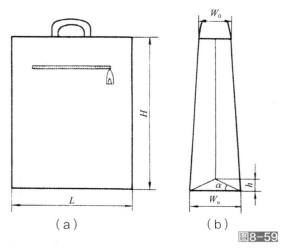

（a）主视图　　　　（b）侧视图

图8-59 侧影轮廓为长方形、包底侧面呈折线的包体视图
（a）主视图　　　　（b）侧视图

图8-60 侧影轮廓是长方形、包底侧面呈折线的包的大扇图

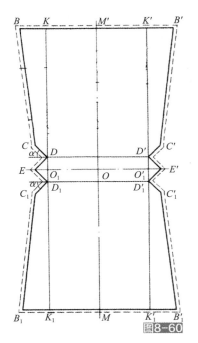

⑥ 过K、K'点作$KB=K'B'=\dfrac{W_0}{2}$，得B、B'点；

⑦ 过D、D'点作$DC=DE$，$D'C'=D'E'$，并且使DC、D'C'向DD'线倾斜 α 角，连接BC、B'C'即得堵头的外形轮廓线。其中堵头样板的上宽尺寸与梯形堵头的确定方法相同，需要计算得出；

⑧ 以EE'为对称作出另一半图形并放出加工余量。

（四）侧影轮廓是梯形、包底侧面呈拆线的包体

这种结构与侧影轮廓为长方形、包底侧面呈拆线的包体大扇的制图方法相似。不同之处在于侧影轮廓呈梯形即包体侧面与垂直方向呈 γ 角，扇面两侧边分别向垂直方向倾斜 γ 角使$KK'=L_0$，而大扇两侧底边DC、D'C'向DD'线倾斜$\alpha+\gamma$角。若同时扇面与垂直方向呈 β 角，则DC、D'C'向DD'线倾斜 $\alpha+\gamma+\beta$ 角，如图8-61所示，但堵头部分侧面下底宽度不变。若 $\gamma+\beta$ 角度较大，则侧面上底需补夹角 $\gamma+\beta$。

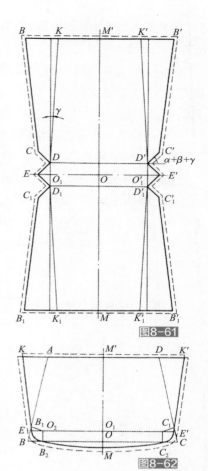

五、由前、后扇面构成的包体

由前、后扇面构成的包体在女包中运用较多，通常包的堵头和包底部分分别由两个扇面的侧部和底部来构成，这种结构容积相对较小。若要增大其容积，一方面可以把两扇面进行不对称分割，即把包底和堵头部分分担到一个扇面上而与另一扇面缝合。另一方面可以在扇面上作褶缝来增加包底的宽度以增大其容积。与整体下料包相同，在大扇的基础图中需用细实线标出堵头、包底和扇面的外形轮廓线。

图8-61 侧影轮廓是梯形、包底侧面呈拆线的包的大扇图

图8-62 扇面下底为圆角、底部为弧线的包的扇面图

（一）扇面下底为圆角、底部为弧线的包体

这种结构的特点是包底由大扇底部较小的球冠部分构成，包内容积主要依靠折入扇面中的锥形堵头。

根据包体的施工投影图，确定部件尺寸：扇面上长L_0，下长L_u，高H，圆弧半径R，侧面成品上宽W_u，下宽W_u，侧面的样板上部宽度W_p。

其绘制过程如下（图8-62）。

① 作一条垂直对称轴线，截取$OM'=H$；

② 过O、M'点作两条垂直于对称轴线的平行线，截取$AM'=M'D=\dfrac{L_0}{2}$，得A、D点；

③ 在垂直轴线上截取$OO_1=R$，过O_1点作一条水平线，截取$O_1E=O_1E'=\dfrac{L_u}{2}$，得E、E'点；

④ 连接AE、DE'并延长，与底边线分别交于点B、C，这样就得到了基本轮廓线ABCD；

⑤ 作距B点距离为R的平行于AB和BC的直线，两线交于O_2点，过O_2点作O_2B_1垂直于AB，O_2B_2垂直于BC，得共轭点B_1、B_2；

⑥ 以O_2为圆心，以O_2B_1为半径画弧。同理得$\overset{\frown}{C_1C_2}$，则$AB_1B_2C_2C_1D$即是扇面的外形轮廓线；

⑦ 过O点在垂直轴线上截取$OM=\dfrac{W_u}{2}$，得M点，弧线连接B_2MC_2，则 B_2MC_2O即是包底的外形轮廓线；

⑧ 由于包体侧面结构为锥形堵头，根据前面介绍的内容，它折入的深度约为1/4扇面上长，上部宽度近似等于1/2扇面上长。在线段AD的延长线上取$AK=DK'=\dfrac{W_p}{2}$，得K、K'点，连接$KB_1B_2MC_2C_1K$，即得大扇的基础图，并放出相应的工艺加工余量。

这种结构的包体通常采用反面缝制法。

（二）由不对称的前、后扇面构成的包体

这种结构的外观效果如图8-63所示，包体制图可以参照整体下料包，在它的基础上把整个堵头和包底部分与前扇面合为一体，制作成一个部件，而后扇面不包含包体的其他部分即进行不对称分割，如图8-64。这种结构常采用正面缝制法。为了丰富包体的造型，突出线型的性格特征，前、后扇面的分界线还可以根据需要发生位移，而线型变化随着体现的风格而不同。

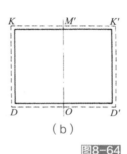

图8-63 由不对称的前后扇面构成的包体

图8-64 不对称的前、后扇面图

（a）前扇面　　（b）后扇面

（三）扇面底部作褶缝的包体

在前、后扇面的底部作褶缝，目的是增加包体的容积。通常这种结构要求使用的材料较软，所以纺织材料运用较多。外观效果见图8-65所示。

首先绘制施工投影图，如图8-66所示。确定部件尺寸：扇面上长L_0，下长L_U，包体高度H，手把宽度h_1，圆弧高度H_1，切口高度h_2，褶缝长度L，褶缝与水平线所形成的夹角 α，褶缝上部至水平线的距离 h，扇面侧边至褶缝的距离 a。褶缝长度根据包体容积的需要而定，褶缝越长，α角越小，包的容积越大，通常褶缝长度为20~40mm。

图8-65 扇面底部作褶缝的包体

其绘制过程如下（图8-67）。

① 作一条垂直对称轴线，截取$MM'=H-H_1+h$，得M、M'点，其中$h=L\cdot\sin\alpha$为缝合褶缝时扇面下降的高度；

② 过 M、M' 点分别作垂直于对称轴线的平行线，截取 $M'K=M'K'=\dfrac{L_0}{2}$，得 K、K' 点；

③ 在 $M'M$ 上确定 O 点，使 $KO^2=KM'^2+M'O^2$，即

$$R^2=(R-H_1)^2+\left(\dfrac{L_0}{2}\right)^2，计算得出半径R；$$

④ 以 O 点为圆心，以 R 为半径画弧连接 K、K' 点，即得手把的外形轮廓线；

⑤ 过 M 点作 $MA=MA'=\dfrac{L_u}{2}-a$，得 A、A' 点；

⑥ 从 A、A' 点作直线垂直于线段 AA'，在垂线上截取褶缝长度 $AB=A'B'=L$，得点 B、B'；

⑦ 自然段 AB、$A'B'$ 作旋转（$90°-\alpha$）角，得 BC、$B'C'$；

⑧ 以褶缝顶端的 B、B' 点为中心，以 L 为半径作圆弧；

⑨ 从 K、K' 点向圆弧作切线交于 D、D' 点，粗实线连接 $KDCBAA'B'C'D'K'K$，即为扇面的基础图。

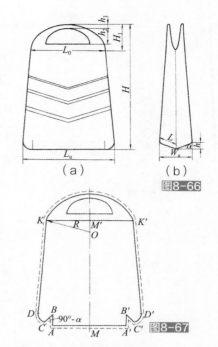

图8-66　带褶缝的包体视图
（a）主视图　　　（b）侧视图
图8-67　带褶缝的包的扇面图

在扇面的手把部分还需要作圆弧形切口，切口的长度为手把的宽度加50mm左右的宽余量，手把宽度 h_1 以手握较舒适的宽度为依据，一般约为30mm，切口高度 h_2 根据主视图中设计的需要量而定，而手把的切口部分可以采用折边或毛边再加后整饰处理。根据不同的工艺要求放出加工余量。

（四）底部和堵头向里缩进的包体

这种结构的特点是包底和堵头向包内缩进，包体容积小，适用于做女式拎包，但在实际运用中较少。下面分别介绍它的制作方法。

（1）侧影轮廓呈长方形，扇面垂直于包底的包体

绘制过程如下（图8-68）：

① 作一个长方形扇面 $KEE'K'$，使底边 $EE'=L_u$，高度 $KE=H$；

② 分别在线段 KE、$E'K'$ 和 EE' 上截取 $EM=EN=E'M'=E'N'=h$，得 M、M'、N、N' 点，h 表示堵头和包底向包内缩进的深度；

③ 从这些点分别作垂直线，截取长度为 h 的线段得 C、C'、D、D' 点，用直线连接各点；

④ 从 K、K' 点作线段 $KB=K'B'=\dfrac{W_0}{2}$，得 B、B' 点，连接 BD、$B'D'$，即得大扇的基础图，并放出加工余量。

由于 $\triangle DME$ 与 $\triangle CNE$ 是等腰直角三角形，所以 $\angle DEM=\angle CEN=45°$。在加工过程中 DE 与 EC 缝合使包底和堵头向包内缩进。

（2）侧影轮廓呈长方形，扇面与垂直方向呈 β 角的包体

这种结构的制图方法与前面相似，但由于扇面与垂直方向呈 β 角使扇面倾斜，所以必须在大扇底部作切角，在如图8-68所示的基础上进行修正。从原图中的 ED 和 $E'D'$ 处作切角 β，使 DE 与水平线 EE' 之间的夹角调整为 $45°+\beta$，但线段长度不变。如图8-69所示。

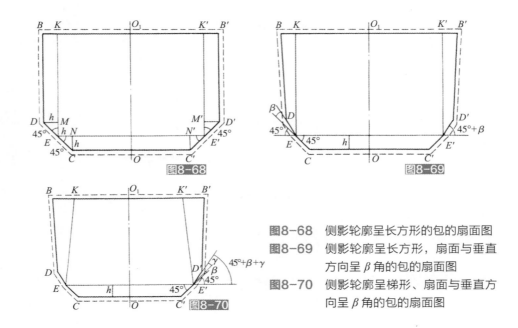

图8-68　侧影轮廓呈长方形的包的扇面图

图8-69　侧影轮廓呈长方形，扇面与垂直
　　　　方向呈 β 角的包的扇面图

图8-70　侧影轮廓呈梯形、扇面与垂直方
　　　　向呈 β 角的包的扇面图

若包体侧影轮廓呈梯形即侧面与垂直方向呈 γ 角，且扇面与垂直方向呈 β 角，则与前面所介绍的内容相似，大扇基础图中的切角随之又将发生变化，切角的大小调整为 $45° + \beta + \gamma$。如图8-70所示。

通过上面切角的不同对包底宽度的影响，可以得知：包底的宽度是随着 $\angle DEC$ 的大小而变化的。如果 $\angle DEC=180°$，则包底的宽度最小，包底和堵头折入的较深。如果 $\angle DEC=90°$，则包的宽度最大等于 $2h$，所以包底较平。

六、由前后扇面、两个堵头和包底构成的包体

由前后扇面、两个堵头和包底构成的包，一般采用正面缝制法制作。包体线条简洁、棱角分明、线迹清晰，体现了一种成熟、稳重、积极向上的精神风貌，因此受到职业女性的喜爱。外观效果如图8-71所示。

（a）　　　　　　　　　　　（b）

图8-71　正面缝制包

（a）软结构包　（b）硬（半硬）结构包

这种结构的特点是堵头上有切口且包底和堵头向包内缩进。其中切口a表示堵头缩入包内、距离扇面边缘的深度，一般为5~20mm；切口b表示包底缩入包内、距离包底边缘的高度，一般为4~10mm，目的是保证缝纫机压脚从包底向扇面缉线时能顺利通过，如图8-72所示。

这种结构的基础部件是扇面，扇面的形状和尺寸决定着包底和堵头的尺寸。所以，首先绘制包体的施工投影图并确定部件尺寸，其方法与前面介绍的内容相同，如图8-73所示。

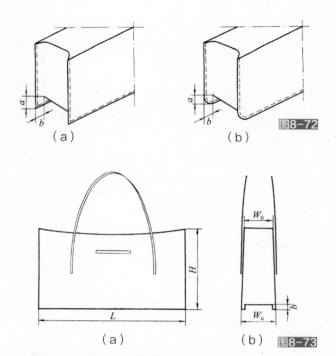

图8-72　包的部件连接图
（a）长方形扇面　（b）底部呈圆弧形扇面
图8-73　前后扇面、两个堵头和包底组成的包体视图
（a）主视图　（b）侧视图

（一）扇面

首先作长方形扇面$ABCD$，使AB边长=包的高度，BC边长=包的长度。从B点起在BC边上截取线段$BE=a$，得E点。从B点向上在BA边上截取线段$BE_1=b$，得E_1点。同理可以确定E_2、E_3点［图8-74（a）］。

（二）包底

包底通常为长方形，它的长度应为扇面中的$BC-2a$，宽度为包底宽W_u+2b，并分别在包底板的基础图上标出折线位置得E_4、E_5、E'_4、E'_5点。如图8-74（b）所示。

（三）堵头

堵头的上部宽度尺寸可以参照前面的方法确定。

绘制方法如下［图8-74（c）］。

① 作一条垂直对称轴线，截取OO_1等于包体的高度；

② 分别过O、O_1点，作两条垂直对称轴线的平行线，在O点的两侧各取线段$OB=OB'$，使其等于包底中的OE_4+a，得B、B'点；

③ 在O_1点的两侧截取$O_1A=O_1A'=\dfrac{W_p}{2}$，得$A$、$A'$点，连接$AB$、$A'B'$；

④ 在堵头下部作切口时，从B点向右截取线段a，确定E_6点；

⑤ 从E_6点向上与轴线平行截取b，确定E_7点；

⑥ 同理得出E'_6、E'_7点，并连接线段$E_7E'_7$即得堵头的基础图，根据工艺要求放出加工余量。

若包的扇面底部呈圆弧形，则应在主视图中选择圆弧半径，并在绘制扇面和堵头的基础图时，把它的底部作成圆弧形，其他的制作方法与前面相同，如图8-75所示，这里不再赘述。

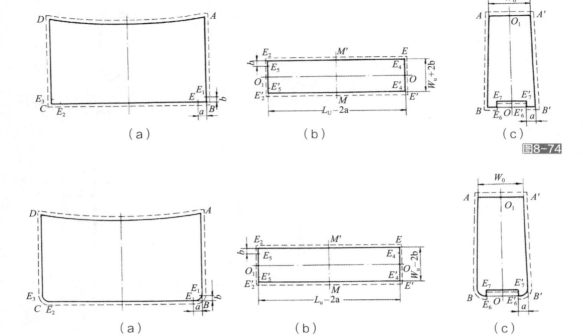

図8-74

图8-75

图8-74 底部呈直角的包体部件图
（a）扇面 （b）包底 （c）堵头
图8-75 底部呈圆弧形的包体部件图
（a）扇面 （b）包底 （c）堵头

Chapter

09 / 第九章
包袋开关方式的结构与设计

开关方式是包类设计的关键，不同用途的包对开关方式的要求不同。有些包强调封口牢固、严密，如旅行包等；有些包要求开启方便、随意，如女式拎包等；而且不同开关方式体现的设计风格相差也较大。作为不同开关方式的金属配件，有的造型简洁、色泽凝重，突出一种成熟美；而有的造型新颖、光泽夺目，体现一种时尚美。

进行包体设计时，开关方式的选择与确定是首要前提。开关方式不同，包体的结构设计各异。而且有些包同时采用两种开关方式，以满足不同的结构需要和体现不同的装饰风格。

通常包的开关方式有四种：架子口式、带盖式、拉链式、敞口与半敞口式。采用不同的开关方式，可以设计出不同结构和造型的包体，但根据其类别依次可分为架子口包、带盖包、拉链包和敞口与半敞口包。

第一节　架子口包

架子口是一种常见的开关方式，也是包袋重要的装饰配件。常见的架子口包如图9-1所示。

由于架子口结构的特殊性，在设计这种包体时，首先需选择成形的架子口，根据其不同形状和断面结构确定包体的结构及部件尺寸。

图9-1　架子口包

一、架子口的断面结构

架子口口框断面的基本形状有长方形、圆形、椭圆形和三角形等。口框既可以沿整个周边开槽，也可以只在上部开槽。口框断面的形状及开槽的位置不同，包体结构设计与制作方法不同。

在架子口包的设计中，确定塞入口槽的部件尺寸需要引入下列参数（如图9-2）：

L——口长，口框两侧外棱面之间的距离

H——口高，口框水平部分外棱面至铰链之间的距离

M——口宽，口框外棱面之间的距离

R——口框内棱面曲线半径

m——口框宽度，等于口宽M的一半

h——口框断面高度，口框内外棱面之间的距离

λ——口框材料厚度

δ——塞材料的沟槽深度，决定塞入部件的加工余量

e——口框沟槽宽度，决定塞入材料的厚度

还需要确定下列特殊点、线：

N——位于口框水平部分内棱面上。该点随着扇面倾斜角度 α 的变化而沿着内棱面移动

S——扇面侧部与口弯曲部分之间的缝隙。它是保证扇面和堵头在口角两头能正确活动所需的余量，一般为2~5mm

N_1——口框水平部分内棱面上N点的对称点

A——口框水平外棱线与垂直外棱线的交点

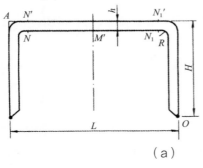
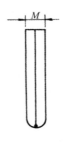

（a）

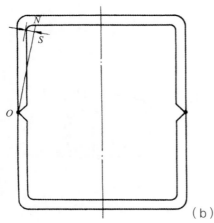
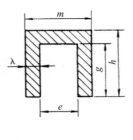

（b）

图9-2　架子口开关参数
（a）关时　（b）开时

M'——口框水平部分的中心点

AN'——口的侧部外棱面A点至水平部分外棱面N'点的距离

α——扇面侧边与水平线所形成的倾斜角度，根据包体效果图确定。

二、不同结构的架子口包设计

随着金属饰件的发展，精巧亮丽、结构迥异的架子口随处可见。通常根据开槽的位置不同，架子口可分为下部塞料、侧部塞料和顶部塞料三种，塞料方式不同，包体的结构制图不同。同时，采用两个铁口条制成的架子口在实际运用中也较多。下面分别介绍它们的设计原理及制作方法。

（一）下部塞料的架子口包

下部塞料架子口包的特点是整个金属框架的上部露在外面，装饰效果明显，是架子口包常采用的一种形式。

1. 由大扇和两个堵头组成的架子口包

（1）堵头的基础图与施工图

堵头是包体的基础部件，所以首先制作堵头的基础图与施工图。而堵头上部塞入口槽部分的制作方法与前面不同。

这种结构的堵头上部宽度主要取决于架子口的侧边长度，下部宽度根据包体容积而定。在实际的包体设计中，架子口的两个口框并不是完全打开，而是根据设计需要确定其开关幅度。

架子口的开关幅度可分为两种情况：一种是架子口的开关幅度为180°；另一种是架子口的开关幅度小于180°。

若架子口的开关幅度为180°，则它的制作方法如下：

① 作两条相互垂直的直线交点为O_1，以O_1点为中心在水平线上截取长度等于$H-h$的线段得N、N_2点，线段NN_2即决定了架子口的开关幅度；在NN_2的延长线上分别截取线段$NN_1=N_2N_1'=h$。

② 过N_1、N_1'点作两条垂直N_1N_1'的直线，截取$N_1A=N_1'A'=$口框上的AN'。

③ 过A、A'点作$AE=A'E''=4\sim5mm$，得E、E'点，这部分余量是保证材料能严实地塞入各个拐角处，以提高架子口对扇面的咬紧强度。其中$NN_1EE'N_1'N_2$是堵头塞入架子口的侧面部分。

④ 在垂直对称轴线上截取O_1O等于包体的高度得O点，过O点作$OB=OC=\dfrac{W_u}{2}$，得B、C点，连接NB、N_2C即得堵头的基本轮廓线，其他部分的作图与第八章内容相同，即根据包体的侧视图作出底部呈圆形的梯形堵头图并放出加工余量。其中塞入架子口的部分用阴影表示（图9-3）。

若架子口的开关幅度小于180°，则它的制作方法如下：

① 确定塞入架子口的堵头上部宽度NN_2。

设两个口框打开的最大角度为γ角，口的开关幅度NN_2的长度随着γ角的变化而变化，所以堵头的上部宽度也随之变化。而包的开关幅度与口的开关角度的变化存在着一定的比例关系（图9-4）。

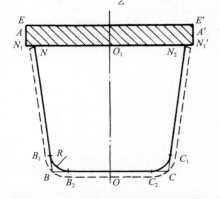

图9-3　下部塞料架子口包的堵头图

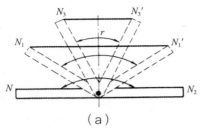

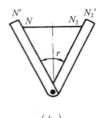

$$\frac{N'N_2'}{2}=H\cdot\sin\frac{\gamma}{2}$$

而
$$\frac{NN_2}{2}=(H-h)\cdot\sin\frac{\gamma}{2}$$

所以
$$NN_2=2(H-h)\cdot\sin\frac{\gamma}{2}$$

② 作两条相互垂直的对称轴线交点为O，在水平对称轴线上截取$ON=ON_2$，得N、N_2点，线段NN_2的宽度决定架子口的开关幅度。

③ 以N点为圆心，以$H-h$为半径画圆弧与垂直轴线相交于O_1点，O_1点即为铰链中心，分别连接NO_1、N_2O_1。

④ 在O_1N的延长线上截取$NN_1=h$，得N_1点。

⑤ 以N_1点为中心，以N_1E为半径画弧，其中$N_1E=N_1A+AE$，N_1A为架子口侧边外棱面到水平外棱面之间的距离，AE为填塞余量，一般为4~5mm。

⑥ 以O_1为圆心，H为半径画弧作交会确定E点，连接N_1E、O_1E，同理得N_1'、A'、E'点。其中$O_1N_1EO_1E'N_1'$即是堵头塞入口框侧面的部分。

⑦ 在垂直对称轴线上截取OO_2等于包体高度得O_2点，过O_2点作一条水平线截取$O_2B=O_2C=\dfrac{W_u}{2}$，得B、C点，连接NB、N_2C即得堵头的基本轮廓线，与前面内容相同做出底部呈圆形的梯形堵头图并放出加工余量（图9-5）。其中塞入架子口的部分用阴影表示。

（2）大扇的基础图与施工图

进行包体设计时，首先要确定包袋顶端塞入口槽部分的长度NN_1的距离（图9-6）。

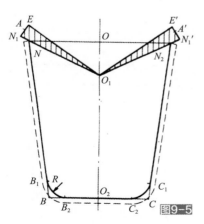

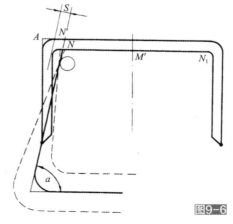

图9-5　$\gamma<180°$ 时下部塞料架子口包的堵头图

图9-6　下部塞料架子口包的扇面顶部长度的确定

确定方法如下：

① 根据架子口的主要参数绘制外形轮廓图；

② 确定架子口的内棱面曲线半径R，并以此为中心作半径为$r=R-S$的圆周；

③ 在口的框架结构上作出扇面的外形轮廓图，使扇面侧边向水平线倾斜α角与圆相切，使切线与架子口的水平部分的内棱面相交于N点，N点的位置随着倾斜角α的变化而变化，见图9-6中N点的不同位置；

④ 作出与垂直轴线相对称的点N_1，即得大扇顶部塞入口槽部分的长度NN_1，这部分的加工余量根据口框沟槽深度而定。

通过包体施工投影图确定扇面的上部、下部长度，而大扇侧边长度等于堵头的周边长，根据第八章第二节内容绘制半片大扇的结构图。其中塞入架子口的扇面上部放出余量δ后，用阴影部分表示（图9-7），其中δ为沟槽深度。

为了使架子口与包体部件顺利、牢固地连接，通常架子口开关角度设计得不能太小，否则当包打开时在铰链中心会产生较大的应力，使塞入口槽内的材料脱出而影响包的质量。包的开关角度一般不小于120°~130°。

2. 由前、后扇面和墙子组成的架子口包

（1）扇面的基础图与施工图

扇面是包体的基础部件，它的形状和部分尺寸根据效果图确定。而扇面上长NN_1的距离取决于架子口口框水平部分的长度，具体的确定方法与前面相同（图9-7）。扇面的基础图参照第八章第二节内容完成。在基础图中，扇面上部放出加工余量δ，以保证余量全部塞入沟槽内，并用阴影表示塞入口槽的部分（图9-8）。

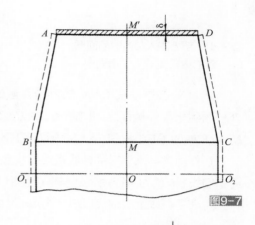

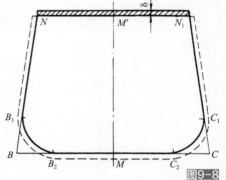

图9-7 下部塞料架子口包的大扇图

图9-8 下部塞料架子口包的扇面图

对于扇面顶部一部分塞入口框的正面缝制的包体来说，口框上部内棱面N点的确定与前面稍有不同。扇面顶部不塞入口槽的这一部分，与水平线形成夹角β（$\beta \geq 0$），在这种情况下，需作距离塞入的分界点为S的线段确定N点，S一般为3mm左右，目的是便于将扇面顶部顺利地塞入口槽。然后以N为基准点作夹角β，以垂直轴线为对称作出N_1点即得扇面顶部塞入口槽的长度（图9-9）。

（2）墙子的基础图与施工图

墙子的上部宽度取决于口高H和架子口的开关角度γ。随着开关角度的变化，架子口的开关幅度不同，则塞入口槽部分的墙子宽度不同。而且它们之间存在着一定的比例关系$NN_2 = 2(H-h) \cdot \sin\dfrac{\gamma}{2}$（图9-4）。

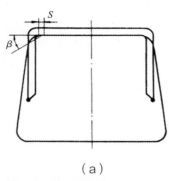

（a）

（b）

图9-9 部分塞入口内的扇面图
（a）包的透视图 （b）扇面图

若架子口的开关角度 γ 为180°，则 $NN_2=2（H-h）$，其样板的制作方法如下（图9-10）：

① 作两条相互垂直的对称轴线交点为 O，以 O 为中心在垂直轴上截取 $ON=ON_2$，得 N、N_2 点；

② 在 NN_2 的延长线上截取 $NN_1=h$，得 N_1 点；

③ 过 N_1 点作垂直于 NN_2 的直线并截取 $N_1E=N_1A+AE$，得 E 点，其中 N_1A 为架子口侧边外棱面到水平外棱面之间的距离，AE 为填塞余量，一般为4~5mm。同理得 N_1'、A'、E' 点。$NN_1EE'N_1'N_2$ 即是墙子塞入口框侧面的部分；

④ 作两条与水平对称轴线距离为包底宽度一半的平行线，并分别以 N、N_2 点为圆心，以扇面中的线段 NB_1 为半径画弧，与平行线相交于 B_1、B_1' 点，连接 NB_1、N_2B_1'；

⑤ 在平行线上截取线段 B_1B_2 与扇面中的 B_1B_2 弧相等，B_2M 与扇面中的 B_2M 相等，同理可得 B_1'、B_2'、M' 点；

⑥ 以 MM' 为对称轴作出墙子的另一半图形，并放出相应的加工余量，塞入口槽的部分用阴影表示。

箱包设计与制作工艺

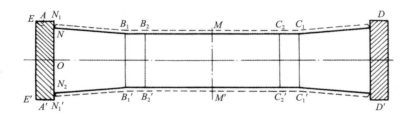

图9-10 下部塞料架子口包的墙子图

若架子口的开关角度小于180°，则墙子上部塞入口槽部分的宽度 $NN_2=2（H-h）\cdot\sin\dfrac{\gamma}{2}$，其塞入部分的制图方法与堵头相似，而包体的制作方法参照第八章内容，这里不再详述（图9-11）。

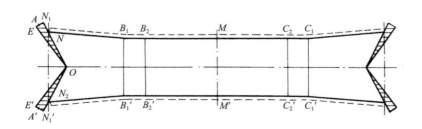

图9-11 $\gamma<180°$ 时下部塞料架子口包的墙子图

3. 整体下料的架子口包

整体下料的架子口包在实际设计中运用较少，这种包制作的关键是确定塞入的口槽部分。下面介绍具体的制作方法（图9-12）。

① 确定扇面顶部塞入口槽部分的长度NN_1，它的方法参照前文内容；

② 作两条相互垂直的对称轴线，在水平轴线上截取线段NN_1；

③ 过N、N_1点，作两条垂直NN_1的线段，使$NN'=N_1N_1'=h$；

④ 连接N'、N_1'点，在直线上截取$N'B=N_1'B'=h$，得B、B'点；

⑤ 过B、B'点，作两条垂直$N'N_1'$的直线并截取线段，使$BE=B'E'=BA+AE'$，得E、E'点，其中$B'A$为架子口侧边外棱面到水平外棱面之间的距离，AE为填塞余量，一般为4~5mm；

⑥ 从点E、E'起，在与水平对称轴线相平行的方向，截取与口高H相等的线段，得O、O'点，并连接ON'、$O'N_1'$即得大扇塞入口框的部分。其中$NN'BB'N_1'N_1$为塞入架子口

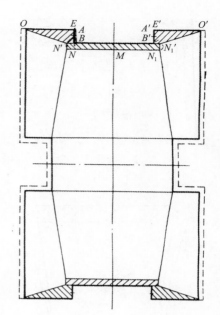

图9-12 下部塞料架子口包的整体大扇图

的水平部分，而$ON'BE$和$O'N_1'B'E'$为塞入侧面部分。为了保证整体下料的扇面和堵头能顺利、严实地塞入口槽，需在线段$NN'B$和$N_1N_1'B'$上作切口；

⑦ 包体其他部分的制作方法详见第八章内容。大扇图完成后根据不同的工艺要求放出加工余量，并用阴影表示塞入口槽的部分。

4. 口框固定在襟条上的架子口包

这种包造型新颖、体积小而精致，材料多使用价格昂贵且具有特殊花纹的动物皮革，属于礼节性用包。其特点是口框向包内嵌入不外露。

下面以大扇和两个堵头组成的包体介绍它的设计与制作方法：

根据包的设计效果图（图9-13），绘制施工投影图（图9-14），并确定部件尺寸：设口框

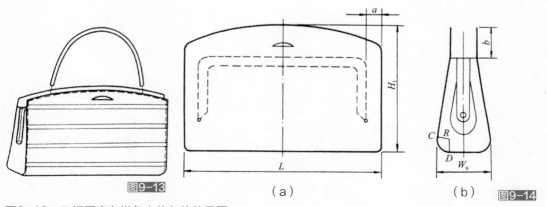

图9-13 口框固定在襟条上的包的效果图

图9-14 有襟条的包体视图

（a）主视图　（b）侧视图

上部棱面与扇面上部边缘之间的距离为b，口框侧部棱面与扇面侧部边缘之间的距离为a，扇面长L，堵头下宽W_u，圆弧半径R。

（1）堵头的基础图与施工图

① 作两条相互垂直的对称轴线交点为O，在水平轴线上截取$OD=OD'=\dfrac{W_u}{2}$；

② 分别过D、D'点作垂直DD'的两条直线，在直线上各截取$DA=D'A'=R$，得A、A'点；分别以A、A'点为圆心，以R为半径作圆；

③ 在垂直轴线上截取H_1-h的线段，得O_1点，其中H_1为包体高度。过O_1点作水平对称轴线的平行线并截取线段$O_1N=O_1N_2=\dfrac{H-h}{2}$，得$N$、$N_2$点；

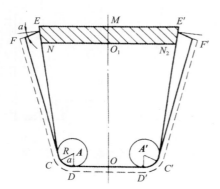

图9-15 有襟条的架子口包的堵头图

④ 分别过N、N_2点作圆的切线，得C、C'点；

⑤ 过点O_1在垂直轴线上截取O_1M，襟条头至口框外部棱面的距离+5mm，得M点；

⑥ 过M点作NN_2的平行线，与CN、$C'N_2$的延长线相交于E、E'点；

⑦ 从E、E'点以（90°$-a$）角截取线段$EF=E'F'=h+h$得F、F'点，连接FC、$F'C'$即得堵头的基础图，根据不同的工艺要求放出加工余量，塞入口槽的部分用阴影表示（图9-15）。为了保证堵头能顺利塞入口槽，需在线段EN和$E'N_2$处作切口。

（2）大扇的基础图与施工图

① 根据包体的施工投影图和已确定的部件尺寸，参照第八章内容作出大扇的基础图［图9-16（a）］；

② 由于口框嵌入扇面中，且扇面上口线为弧线，所以根据其上口形状需单独制作高度为$b+h$的垫皮图并放出针迹余量［图9-16（b）］。

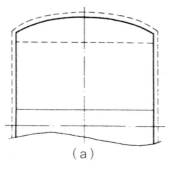
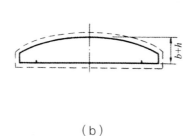

图9-16 缝有襟条的大扇图和垫皮图
（a）大扇图 （b）垫皮图

若包体的扇面上口线为直线，则垫皮可以与大扇连为整体一起下料，制图方法如图9-17所示：

① 以大扇图为基础，从BB'线向上作一条与其距离为$h+b+n$的水平线，其中n为边缘加工余量。并以BB'线为对称轴线，与扇面的上部形状对称，确定B_1、B_1'点，连接BB_1、$B'B_1'$；

② 以B_1、B_1'为对称点在线段BC、$B'C'$上确定A、A'点，而线段BB'为翻折线用点画线表示，翻折后线段B_1B_1'与AA'重合，是架子口的安装部位，根据不同工艺要求放出加工余量。

（3）襟条的样板制作

襟条一般为长方形，其长度由口框水平部分决定，而宽度取决于口框高度。

① 根据口框的基本尺寸，参照前面的内容确定架子口水平部分的长度NN_1（图9-6），它的长度即是襟条长；

② 襟条的宽度等于口框断面高度 h 与针迹余量

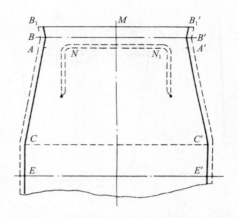

图9-17 缝有襟条、上口线为直线的大扇图

之和，根据已知尺寸作出襟条图。在制作过程中，襟条的一边与扇面顶部缝合，当扇面沿弯折线BB'翻折后，襟条的另一边翻转180°与口框的水平部分安装，而与扇面连在一起的下部边缘固定在中间部件上。

（二）顶部塞料的架子口包

顶部塞料的架子口包适合不同的包体结构，其特点是口框外部形状被大扇遮蔽，面料和里料均塞在位于口框顶部的沟槽内。这种结构的设计关键是架子口周边长度的确定。

1. 由大扇和两个堵头组成的架子口包

（1）口框长度的确定

根据口框的基本形状绘制外形轮廓图［图9-18（a）］，计算架子口的周边长度$L=2$（$OB+0.018\times R\alpha+N'M'$），$\alpha$ 为口框拐角处圆弧度数，ON'表示口框的侧面部分，而$N'M'$是口框的水平部分。

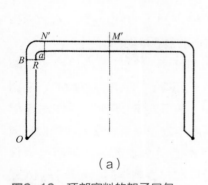
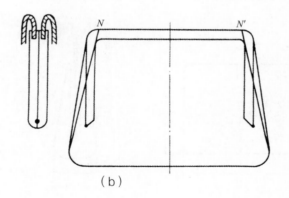

（a）　　　　　　　　　　　（b）

图9-18 顶部塞料的架子口包
（a）口槽位置 （b）包的形状

（2）**堵头的基础图及施工图**

堵头的上部宽度等于口框侧面长度，即$W_p=2$（$OB+0.018\times R\alpha$），根据侧视图作出堵头图，并放出塞入口框的加工余量 h 和线迹余量（图9-19）。这种结构的架子口开关幅度为180°，但在实际设计中为了使用方便，通常在口框内部附加伸缩性拉条，以满足包袋不同开关幅度的

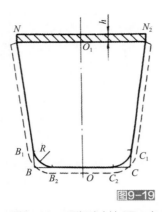

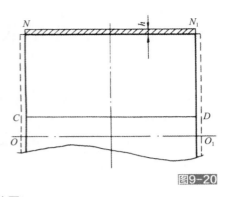

图9-19　顶部塞料架子口包的堵头图

图9-20　顶部塞料架子口包的半片大扇图

需要。

（3）大扇的基础图与施工图

大扇顶部的长度等于口框水平部分长度，即$L=2N'M'$（图9-18），根据主视图及前面介绍的内容作出半片大扇图并放出相应的加工余量（图9-20）。

由前、后扇面与墙子组成的包体，制图方法与上面相似，这里不再详述。

2. 由前、后扇面和包底板组成的架子口包

这种结构在架子口包中运用较多，特点是口框的周边沟槽全部由扇面的水平和侧面部分填塞，其制图方法与前面略有不同。

① 口框长度的确定：口框长度的确定方法与前面相同，即$L=2（OB+0.018\times R\alpha+N'M'）$，$\alpha$ 为口框拐角处圆弧度数，其中ON'表示口框的侧面部分，$N'M'$是口框的水平部分。

② 绘制包体施工投影图，确定部件尺寸（图9-21）。并根据第八章内容作出长方形的包底板图。

③ 扇面顶部的长度与口框水平部分的长度相等，即$NN_1=2N'M'$，根据施工投影图确定的部件尺寸作出扇面图，其制作方法与第八章内容相似。但由于包体侧视图呈锥形，侧面上宽很小，所以在样板制作时，扇面顶点N直接与包底C点连接，在线段NC上截取$NA=OB+0.018R\alpha$作为塞入口框侧面部分的长度。

以MM'为对称轴作出相应的另一半图形，根据不同的工艺要求放出加工余量，并用阴影表示塞入口槽的部分（图

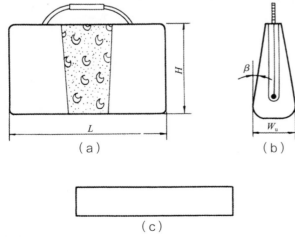

图9-21　由前、后扇面和包底板构成的架子口包的包体视图

（a）主视图　（b）侧视图　（c）包底板

9-22）。

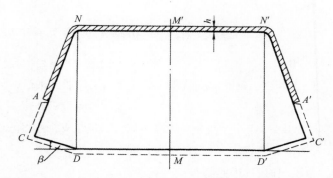

图9-22 由前、后扇面和包底板构成的架子口包的扇面图

（三）侧部塞料的架子口包

侧部塞料的架子口包，口框长度 $L=2[OB+0.018（R-\frac{m}{2}）\alpha+N'M']$，它是按口框的中线计算，其中 m 为一个口框宽度。其他部分内容与顶部塞料的制作方法相同，这里不再详述。

（四）用两个铁口开关的架子口包

用铁口开关的架子口，适合各种结构的包袋，体现一种简洁、大方、崇尚自然的风格。其结构特点是两个铁口被相同面料的材料包覆，借助铰链对接或套接在一起。对于对接口框而言，两个铁口条大小、形状相同，彼此毗邻对接在一起。而对于套接口框而言，上、下两个铁口条形状相同、大小不同，彼此相互套接在一起。

用铁口开关的包袋，其结构设计的关键是铁口条长度的确定及包皮样板的制作。通常铁口条的尺寸与扇面和堵头的尺寸相一致，但由于铁口条与包体连接的部件不同，所以其尺寸的确定方法不同。

1. 铁口条长度的确定

在计算铁口条长度时，首先绘制包体部件图，确定出扇面上长和堵头的上部宽度。通常铁口条与包体部件的连接方式有两种：

① 铁口条的包皮仅与扇面连接，而与堵头不连，则下部铁口条的长度应为扇面上长与堵头宽度之和，即：

$$L_1=L_0+W_p$$

式中　L_1 ——下部铁口条的长度；

　　　L_0 ——与铁口条连接的扇面上部长度；

　　　W_p——堵头上部宽度。

对于套接口框来说，上部铁口条的长度略大于下部长度，由于包皮材料的厚度和被包铁口条之间产生的空隙，而加大了铁口条拐弯处曲线部分的长度。通常铁口条之间的空隙量约2mm，目的是为了减小被包覆铁口条之间产生的摩擦力。

如图9-23所示，设包皮材料的厚度为 λ_1，铁口条之间的空隙为 c，下部铁口条的圆弧半径为 R_1，上部铁口条的圆弧半径为 R_2，则下部铁口条的圆弧长度为 $\frac{1}{4}\times 2\pi R_1=\frac{1}{2}\pi R_1$，而上部铁口条的圆弧长度为 $\frac{1}{4}\times 2\pi R_2=\frac{1}{2}\times\pi（R_1+2\lambda_1+c）$，这两部分的长度差为：

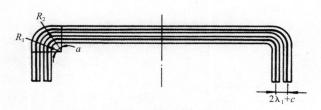

图9-23　前、后铁口条长度差的计算

$$\frac{1}{2}\times\pi\ (R_1+2\lambda_1+c)-\frac{1}{2}\pi R_1=\frac{1}{2}\times\pi\ (2\lambda_1+c)$$

所以 $$L_2=L_1+\frac{1}{2}\times\pi\ (2\lambda_1+c)$$

② 若铁口条的包皮既和扇面连接，又与堵头相连，则下部铁口条的长度为：

$$L_1=L_0+W_1+L_3$$

式中　W_1——两个半片堵头与铁口条包皮相连接的长度；

　　　　L_3——铁口条空端长度。

2. 包皮样板的制作

包皮样板的制作包括两部分，一部分直接包住铁口条的包皮部分，另一部分与扇面和堵头连接的包皮部分。

（1）直接包住铁口条的包皮部分

这一部分的形状呈长方形，其长度等于铁口条的长度，宽度等于铁口条的宽度与厚度之和的两倍，即：

$$W_2=2\ (W_3+W_4)\approx 2W_3+2\xi$$

式中　W_2——包皮的宽度；

　　　　W_3——铁口条的宽度；

　　　　W_4——铁口条的厚度；

　　　　ξ——材料包覆铁口条一边的弯曲余量，一般为5mm左右。

（2）与扇面和堵头连接的包皮部分

在铁口开关过程中，为了避免在堵头面料的中间部分产生较大的应力而将材料撕裂，通常堵头上部的中间部分不与包皮连接。当包打开时，堵头的中间部分聚在一起，形成活褶。而当包关闭时，堵头材料的长度需满足绕过整个铁口条空端部分的开关余量（图9-24）。

铁口条的端头形状有圆形或矩形两种（图9-25）。若是圆形，则铁口条空端的周边长度$L_4=ab+\pi R+cd$。若是矩形，则空端的周边长度$L_4=ab+bc+cd$。所以与扇面和堵头连接的包皮部分的长度$aa'=L_1-L_4$，其中L_1为铁口条的长度，L_4为铁口条空端的周边长。

根据确定的两部分尺寸即可制作包皮样板。具体过程如下（图9-26）：

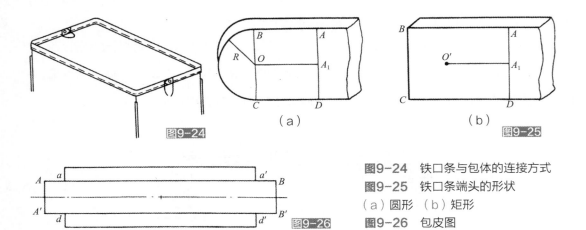

（a）　　　　　　　　　　　　　　　（b）

图9-24

图9-25

图9-26

图9-24　铁口条与包体的连接方式

图9-25　铁口条端头的形状

（a）圆形　（b）矩形

图9-26　包皮图

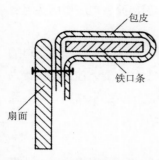

图9-27 部件的连接图

① 作一条水平对称轴线，在其两侧作距离为W_3+W_4的平行线，在平行线上分别截取长度为铁口条长度的线段并连接，$AA'B'B$即为直接包住铁口条的包皮部分；

② 在线段AB、$A'B'$上作$aa'=dd'=L_1-L_4$，即为包皮与扇面和堵头连接的长度；

③ 作距离线段aa'为15mm的直线，并与a、a'点垂直相连；

④ 作距离线段dd'为10mm的直线，并与d、d'点垂直连接，即得与扇面和堵头连接的包皮部分。

当在铁口条上包皮时，材料沿对称轴线弯折，位于包体内部的包皮的上面部分，应遮蔽住包皮的下面部分（图9-27）。

第二节　带盖包

带盖包在包类设计中占据着较大的比例，如各种男式公文包、童包、女式拎包等。带盖包中的盖子，最初的功能是防止物品遗失，而如今装饰功能已逐渐成为第一属性，如有些包用拉链封口后，仍设计有包盖作为装饰。不同造型的包体，需要不同外观形态的包盖与其相协调。如棱角分明的长方形包体适合选用直线与小圆弧组合的包盖，弧线自然的梯形包体适合选用直线与大圆弧组合的包盖，而弧线流畅的椭圆形、圆形包体则适合小圆弧与大圆弧组合而成的包盖。

随着个性化需求的不断提高，包盖的造型打破了常规的设计思路，从规则的几何形向不规则形变化，追求一种自然美，如有些包盖的形状直接采用天然皮革的外轮廓造型。

包盖的尺寸主要取决于包体的尺寸、结构，包的使用场合、当前的流行趋势和设计风格等。但不论包盖的造型与尺寸如何变化，其结构与工艺的设计方法是相同的。

一、包盖的组合及与扇面的连接方式

1. 包盖的组合

在包体设计中，包盖既可以设计为一个单独部件，也可以与其他部件组合而成。包盖的组合方式一般有四种：

① 与后扇面一起下料，组合成一整体［图9-28（a）］；

② 与大扇一起下料，使前后扇面、包底组合成一整体［图9-28（b）］；

③ 与大扇一起下料，使后扇面和堵头组合成一整体［图9-28（c）］；

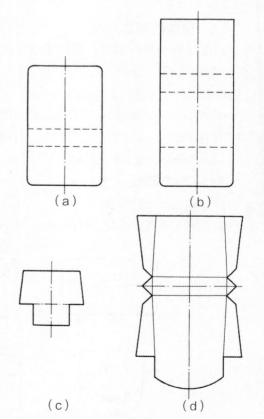

（a）　　　　　（b）

（c）　　　　　（d）

图9-28 包盖的组合方式

图9-29

图9-30

图9-29 单独下料的包盖
图9-30 与后扇连为一体的包盖

④ 与大扇一起下料，使前后扇面、包底和堵头组合成一整体［图9-28（d）］。

由于考虑天然皮革纤维的方向性要求，提高材料的有效利用率及满足不同工艺的制作需要，包盖常设计为一个单独部件。如果使用的是合成或纺织材料，则包盖多与其他部件组合为整体一起下料。

2.与扇面的连接方式

作为单独下料的包盖，与后扇面的连接方式一般有三种：

① 从正面采用线缝法、高频焊接法或铆接法缉缝，而边缘为毛边或折边的包盖；

② 从反面采用线缝法缉缝，边缘用单侧折边或双侧折边的包盖；

③ 从里面采用线缝法缉缝，夹在后扇面与里子之间的包盖。

单独下料的包盖如图9-29所示。从与后扇面的连接方式可以看出，采用正面和反面缝制法的包盖较多，而从里面缉缝的包盖较少。

与包体部件一起下料的包盖，可以采用正面缝制法或反面缝制法制作，如图9-30所示。

二、包盖的基本结构

包盖是一个整体部件，但为了设计需要，常把它分为三部分（图9-31）：

前面部分——盖住包前扇面的部分；

中间部分——盖住包上部敞口即包盖开口的部分；

后面部分——固定在包后扇面上的部分。

1.包盖前面部分

（1）前面部分的形状

包盖的前面部分可设计成长方形、椭圆形或不对称的其他各种几何图形（图9-32）。

图9-31 包盖的基本结构
1-前面部分 2-中间部分 3-后面部分

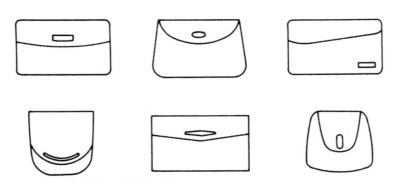

图9-32 包盖前面部分的形状

（2）前面部分的尺寸

① 包盖的高度：包盖前面部分的高度应与包的前扇面高度相协调，两者之比$h=\dfrac{H_0}{H}$，其中H_0表示包盖前面部分的高度，H表示包的扇面高度。h值越小，包盖越短。根据h值的大小，包盖前面部分的高度可分为三类：

短盖——$h=0.1\sim0.34$；

中盖——$h=0.34\sim0.67$；

长盖——$h=0.67\sim1$。

② 包盖的长度：包盖前面部分的长度一般与扇面长度相等，或略长$4\sim6$mm。而有些包采用小于扇面长度的小盖进行封口，以突出其设计特点。

2. 包盖中间部分

中间部分的确定是整个包盖制作的关键。其中包盖中间即开口部分的长度与前面部分的长度相同，而开口宽度与堵头宽度、硬质中间部件的有无相互联系。

对于硬质结构包来说，包盖开口宽度与堵头或墙子的上部宽度相同。

对于软质或半硬结构包来说，包盖开口宽度与堵头上部和下部宽度有密切的联系（图9-33）。为了确定开口宽度与堵头宽度之间的比例关系，对大量的软结构包和半硬结构包进行实际测量，发现包盖的开口宽度在很大程度上取决于堵头的下部宽度，只有开口宽度与包的下部宽度比例合适，才能保证包的整个容积在装满的情况下包盖能充分闭合。

对测量的大量数据进行统计分析，得出在堵头上部宽度一定的情况下，开口宽度和堵头下部宽度之间存在的相互关系为

$$W_x=0.7W_u+6\text{mm}$$

式中　W_x——包盖的开口宽度；

　　　W_u——堵头下部宽度。

上述公式表示出包的下部宽度和开口宽度之间较适用的比例关系，可供皮件设计者与爱好者参考和应用。

3. 包盖后面部分

包盖后面部分的尺寸和形状与包盖和包体的连接方式有关。如果包盖是从扇面内侧即在后扇面与里子之间缉缝，则包盖后面部分距离开口线的高度h_1一般为$10\sim15$mm。如果包盖从后扇面以正面或反面缉缝在包体上，则包盖后面部分的高度$h_2=25\sim60$mm，一般为40mm，以便于扇面与堵头顺利缉缝和易于操作。

与后扇面连接的包盖，后面部分的长度小于开口长度，包盖后面两侧裁成斜角，斜切线距开口线约5mm，与包盖两侧成45°角，目的是便于扇面和堵头的装配（图9-34）。

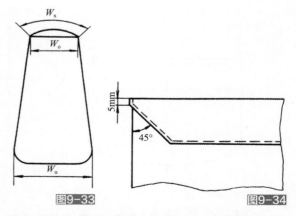

图9-33 包盖开口宽度与堵头上、下宽度之间的关系

图9-34 包盖后面部分在扇面上的位置

4. 包盖样板的制作

包盖基本尺寸确定后，即可绘制包盖图。具体过程如下（图9-35）：

① 作两条相互垂直的对称轴线交点为O，其中水平对称轴线为包盖前面部分与中间部分的分界线；

② 在水平对称轴线上截取$AO=A'O=$包盖开口部分长度的一半；

③ 在垂直轴线的下方截取OK等于包盖前面部分的高度，其形状参照包的效果图绘制；

④ 在垂直轴线的上方作一条与AA'距离等于开口宽度W_x的平行线DD'，并垂直连接AD、$A'D'$，则DD'即为包盖中间部分与后面部分的分界线；

⑤ 在距离DD'5mm处作一平行线，得长度与DD'相等的线段CC'；

⑥ 作一条与CC'距离为包盖后面部分高度h_2-5mm的平行线，并过C、C'点作两条斜线与垂直方向成45°角，与平行线交于E、E'点，即得用正面或反面缉缝在后扇面上的包盖图。

若包盖缉缝在后扇面与里子之间，如图9-36所示。由于要考虑线缝的加工余量，直线EE'应距离直线DD'10~15mm（图9-37）。

若包盖和后扇面或整个大扇一起下料，则先作包盖的后扇面图，再从直线DD'处开始绘制包盖中间和前面部分（图9-38）。

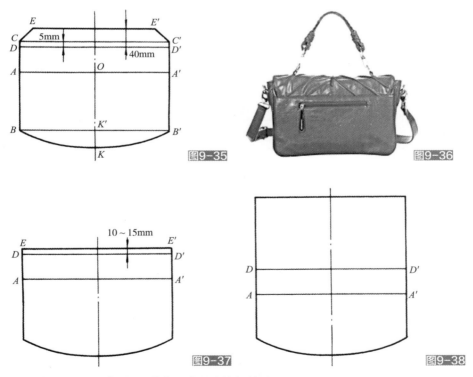

图9-35　以正面或反面缉缝在后扇面上的包盖图

图9-36　包盖缉缝在后扇面与里子之间

图9-37　从内侧缝在后扇面上

图9-38　和后扇面一起下料

第三节　拉链包

拉链是包类设计中采用最多的一种开关方式，它不仅使用方便，封口严密，而且各式精美的拉链与拉头为现代包袋平添了几分活泼和生气，颇受人们的喜爱与青睐。无论是休闲包、经典包，或男包、女包中都较常见。

一、拉链的种类及长度确定

拉链的种类很多，但基本结构是相同的，即由前铆、拉链头、咪牙、后脚和带子5部分组成（图9-39）。在皮件制品中，常采用后脚不分开的拉链，或者在未成形拉链的末端设计不同形状的皮块作为后脚。

1. 拉链的种类

从拉链咪牙的大小来分，有大拉链、中型拉链和小拉链。大拉链一般使用在旅行包及其他大型皮件制品上，锁紧后咪牙宽度为7~9mm；中型拉链多使用在靴鞋、上衣及较小的皮件上，锁紧后咪牙宽度为5~7mm；小拉链常使用在针织品、薄连衣裙及小皮件上，锁紧后咪牙宽度为3~5mm。

从拉链的用途来分，有成型的专用拉链和未成型拉链。成型的专用拉链是指有前铆、后角，用在特定部位的拉链，如裤装和裙装中的拉链；未成型拉链是指没有前铆、后角，而根据实际需要选择拉链头和长度的拉链，这部分拉链使用形式自由，适用性强，在皮件设计中较常采用。从拉链的材质上讲，拉链又有金属拉链、尼龙拉链、聚酯拉链的不同。

2. 拉链长度的确定

在设计中，拉链的长度应与整个制品的基本尺寸相适应，也应和拉链缝在一起的其他部件的尺寸相适应，所以拉链的长度是由与其相连接的部件长度及包体侧面上部宽度决定的。

对于缉缝在由大扇和堵头组成的包体上的拉链，其长度为L_0+L_1，L_0为扇面上长，L_1为空带长度，它的大小与堵头上部宽度相等。拉链的后脚一边留出一段空带，目的是保证拉链打开时堵头能充分开启，取放东西方便（图9-40）。但对于某些包体结构，在确定拉链长度时可不加

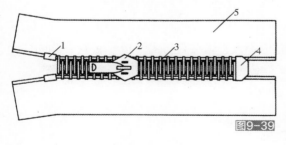

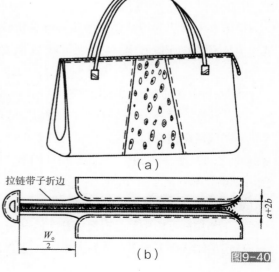

（a）

图9-39　拉链的基本结构
1—前铆　2—拉链头　3—咪牙
4—后脚　5—带子
图9-40　拉链长度的确定
（a）缝在包上的拉链　（b）缝在拉链条上的拉链

拉链带子折边

$\dfrac{W_0}{2}$　　$a+2b$

（b）

空带部分，其确定依据是拉链的开关幅度不影响包体的开启程度，如使用在由前、后扇面组成的包体上的拉链，其长度不需加空带部分。

二、不同结构的拉链包设计

在拉链包的设计中，拉链与包体部件的连接方式一般有四种：

① 直接缝合在包的前、后扇面上；

② 缝在有拉链切口的整体墙子或由两个部件组成的墙子上；

③ 缝在前、后扇面的拉链条上；

④ 缝在扇面和堵头或下部墙子上。

1. 直接缝合在前、后扇面上的拉链包

这种结构多适用于软质或半硬结构、堵头为梯形或长方形的包体，在女式拎包、背包中较常见，属于一种休闲包。

下面以大扇和两个堵头组成的包体为例：

根据包的效果图，绘制施工投影图并确定部件尺寸（图9-41）。

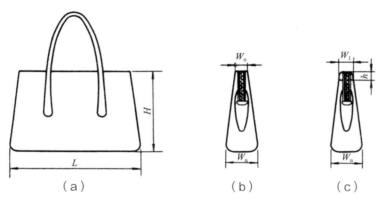

图9-41 拉链缝在前、后扇面上的包体视图
（a）主视图 （b）堵头与扇面等高的侧视图 （c）堵头低于扇面高度的侧视图

采用这种缝法的拉链包，堵头成折叠状向包内深入，堵头高与扇面相等或小于扇面的高度。通过侧视图可以看出，包在关闭状态下，侧面上宽是由拉链的咪牙和带子宽度决定的。

即
$$W_0 = a + 2b$$

式中　a——锁紧状态时咪牙宽度；

　　　b——拉链咪牙至扇面边缘所需要的距离。

为了保证拉链顺利开关，使锁头拉动平滑，b值应不小于3mm。否则缝有拉链带子的材料和锁头之间就会产生摩擦，使拉链拉动困难，制品过早损坏。而带子宽度是定值，除去加工余量，则剩余部分宽度约7mm，所以$3mm \leqslant b \leqslant 7mm$。

堵头高度不同，其尺寸的确定方法不同。

（1）与扇面高度相等呈折叠状并向包内深入的堵头［图9-41（b）］

在包关闭状态下，堵头成品上宽W_0与包体侧面上宽相等，则样板上部宽度可以参照第八章

内容确定，即$W_p=2\sqrt{\left(\dfrac{a+2b}{2}\right)^2+\left(\dfrac{L_0}{4}\right)^2}$。由于在实际设计中$W_0$较小，其长度可近似等于扇面上长的一半，即$W_p=\dfrac{L_0}{2}$。

（2）低于扇面高度h而呈折叠状向包内深入的堵头［图9-41（c）］

这种结构的堵头成品上宽W_1大于包体侧面上宽，确定W_1的宽度时应从低于扇面h处开始计算。所以堵头样板上部宽度$W_p=2\sqrt{\left(\dfrac{W_1}{2}\right)^2+\left(\dfrac{L_0}{4}\right)^2}$。

包体部件图绘制完成后，需考虑扇面与拉链的缝制方法，根据不同的工艺要求放出相应的加工余量。

2. 缝在上部墙子上的拉链包

这种结构常使用在男式公文包、公文箱及学生用包中，扇面形状多为长方形或正方形。若整个侧面部分由上部墙子构成，这样既增加了包体的新颖性，又体现了它的时代性，所以深受职业女性的喜爱。

制作包的部件图时，首先确定上部墙子的长度，该长度由包的扇面决定。而拉链长度取决于上部墙子的长度和宽度。

通常墙子可以设计成一个带拉链切口的整体［图9-42（a）］，也可以由两部分组成［图9-42（b）］。

绘制包体施工投影图，确定部件尺寸（图9-43）：

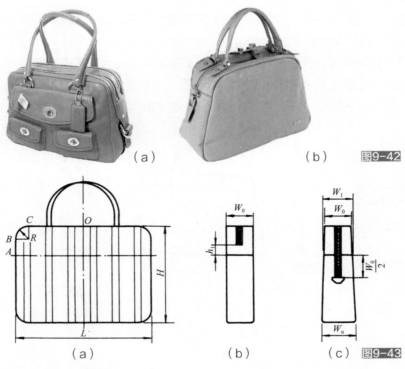

（a）　　　　　　　　　　　　（b）　图9-42

（a）　　　　　　（b）　　　　（c）　图9-43

图9-42　包的效果图

（a）带拉链切口的包　（b）上部墙子由两部分组成的包

图9-43　拉链缝在上部墙子上的包体视图

（a）主视图　（b）带拉链切口的墙子侧视图　（c）分为两部分的墙子侧视图

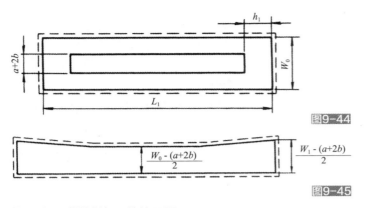

图9-44

图9-45

上部墙子的长度 $L_1 = 2$ $(AB+0.018R\alpha+CO)$

若墙子为带拉链切口的整体，则拉链长 $L_x=L_1-2h_1$，其中 h_1 为切口与上部墙子边缘之间的距离约15mm，切口为毛边，且最小宽度为 $a+2b$（图9-44）。

若墙子由两部分组成，则拉链长 $L_x=L_1+\frac{1}{2}W_0+20$，其中 W_0 为墙子上部宽度，目的是便于墙子的充分开启。而一块墙子的宽

图9-44 带拉链切口的墙子图
图9-45 由两部分组成的墙子图

度 $W_2=\frac{1}{2}[W_0-(a+2b)]$，与拉链缝合的部位通常折边，根据工艺要求放出折边和线迹余量（图9-45）。

3. 缝在拉链条上的拉链包

这种结构适合各种风格的包袋，是拉链包中所占比例较大的一类。借助拉链条封口，目的是隐藏拉链，以突出包体的简洁造型和体现天然皮革的纹理效应（图9-46）。

而有些拉链条，根据设计需要使用在扇面上部，使整个拉链显露，表现出一种直爽、豁达的风格（图9-47）。

通常情况下，拉链条的形状与包的扇面上部轮廓线一致，其高度以不影响包的正常开关为依据。成品包拉链条的高度一般约40mm，高度越大，拉链在前、后扇面之间埋得越深。

除此之外，拉链条的高度还与包体的制作方法有关。如由大扇和两个堵头组成的包，若采用正面缝制法，拉链条的位置应与堵头对接，以便于工艺制作。若采用反面缝制法，则拉链条的位置应低于堵头上部边缘15mm左右，以尽量封住包敞口部分（图9-48）。

图9-46

图9-47

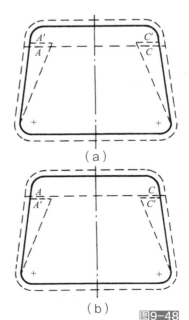

（a）

（b）

图9-48

图9-46 拉链条嵌入的包的效果图
图9-47 拉链条缝在扇面上部的包的效果图
图9-48 用不同方法制作时拉链条的高度
（a）反面缝制法 （b）正面缝制法

根据包体结构和对容积的不同需求，拉链条可分为三种形式：

（1）普通拉链条

① 拉链条的形状：这种拉链条与扇面缝合后，拉链条自然嵌入包体中，使侧面上部宽度减小，所以较适合容积稍小的包。

在设计中，若扇面拐角呈圆弧形并需要增大包的容积，则拉链条上部的弧度半径可大于扇面15~20mm，但与扇面缝合部分的长度不变。根据确定的形状和尺寸作出拉链条图（图9-49）。

② 拉链长度及缝缉部位的确定：为了制作需要，拉链的锁头和锁尾应与成品包边缘有一定距离，即需要确定拉链缝缉起止点的位置。同时其位置还与包的制作方法和包体结构有关。

由大扇和堵头组成的正面缝制的拉链包，拉链缝缉起止点E、F的位置应与端点A、C的距离为10mm左右，以便于缝纫机压脚顺利通过，线段EF即为拉链的缝合部位，而拉链的长度$L_x=EF+\dfrac{1}{2}W_0+20$，其中$W_0$为堵头上部宽度根据工艺要求放出折边或针迹余量（图9-50）。

若采用反面缝制法，则只需考虑压脚的一半宽度，所以拉链缝缉起止点E、F的位置应与端点A、C的距离约为8mm，线段EF为拉链的缝合部位，根据工艺要求放出反面缝制的加工余量（图9-51）。

由前、后扇面和包底板组成的包体，拉链条完全嵌入包内，其长度与安装位置主要取决于扇面的上部长度。为了使用方便，通常拉链缝缉起止点E、F的位置与扇面上部和侧面的分界点A、C的距离为10mm左右（图9-52）。

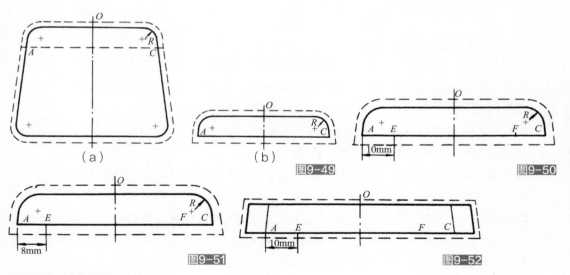

图9-49　拉链条图

（a）扇面的形状　（b）拉链条

图9-50　采用正面缝制时拉链缝在拉链条上的位置图

图9-51　采用反面缝制时拉链缝在拉链条上的位置图

图9-52　拉链缝在拉链条上的位置图

（2）弯折成90°的拉链条

这种拉链条适合容积稍大的包，包体侧面上宽决定了拉链条弯折部分的宽度（图9-53），这种结构一般采用正面缝制法制作。

通常拉链条沿弯折线可分为垂直部分和水平部分，垂直部分的制作同前所述。而水平部分从拉链条的EF处开始制作，其宽度$W=\frac{1}{2}(W_0-a-2b)$，W为拉链条水平部分的宽度，W_0为堵头上宽（图9-54）。

在实际包的设计中，常把这种拉链条的垂直和水平部分分成单独的两个部件（图9-55），而拉链安装在水平部分的线段$E'F'$上。

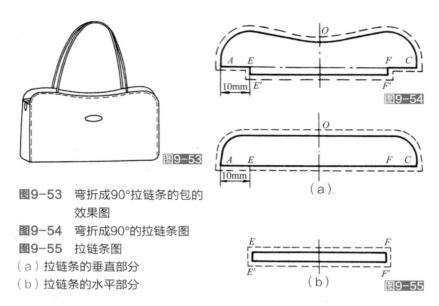

图9-53　弯折成90°拉链条的包的效果图

图9-54　弯折成90°的拉链条图

图9-55　拉链条图

（a）拉链条的垂直部分

（b）拉链条的水平部分

（3）与大扇连为一体的拉链条

这种结构的包采用反面缝制法，其特点是拉链条与扇面连为整体并沿扇面上口线向包内折入，整个包体无明显的线迹，表现一种细腻、清秀的艺术风格，是现代工业产品简洁性和单纯化设计的真实体现。

与大扇连为一体的拉链条部件图的制作方法如下：

① 首先按照第八章内容完成包体的部件图；

② 在大扇或扇面图的上口线OO'的上方，沿垂直对称轴线截取等于拉链条高度的线段交于M点；

③ 过M点作一条与扇面上口线平行的直线，以OO'为对称轴线，与扇面上部形状对称，确定A、C点，$AOO'C$即为与扇面连为一体的拉链条部分。在扇面两边找出相对应的点A'、C'。在制作中，拉链条部分以OO'为弯折线向包内折入，而A、C点与A'、C'点重合；

④ 在线段AC上作$AE=CF=8mm$，得E、F点，EF即为缝合拉链的部位和长度；

⑤ 根据反面缝制的工艺要求放出加工余量（图9-56）。

4. 缝在扇面与堵头上的拉链包

这种结构多使用在女式软质拎包和旅行包中，工艺采用反面缝制法。其特点是堵头上部呈不同曲率的凸状弧线，侧视图形状为圆弧形或锥形，堵头高度与扇面相等（图9-57）。

由于包体开口宽度的有限性及对容积的需求，堵头上部的弧线曲率可大可小。若包体容积较大，通常堵头的形状近似圆形，如旅行包，而面料多为纺织材料；若容积较小，则堵头的形状近似锥形。为了便于取放物品，堵头的高度不能太大，其样板根据侧视图做出。

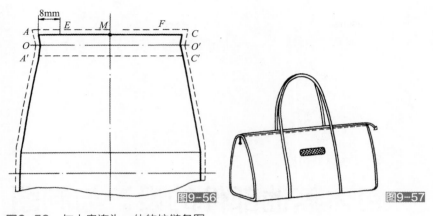

图9-56 与大扇连为一体的拉链条图
图9-57 缝在扇面与堵头上的拉链包的效果图

随着旅行包材料的日益皮革化，锥形堵头及包体的各部件尺寸逐渐增大，不同结构及部件的形状对包体容积的影响已减弱，所以时尚旅行包常采用这种结构。

根据第八章内容，完成大扇部件图，并根据反面缝制的工艺要求放出加工余量。但需注意大扇周边长等于堵头周边长减去拉链所需的最小距离$a+2b$。在这种结构中，一般大扇与堵头之间加有与面料颜色相近或相同的埂条，以起到支撑、定型和美化包体的作用。

为了增加包体容积，还可以增大圆弧形堵头的上部宽度。在这种情况下，包的开口部分可设计为由褶饰带连在一起的两条拉链组成，褶饰带的宽度为30mm左右。而这两条拉链既可以各自作为一个独立的部分，也可以由两个拉头组合成环形封口。

第四节　敞口与半敞口包

在不同开关方式的设计中，封口采用敞口式的包体较少。因为敞口容易遗失物品而且影响美观，不能满足人们各种用途的需要。为了增加包的使用安全性，突出开关方式的多样性，通常在敞口包的基础上，采用各种小盖、钎袢、挂钩、磁扣、拉环等装饰配件和拉绳等封口，以满足包的造型和各种场合的使用需要（图9-58）。

敞口与半敞口包，其开口内侧常加有垫皮，以防材料反面露出而影响美观。通常垫皮的形状与扇面上部形状相同，其高度取决于包体高度和容积大小。而垫皮材料与面料颜色相同或相近，以满足包袋整体效果的协调性和一致性。

图9-58 半敞口包

包体其他部件的设计与制图

包体部件主要包括外部部件、内部部件、中间部件和其他辅助部件等。每个部件都有其自身的功能和用途，其中外部主要部件是包袋设计的关键与核心，它构成包体的整体结构；内部部件和中间部件是形成不同风格包袋的必要条件和重要保证，主要作用是装饰包体内部和支撑包体的框架结构，其形状和尺寸取决于外部主要部件的形状和尺寸；而外部次要部件是包体的辅助部件，其形状和尺寸与包体的使用方便性和装饰风格相协调，造型变化丰富多样。

第一节　包体内部部件

包体内部部件是指位于包的内部、用来装饰包体内侧的部件。其作用是一方面保护材料不受损坏，更具实用功能；另一方面可以装饰包体内部，增加包的美观。随着箱包行业的高速发展，评价一个质美的包类产品，已不仅仅局限在对外部部件的各种要求，内部部件所选用的材料、花色、结构和制作工艺也已逐步成为衡量的重要标准。

现代许多皮件企业增设了各种辅助车间，专门设计带有本企业标志图案的里子部件和常用的一些装饰配件，在满足其使用功能的同时，扩大企业知名度，树立企业形象，通过品牌效应增加产品的附加值，所以内部部件的设计是至关重要的。

包体内部部件主要包括里子、里袋和隔扇等，下面分别介绍它们的设计与制作方法。

一、里子

里子是包体的主要内部部件，包体结构不同，里子部件的制作方法也不同。通常里子可分为两类：

① 单独制作的里子部件：即把里子部件单独做成一个整体，缝合后将其套在包体内，沿包的上口将里子固定。反面缝制的包多采用这种结构。

② 与外部部件相似的里子部件：即把里子分成几个部件，其形状和尺寸与包体相对应的外部部件的形状与尺寸相似。在制作过程中，里子直接粘贴在相应的面料上，若有海绵、纸板等中间部件需提前固定，然后将包装配成一个整体。这种里子一般使用在内部装饰要求平整或包体尺寸较大的包中，如旅行包、运动员用包等。在制作个别部件（如包盖、连接板、插袢、钎舌等）时，也常采用此法。这种结构多用于正面缝制的包体中。

不论采用哪种方法，里子部件图一般按面料部件的基础图制作，根据不同的工艺要求放出加工余量。若采用单独制作的里子结构，并在其中设有中间部件，则为了使包体内部贴紧，应将里子部件的轮廓线标在距离面料部件基础图内2~3mm处，然后根据包体不同的缝制方法和工艺要求，放出里子边缘的加工余量。

在绘制架子口包的里子部件图时，扇面里子的上部轮廓线应和扇面基础图轮廓线相一致，而堵头里子上部轮廓线应比堵头基础图的轮廓线高12~15mm，以保证堵头能较好地塞入口槽。

下面分别以六种包体结构为例，介绍里子的制作方法。

1. 由大扇和两个堵头组成的包体

由大扇和两个堵头组成的包，其里子的制作方法主要取决于包体的制作方法和面料边缘的加工方式。

若采用正面缝制法，包体的里子部件与相应的外部部件相似。如果大扇与堵头边缘两侧同时折边，则里子基础图和相应的面料基础图相同。如果大扇边缘单侧折边或为毛边，则大扇和堵头里子基础图的整个轮廓线比面料基础图减小1~1.5mm。

若采用反面缝制法，包体的里子部件常设计为一个整体结构。为了使包体内部贴紧，应将里子部件的轮廓线标在距离面料部件轮廓线2~3mm处，制作过程如下（图10-1）：

① 以大扇的基础图为依据，在延长线AA'上截取线段$AA_n=\dfrac{1}{2}W_p-2$，得A_n点，其中W_p为堵头样板上部宽度；

② 在包底部分T点的右方截取长度为2mm的线段，得T_n点；

③ 从T_n点向上垂直截取线段$T_nB_n=\dfrac{1}{2}$包底宽-2，得B_n点；

④ 在点B_n的左方与AA'线相平行截取线段$B_nB_m=T_nB_n$，连接A_n、B_m点，以OM为对称轴线作出扇面的另一半图形，再以TT''为水平对称轴线作出大扇的里子基础图，根据工艺要求放出加工余量，即得大扇的里子施工图。

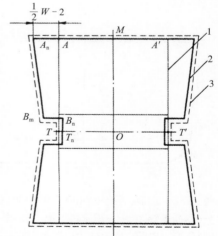

图10-1　由大扇和两个堵头组成的包的整体里子图

1—大扇基础图　2—里子基础图
3—里子施工图

2. 由前、后扇面和墙子组成的包体

由前、后扇面和墙子组成的包体多采用反面缝制，它的里子一般有两种制作方法（图10-2）：

① 里子设计为两部分，沿侧面和底部的中线缝合。

a. 以扇面的基础图为依据，从点A向左方在延长线AA'上截取线段$AA_n=\frac{1}{2}W_p-2$，得A_n点，其中W_p为墙子样板上部宽度；

b. 过B_1点在水平方向截取线段$B_1B_{1n}=\frac{1}{2}W_p-2$，得$B_{1n}$点；

c. 在B_2点、O点的下方截取墙子底部宽度的一半减去2mm的线段，得B_{2n}、O_n点；

d. 连接点A_n、B_{1n}、B_{2n}、O_n，并根据对称轴线作出另一部分图形，放出加工余量即得扇面里子的基础图与施工图。

② 里子部件与包体的外部部件相同，分为扇面里子和墙子里子。当扇面与墙子反面合缝后，毛边部分加沿条进行内包边，使包体内部平贴、整洁。而有些包的扇面与墙子正面粘合后，毛边部分加沿条进行外包边，使边缘线迹清晰、轮廓分明，体现一种粗犷美，这种结构多使用在男式夹包中。

3. 由前、后扇面和包底板组成的包体

这种结构的包体常采用反面缝制法，一般里子设计成两个部件，制作过程如下（图10-3）：

① 以扇面的基础图为依据，从A点向里在AA'上截取线段$AA_n=2mm$，得A_n点；

② 从点B沿对角线方向收进2mm，得B_m点；

③ 在扇面的下底线上截取$O_nB_n=\frac{1}{2}$包底长-2，得B_n点；

④ 过B_n点向下截取$B_nT_n=\frac{1}{2}$包底宽-2，得T_n点，并连接A_n、B_m、B_n、T_n点；

⑤ 过T_n点作一条水平线与垂直对称轴线交于O_n'点，用相似的方法作出对称部分即得扇面的里子基础图，根据工艺要求放出加工余量。

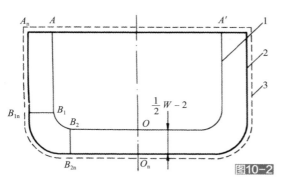 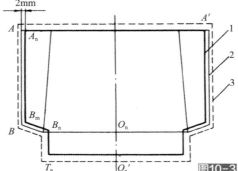

图10-2 由前、后扇面和墙子组成的包的里子图
1—扇面基础图 2—里子基础图 3—里子施工图
图10-3 由前、后扇面和包底板组成的包的里子图
1—扇面基础图 2—里子基础图 3—里子施工图

4. 由整体大扇组成的包体

这种结构的里子与外部部件相同，设计为整体大扇。里子基础图轮廓线的两侧应距包的面

料基础图2~3mm，且$B_n T_n = \dfrac{1}{2}$包底宽-2，放出加工
余量即得大扇里子的基础图与施工图（图10-4）。

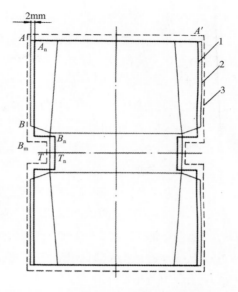

5. 由前、后扇面组成的包体

由前、后扇面组成的包体多采用反面缝制法，其
里子可以设计为一个整体部件，也可以与外部部件相
似，但扇面的里子基础图需在其面料基础图的周边向
内收2~3mm。若包体底部宽度较大，则在扇面的里
子基础图中加上包底宽度的一半减去2~3mm即可。

6. 由前、后扇面及两个堵头和包底板组成的包体

这种结构的包体常采用正面缝制法，而且部件边
缘两侧同时折边缉缝。扇面、堵头和包底的里子基础
图与面料相同，根据工艺要求放出折边余量即得里子
的施工图。

若包体的上口边缘有垫皮，则扇面的里子基础图
应除去垫皮部分。在制作中，里子部件与垫皮反面合
缝，再与外部部件缉缝固定。

图10-4　由整体大扇组成的包的里子图
1—大扇基础图　2—里子基础图
3—里子施工图

二、里袋（内袋）

袋子是包袋设计中较重要的部件，根据袋口的不同位置即在包的里面或外面，可分为外
袋和里袋。外袋属于次要外部部件，而里袋属于内部部件，但它们的结构特点和制作方法是
相同的。

根据袋子的结构特点，可分为以下四类（图10-5）：

① 贴袋：只有一面袋扇，贴在包体表面或里子表面的袋。

② 挖袋：在包体或里子上挖口制作的袋。

③ 悬袋：有两面袋扇，且上口固定在包体表面或里子表面的袋。

④ 墙子袋：有袋扇面和墙子，周边固定在包体表面或里子表面的袋。

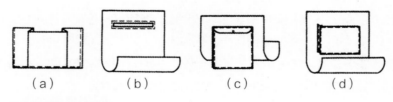

图10-5　各种袋子
（a）贴袋　（b）挖袋　（c）悬袋　（d）墙子袋

不同结构的包体，可以采用各种袋子。但在里袋的设计中，主要强调它的使用方便性，
对于里子被贴死的硬结构包，有些袋子如挖袋就不适宜使用，因为包的后扇面较硬，取放物
品不方便，而且过硬的物品使包面凸出影响美观，还容易造成皮面损伤。里袋的面料多使用
纺织材料。

在外袋设计中，主要突出包的风格、强调其装饰性，所以在软质休闲包中，多采用立体式外袋如墙子袋、悬袋和有褶子或堵头的贴袋，使用的材料与面料相同。而在硬质女式背包、男式公文包或夹包中，多使用各种形式如单嵌线或双嵌线的挖袋。

在制作中，袋子可以设计成一个整体部件，也可以由两部件或多个部件组成。质优价高的包，其袋口边缘一般用包的面料滚边。而普通包一般在袋子上口折边，使用拉链或盖子封口，有些直接采用敞口的形式。

通常硬质袋需使用厚纸或纸板等中间部件，以起到定型和支撑袋体的作用。

1．袋子的规格

袋子的规格主要指其长度和高度的尺寸，在设计中袋子的长度和高度应与包的尺寸成一定比例，并与袋子所装物品的尺寸相一致。

通常情况下，中型和小型女包的各种贴袋尺寸为：120mm×70mm，140mm×80mm，160mm×90mm；大型女包和旅行包的各种贴袋尺寸为：180mm×100mm，200mm×110mm，230mm×150mm。

2．不同结构的袋子制图

（1）贴袋

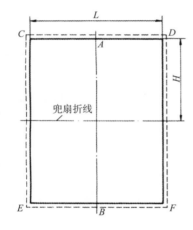

图10-6　长方形的扁平贴袋图

贴袋在袋类中所占比例较大，其特点是由一面袋扇构成，根据袋扇的不同结构分为长方形扁平贴袋、带褶堵头的贴袋、帷幔式活褶贴袋以及堵头和袋底连为一体的贴袋四种。

① 长方形扁平贴袋：长方形的扁平贴袋结构较简单，其规格由包的尺寸、所盛物品的大小和袋子所处的位置决定。通常袋子可作成一个整体结构，制图过程如下（图10-6）：

a．作一条垂直对称轴线，截取线段$AB=2H$，H为成品袋的高度；

b．过A、B点作两条垂直对称轴线的平行线，作$AC=AD=\dfrac{L}{2}$，$BE=BF=\dfrac{L}{2}$，L为成品袋的长度；

c．用直线连接CE、FD即得长方形扁平袋的基础图，根据工艺要求放出加工余量。

② 带褶堵头的贴袋：这类袋子一般用在包的里面，既可以设计成一个单袋，也可以几个袋子连在一起，袋子的各段之间相互紧密连接，且每段袋子的距离可以不同。

其制图关键是袋子长度、宽度和袋褶深度的确定。制作过程如下（图10-7）：

a．作一条垂直对称轴线，截取线段$AB=2H$，H为成品袋的高度；

b．过A、B点作两条垂直对称轴线的平行线，作$AC=AD=\dfrac{L+d}{2}$，$BE=BF=\dfrac{L+d}{2}$，L为成品袋的长度，d为袋褶宽度；

c．用直线连接CE、FD即得贴袋的基础图，袋褶位于袋子的两侧边，$CC'=EE'=8\sim10mm$，其中CC'为袋边至褶子的距离，根据工艺要求放出加工余量。

③ 帷幔式活褶的贴袋：这是一种用里子材料制作的软袋，常设在包的内部，袋子上部用缝纫机在褶缝处缝一根松紧带。固定这种袋子的包的扇面应为硬扇，否则松紧带就不能很好固

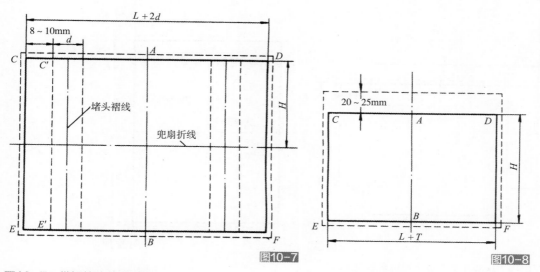

图10-7 带褶堵头的贴袋图
图10-8 帷幔式活褶的贴袋图

定。一般用一根松紧带即可，有时也并列缝两根松紧带以增加褶子的丰富性。

制图过程如下（图10-8）：

a. 作一条垂直对称轴线，截取线段$AB=H$，H为成品袋的高度；

b. 过A、B点作两条垂直对称轴线的平行线，作$AC=AD=\dfrac{L+T}{2}$，$BE=BF=\dfrac{L+T}{2}$，T为打帷幔活褶的余量。余量的大小取决于褶子的多少，一般约为整个成品袋子长度的$\dfrac{3}{4}$；

c. 用直线连接CE、DF即得贴袋的基础图。在绘制施工图时，应加上穿松紧带的褶缝和打活褶所需的余量，一般为20~25mm，根据工艺要求放出相应的加工余量。

④ 堵头和袋底连为整体的贴袋：这类袋子一般设在包体外面，采用与面料相同的材料制成。但在有些加有软质中间部件的功能包，如相机包的内部也较常见。其制图关键是袋子的长度、高度、袋底和堵头宽度的确定。

制图过程如下（图10-9）：

a. 作一条垂直对称轴线，截取线段$AB=H$，H为成品袋的高度；

b. 过A、B点作两条垂直对称轴线的平行线，作$AK=BL=\dfrac{L}{2}$，得K、L点；

c. 过K、L点作$KC=LE=W$，得C、E点并连接，其中W为堵头宽度；

d. 过L点向下截取$LP=W$，得P点；

e. 以垂直轴线为对称轴，作出相应的图形并加放余量即得贴袋的基础图与施工图。

（2）挖袋

常见的挖袋有单嵌线、双嵌线和普通挖袋三种，这类袋子既可作内袋也可作外袋。无论是内挖袋或外挖袋，其位置都在包的扇面与里子之间。

若包体采用挖袋，则包的里子不应贴死在扇面上，或将包设计为软质结构。袋口可用袋盖、拉链来关闭，也可做成敞口袋。

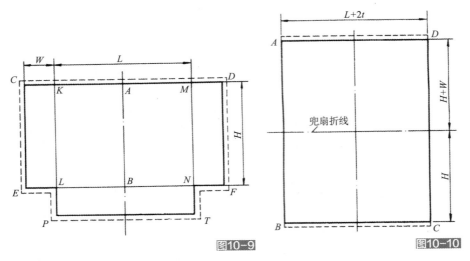

图10-9 堵头和袋底连为整体的贴袋图

图10-10 挖袋图

挖袋可用整块材料制成，也可以用两个或数个部件制成。

挖袋制图的基本尺寸是袋子的长度与高度，其长度等于挖口长度加上袋子两侧的缉线余量，一般为15~20mm，而高度与袋深和挖口宽有关。挖袋嵌线长与袋子样板的长度相同，其宽度取决于挖口宽。

制图方法如下（图10-10）：

作长方形ABCD，$AD=BC=L+2t$，L为挖口长度，t为缉线余量；$AB=DC=2H+W$，H为袋子深度，W为切口宽度，放出加工余量即为挖袋图。

（3）悬袋

悬袋由两面袋扇组成，常用在旅行包或休闲包的表面，表现一种自然、豁达的艺术风格。袋扇可做成整体，也可以由两部分组成。其制图方法与长方形贴袋相似，这里不再详述。

（4）墙子袋

墙子袋由一个袋扇和墙子构成，多使用在休闲包和旅行包的表面，有些包的墙子袋在扇面和侧面并列和重复使用，突出一种粗犷的艺术风格。

制图方法如下：

① 袋扇图：

a. 作一条垂直对称轴线，截取线段$AB=H$，H为成品袋的高度；

b. 过A、B点作两条垂直对称轴线的平行线，分别截取$AC=BE=\dfrac{L}{2}$，得C、E点；

c. 以垂直轴线为对称轴，作出相应的另一半图形并加放余量，即为袋扇的施工图（图10-11）。

② 墙子图：墙子是一个长方形，其长度根据袋扇的周边长度确定，宽度等于袋子成品宽，其样板如图10-12所示。若袋扇的两个拐角为直角，则在墙子的对应部位需做切口，便于墙子袋成型后棱角分明、清晰。

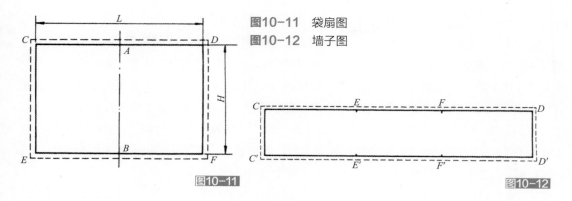

图10-11 袋扇图
图10-12 墙子图

图10-11
图10-12

三、隔扇

隔扇主要用于多褶墙子或多褶堵头的包体中，其作用是将包的内腔分成独立的几个隔断，以便于装盛物品和文件等。隔扇的设计主要包括衬垫和里子的设计，衬垫材料一般采用纸板或厚纸，有的隔扇周边还加有隔扇沿条。

隔扇的衬垫图一般为长方形，它的轮廓线比扇面的基础图小约5mm。这种隔扇的里子常设计为整体结构，其长度等于隔扇的长度L，高度等于$2H+2mm$，H为隔扇高，2mm为纸板的厚度或包裹纸板时所需的弯折余量。

对于扇面形状呈圆弧形的包体，则隔扇衬垫图的形状与扇面相似，周边尺寸应向包内收5mm左右。这种隔扇的里子一般由两部分组成，其形状与隔扇衬垫图相同，放出加工余量即得隔扇的里子图。

包袋的里子、内袋，隔扇构成包袋的内部结构。典型的女包内部结构如图10-13所示，男包的内部结构如图10-14所示。

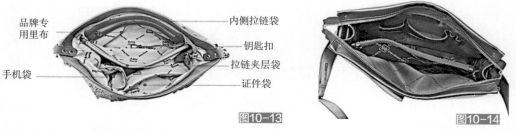

品牌专
用里布
手机袋

内侧拉链袋
钥匙扣
拉链夹层袋
证件袋

图10-13
图10-14

图10-13 典型的女包内部结构
图10-14 男包的内部结构

第二节 包体中间部件

包体的中间部件是指位于外部部件和内部部件之间的部件。根据材料和用途的不同，中间部件可分为两类。

一、硬质中间部件

硬质中间部件是指用硬纸板、塑料和厚纸等制成的部件，其作用是增加包的刚挺度和牢固性，突出包体的流线型和单纯化设计，体现一种现代感和时尚感。

无论男包、女包还是日常用包和节日用包等，都可以加硬质中间部件。根据包体中硬质中间部件的使用部位不同，可分为硬质包和半硬结构包。硬结构包是指包体的主要部件全部用硬质中间部件加固，有些次要部件如提把、插袢等也使用硬衬垫。半硬结构包是指部分的主要部件用硬质中间部件加固，如有些包的扇面和包底加有硬质中间部件，而堵头部分不加。

在硬质中间部件的设计中，样板轮廓线一般与包的面料基础图相一致。但需考虑扇面、堵头或墙子中加有硬质中间部件部分的形状与面积。如有些包只在堵头的两侧加有纸板而中间部分为软褶，这时堵头的纸板衬垫图只需与硬质部分的形状相同即可。

用整体大扇或大扇和两个堵头制作的包，包盖和大扇的纸板衬垫可以设计成整体下料，但弯折处需稍薄或开口子（图10-15）。由于大扇衬垫从整个包体的内部穿过，长度方向应比外部部件略小 l 值。设 k 为外部部件与衬垫弯曲半径之差，一般为2~4mm，则 $l = 2 \times \dfrac{\pi(R_2 - R_1)}{2} = \pi k = 6\text{~}14$（mm），所以衬垫部件应比包体外部部件纵向线小6~14mm。这种结构的包，成型后底部拐角呈圆弧形。

若包的底部拐角处棱角分明，则大扇的硬质中间部件常分成扇面衬和包底衬，扇面衬以大扇的基础图为依据作出，包底衬的长度与扇面下底长相同，而宽度小于包底宽3mm左右（图10-16）。

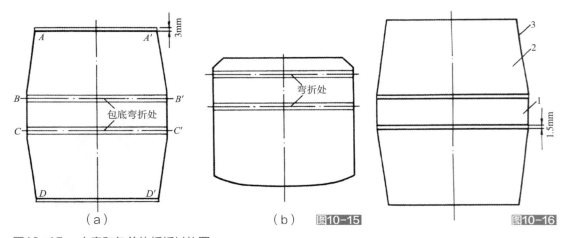

（a）　　　　　　　　（b）　图10-15　　　　　　图10-16

图10-15　大扇和包盖的纸板衬垫图
（a）大扇　（b）包盖
图10-16　扇面和包底的纸板衬垫图
1—纸板衬　2—扇面衬　3—大扇基础图

若包体边缘加有堵头条，为了减少边缘厚度，满足工艺制作的需要，大扇衬的轮廓线一般小于面料基础图2mm左右，而堵头衬小于面料的基础图约5mm，且对于较厚的纸板需片压茬，压茬量为6~8mm。

对于高频焊接包的硬质中间部件，其衬垫图的轮廓线应小于包的面料轮廓线1.5~2mm。

二、软质中间部件
软质中间部件是指用海绵、棉花、无纺布、厚绒布等制成的部件，其作用是充填包的结构，使包体主要部件或次要部件的表面隆起，体现一种丰满、柔和的视觉效果。软质中间部件既可用于硬结构包，也可用于软结构包。

在软质中间部件的设计中，其样板的轮廓线应小于面料的基础图约2mm。若包体部件既使用硬衬垫，也使用软质中间部件，则它们的轮廓线应小于硬衬垫1~1.5mm。

第三节　包体外部次要部件

包体外部次要部件是指那些不构成包体，而起次要作用的部件。主要包括提把、把托、钎舌、钎袢、小盖和各种装饰部件等。每个次要部件均有其自身的功能和用途，而且这类部件种类繁多，形式自由。

外部次要部件在种类、形状和尺寸上的不断推陈出新，构成了皮件产品装饰风格的变化，在很大程度上丰富了包类产品。而且随着新工艺和新材料的高速发展，产品的时效性和经济性日益要求零部件实行通用化，各种金属把、塑料把及各类把托、钎舌、钎袢等成型的零部件纷纷涌现。通用化次要部件的使用，既可以增加和丰富包袋品种，也可以提高劳动生产率，产生可观的经济效益。

但用皮革等面料制成的手把、把托等次要部件，在实际包体设计中也占据着较大的比例。下面分别介绍用包的面料制成的各式手把、钎舌的设计与制作方法。

一、手把

手把包括用包的面料做成的手把、金属把、木把、塑料把和链条把等。其中金属把、木把、塑料把和链条把常为成型把，属于配件类，这里主要介绍用面料制作的手把。

1. 手把的规格

手把的规格主要是指其长度和宽度的尺寸。在设计与制作中，首先需确定手把的基本尺寸即把长L和把宽W。手把的长度一般与把托之间的距离和手的宽度有关，通常短把长为110、130、150mm；普通手把长为350、400、450、500mm；背带手把长为600、700、800、900mm。而手把宽度与手握时的弯曲程度有关，通常窄手把宽为16、18mm；普通手把宽为20、25mm；而其他几何图形花手把的长度为80~200mm，手把高为60、95、110、130mm。

各式手把的尺寸标注因其形状的不同而不同。如长方形手把需标明其长度、宽度和高度；梯形手把需标出上底和下底的长度、宽度和高度；而椭圆形手把应标明长度、高度、圆弧半径和宽度等。

2. 手把的分类

手把的分类方法很多，通常根据手把的形状不同可分为四类（图10-17）：

① 普通手把：由一部分或两部分把面构成的手把。

② 背带式手把：包括由两部分组成的活动背带把和可以装卸的两用背带手把。

③ 花式手把：有椭圆形、梯形等几何形手把，其中包括与扇面一起下料的整体式手把。

④ 绳式手把：是指穿在提包上口的孔眼或圆环中的抽口手把。

除此之外，根据中间部件的有无，手把还可分为扁平手把和立体手把；根据中间部件的材质不同，可分为软式手把、半硬式手把和硬式手把。花式手把多为硬式手把，而绳式手把为软手把。

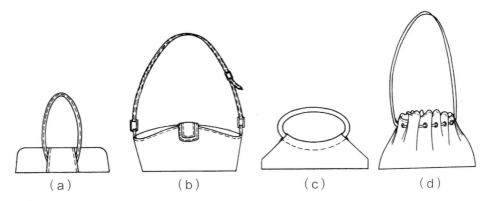

图10-17　各式手把

（a）普通手把　（b）背带式手把　（c）花式手把　（d）绳式手把

二、各式手把的制图

1. 普通手把和背带手把

首先确定各式手把的成品尺寸，然后进行样板制作。

普通手把和背带手把的展开图形呈长方形，其宽度取决于手把的制作方法，而其长度等于成品手把的长度加上工艺加工余量，且加工余量的大小与其连接方式和固定方法有关。

若由一个部件构成的手把，其样板宽度等于手把宽度的两倍，加上折边余量约8mm或线迹余量约3mm。

若由两个部件即手把的面料和里料构成，其样板的宽度等于成品手把的宽度或手把宽度加上两倍的折边余量。当手把单面朝里弯折时，手把里子的样板宽度应比成品手把的面料宽度每边各小1mm左右。

若手把与圆环连接，将手把穿进圆环后弯折采用线缝或铆接工艺固定。用这种方法制作的手把样板，其长度等于成品把长加上两端加工余量约25mm，端头为长方形或略呈倾斜状，其宽度以圆环直径为依据。而里子各边应比手把短5~8mm（图10-18）。

若在两端装有插头，则连接时手把可以直接插入插套中，其样板长度等于成品把长，不需再加放余量。

伸缩式活动背带手把由两个背带通过带扣或方圈暂时固定而成，其优点是可以满足不同消费者的需要。这种背带手把的样板长度等于成品手把长加上两背带重合部分的长度及所需的加工余量，而其宽度是由带扣或方圈的宽度决定。

2. 立体式手把

立体式手把的主要作用是手感好，其造形与人体手握时的弯曲形状相吻合。通常在立体手把的中间加有海绵等衬垫，以增加其舒适性；同时加有纸板等硬质部件，以增加其刚性和牢固性。

制作立体手把时，手把面料样板的宽度应根据手把衬垫的厚度和形状适当加宽。如图10-19所示的立体手把，其面料样板宽度应等于$W+2t+2T$，其中W为手把宽度，t为手把衬垫厚度，T为折边余量，而里子样板宽度为$W+2T$。

如图10-20所示的立体手把，其面料包覆在半圆形的立体衬垫上，此时衬垫的弯曲余量为

$$\frac{\pi}{2}d-d=0.6d$$

其中d为衬垫直径，所以对于衬有塑料绳或棉绳的立体式手把，其面料样板宽度为

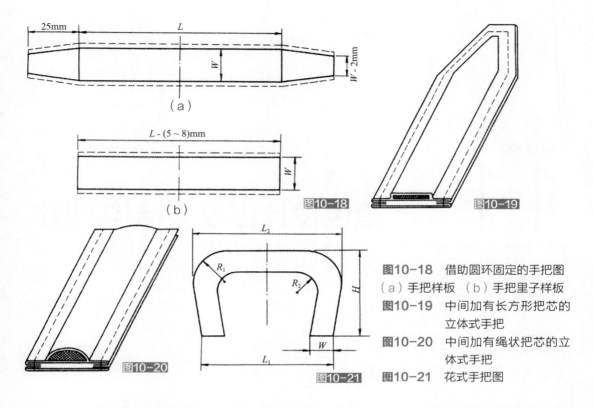

图10-18 借助圆环固定的手把图
（a）手把样板 （b）手把里子样板

图10-19 中间加有长方形把芯的
立体式手把

图10-20 中间加有绳状把芯的立
体式手把

图10-21 花式手把图

$W+0.6d$。而长度与把托的连接方式有关，通常等于成品手把长加上边缘的加工余量约25mm。

3. 花式手把

花式手把在包袋产品中使用较多，它不仅造型新颖、美观，而且使用舒适、方便。其样板是根据设计好的效果图进行绘制，为了便于制图，这种手把常绘在规定尺寸的长方形内，根据把长、把高、把宽及圆弧半径等尺寸制图，并放出相应的加工余量即可（图10-21）。

花式手把的衬垫是用硬纸板、塑料或海绵等材料做成，其衬垫图按一般中间部件的设计原理绘制。

三、钎舌

钎舌是插入带扣内、用来封口或关闭袋子的外部次要部件。在盖包和拉链包中较常使用，有时半敞口包也利用钎舌封口，既防止物品遗失，也可以起到装饰作用。

钎舌一般固定在包的后扇面上，而用包盖关闭的提包，钎舌则缝合在包盖上。钎舌的形状是由设计师根据包的造型、风格、用途、结构和开关方式进行设计，如图10-22。

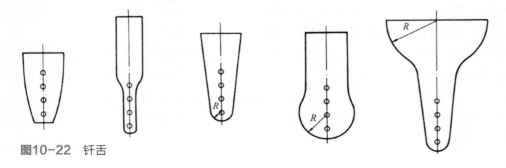

图10-22 钎舌

第一节　款式设计制图与样品的试制

在箱包的设计中，设计员需要涉及的工作有很多，既有美术范畴的彩色款式样稿，也有反映结构和部件真实构成的结构图，反映其各个侧面实况和主要制图数据的施工投影图，还有根据以上各种设计图绘制的由立体到平面的部件基础图和加了加工余量的施工图，以及在此基础之上的各种样板及样品的试制等。这些图片和样板是从款式设计到产品制作生产之间的桥梁和无声的语言。

对于设计员来讲，新产品的设计开发工作应遵循基本一致的程序，其设计的新产品无外乎从三种渠道而来，即上级主管部门下达的指令、当季流行趋势的导引或市场调查反馈的结果，无论怎样都应该做好各项有关的设计技术工作。

一、款式效果图

款式效果图是箱包设计的第一步，效果图应能够反映设计构思，流行趋势、市场预测、所用材料、色彩、大小尺寸等状况。是表现设计师创作意图的主体资料。深入细致地分析消费者的心理和需求及所设计作品的实用性是成功地解决艺术构思的前提。

款式图应能完整地表达设计师的主导思想，反映出作品的结构特点，选择最合适的绘图角度，将设计包体的全貌和重点特征细腻刻画。在绘制之前，设计师应明了本作品在服饰整体中的作用，以便实现服饰整体的和谐统一。可采用多种绘制手法和技术手段进行绘制，但不论怎样都要着力表现材质的表面特征、造型特征以及装饰效果。效果图的绘制方法和技术在本书设计篇有详细的叙述。

效果图有彩色图和黑白图两种，如果设计时间较紧张，可以提供黑白效果图。注明材料颜色和配色。

二、结构图

根据产品的设计效果图或者是实物，经过对产品结构的分析论证后才可以绘制产品的结构图。结构图与设计效果图不一样，效果图可以进行一定的夸张和艺术处理，而结构图必须严格忠实于设计款式图，所有部件都要详细、清楚地加以描述。

1. 包袋的结构图绘制

以2007年"真皮标志杯"绘图要求为例来说明。设计效果如图11-1所示。

结构图要求对产品的外形结构进行清晰的描述，并注明产品的规格，标明产品上需要特别说明的事情。比如在材料的选择上要说明主体材料、配饰材料、金属材料等，如有比较特殊的材料也需要特别注明，如图11-2所示。

有时，为了更清楚地说明部件之间的配合关系，需要绘制工艺装配关系结构图和内部结构图。部件配合关系结构图参见图11-3所示。有时，也要说明相关的尺寸确定数据。

通常，结构图需要兼顾结构配合、材料选择、色彩搭配关系，有时也要对尺寸加以特殊说明。

2. 箱的结构图绘制

箱的结构图绘制与包袋相似，在结构图上要注明相关材料、部件配合关系以及主要尺寸，如图11-4所示。与包袋不同的是，箱要明确拉杆与走轮的配合关系和位置。

如果箱包产品的材料、内部结构属于普通或通用时，可以不加特别说明。

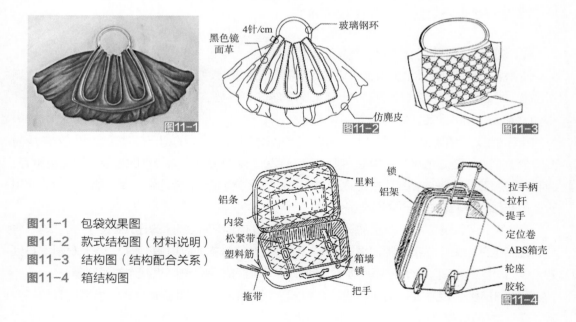

图11-1　包袋效果图
图11-2　款式结构图（材料说明）
图11-3　结构图（结构配合关系）
图11-4　箱结构图

三、施工投影图

施工投影图是根据款式图而绘制的墨线图，如本书前面结构制图相关内容。一般来讲，包体可以通过两个方向的投影图来表现，即正面投影图和侧面投影图，如有必要时，还可以绘制底部或局部投影图进行个别展示。

在款式图或款式图片中往往没有给出包体各个部分的具体尺寸，而且某些具体细部也可能会有些模糊，因此绘制施工投影图也是最终确定包体尺寸的关键，在此过程中不但要确定包体和部件的尺寸，而且要论证其设计合理性和制作合理性，当然也要考虑产品的制作成本。所以，投影图是从款式图到部件图之间的桥梁。施工投影图比款式图更注重严谨性和精确性。

绘制施工图时，不但要注明包体长、宽、高的尺寸，而且要注明各个部件的位置和尺寸，甚至包括圆角部分的半径，如遇到异型部件更要注明其位置和大小。在计算部件尺寸时，必须考虑包袋的容量和式样，结构特点和材料变形等因素，为下一步的结构制图打好基础。绘制施工图时，一般可选择适中的比例来进行，如1：2或1：3等，如果包体的尺寸较大，比例也可以随之加以变化，保证绘制出来的投影图大小适中。

四、部件基础图

绘制部件基础图的过程，实际就是从立体设计到平面材料制作之间的转换过程，即平面制图过程，在此时不加任何缝制用量，亦即是所谓的净量制图。

包体的部件有外部部件、中间部件和内部部件三大部分，要分别一一绘出。首先绘制外部主要部件图，遇到对称的部件，如扇面、袋盖、墙子、包底等，应严格控制两边的尺寸，避免出现直角不直、两边尺寸大小不一等现象。然后绘制外部次要部件，如把托、背带鼻、背带等，将外部全部部件绘制完成后，以此为依据进一步完成中间部件和内部部件的轮廓，如里料、内袋、内衬纸板、海绵等，为了节省材料或合理缝制，内部部件的分割不一定与外部部件完全一致。

包体的结构制图以六大不同结构为主线，不同的结构在绘图中的处理也有所不同，而且，每一种不同的结构又各自具备独特的代表特征。

五、加工余量的确定与部件施工图的绘制

在部件基础图的基础上，根据所选材料和制作工艺来计算工艺加工余量，即缝制或其他加工用量，经过加放加工余量的部件图即是部件的施工图，施工图是裁料的依据。

1. 加工余量的确定

加工余量是指在包体进行加工时，部件边沿部分因加工造成的超出部件轮廓线以外的所需要的余量。当然缝制余量是其中最为重要的一部分，还有就是不需缝制时边缘折边需要量等。缝制时的加工余量是非常重要的数据，它的确定直接影响成品的劳动生产率、加工质量、使用质量和产品的加工成本及企业的经济效益。

在对各个部件进行加工余量的计算时，应考虑的因素有：部件的连接固定方式、缝制方法、缝制工艺因素（包括线距边缘的距离、线迹密度、衬垫的应用情况等）、皮革材料本身因素（包括材料的厚度、材料的强度等）、缝纫用针和线的影响、缝纫机操作的限制等。

部件的连接固定方式是指部件的组合方式，最常用的方式即是缝合式，当然还有纯粘合式、高频焊接式等。我们以讨论第一种方式为主。

对于缝制方法而言，有正面缝制法和反面缝制法的区别。

一般来讲，正面缝制法所需的加工余量要比反面缝制法所需的加工余量要少。正面缝制法的加工余量如无特殊情况时，毛边缝制多数在3～5mm；单折边缝制时，折边部件应再加上折边用量，其加工余量在6～8mm；双折边缝制时，两部件均应加放折边余量；如果是在包口的

双折边缝制，其加工余量可能要更大一些才行，可选择8~12mm的需要量。反面缝制法的加工余量多数在5~12mm，变化范围比较大，应根据具体的加工工艺来仔细选择。

缝制工艺对加工余量的影响是相当大的，不同的工艺对加工余量的要求不同，应加以区别对待，以免引起加工质量的缺陷或材料的不必要浪费。

做反面拼缝法时，两部件的缝制用量相等，可根据材料的情况而定，在5~8mm为宜，皮薄取下限，皮厚取上限。做压茬缝拼接时，两部件的需要量不同，最好区别对待。上部件的加工余量由弯折变形量、内衬材料厚度、缝线距边沿的距离以及毛边距缝线的距离等需要量相加而得。而下部件的加工余量由线距边距离、线间距以及毛边距线的距离相加而得。一般线距边沿的距离为1.5~3mm不等，线间距多选择5~6mm，毛边距线的距离设定为1.5~2mm，弯折变形量为1mm左右，这样，单明线的加工余量为4~8mm，双明线的加工余量8~12mm，上部件以略小于下部件为好。如果内衬材料较厚时，加工余量应给以适当的增加。当然在各个影响因素中，它们并不是孤立存在的，而是互相有连带影响的，如果材料的强度高、厚度薄的话，可适当减小加工余量数值。

当然，缝纫机对缝制加工余量也有很多的限制，例如当做扇面与堵头的正面缝合时，在包底部的拐角处必须加设一个4~10mm的凹进量，才能保证缝纫机压脚的通过；做带拉链条的包的扇面与拉链条的缝合，用正面缝制法时同样需要留有压脚通过的量。

2. 施工图的绘制

施工图是在基础图的轮廓线外直接加放得出的，根据各个部件某一部位的具体加放数值统一加放，只是在堵头料片的底部，或遇到扇面与侧部部件的尺寸由于加放而产生不一致的变化时，才需要进行适当的调整。例如，角形堵头料片的底部应做一小豁口，在做正面缝制时，保证缝纫机压脚的顺利通过，豁口的长宽值为12~18mm。在做反面缝制时，为了减小由于突然的转折引起的过多余量积聚在包体的底部拐角处，影响此处的造型而设置小豁口，豁口的长宽值为8mm左右。而当由于某一料片的轮廓弧度的变化与另一相合料片加放余量以后的总量不同时，应根据所用材料的延伸性加以适当的修正，以保证缝制时不会出现料片长短不齐的情况。

六、样板的制作与样品的试制

根据绘好的施工图来制作样板，将施工图仔细拓在样板纸上，如遇到对称的部件，如扇面、墙子、袋盖和包底时，只需绘出一半轮廓，然后将对称轴线用锥子或其他尖形器具划出痕迹，并沿对称轴线对折，从而完成另一半的制作，将对折的部件裁下即可。

生产用样板同结构制图一样，有外部部件样板、中间部件样板和内部部件样板三种。先制扇面等外部主要部件样板，然后再制外部次要部件样板。不论是多小的部件，都要单独制作，不可重此薄彼。之后，根据外部部件样板来制作中间内衬材料样板，一般而言，硬结构包体的纸板以基础结构图为依据；海绵材料样板在基础结构图的基础上，再进行适当的缩减，一般四周缩减10mm左右；如果是软结构包体的聚氨酯材料，因为它主要是为了使包体更加丰满柔软，所以应小于其净轮廓尺寸1~1.5mm。

包内里料样板应根据里料的应用种类而制作。里料与面料的配合方式有两种，一种是单独制作将其套在包体内，沿包的上部将里料固定，常用于反面缝制法；另一种是里料直接粘在相应的面料上，然后将包袋组合成一体，常用于正面缝制法。不论采用哪种方法，里料均应按照面料部件的基础图再加放相应的加工余量，采用反面缝制法时，可按部件样板裁制里料样板，如中间部件较厚时，里料部件尺寸略小于面料部件尺寸；采用正面缝制法时，里料部件样板依据面料净样板制作。

样板有实物净样板、下料样板和生产样板三种，每一种产品都应该全部配齐以利使用。

样板制作完成以后，着手进行新产品的试制工作，在试制过程中对样板进行进一步的修正，并进行经济核算，逐项审查新产品投产后的经济效益。然后组织小批量试生产，进一步完善制作工艺，如一切准备圆满，即可投入车间生产。

七、生产技术资料的制订与管理

新产品的设计生产必须具备两套技术资料，一套为设计原本，另一套为设计副本。

设计原本包括：款式图、产品施工投影图、部件基础图、部件施工图、技术说明书。

其中技术说明书应给以规范化，它的格式如表11-1所示。

表11-1　　　　　　　　　技术说明书

名称	编号		设计者	创作日期	备注
结构特点	开关方式				
	部件	名称	数量	材质	
	外部部件				
	中间部件				
	内部部件				
制作方法					
尺寸	长		宽	高	
材料					
配件	名称		数量	作用	
美术手法					
颜色					

设计副本包括款式图、施工图副本、部件净样板、部件生产样板、下料样板、技术说明书等。设计原本经登记归档或由技术室保管。设计副本送往车间进行样品试制，新产品正式投产时，样板和图纸的副本送入生产各有关部门。

第二节　不同结构的包体制图

在前面几章内容中，对于不同结构的包体部件制图，我们已经做了非常详细的分步论述，那么，对于某一具体结构的包体来讲，它所包含的部件数量很多，如外部部件、中间部件、内部部件，这些部件之间该如何进行配合呢？也就是说，对于一个具体结构的包体，从设计图定稿以后，确定好它的各部尺寸，然后开始进行所有部件的平面制图，这其中的工作有哪些？各个部件的基础图、施工图和下料样板该如何进行绘制和制作，它们之间如何进行配合才能保证包整体结构的平衡合理。这是我们以下需要讨论的问题。

一、由大扇和带堵头条的堵头构成的包袋制图

按照箱包设计程序，首先作出该结构包体的技术说明书，然后再进行结构制图。

施工投影图参照图11-5所示。

1. 技术说明书

（1）开关方式：带盖式

（2）部件：

① 外部主要部件：大扇1个

　　　　　　　　包盖1个

　　　　　　　　堵头2个

　　　　　　　　堵头条2个

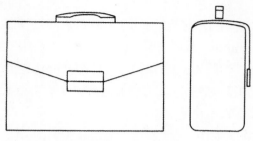

图11-5　施工投影图

② 外部次要部件：把手1个

　　　　　　　　把托2个

　　　　　　　　背带1个

　　　　　　　　背带鼻2个

③ 内部部件：盖里1个

　　　　　　　堵头里子2个

　　　　　　　大扇里子1个

④ 中间部件：堵头衬2个

　　　　　　　大扇衬1个

（3）材料：所有外部部件：牛皮革

　　　　　　里子：羽纱

　　　　　　衬垫：纸板

（4）制作方法：线缝法，正面缝制，毛边切边染色

（5）尺寸：长260mm、高230mm、宽70mm

（6）配件：半圆环、背带扣、插锁、金属标牌

（7）美术装饰与颜色：白色明线、黑色

2. 部件制图

在这种结构的包体中，堵头部件是决定包体外形的关键部件，因此，首先绘制堵头部件图。

（1）堵头部件图

绘制前，应先明确以下问题，即堵头的主体形状是长方形，为了便于堵头条与堵头的连接，将堵头的下部拐角设计成圆角，堵头的上部为了能够与包盖更好地贴合，加设一凸起的半圆弧，以保证包体侧部的闭合性。

绘制步骤为：先作一长方形$ABCD$，使AB边与CD边等于堵头的高度230mm，AD和BC边等于堵头的宽度70mm，然后将A点和D点所在的两拐角修正成半径为5mm的圆角，以直线BC为基础向上20mm作BC线的平行线，该线与中轴线的交点为E点，用弧线连接B、E、C三点，形成BEC弧线。从而完成堵头的基础图的绘制。如图11-6所示。

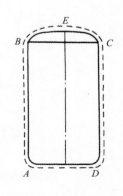

图11-6　堵头图

绘制堵头的施工图时，在基础图的侧面和下面部分加放加工余量4mm，在上面BEC弧线上加放10mm的加工余量即可。

（2）堵头条图

堵头条用于连接堵头和扇面，一边采用反面缝制法缝制，另一边采用正面缝制法缝制。堵头条的长度等于堵头B点经过A点、D点到C点之间所有直线和曲线长度的总和，因此首先计算下部两个拐角处半径为5mm的圆弧长度，然后再加上剩余直线的长度即可。堵头条的宽度一般为12~20mm，本款选用16mm。按堵头条的长度和宽度值绘出一个长方形，就完成了基础图的制作，然后在长度方向上一边加放8mm加工余量，另一边加放4mm加工余量，即完成堵头条的施工图的制作。沿宽度方向不加放加工余量，堵头条上部在制作时采用毛边染色的方式装饰。如图11-7所示。

（3）扇面制图

如果扇面投影图为长方形，那么大扇的总长度与堵头条的长度相等，宽度为包投影图上的长度值260mm，作长方形即可得到大扇的基础图，如果扇面为梯形造型，需要在图上标出前后扇面和包底所在的位置，从扇面到包底转折线的起始点即是与堵头下部拐角弧线中点相对应的位置。如图11-8所示。

由于是正面缝制法制包，所以大扇与堵头条缝合的一边可以不加放加工余量，只是在包口部位加放10mm的折边余量即可，如果做单折边处理，可在四边加放折边余量10mm。

如果包盖直接从后扇延伸出来，绘图时只需在后扇部位直接绘出，由于包盖左右结构对称，通常只做半片图。包盖包括两部分，一部分是遮盖上口部分取50mm，另一部分是延伸到前扇面的部分，按投影图上的标注尺寸制作。首先作中轴线AM和垂线MN，使AM等于大扇的总长，MN为扇面长度的1/2，在MN线上取点O，使MO=20mm，延长线上得点F（未画出），OF为中间上包锁的位置。从MN线向后扇面方向取20mm作与MN平行的直线PQ，取QR、QS线段长都为7mm，连接O、R两点，并R、S两点作半径为7mm的圆弧，与OR顺接，由此完成包盖的基础图制图。加放量随扇面而定。如图11-8所示。如果采用单独包盖，那么，利用单独的包盖制图法独立制作即可完成。

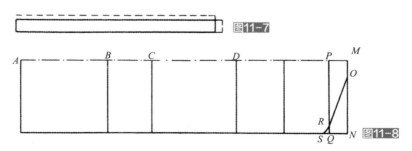

图11-7　堵头条图
图11-8　大扇图

（4）包盖里子制图

包盖里子制图根据图11-9来进行，在距后扇面上口直线DH向包体扇面方向25mm处作平行线MN，为包盖里下部起始线，其余同包盖的绘图，也就是说让包盖里面料有25mm延伸进扇面里料，能够很好地起到装饰美化的作用。如图11-9所示。

（5）大扇里子制图

大扇里子依据大扇扣除包盖里部分后剩下的轮廓进行制图，与包盖里处留10mm的缝合余量，其余三边从大扇基础图轮廓线往里收缩2mm即为大扇里子的基础图，不需要加放加工余量。如图11-10所示。

（6）堵头里子制图

作堵头里子图时要考虑堵头条的宽度，在堵头ABCD上，从B点开始沿A、D、C加放堵头条宽度，由于考虑到堵头与堵头条之间的接缝问题，所以，为了堵头里料与面料更好地贴合，里料的宽度在堵头条的基础上减去2mm，即为16-2=14（mm），如图11-11所示。

（7）堵头衬制图

堵头衬的制图是依据相应的堵头部件轮廓为基础的，具体作法是在堵头部件的基础图轮廓内5mm处，做其下部和侧部的平行线，与上部弧线一起构成堵头衬的轮廓线而完成制图。如图11-12所示。

（8）大扇衬的制图

在大扇基础图轮廓线内2～3mm处，作各轮廓线的平行线，即得大扇衬里的轮廓图，如图11-13所示。

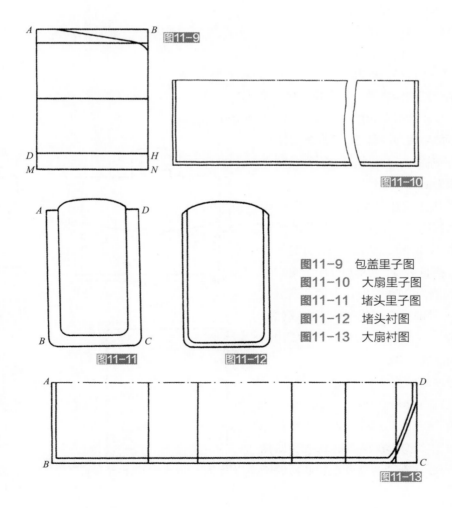

图11-9　包盖里子图

图11-10　大扇里子图

图11-11　堵头里子图

图11-12　堵头衬图

图11-13　大扇衬图

二、由扇面、堵头和包底构成的公文包制图

1. 技术说明书

（1）开关方式：带盖式

（2）部件：

① 外部主要部件：前扇面1个
后扇面1个
堵头2个
包底1个
包盖1个

② 外部次要部件：把手1个

③ 内部部件：扇面里子2个
堵头里子2个
包底里子1个
包盖里子1个

④ 中间部件：扇面衬2个
把手衬1个
包盖衬1个

（3）材料：面料：涂饰牛皮革
里料：羽纱
衬料：纸板

（4）制作方法：线缝法，正面缝制，单折边

（5）尺寸：长380mm、高280mm、宽90mm

（6）颜色与装饰：黑色，装配金色盖锁

2. 部件制图

（1）扇面制图（半片制图）

包体的施工投影图如图11-14所示。作长方形$ABCD$，使AB边等于扇面长度的1/2为190mm，BC边为扇面的高度280mm，在直线CD上从点C开始向左方截取10mm线段CE，10mm为堵头缩进包内的尺寸。完成扇面基础图的制作。如图11-15所示。在基础图外加放8mm折边余量即为扇面的施工图。

（2）包底的制图

以包底宽110mm（90mm+20mm）和包底1/2长180mm（扇面1/2长190mm减去10mm）作长方形$EFMN$，即为包底基础轮廓线外形。施工图需要在包底两侧同

（a）　　（b）

图11-14

图11-15

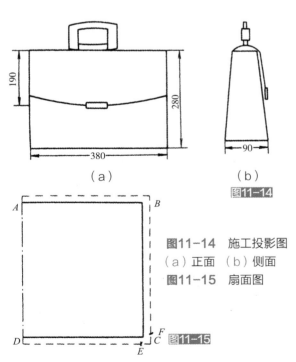

图11-14　施工投影图
（a）正面　（b）侧面
图11-15　扇面图

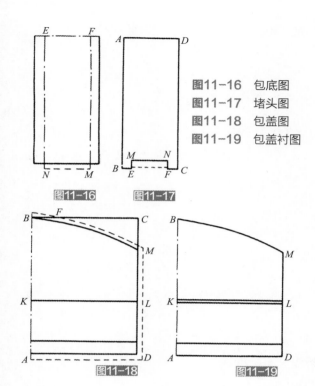

图11-16 包底图
图11-17 堵头图
图11-18 包盖图
图11-19 包盖衬图

图11-16 图11-17

图11-18 图11-19

堵头相接的部位加放加工余量8mm，其余与基础图一致。如图11-16所示。

（3）堵头图

以包高280mm和堵头宽110mm（90mm+20mm）为长方形的两个边长作长方形ABCD，在包底的BC边上从点B、C各向内截取10mm距离的点为点E、点F，找到包底宽所在的位置，再沿E、F两点向上垂直截取10mm截取点M、N，连接MN，ABEMNFCD所连成的轮廓即为堵头的基础轮廓，施工图在同包底相接部位加放加工余量8mm，其余同基础图。如图11-17所示。

（4）包盖制图

作长方形ABCD，使包盖的宽度等于扇面的长度，绘图时AD边为190mm，AB边为包盖三部分的和，即沿入后扇面的部分长20mm，开口遮盖部分长度为70mm，前扇面部分长度为200mm，总长度为290mm。在包盖中间部位由于要装包锁，因此，应留下一段平直部分，该长度为60mm，中线向右截取30mm为点F，包盖为倾斜线设计，倾斜角度随设计而定，从C点向下130mm取点M，连接M和F点，BADMF形成的轮廓即为包盖的基础轮廓，基础图外加放10mm折边余量即得施工图。如图11-18所示。

（5）里子制图

扇面里子、包底里子、堵头里子、包盖里子与相应面料的基础图一致。

（6）衬垫制图

扇面衬制图同扇面基础图；包盖衬主要装设在包盖的前扇部分，考虑到包上口弯折线的影响，应做相应的调整，即在包前扇面上口折线处向前3mm作原折线的平行线，从该平行线起到包盖前面所形成的轮廓即为包盖衬的轮廓。如图11-19所示。

三、由前后扇面和带隔扇的墙子构成的女包制图

这种包体结构在女包设计中占有非常重要的地位，不但实用性强，而且美观大方。制作的时候，也没有过多的操作难点。施工投影图如图11-20所示。

1. 技术说明书

（1）开关方式：包盖式

（2）部件：

① 外部主要部件：前扇面1个

后扇面连包盖1个

墙子1个

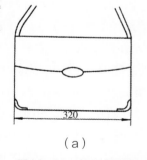

（a） （b）

图11-20 施工投影图
（a）正面 （b）侧面

② 外部次要部件：背带1个

　　　　　　　　背带鼻1个

③ 内部部件：隔扇1个

　　　　　　隔扇里子1个

　　　　　　前扇面里子1个

　　　　　　后扇面里子1个

　　　　　　墙子里子1个

　　　　　　包盖里子1个

④ 中间部件：前扇面衬1个

　　　　　　后扇面连包盖衬1个

　　　　　　包盖装饰用衬1个

（3）材料：面料：黑色牛皮革

　　　　　里料：美丽绸

　　　　　衬料：纸板

　　　　　装饰衬料：海绵

（4）制作方法：线缝法，正面缝制，双折边

（5）尺寸：长320mm、高220mm、宽80mm

（6）配件与装饰：插锁1个

　　　　　　　　包角4个

2．部件制图

（1）前扇面制图

作长方形*ABCD*，使其长、宽分别为扇面高度的1/2和扇面长度的1/2，具体数据是220mm和160mm，*AB*线为前扇面的中轴线，从而得到前扇面的基础图，在其之外加放12mm的折边余量即得施工图。加放时注意四角处的余缺处理。如图11-21所示。

（2）后扇面制图

本款式后扇面与包盖为整体下料，部件一起制图。

首先作长方形*ABCD*，使长方形的宽为扇面长的1/2，数据为160mm，*AB*线为中轴线，*AB*边为后扇面高度、包上口宽度、包盖延伸到前扇面的长度之和，数据是220mm+70mm+120mm，共计410mm，分别在各个弯折部位画上弯折线以示明晰，在包盖前部中间留下60mm的直线位置，然后在包盖边缘处作10mm的倾斜率，从包锁处顺连至拐角处并将拐角半径圆弧顺接，拐角半径为14mm，从而得到基础图轮廓，在此基础之上加放12mm的折边余量即得到施工图，如图11-22所示。

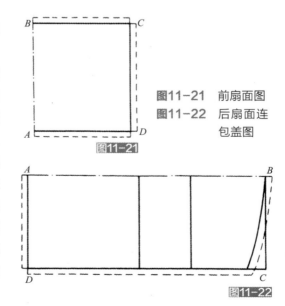

图11-21　前扇面图

图11-22　后扇面连包盖图

图11-21

图11-22

（3）墙子制图

作长方形$ABCD$，使其边长分别为墙子宽度80mm和墙子长度的1/2，1/2墙子的长度等于包的高度加上1/2包的长度值，数据是220mm+160mm=380mm，另外，由于在拐角处缝制时的需要，应再加一个调整量，大约是10mm。这样，墙子部件的总长度应该是370mm，由此得出墙子的基础图。沿四边加放折边余量10mm，得到施工图。如图11-23所示。

在墙子基础图上标出中间对称轴线位置，命名为MN线，MN线就是隔扇缝线，那么隔扇的位置如何来确定呢？一般来讲，隔扇应用缝线固定在墙子上，由于包底和侧部呈直角状态，中间需要有一段自由部分便于形成转折结构，这部分大约长40mm，也就是说，隔扇侧面缝线止点距包底距离为20mm，在包底部的缝线距离包长度两端的距离也是20mm，因此在图中NF线长是220-20=200（mm），EF的距离是40mm，点E、F即是隔扇缝线的边缘点位置。如图11-23所示。

（4）扇面里子制图

扇面里子制图依据扇面的基础图，对于前扇面里子来讲，由于是正面缝制法，所以要在原基础图的内侧距离轮廓线2mm处作原长方形的各边平行线，从而得到前扇面里子的基础图，施工图与基础图一致。如图11-24所示。

制作后扇面里子时，依据后扇面的基础图，但需要分成两部分，一部分是包盖里子，另一部分是后扇里子。包盖里子一般用面料制作，需要在原来后扇面上口线位置向下延伸大约25mm的长度，以遮盖住包的里料、美化外观。这样，后扇面里子的长度需要减去25mm的长度，从而确定出两部件中间拼接的位置。至于外轮廓线，应在扇面轮廓线的基础上减去2mm的量，以满足制包时的需要，即得到包盖里子和后扇面里子的基础图，缝制余量只在包盖里子和后扇里子的拼接处加放，为10mm，其余均同基础图。如图11-25、图11-26所示。

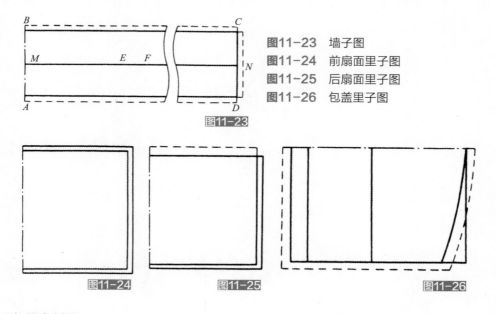

图11-23　墙子图
图11-24　前扇面里子图
图11-25　后扇面里子图
图11-26　包盖里子图

图11-23

图11-24　　　　图11-25　　　　图11-26

（5）隔扇制图

隔扇制图的依据是前扇面的基础图$ABCD$，在轮廓线内5mm处作AB、CD线的平行线，至此，得到隔扇部件的基础图。该部件没有加工余量。如图11-27所示。

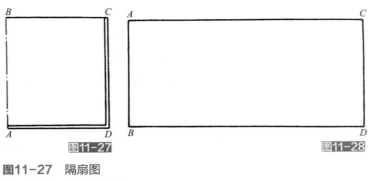

图11-27　隔扇图

图11-28　隔扇里子图

（6）隔扇里子制图

制图时以隔扇的基础图为依据$ABCD$，使其一个边长等于隔扇长度的1/2，另一个边长等于隔扇高度的两倍，再加上纸板弯折余量2mm，即为隔扇里子的基础图。如隔扇上有隔扇袋，则要在包上口处加放10mm的缝制余量，侧部及底部无加工余量。如图11-28所示。

（7）衬垫制图

在本款式中，扇面和包盖内衬硬体部件，内衬的尺寸与相应的外部部件基础图一致。至于包盖中加衬的装饰软衬材料以包盖基础图为依据，只是在其轮廓线内2mm处作平行线即可。

第三篇
箱包制作工艺

基础工艺

第一节　技术名词术语

本节所介绍的箱包工艺技术名词术语，有许多是历史延续下来的行业公认名词。主要分为三部分，即：生产准备工艺术语、裁剪工艺术语和缝制工艺术语。

一、原材料检验术语

（1）查疵点

仔细检查原、辅料表面存在的各种缺陷和疵点情况，严重影响裁剪和产品质量效果的缺陷和疵点在生产前要进行剔除。

（2）查污渍

检查原、辅料的沾污情况，并按照污渍处理方法做相应的处理。

（3）验色差

检查原、辅面料在色泽上存在的级差状况，并按色泽状况进行相应的归类。

（4）分幅宽

将原、辅面料按幅面的宽窄进行归类，以利后续工序的生产加工。

（5）查衬料色泽、手感

检查衬里材料的色泽、手感情况，按检查结果进行分类归档。

（6）查纬斜

检查纺织面料的纬纱斜度情况，及时控制裁剪操作。

（7）复米

复查原、辅材料每匹的长度与工艺要求是否相符合，结果要及时报告。

（8）理化指标的分析检验

按照产品生产要求对原辅料的相关理化指标进行详细的分析检验，包括伸缩率、抗张强度、耐撕裂强度、耐热度、色牢度、耐干湿擦牢度等试验，检验结果要及时出具检验报告单。

二、裁剪工艺术语

（1）烫原料

由于在运输和储藏过程中可能会造成原辅面料的褶皱，严重影响裁片的裁剪质量，所以在裁剪之前要仔细熨烫原料，使面料平坦无褶皱。

（2）铺料

按划样要求和标准在台板上进行铺料。

（3）排料

按照部件样板的外形特点和质量要求在原、辅面料上合理进行安排，尽量减少材料的损耗率，并制定出相应用料定额值。

（4）划样

用样板按不同规格在铺料的表层面料上合理套排，画出部件料片的外轮廓线条，以作开剪的标志。

（5）复查划样

复查表层裂片的数量和质量是否符合技术规定要求。

（6）开剪

按划样线条用专用裁剪工具进行裁剪。

（7）钻眼

用裁剪工具在裁片上做出缝制标记，以保证缝制部分和尺寸的准确，一般标记要做在可缝去的部位上，以免影响产品美观。

（8）打粉印

用画粉在裁片上做出缝制标记，一般作为暂时标记。

（9）编号

将裁好的各种裁片按顺序编上号码，同一件箱包上的部件号码应一致。

（10）检查裁片刀口

检查裁片刀口的尺寸大小和位置情况是否符合质量要求。

（11）配零料

配齐一件箱包产品所需要的所有部件材料。

（12）验片

检查裁片质量和数量。

（13）补残

修补裁片中可修复的织疵或皮革轻伤。

（14）换片

调换不符合质量的裁片。

（15）坯片

未做任何加工的部件裁片。

（16）断耗

指坯布经过铺料后断料所产生的损耗。

（17）裁耗

铺料后坯布在划样裁剪中所产生的损耗。

三、缝制工艺术语

（1）撒片

按标准样板修剪毛坯裁片。

（2）削边

根据技术要求在皮革面料或纸板的四周进行削薄处理，片削的深度和宽度随技术要求而变。

（3）封四周

将面料或里料与衬料按要求贴合一致，并沿四周用较大针码缝合在一起，成为一个整体，以利于后续工序的处理。

（4）打剪口

将皮革等较厚面料在弯折或曲线部位，因缝制后的厚度重叠而影响缝制外观的多余面料剪去，使接缝平顺圆滑。

（5）刷胶

在缝制前对缝合部位进行临时的粘合，有利于缝制工序的进行。

（6）做笔插

笔插属箱包内部部件，应在缝合内部部件之前做好。

（7）滚袋口

用滚条包光毛边袋口。

（8）缉袋嵌线

将嵌料缉在开袋口线的两端。

（9）开袋口

将已缉好嵌线的袋口中间部分沿粉线剪开。

（10）封袋口

袋口两头机缉倒回针封口。

（11）修剔止口

将缉好的止口毛边剪窄。一般有修双边与单修一边两种方法。

（12）通片

把零部件整片进行片削的过程。

（13）直接片削

指由手工直接片削，一直到符合工艺要求为止的方法。

（14）间接片削

是把在片皮机上片削过的部件边沿进行"改刀"修整。如果经机器片削过的零部件片削坡度不平直，则在部件与部件镶接时会造成镶接表面的不平整，从而形成产品缺陷。因此，须再经过手工的二次片削对片削质量进行修正。

（15）折边

是指将片削过边缘的零部件，按技术要求将边沿多余部分皮料折倒，用胶粘剂粘合的过程。

（16）折虚直边

折虚直边比较简单，折边前要求部件边沿片削平直，厚薄均匀。根据不同的产品要求，先按折边规定量画出线条，目的是保证折边后边缘平直。然后在边沿上涂上胶粘剂将其折后粘牢，用锤子敲平。

（17）折实直边

折实直边时，先把片过边的面料胶粘在衬料上，在衬料外保留折边皮。涂上胶粘剂，然后把折边皮折实粘合在衬料的边缘上，使衬料边缘不外露。

（18）折凹边

折凹边比直边折边复杂。因为凹边的内轮廓线小于折边的轮廓线，折边前先要使内轮廓等于或略大于折边的轮廓线，才能把边折好折牢，那就需要使内轮廓线伸长。解决的办法是用剪刀或划刀在内轮廓线边沿上打叉口提供所需的伸长量，达到内轮廓线等于或大于折边的轮廓线尺寸。

（19）折凸边

折凸边则与折凹边相反，由于折边皮外轮廓线大于折边实际轮廓线。折边时需要把折边皮的外轮廓线缩短到小于折边的轮廓线。因此就需要把折边皮打褶，缩短外轮廓线的长度，达到小于折边轮廓线的目的。

（20）折凹凸（花边）边

由于凹凸边边形比较复杂，凹凸相间，折边时折边的凹处可参照折凹边的操作工艺，折边的凸处可参照折凸边的操作工艺，但一定要注意凹凸转折时边形的圆顺。

（21）挨筋折边

挨筋折边指的是在部件衬料的边沿上粘上纸板筋，从而形成凸起以装饰部件边缘，在此操作之后再粘面料，最后在边缘处根据要求折边。

（22）染色边

染色边是边缘修饰的一种常用方法。

（23）滚边

滚边有本色边和异色边两种。滚边前，裁切好滚边条，并把部件边缘片削好，滚边条一般要求通片，厚度为0.3~0.5mm，将部件与滚边条粘合，然后在缝纫机上缝合。

（24）镶边（毛边）

镶边是边缘修饰的另一种工艺方法，由于皮革本身的厚度有时并不能满足产品的需要，为了确保边缘厚度需要，用镶边的方法来达到零部件边缘所规定的厚度。

（25）撩边

撩边时，首先要将部件边缘砂磨圆滑，在部件边缘打孔，然后用皮条、粗线等材料进行穿插撩缝，要求缝迹均匀。

（26）平镶

平镶工艺一般用于平面的镶接，用于箱体时镶接处不再缝制，因此要求镶接处粘接要牢固，一般采用黏性好的氯丁胶。

（27）压茬镶接

压茬镶接是指将一个部件的边缘重叠压在另一个部件边缘上的镶接方法。压茬镶接工艺一般用于皮箱、皮包零部件的连接。

（28）对接

对接是把两部件两边并拢在一个平面上，中间无任何重叠。要求对接的部件边缘要裁切平直，对接平顺。

（29）压缝镶接

压缝镶接工艺包含两个步骤，第一是把两部件的边缘对接在一个平面上，第二是在接缝上覆盖设计好的零部件或装饰件，并用线迹缝合，从而使部件接缝隐蔽。

（30）零件挨芯

是在两零部件的中间加填凸起的芯料，使零件表面形成凹凸立体效果，成型后造型更加美观。

（31）捏褶包角

主要用于较高档的皮革箱包产品。操作时先将包角材料多余部分裁切去掉，在边缘处涂上胶粘剂，然后将包角两边的直边折捏平直，操作时要注意将褶捏均匀，四角的褶数要相等，一般每个包角折捏6~8个褶为好，从而保证包角弧线的圆顺，包角折捏完成以后，用锤子敲平。

（32）烙印

真皮Logo在热压机上利用高温高压把刻在铜模（有时也用铝模，效果不如铜模好）上的字迹压烫在真皮表面上。操作时要求注意的是：要选择合适的温度、压力，作用于合适的材料，从而满足客户的产品要求。

（33）贴胶带

操作时，在一些不适合刷胶粘剂的位置或部件上，可以采用贴胶带来进行固定，很多工厂选用宽度不同的双面胶带，目的是产生临时性粘合以利后续操作的便利。

（34）压茬缝法

压茬缝法在产品生产过程中经常采用。这种缝法是先把上压件的边缘折光（也有毛边的），在下压件边缘上画好缝针线迹并涂上胶粘剂，下压件边沿片削粒面层，然后把上压件边沿压在下压件的边沿上，两部件相互重叠，重叠量的宽窄度根据需要缝线的道数而定，一般为8~15mm。

（35）反缝法

反缝法是将两部件面与面重合在缝纫机上进行缝制，缝制线迹在部件的反面，缝合前，先把两部件边沿厚薄片削均匀，用划刀把边缘修整齐。

（36）翻缝

翻缝是在反缝的基础上进行的，可用于箱包产品的镶边、沿口、包底等处。缝合前，把部件边沿的厚薄片削均匀，缝合时把片削过的两部件面与面重合两边并齐，先在离边2~3mm处缝一道线，然后将两部件展开摊平，使反面与反面重合，把缝合处刮平服，再在离边3mm或10~15mm处各缝一道线。这种缝法第一道缝线不外露，第二、第三道缝线使部件缝合牢固，边缘平整、光滑。

（37）滚缝

滚缝是在反缝的基础上进行的，一般用于部件边缘的滚边。缝合前，把部件边沿的厚薄片削均匀，裁切好滚条皮，缝合时，把片削过的两部件面与面重合两边并齐。先在离边2~3mm处缝一道线。然后将两部件展开，把滚条皮折向反面。在滚条皮反面涂上胶粘剂，部件边沿反面上口涂上胶粘剂，使滚条皮粘牢在边沿上，在正面滚边的边缘缝一道线。

（38）包缝

包缝是将一个部件包在另一个部件的边缘上，缝合前，把部件边缘裁切平直，画好包边线的位置，裁切好包边皮，同时把包边皮厚薄片削均匀，厚度一般为0.3~0.6mm。缝合时，在包边皮的反面涂上胶粘剂，把包边皮粘合在另一部件的边缘上。包边皮的两边边缘均与所画线条对齐，以保证包边的平直。待胶粘剂干燥后缝一道线，缝线离包边皮边2~4mm。

（39）嵌线缝

嵌线缝是在两部件连接缝合中间镶嵌线，嵌线有实芯嵌线和虚芯嵌线两种。嵌线缝工艺一般用于软箱、软结构包的扇面与墙子等部件的连接。

（40）平缝

平缝是在平面上缝线的方法。这种缝法往往只是用于装饰，即在单一不需要缝合的部件上进行的。缝制时先在表面上画好图案纹路，然后按画好的线迹进行缝制。

（41）曲折缝法

曲折缝法是两部件对接以后的一种拼接方式，两部件都不需要缝制余量，缝纫机的压脚在两部件之间来回交叉移动，线迹为曲折形。一般用在边角料的拼接和部件的装饰上。

（42）针迹

缝针穿刺缝料时，在缝料上形成的针眼轨迹。

（43）线迹

缝制物上两个相邻针眼之间所配置的缝线形式。

（44）缝迹

在料片上形成的相互连接的线迹。

（45）缝型

一定数量的料片和线迹在缝制过程中的配置形态。

（46）缝迹密度

在规定长度内缝迹的线迹数，亦称针脚密度。

第二节　裁剪工艺

裁剪即是按箱包产品工艺加工标准，把整块原材料裁切成各种不同形状的部件和零件，为产品组装加工做好准备的过程。箱包产品是由许多块不同形状的零部件组合而成的，因此，裁剪工艺是制作的第一步。裁剪工艺技术是非常重要的，它关系到原辅材料的消耗，生产成本的核算等一系列问题，裁料的基本要求是最大限度地节约原材料，降低成本。

一、箱包部件与皮革部位的关系

箱包产品的种类很多，所用的面料特性也各有不同，例如天然皮革面料必须要单张排料裁剪，而一般的纺织面料可以通过铺料划样批量裁剪。由于各零部件的形状及它们在产品上所处的位置各不相同。因此，不同的零部件也有不同的要求和不同的标准。

在裁料时，尤其是天然皮革面料的特性比较特殊，因此，首先要了解天然皮革各部位在质量性能上的差别以及零部件对材料的选择要求，从而确定产品零部件与皮革部位之间的关系。

1. 部件与皮革面料部位的关系

不同的部件对皮革材料的要求不同。由于主要部件基本代表产品的外观质量，因此，其在材料选择上是最为优先的；处在次要部位或不显眼位置的次要部件，对皮革面料的质量要求略低一些，但在显眼部位的次要部件依然需要选用优质面料。因此，可以根据部件和材料部位的不同综合考虑，既能保证箱包产品的使用质量、外观质量，同时也能最大限度地节约皮革面料。

旅行衣箱的主要零部件有箱盖、箱底中筋、盖胖面、箱底胖面、墙体等，由于箱盖、底胖面、墙板等都处在产品的主要部位，因此，对于天然皮革作为面料的旅行箱而言，这些部件应选用质量上乘的皮革部位，比如：臀部、颈肩部位等，不能使用腹肷部位。以保证产品主要部位表面光滑，胖形饱满。

对于包袋而言，前后扇面是包袋中视觉上最重要的部分，其装饰与实用功能都是最重要的。几乎所有的包袋生产中都使用该批次最好的材料。在裁料工艺中，选用好的材料，优先裁断。其中，前扇面部件的要求高于后扇面部件。开关方式的装饰意义与前扇面基本相当，具有非常好的实用功能，因此须选用最好的材料，同前扇面的要求基本一致。侧部装饰功能次于前面扇与盖，功能意义更为重要，在材料的选用上，着重坚实耐用的品质。底部作为包袋的承重部位，装饰意义要求不高，在材料选用方面要求一般。包袋内部的里料、内袋、隔扇等部件，其使用功能相对而言更为重要，装饰功能次之。一般来讲，里料材料的选择主要与面料材质和设计意图有关，可以允许存在较轻的瑕疵现象。

因此，箱包产品各零部件选料的原则是：主要部件选用最佳的脊背部位皮革，以保证产品外观要求，其余零部件选料标准可略微放宽些，可利用腹肷、颈、肢部位，以合理应用皮革并降低产品成本。

2. 部件与皮张纤维束（丝缕）方向的关系

在排料时，除了要注意皮革的部位问题以外，还要注意皮革纹理的横纵方向问题，尤其是对于前后扇面、墙子、背带等承重部位，一定要注意横纵向的延伸问题。

由于天然皮革材料的组织构造比较复杂，主要是由胶原纤维束纵横交错编织而成。由纵横纤维编织形成致密的网状结构，其主纤维束方向与脊锥线平行，其余部位向外伸展，与脊锥线成一定的角度。皮革纤维的主纤维束方向与延伸方向相同时，延伸率小，抗张强度大。倾斜成一定角度时，延伸率逐渐增加，与其成90°角的横向方向延伸率是最大的。

箱包产品的主承力部件一般要求强度好，延伸率小，以保证产品在加工过程中保持外观造型不变或少变以及实际使用的需要。因此，在裁剪的时候，采用主纤维束方向为主，为了节约皮张、提高利用率，皮件产品辅助部件可利用横向、斜向纤维。应尽量避免在承重部件上应用横向方向。当然，对于不同的皮革面料也要分别对待，例如牛皮革横纵向延伸率差别比较小，在应用上可以放松角度要求，而对那些横纵向延伸率差别大的皮革，则要充分考虑角度的问题。

3. 皮革伤残的合理利用

在天然皮革面料上存在着各种各样的伤残，其中有动物体存活时留下的生理伤残，也有在制革加工过程中造成的加工伤残。这些伤残的存在，降低了皮革的使用价值，同时也给制品的裁制带来一定的困难。为了更好地利用皮革材料，降低原材料的损耗率，提高裁剪质量，必须要仔细了解皮革面料的伤残情况，从而对其进行合理躲让，充分利用皮革的伤残缺陷，在保证皮革制品外观质量要求的前提下，极大地提高产品经济效益。

根据皮革表面伤残程度和可利用程度，将伤残分为三类：

① 表伤：只伤及表面而未伤及实质的伤残称为表伤，表伤只影响产品的外观，不影响实际使用质量，如色花、鞭花、疤痕等。这种伤残一般可以应用在不显眼位置，而且要求它的伤残面积比较小。

② 轻伤：伤残面积较小或是深度不超过皮张厚度1/4的伤残称为轻伤，如菌伤、裂面、龟纹等。轻伤包括刀伤和小洞眼，对产品的外观和使用都有一定的影响，一般来讲，在产品的表面上不应出现这类伤残，应尽量把这类伤残放入可遮盖部位，或是放在部件的缝制余量中。

③ 重伤：伤残面积较大或是深度超过皮张厚度1/4的伤残称为重伤，如虻眼、折裂、重伤痕、刀痕等。重伤一般不再应用在产品的成品部件上，应在裁制时裁掉。

同样，在选用皮料时，也要综合考虑不同零部件的质量要求，尽量提高皮革的利用率。例如旅行箱箱盖、底胖面的中间镶有中筋，在镶中筋下面的胖面皮面上，允许有伤残，在中筋的两边折边部位也可允许有伤残，后条因在产品的后面，可利用皮张表面伤残。

因此，利用躲让伤残的原则是：产品的前部件、盖子选用最佳皮料，而侧墙、后部可利用部分伤残，那些表面有装饰条遮盖的部位，允许利用伤残，另外，在接头、缝合部位也同样允许有伤残存在，将伤残藏于产品内部，不影响外部的美观。

二、铺料

铺料是按照裁剪方案所确定的层数和排料划样所确定的长度，将箱包用纺织面料重叠平铺在裁床上，以备裁剪。从表面上看，铺料是一项简单的工作，实际上它也包含着许多工艺技术知识。如果这些工艺技术处理不当，同样会影响生产的顺利进行和箱包产品的质量。

1. 铺料的工艺技术要求

（1）面料表面要平整

铺料时，必须使每层面料都十分平整，面料表面不能有褶皱、波纹、歪扭等情况。如果面料铺不平整，裁剪出的部件与样板就会有较大误差，这势必会给缝制造成困难，而且还会影响产品的设计效果。

面料本身的特性是影响面料铺平整的主要因素。例如表面具有绒毛的面料，由于面料之间摩擦力过大，接触后面料之间不易产生滑动，因此使展平面料比较困难。相反，有些轻薄面料表面十分光滑，面料之间摩擦力太小，缺乏稳定性，容易滑脱，也难于铺平整。再如有些组织密度很大，或表面具有涂料的面料，其透气性能比较差，铺料时面料之间积留的空气会使面料鼓胀，造成表面不平整。因此，了解各种面料的特性，在铺料时采取相应的操作措施是十分重要的。对于本身有褶皱的一些面料，铺料前还须经过必要的整理手段，消除面料本身的褶皱，才能保证铺料质量。

（2）面料边缘应对齐

铺料时，要使每层面料的边缘都上下垂直对齐，不能有参差错落的情况。如果面料边缘对得不齐整的话，裁剪时有可能会造成靠边裁片不完整的缺陷，从而造成裁剪次品或废品。

由于面料的幅宽总有一定程度的误差，在铺料时，要使面料两边边缘都能很好地对齐是比较困难的。因此铺料时一般要以面料的某一侧为基准，通常称为"里口"。铺料时一定要保证里口织物边缘上下对齐，最大误差不能超过±1mm。

（3）尽量减小张力

要把成匹面料铺开，同时还要使表面平整，并保证织物边缘对齐，必然要对面料施加一定的作用力而使面料产生一定张力。由于张力的作用，面料会产生伸长变形，特别是伸缩率大的面料更为显著。这种变形将会影响裁剪的精确度，因为面料在拉伸变形状态下剪出的料片，经过一段时间以后，变形还会自然除去而恢复原状，使料片尺寸缩小，不能保持样板的尺寸。因此铺料时要尽量减小对面料施加的拉力，防止面料产生拉伸变形。

卷装面料本身具有一定的张力，如直接进行铺料也会产生伸长变形。因此卷装面料铺料前，应先将面料散装，使其在松弛状态下放置24h，然后再进行铺料操作。

（4）保持方向一致

对于具有方向性的面料，铺料时应使各层面料保持同一方向。

（5）对正条格

对于具有条格的面料，为了达到产品缝制时对条对格的要求，铺料时应使每层面料的条格上下对正。要把每层面料的条格全部对准是不容易的，因此铺料时要与排料工序相配合，对需要对格的关键部位使用定位挂针，把这些关键部位的条格对准。

（6）铺料长度要准确

铺料的长度要以划样为依据，原则上应与排料图的长度一致。如果铺料长度不够，将造成裁剪部件的不完整，给生产造成严重后果。如果铺料长度过长，会使面料造成浪费，抵消了排料工序努力节省的成果。为了保证铺料长度，又不造成浪费，铺料时应使面料长于排料图0.5~1cm。此外，还应注意铺料与裁剪两工序不要相隔时间太长，如果相隔时间过长，由于面料的回缩，也会造成铺料长度不准确。

2. 铺料的程序与方法

（1）识别织物的正反面和方向性

铺料前，首先应识别织物的正反面和方向性，只有正确地掌握面料的正反面和方向性，才能按工艺要求正确地进行铺料。面料的方向性，通过观察、手摸和对比，一般比较容易确定。有些面料正反面差别明显，也比较容易识别，但有些面料正反面差别不很显著，如不仔细辨别就会搞错。因此铺料之前要认真辨别面料的正反面。

（2）铺料方式

在实际生产中铺料的方式主要有两种：一种为单向铺料，另一种为双向铺料。

① 单向铺料：这种铺料方式是将各层面料的正面全部朝向一个方向（通常多为朝上）。用这种方式铺料时，面料只能沿一个方向展开，每层之间面料要剪开，因此工作效率较低。这种方式的特点是各层面料的方向一致，容易控制。

② 双向铺料：这种铺料方式是将面料一正一反交替展开，形成各层之间面与面相对、里与里相对的状态。用这种方式铺料时，面料可以沿两个方向连续展开，每层之间也不必剪开，因此工作效率比单向铺料高。但这种方式的特点是各层面料的方向是相反的，容易造成裁料操作的误差。

在生产中，应根据面料的特点和箱包产品制作的要求来决定采用哪一种铺料方式。例如素色平纹织物，由于其布面本身不具方向性，正反面也无显著区别，此类面料可以采用双向铺料方式，使操作简化，提高工作效率。有些面料虽然分正反面，但无方向性，也可以采用双向铺料方式，使排料更为灵活，有利于提高面料的利用率。如果面料本身具有方向性，为使每件产品的用料方向一致，铺料时就应采取单向铺料方式，以保证面料方向一致。缝制时需要对格的产品，铺料时也要对格，并应采取单向铺料，否则就不能做到对格效果。

（3）布匹的衔接

铺料过程中，每匹布铺到末端时不可能都正好铺完一层。为了充分利用原料，铺料时布匹之间需要在一层之中进行衔接。在什么部位衔接，衔接长度应为多少，这需要在铺料之前加以确定。

确定的方法是：先将画好的排料图平铺在裁床上，然后观察各裁片在图上分布的情况，找出裁片之间在纬向上交错较少的部位，这些部位就作为布匹之间进行衔接的部位。各裁片之间在这些部位的交错长度就是铺料时布匹的衔接长度。衔接部位和衔接长度确定后，在裁床的边缘处画上标记，然后取掉裁剪图可以开始铺料。铺料中每铺到一匹布的末端，都必须在画好标记处与另一匹布衔接，如果超过标记，应将超过的布剪掉。另匹布按标记规定的衔接长度与前一匹布重叠后继续铺料。铺料的长度越长，衔接部位应选得越多，一般情况下平均每1m左右应确定一个衔接部位。

目前，多数箱包产品主要靠人工铺料。人工铺料适应性强，无论何种面料，无论铺料长短，也无论用何种方式进行铺料，人工铺料都可以很好地完成。但是劳动强度大，不适应现代化生产的要求。为了减轻劳动强度，在人工铺料的基础上采用一些辅助设备，例如在裁床上安装带有轨道的载布滑车，把面料放在上面用人力推动就可以将面料展开，然后靠手工把面料整平齐。有的用电动机代替人工拉布。这些辅助设备都可有效地减轻劳动强度，提高生产效率。

现在，箱包生产中已经开始使用自动铺料机进行铺料作业。这种设备可以自动把面料展开，自动把布边对齐，自动控制面料的张力大小，自动剪断面料，基本代替了手工操作，使铺料实现了机械化、自动化。但是自动铺料机的适应性不如人工铺料，面料品种、性能经常变化时，影响使用效果。此外，如果铺料时要求对格，也不能使用铺料机，还须人工铺料。

三、排料与画样

排料的结果是要通过画样绘制出裁剪部件图，以此作为裁剪工序的依据。画样的方式，在实际生产中有以下几种。

1. 画样方式

（1）纸皮画样

首先在一张与面料幅宽相同的薄纸上进行排料，排好后用铅笔将每个样板的形状画在各自排定的位置，便得到一张排料图。裁剪时，将这张排料图铺在面料上，沿着图上的轮廓线与面料一起裁剪。采用这种画样方式比较方便，但通常此排料图只可使用一次。

（2）面料画样

这种方法是将样板直接附在面料上进行排料，排好后用画笔将样板形状画在面料上，铺料时将这块面料铺在最上层，按面料上画出的样板轮廓线进行裁剪。这种画样方式节省了用纸，但遇颜色较深的面料时，画线不如纸皮画得清晰，并且不易改动，需要对条格的面料则必须采用这种画样方式。

（3）漏板画样

首先在一张与面料幅宽相同的厚纸上进行排料。排好后用铅笔画出排料图，然后用针沿画出的轮廓线扎出密布的小孔，便得到一张由小孔组成的排料图，此排料图称为漏板。将此漏板铺在面料上，用小刷子沾上粉末沿小孔涂刷，使粉末漏过小孔在面料上显出样板的形状，便可按此进行裁剪。采用这种画样方式制成的漏板可以多次使用，适合生产大批量的箱包产品，可以大大减轻排料划样的工作量。

（4）电子计算机画样

将样板形状输入电子计算机，利用电子计算机进行排料，排好后可由计算机控制的绘图机把结果自动绘制成排料图。

排料图是裁剪工序的重要依据，因此要求画得准确清晰。画样时，样板要固定不动，紧贴面料或图纸，手持画笔紧靠样板轮廓连贯画线，使线迹顺直圆滑，无断断续续，无双轨线迹。遇有修改，要清除原迹或做出明确标记，以防误认。画笔的颜色要明显，但要防止污染面料。

2. 排料与画样操作中应注意的问题

排料是裁剪工艺的第一道工序，根据箱包产品的质量要求和箱包所用面料的特点等因素来进行合理的安排，从而使各个裁片符合产品的技术要求，并在此基础上尽量降低产品的生产面料成本。如果不能进行合理的排料，将会对成品的质量产生一定的影响，进而降低企业的经济利益。

（1）排料

在进行排料之前，要充分认识了解产品各部件的部位、形状及对材料的要求等重要因素。排料前要仔细对照所要生产的产品样品，核对下料样板的数量和形状。核对时，必须使样板与产品部件逐件一一对应，辨别清楚样板上标注的丝绺方向，认识了解各部件在产品中的部位及所处部位的要求及丝绺方向。了解生产产品数量及其规格、所使用材料的幅宽、一次性允许断料层数和裁料工作台板的长宽尺寸。

排料时尤其要注意以下几点：

① 部件裁片的对称性：箱包产品上大部分部件具有对称性，因此，排料时要注意既要保证面料正反一致，又要保证部件裁片的对称，避免出现"一顺"现象。例如墙子、堵头等部件。

② 面料的方向性：

a. 面料是具有方向性的，表现在纺织面料有经向与纬向之分，皮革面料有横纵方向之分。经向挺拔垂直，不易伸长变形，可以承受重力负担；纬向延伸性好，容易受力变形；斜向是延伸性最大的方向，围成圆势时自然、丰满。因此不同部件裁片在用料上有直料、横料与斜料之分。

b. 面料的逆顺：当从两个相反方向观看面料表面状态时，具有不同的特征和规律。如绒毛、图案等面料。

③ 对条格面料的处理：条格面料要认真对正，条格要根据设计要求进行拼对。

④ 节约用料：

a. 先大后小：排料时，先将较大的主要部件样板排好，然后再把较小的零部件样板在大片样板的间隙中及剩余部分进行排列。

b. 紧密套排：样板形状各不相同，其边线有直的、有斜的、有弯的、有凹凸的等。

排料时，应根据它们的形状采取直对直、斜对斜、凸对凹、弯与弯相顺，这样可以尽量减少样板之间的空隙，充分利用面料。

c. 缺口合拼：样板具有凹状缺口，但有时缺口内又不能插入其他部件。此时可将两片样板的缺口拼在一起，使两片之间的空隙加大。空隙加大后便可以排放另外的小片样板。

d. 大小搭配：当排几件时，应将不同规格大小样板相互搭配，统一排放，使样板不同规格之间可以取长补短，实现合理用料。要做到充分节约面料，排料时就必须根据上述规律反复进行试排，不断改进，最终选出最合理的排料方案。

排料时材料的厚度及铺料的难易程度，决定排料长度；厚重的料不易排料太长，一般不超过6m；计算一次下料层数为10~15层。在排料时应多排多试，制定的排料方案不少于3种，优选其中一种画出排料图。排料时，排在同一版面上的各部件尽量配全套，不凑料的部件可单独出排料图。手工、电剪刀下料不留加工量，紧密相连；刀具裁料的边与边之间留3~4mm加工量。排料图要清晰，各部件标注齐全，并注明允许下料层数及断料长度。

（2）画样

画样时按排料图确定断料长度，进行铺料和断料；铺料时，正面向上可随时检查材料表面，有不良缺陷时要及时发现并将其挑出。铺料要铺平整，铺料时边缘对齐，每层拉料松紧长度一致，当料边紧时应用剪刀打剪口，防止出现铺料不平的现象。画料在最上面一层进行，使用画粉或荧光笔按样板排料图情况画料，为了不污染面料，如没有正反面要求，可把最上面一层反面向上画样，这样可以防止材料污染。

在对天然皮革进行排料时，为了合理躲避并利用伤残，应将皮张的正面向上平铺，逐个单张进行排料，画样时用画笔或粉袋铺印，这样可以随时更改不良的排料，多排多试，从而找出最佳排料方案而不留笔迹，防止污染皮面，保证排料的准确性，并最大程度地节约原材料，降低用料成本。

各类板材辅料如三合板、五合板、PE板、EVA板材等排料，要了解下裁的部件质量要求、丝缕方向的要求，在板材的规格范围内计算排料，优选出排料最优方案。

四、裁剪

裁剪是箱包产品生产过程中的第一道工序，裁剪质量的好坏直接影响到产品的质量和产品的成本。因此，裁剪是技术性较强的工序之一。从工艺上分，裁剪可以分为手工裁剪和机器裁剪两种。目前，生产皮箱、皮包等产品时，其部件面料的裁剪主要利用机器为主、手工为辅的方式，衬里、零件主要是利用机器裁剪。

1. 裁剪加工的方式及设备

传统的手工裁剪是用剪刀进行操作的。而在箱包工业生产中，为了实现优质高产，应使用各种先进的加工设备。通常，箱包生产中根据产品种类、原料性能、加工要求以及生产条件的不同，采取的裁剪方式及使用的设备也不相同。目前箱包生产中常用的裁剪方式及设备有以下几种。

（1）电剪裁剪

电剪裁剪是目前箱包生产中应用最为普遍的一种裁剪方式。电剪裁剪，首先要经过铺料，把若干层面料整齐地铺在裁剪台（裁床上）。裁剪时，手推电动裁剪机使之在裁床上沿划样工序标的线迹运行，利用高速运动的裁刀将面料裁断。

这种裁剪方式，使用的设备主要是电动裁剪机，简称电剪。电动裁剪机分直刃型与圆刃型两种。

生产中使用较多的是直刃型电剪，这种电剪的裁刀是直尺形的，它由电动机带动做垂直上下的高速运动来切割面料。电动机的速度有1800、2800、3600r/min三种。电剪的规格是以裁刀长度区分的，常用的裁刀长度为13~33cm。这种电剪的裁剪能力即最大的裁剪厚度，通常是裁刀长度减4cm，例如裁刀长度为33cm那么它的最大裁剪厚度约为29cm。

直刃电剪在箱包生产中适用范围非常广泛，对各种材料、各种形状（直线或曲线）都可以自如地进行裁剪，裁剪厚度可由几十层至几百层，因此有"万能裁剪机"之称，是箱包生产中的主要裁剪设备。如图12-1所示。

圆刃型电剪的裁刀是圆盘形的，由电动机带动做高速旋转运动来切割面料。这种电剪的裁剪能力，取决于裁刀直径的大小，一般裁刀的直径为6~25cm，因此它们的裁剪厚度一般最大不超过10cm（小于裁刀的半径）。这种电剪轻便灵活，尤其是裁剪直线形状，由于它是连续切割，比直刃电剪速度快、效果好。但是裁曲线尤其是曲率较大的曲线，效果不如直刃电剪。圆刃电剪的裁剪厚度也比直刃电剪小，因此这种电剪适于裁剪小批量产品，在大批生产中可做辅助设备。如图12-2所示。

（2）台式裁剪

这种裁剪方式使用的设备是台式裁剪机。台式裁剪机是将宽度为1cm左右的带状裁刀安装在一个裁剪台上，由电动机带动做连续循环运动。裁剪时，将铺好的面料靠近运动的带状裁刀，推动面料按要求的形状通过裁刀，面料便被切割成所需要的料片。这种裁剪方式类似木材加工中用的电锯。使用这种裁剪方式，由于裁刀宽度较小，并且裁刀是连续不断地对面料进行切割，因此裁剪精确度较高，特别适于裁剪小片、凹凸比较多、形状复杂的裁

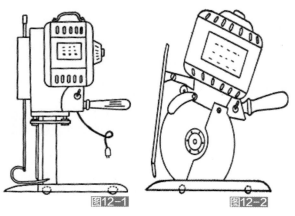

图12-1　直刃型电剪
图12-2　圆刃型电剪

片。但是由于设备较大，不具有电动裁剪机轻便灵活的特点，因此适用范围较小。通常这种裁剪方式是与第一种裁剪方式配合使用的。

（3）冲压裁剪

根据裁断的工艺特点和裁断机理，可分为冲裁和剪裁两种。带有刃口的冲头（刀模）沿与织物或皮革表面的垂直方向，一次冲压切断纤维，使裁片一次成型。冲裁的特点是裁片规则、准确率高，作用时间短、效率高，但需要的切割力大，刀具结构较复杂，适用于大批量生产。冲裁时只需要刀模的切割运动，不需要送料运动。剪裁时刀具沿与皮革表面平行方向，分段连续剪断皮革纤维。剪裁的特点是能裁出形状复杂的零件，但裁断时间长、效率低，费工费时，适合小件或小批量生产。剪裁一般需要刀具的剪切和送料两种运动。通过裁断作用过程分析，剪裁比冲裁更适合于皮革类材料的裁断，但从生产率和工艺过程来分析，冲裁优于剪裁。如图12-3所示。

在机械加工中可利用冲床，将金属材料冲压加工成所需要的各种形状。将这种加工方式运用到箱包裁剪中，便是冲压裁剪。采用这种裁剪方式，首先要按样板形状制成各种切割模具，将模具安装在冲压机上，利用冲压机产生的巨大压力，将面料按模具形状切割成所需要的裁片。如图12-4所示。这种裁剪方式裁片的厚度取决于冲压机的压力大小，目前使用较多的油压冲压机压力为10~20t。这种裁剪方式的主要特点是，精确度非常高，可以非常准确地一次裁剪出若干裁片，因此精确度要求高的部件适合采用这种裁剪方式。另外，由于需要制作模具，加工成本比较高，因此适用于款式固定、生产量大的产品。变化大、批量小的产品不适合使用这种裁剪方式。

图12-3　冲压裁剪与裁下的皮块
图12-4　刀模

2. 皮革的裁剪

目前，在不同的企业中，天然皮革的裁剪方法也不同，有条件的中大型企业采用模具裁剪，而有些中小型企业仍以手工裁剪为主。但是即使是用模具裁剪，也需要操作工人人工排料。因为皮革面料张与张之间存在很大的个体差异，其表面及内在质量也有很大的不同，因此人工排料更有利于合理利用面料。

（1）手工裁剪

裁剪是技术性比较高的工种，因此对操作工人的要求也较高，要求工人对产品的生产过程、工艺操作、技术要求等都能熟悉和了解。

① 裁剪的准备：

工具：有划刀、玻璃台面、直尺、量尺、剪刀、铅笔、磨石。

检查样板：检查样板是否齐全，是否有缺损，装配零部件部位是否标志明确，明确产品对零部件皮料的质量要求。

磨刀：使刀口锋利，在裁剪时不会在皮革的边缘留下参差不齐的痕迹。

② 裁剪操作：

选样：把皮料摊放在台面上，查验皮张的质量、伤残所在的部位及可否利用等情况，按质量进行分档。

排料：排料时，一般先排扇面、墙子、堵头、包盖等主要部件，然后再排小料和次要部件材料。

画样：皮张选好审定后，把单张皮平铺在台面上，将所需样板铺好，并检查皮面上的伤残能否利用和躲让。

裁样：裁料的方法一般有两种，一种是用剪刀裁剪，另一种是用划刀裁剪。

在刀裁法中，首先将样板排放好后，用右手执刀，把刀口角切入皮面，使刀口沿着样板边从后面向前推动或从右向左推动，沿样板边把皮革裁开。刀口在皮面上推动时，刀口与皮面成25°~30°夹角。这样，刀口向前推动时可充分利用刀角的锋利而减少阻力，刀面与皮面成90°直角，这样，刀口不"吃"样板，裁下的皮料边势平直。在用剪刀裁剪时，要注意刀与刀之间的衔接，在皮革边缘不要出现接刀痕迹。

裁料时要先裁主料，后裁辅料，先裁盖料，后裁底料，先裁面积大的，后裁面积小的，要求充分利用边角料；先裁表面面料，后裁里部用料，做到充分利用，力求降低损耗。另外，裁料时还应注意色泽搭配和花纹搭配，同一产品上零部件组合色泽要基本一致，花纹镶接搭配要协调自然。

（2）机器裁剪

机器裁剪要比手工裁剪简单很多，机器裁剪主要是利用成型刀口模，借助于裁料机的压力把皮张分开。机器裁剪适用于小面积的零部件和大批量生产，其优点是所裁的零部件规则整齐、生产效率高、劳动强度低。但裁剪成本高，应尽量用在大批量生产或通用部件的生产上。裁料时，要求工人技术熟练，对零部件的质量要求了解充分详细，熟悉箱包产品生产工艺。

① 裁剪准备：了解产品各零部件的要求，检查刀模是否符合要求，案板是否厚薄均匀、无凹凸不平及破裂等现象，检查机器运转情况并调整。

② 冲裁：操作前平摊皮料，把刀模放在皮料上合适位置，定位，搬动连杆，压板下冲，完成一次冲裁。冲裁时要根据产品零部件的形状，严密排列，相互套裁，注意伤残部位的合理利用、色泽的搭配、花纹的搭配以及丝缕的选用。另外，冲裁时先裁主要零部件，后裁次要零部件，先裁面料，后裁里料。

3. 人造革的裁剪

人造革的裁剪与天然皮革相比要简单得多，因为其表面很少有伤残，同卷人造革上基本无色差，形状规则、强度均匀一致。

裁剪前把人造革卷筒放在支架上，裁大面积部件料时，由于人造革两边有时会有一些褶皱不平，因此裁料前要先把人造革的两边裁掉，使表面平整，边沿无曲皱，然后排料划样，做到合理排料。在玻璃台面上裁料，纤维一面向上摊平，按样板裁料，裁带状零部件或线状料时，可将人造革折叠数层，在切纸机上裁断。裁剪时，先裁大部件，后裁小部件，要充分利用边角小料，提高材料利用率。

4. 纺织材料的裁剪

纺织材料裁剪前要进行织物分类和布层折叠工作。

（1）织物的分类

有色织物经过染整加工，在幅宽和色泽上有一定的差别，为了使成批产品色泽一致，在裁剪前应将织物进行分类。

（2）织物的折叠

一般来说，纺织材料采用多层裁剪，根据织物厚度和设备能力，将织物折叠成所需的层数，折叠的长度按产品的零部件套排后定。

（3）裁剪方法

裁剪方法有两种，一种是电剪刀裁剪，另一种是手工裁剪。裁剪时注意先裁大料，后裁小料。如果用电剪刀裁料，要注意推动时刃口不离画迹，电剪刀底板保持与铺料板完全接触。

5. 纸板裁剪

纸板的裁剪不同于皮革材料及其他材料的裁剪，因其纤维粗糙，质地粗松，强度较差，故不能进行折叠，只能垒裁。纸板的裁剪有手工裁剪和机器裁剪两种方法。

裁剪步骤如下：

（1）选料

纸板是草浆和木浆加工成的工业材料，它在生产、运输过程中可能会引起缺陷，故在裁剪前应先检查纸板质量是否合格，纸板是否平服、干燥，正反两面表面是否有起壳、起棱现象，四边是否平直，注意看清纵横丝缕。因为纸板的横纵方向柔韧性不同，要根据应用部位的不同而定。

（2）裁剪

① 机器裁剪：机器裁剪适合于大批量生产，效率高，质量好，劳动强度低。

② 手工裁剪：手工裁剪适合小批量生产和研制新产品。

五、用料定额核算

箱包产品用料定额核算，对安排生产来说十分重要，其定额核算方法主要有两种：一种是实验测定法，另一种是测量计算法。

1. 实验测定法

实验测定法是通过用产品零部件的样板实际套裁得出用量的方法，尤其适合皮革面料的成本核算。

从皮革中选出有代表性的皮革材料（一般以二级皮为标准），按产品对皮革的质量要求，用样板把皮张裁成产品的零部件料，去掉剩下的皮张，即产品的实际用量，实际用量加上规定的损耗，即产品的计划用量。规定的损耗率为：一级皮：10%~15%，二级皮：20%~25%，三级皮：25%~30%。

2. 测量计算法

测量计算法是通过测量产品零部件的实际面积，然后逐一相加，求得产品的实用量，而实用量加上损耗等于产品的计划用量。操作时，把产品的零部件样板在纸面上严密套排，然后用笔画在纸面上，算出其面积从而得出实用量数值。

第三节　片削工艺

片削是将产品的零部件按工艺要求使边缘片削成一定规格，从而适合下道工序加工的要求。目的是使零部件的连接处、折边处、压茬处平服、整齐、美观，避免因零部件接缝、折边、压茬部位过厚，影响产品的质量和外观。

对于箱包产品而言，由于材料及零部件要求的不同，其片削工艺过程也有所不同。

一、皮革面料的片削

1. 片料的类型

应用于皮革面料上的片料方法有两种：通片和片边。

（1）通片

把零部件整片进行片削的过程叫通片，通片有平刀片削和圆刀片削两种。平刀片削一般适用于硬革和厚革，如照相机皮袋的胖面、墙子部件等。圆刀片削一般适用于把手面料、包扣皮、包边皮、嵌线皮、滚边皮等部件。

（2）片边

将零部件的边缘按产品工艺质量要求，片成坡茬状的过程叫片边。如皮箱、皮包、票夹等零部件的折边、压茬、缝合等部位。

片料操作主要应用在较厚面料上，如牛皮面料，而对于羊皮等较薄面料来讲一般不需要或只采取轻片。

2. 片料的应用

（1）用于折边部位的片边

在箱包产品生产过程中，一般来讲，零部件明显暴露的边缘需要折边。如包的上口部位需要做光边处理。为了获得较好的外观效果，应对边缘进行片薄处理。

片边的宽窄度、厚薄度要根据折边的工艺要求来定。不同的皮革，有不同的要求。

牛皮：皮革厚而质地坚实，故片削宜宽、宜略深些。

羊皮：皮革薄而软，故片削宜浅、宜窄。

（2）用于压茬部位的片边

部件与部件的相互重叠叫压茬。压茬时，将部件分为上压部件和下压部件，无论是上压部件还是下压部件均需要片边，目的是使产品整体缝合或胶接后的边势平整、美观。因部件在产品上所处的位置不同，片边的要求也不同。一般来说，上压件的可片宽度等于重叠量，下压部件的可片宽度应略小于重叠量，如大于重叠量则会造成片茬外露，影响产品美观。

（3）用于缝合部位的片边

由于皮革面料缝合以后，缝合部位厚度增加，给胶接带来一定的难度，而且也会在外观效果上造成凹凸不平的缺陷，因此部件的缝合部位需要进行片边操作，目的是使缝合后的边势均匀平服。应用反面缝制方法时，两部件在缝合的边缘都片削网状层，并且缝合两边所留厚度基本相同，宽窄度也相等。如两部件重合时中间需嵌线，如牙子皮的镶嵌，那么在对边缘进行片削时，片削厚度应略深，片削宽度也略宽。

3. 片削的方法

片削的方法有两种：一种是手工片削，另一种是机器片削。

（1）手工片削

手工片削在皮件产品生产过程中很重要，它要求操作者具一定的刀工基础并熟悉工艺。手工片削包括两种类型：一种是对零部件边沿的直接片削，另一种是对零部件边沿的间接片削。

片削的应用有三种：第一种是片削折边的边缘，第二种是片削镶接的边缘，第三种是片削缝合的边缘。片削折边的边缘时，需片削网状层，保留粒面层。片削时，网状层朝上，粒面层压在片砖面上，片削成的边形斜坡中略带平势，从而使折边平服。片削镶接的边缘时，上压料片削网状层，下压料需片削粒面层；片削缝合部位时，两部件都片削网状层。

① 直接片削：直接片削是指由手工直接片削，一直到符合工艺要求为止的方法。

片削操作方法如下：

a. 磨刀：将刀磨锋利。

b. 片削：铺好皮料，片边部位放在操作者左侧，右手握刀刀尖向前，大拇指的指面紧握在80° 刀角的侧面，把刀口角在画的线条上向前推动，刀向前推动时用力要柔中有力度，刀、刀口与皮料边成15° ~20° 夹角，刀面与料面的夹角应随着片削斜坡的形成而不断变换。

② 间接片削：间接片削是把在片皮机上片削过的部件边沿进行"改刀"修整。如果经机器片削过的零部件片削坡度不平直，则在部件与部件镶接时会造成镶接表面的不平整，从而形成产品缺陷。因此，须再经过手工的二次片削对片削质量进行修正。

（2）机器片削

在箱包加工过程中，需根据技术资料有关要求，将皮革全张片薄或将边缘部位片成坡面。机器片削生产效率高，工人劳动强度小，适合工业大生产。

操作前，先调节好压脚与圆刀之间的距离，使片出的皮革厚度符合要求，然后用右手的拇指捏住部件的一角或一端，将部件送入压脚与圆刀之间，随送料棍的转动顺势拉出片好的部件，同时左手将未片的部分逐渐送入片皮机直至完成。操作时，要保证皮革待片部分进料平整无褶皱，以免使之堵塞或将皮革表面损坏，片皮的速度要以送料棍的速度为准则，两手只起到辅助作用，不得强行扯拉，以免出现片皮厚度不匀甚至片漏现象。

二、纸板片削

纸板是有规则的纤维材料，在箱包生产中用途很广，主要用于中间衬料。由于成品纸板的面积是有规格范围的，因此做大规格的皮箱、皮包产品时，纸板需进行拼接，纸板的拼接采用两边片削后压茬胶接工艺。

片削纸板有两种方法：一种是手工片削，另一种是机器片削。

1. 手工片削

（1）准备：选好所用材料，并在距纸板边40~45mm处画好片削线条。

（2）片削：将纸板平铺在台面上，右手握刀，沿画的线条削入纸板并向前推动，刃口与纸板成15°~30° 夹角，逐步把片削斜坡片平坦成刀口状。

2. 机器片削

机器片削适合大批量生产，产量高、劳动强度低，机器片削是利用两轧辊传动推进原理，采用锥形铣刀与纸板推进反方向转动达到片削目的。片削的位置和尺寸同手工片削。

第四节 部件边缘的修饰与镶接

部件边缘的修饰与镶接工艺，在箱包产品上用得非常广泛。边缘的修饰与镶接工艺是在片边的基础上进行的。同时，它又是缝合的基础。边缘的修饰通常有染色边、折边、镶边、滚边、撩边等。

染色边一般用在皮革面料上，是用正面缝制法制包时对毛边的一种处理方法，如背带的边缘等。折边工艺常用于皮包、票夹等精致、细巧的皮件产品上，使产品的镶接部位达到光滑、整齐的目的。镶边工艺主要用于皮箱、皮包等大型皮件产品上，经过镶接的部位厚实而牢固。多用于正面缝制法中的滚边工艺对产品进行同色或异色条形装饰，可以大大改善产品的外观。而撩边则主要用于具有艺术品位的设计上，增加产品的艺术附加值。

一、边缘的修饰

1. 折边（抿边）

折边是指将片削过边缘的零部件，按技术要求将边沿多余部分皮料折倒用胶粘剂粘合的过程。折边使用的胶粘剂要视皮革的不同性质，采用不同的种类。通常有用氯丁胶、汽油胶和聚乙烯醇等。

折边需要的折边量通常在6~20mm。产品的零部件经过折边后得到一个光滑、整齐的外观边形，为产品组装创造了有利条件。

根据各种箱包产品的边形规律，折边大致可分为折直边、折凹边、折凸边、折凹凸边四种形式。在这四种形式中，又有折虚边、折实边之分。它们的主要区别是在虚边内无内衬，而实边内衬有硬纸板。

折边需要的工具有：锤子、剪刀、锥子等。

（1）折直边

折虚直边比较简单容易，折边前要求部件边沿片削平直，厚薄均匀。根据不同的产品要求，先按折边规定量画出线条，目的是保证折边后边缘平直。然后在边沿上涂上胶粘剂把皮折边后粘牢，用锤子敲平服。如皮质较硬，可用氯丁胶粘合。把氯丁胶涂在折边皮上需要等胶粘剂干燥后（手感无黏性）才能折边敲牢。如图12-5所示。

折实直边时，实边内有衬料。先把片过边的面料胶粘在衬料上，在衬料外保留折边皮，涂上胶粘剂，然后把折边皮粘合在衬料的边缘上，使衬料边缘不外露。如图12-6所示。

（2）折凹边

凹边折边比直边折边复杂。因为凹边的内轮廓线小于折边的轮廓线，折边前先要使内轮廓等于或略大于折边的轮廓线，才能把边折好折牢，这就需要使内轮廓线伸长。解决的办法是用剪刀或划刀在内轮廓线边沿上打叉口提供所需要的伸长量，达到内轮廓线等于或大于折边的轮廓线尺寸。

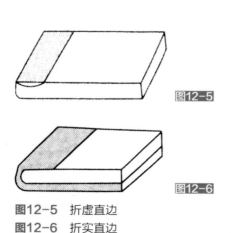

图12-5

图12-6

图12-5 折虚直边
图12-6 折实直边

折边前（虚边）先在折边部位的边沿上画好折边线，涂上胶粘剂。用剪刀在折边皮上打叉口，叉口深度为折边量的2/3或3/4，叉口与叉口之间的宽度为2~4mm。然后按照画的折边线把折边皮粘牢，如图12-7所示。折边轮廓线要折得整齐、自然，不能歪曲粘空，剪刀叉口不能露边。

折实边时，首先在胶粘好衬料的折边皮边缘涂上胶粘剂，用剪刀在折边皮上打叉口。叉口深度为折边量的1/2或2/3，叉口与叉口的宽度为3~5mm。然后沿折边的边缘把折边皮刮牢，以保证折好的边缘不空不曲。用手指把折边皮撅在衬料的边沿上，用锤子敲平服。

（3）折凸边

折凸边则与折凹边相反，由于折边皮外轮廓线大于折边实际轮廓线，折边时需要把折边皮的外轮廓线缩短到小于折边的轮廓线。因此，就需要把折边皮打褶缩短外轮廓线的长度，达到小于折边轮廓线的目的。

折边前先在折边部位的边沿上画好折边线，涂上胶粘剂，然后将折边皮折倒，同时用锥子在折边皮边缘打褶皱，如果折边皮较厚，打的褶裥较大时，可先用片刀把折边皮片薄，使打褶褶裥平服。如图12-8所示。折边时要求打的褶裥均匀细小而平服，折边后的轮廓要圆正、自然、平整。折好后如果打褶部位褶裥较厚影响组合镶接，可用片刀把褶裥削平。折实边时基本与虚边相同，但是一定要注意皮革与内衬之间应无空隙才能保证折边质量。

（4）折凹凸（花边）边

由于凹凸边边形比较复杂，凹凸相间，折边时边缘的凹处可参照折凹边的操作工艺，折边的凸处可参照折凸边的操作工艺，但一定要注意凹凸转折时边形的圆顺，如图12-9所示。

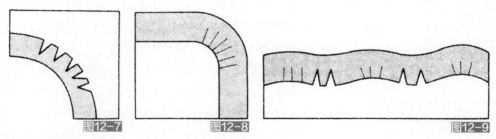

图12-7 折凹边
图12-8 折凸边
图12-9 折凹凸（花）边

（5）挨筋折边

挨筋折边指的是在部件衬料的边沿上胶粘上纸板筋，从而形成凸起以装饰部件边缘，在此操作之后再胶粘面料，最后在边缘处根据要求折边。操作如下：

① 胶纸板筋：把纸板裁切成宽为5~8mm的纸板筋，在纸板筋上涂上胶粘剂，把纸板筋粘合在部件衬料的边沿上，纸板筋的位置距离边缘5mm，等胶粘剂干燥后用砂纸把纸板筋上的轮廓砂磨圆滑。

② 胶粘面料：把面料片削好并画上折边线，在衬料上涂上胶粘剂，把面料复合到涂有胶粘剂的衬料上，将皮面推平服，挨出纸板筋，纸板筋的边缘处要挨紧挨牢，不能有松、空现象出现。

③ 折边：把粘合好面料的部件反面向上平摊于台面上，涂上胶粘剂，然后对部件的边沿进行折边。要求折边平直，不能有松、空现象。

2. 染色边

染色边是边缘修饰的一种常用方法，它的操作如下：

（1）裁切边缘

按工艺要求把边缘裁切平直，边缘无毛刺。

（2）起线

用熨斗或烙铁在裁切好的边缘上起线，要求线条清晰，同时不可烫伤皮革表面。

（3）砂边

用砂纸在边缘砂磨，将部件边缘绒毛磨去，使部件表面光洁。

（4）染色

根据工艺上要求的颜色进行染色，染色温度一般为30~40℃。

（5）揩光

在部件边缘揩上光亮剂，揩光亮剂的遍数以3~4次为宜，注意一定要等到前一次揩光液完全干燥后才能进行第二次揩光操作，以保证揩出的边缘光亮均匀。

3. 滚边

滚边有本色边和异色边两种。滚边前，裁切好滚边条，并把部件边缘片削好，滚边条一般要求通片，厚度为0.3~0.5mm，将部件与滚边条粘合，然后在缝纫机上缝合。

4. 镶边（毛边）

镶边是边缘修饰的另一种工艺方法，由于皮革本身的厚度有时并不能满足产品的需要，为了确保边缘厚度需要，用镶边的方法来达到零部件边缘所规定的厚度。操作方法如下：

将产品部件需要镶边的边沿厚度片削均匀。保证镶边的边缘厚薄均匀。

用装具革或厚皮革裁切成宽度为15~20mm的皮条，长短视需要而定，经片皮机片削至一边呈斜坡状。镶边时，在片削过的部件边沿上涂上胶粘剂，然后把镶边皮条粘合在边沿上，推平再用锤子敲牢。如图12-10所示。

图12-10　镶边

镶凹边或凸边时，需要把镶边皮条湿水后弯曲（皮革湿水后有可塑性）到边缘需要的凸凹度，然后把镶边皮粘合牢。当皮料厚度大于2mm时则不需要镶边。

5. 撩边

撩边时，首先要将部件边缘砂磨圆滑，在部件边缘打孔，然后用皮条、粗线等材料进行穿插撩缝，要求缝迹均匀。

二、边缘的镶接

将部件与部件的边缘按工艺要求进行粘合拼接的过程叫镶接。在制作时，既有直接镶接成型的，比如箱体的制作；也有在镶接后再经过缝合而成型的。镶接只是缝制工艺的前期处理，在镶接前一般都要对部件进行片削、扎眼、画线、挨平等准备工作。

镶接的方法有：平镶、压茬镶接、压缝镶接、对接等。

1. 平镶

平镶工艺一般用于平面的镶接，用于箱体时镶接处不再缝制，因此要求镶接处胶粘要牢固，一般采用黏性好的氯丁胶。镶接前先把部件镶接处边沿片削成斜坡状，上压件片网状层，下压件片粒面层，斜坡要片削平整，两边坡度宽窄相等，片削后涂上氯丁胶；把两边压平接合。如各种皮制旅行箱墙子与条子的拼接，木制箱体的仪器箱、仪表箱、医药箱、化妆箱、首饰箱等的面料部件与部件的接合。如图12-11所示。

平镶的优点是：镶接处接头平服，表面光滑，平整。粗看表面近似一体。

2. 压茬镶接

压茬镶接是指一个部件的边缘重叠压在另一个部件的边缘上。压茬镶接工艺一般用于皮箱、皮包零部件的连接。如皮箱、皮包面与底的连接，墙板与横头的连接等。

压茬镶接前要先把上压部件的边缘修饰好。压茬镶接的边缘有两种：一种为"光边"，另一种为"毛边"。采用哪一种边缘要视产品需要来定。边缘修饰好后，在上压件的边缘涂上胶粘剂。然后把边缘压在另一边的边缘上，把两部件连接。如图12-12所示。

压茬镶接的特点是工艺简单、操作方便、镶接牢固结实、边缘明显。

3. 对接

对接是把两部件两边并拢在一个平面上，中间无重叠。接合前，把两部件边沿厚薄片削均匀，边缘用刀裁直。接合时，把两边缘并在一起成一条直线，接缝下粘合一条衬料，衬料可用皮革也可用纤维织物以增强接合强度。

对接的特点是工艺简单、接合平服。

4. 压缝镶接

压缝镶接的工艺步骤为：先把两部件的边缘对接在一个平面上，然后在接缝上覆盖零部件或装饰件使接缝隐蔽，尤其对于皮革面料而言，这种方法既可使裁料方便又能提高皮革的利用率，是箱包产品设计中常采用的方法。

镶接前，在衬料上戳好中心眼画好线条，将对接的边沿片削均匀，压缝件两边片削均匀。压缝如采用毛边时，只需要把边沿片削均匀，采用折边则需要按折边工艺进行片削。

镶接时，首先在衬料上涂上胶粘剂，把面料复合到衬料上，中间两边对齐画好的线条，把面料粘合牢固，然后在压缝件的网状层涂上胶粘剂，把压缝件复合到接缝上。如图12-13所示。

压缝镶接的特点是接缝隐蔽、接头牢固，裁剪取料方便、节约面料，成品后表面艺术感强。

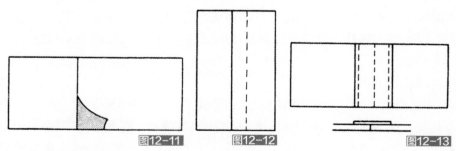

图12-11　平镶边
图12-12　压茬镶接
图12-13　压缝镶接

第五节　胶粘工艺

胶粘工艺是指把面料与箱体或衬料通过胶粘剂粘合成一体的过程。粘合工艺可分为立体件的粘合和平面件的粘合两种类型。

一、刷胶

刷胶是最基本的一项手工工序，在低档包袋生产中，对刷胶工艺的要求并不是十分严格，而在高档包袋制作中就显得比较重要了。

应用于包袋生产制作中的胶粘剂种类比较多，一般分为环保型胶粘剂、非环保型胶粘剂两大类。其中常用的汽油胶可以看作是介于环保与非环保之间的一种产品，主要用在需要临时固定的部位，其优点是不会使使用部位变硬而影响手感，而且汽油胶对人体的毒副作用也比较小，使用安全性比较高。在生产中，汽油胶应该在部件上薄薄刷一层，注意要刷均匀，不得流胶，也不能在部件上留有胶疙瘩，刷完胶后可即刻进行粘合，胶粘剂干后则没有黏性。

箱包生产中使用最多的非环保胶粘剂是309甲苯类溶剂胶粘剂，由于该胶粘剂的溶剂是甲苯或二甲苯，挥发速度非常快，而且粘着强度高，粘接性能优异，在各种皮具产品生产中广泛使用。但由于甲苯类溶剂对人体血液、呼吸系统产生较强的刺激，长时间在类似环境中工作，可能会引起皮肤过敏，血小板减少，甚至败血症，对人体危害比较大，应当尽量减少或禁止使用此胶粘剂。但该胶粘剂价格便宜，操作简便，在一定时间内仍然会有一定的市场占有空间。在使用时，最重要的是建立良好的通风环境，以期尽量减轻甲苯类溶剂对人体造成的危害。使用时，在部件上均匀刷上薄薄一层，胶粘剂刷好后，要求晾3~5min，待胶粘剂不粘手时再进行部件的粘合。

随着可持续性发展要求的绿色生产社会生产保障体系的实施，环保型胶粘剂在箱包生产中应用越来越多，为了适应形势及国家要求，同时也为了适应欧美市场的准入标准要求，环保型胶粘剂的应用前景非常广阔。环保胶粘剂采用非甲苯溶剂，危害比甲苯要小得多，但在使用中仍然要注意通风的良好。由于现今市场上环保胶粘剂价格比较贵，而且有少量厂家以一般产品冒充环保产品，采购时应当选择有一定规模的正规厂家，并请该厂家出具有效力效应的环保证明。

在高档包袋生产中，对胶粘剂的要求非常严格，除却确保环保指标之外，对工艺操作要求也比较高。由于胶粘剂瞬间强力粘合，可能会造成胶粘残留物硬化的缺陷，因此在胶粘操作时要尽量抑制各种可能产生的产品缺陷，充分发挥胶粘操作的优势，使刷胶宽度适宜，尽可能减少胶粘剂用量，并产生均匀的刷制效果。最好的粘合效果是双面刷胶，胶粘剂要匀且少，不能起皱、起泡，粘合边角时外层稍紧可以使面料充分展开，另一方面避免以后变形。

二、贴胶带

在一些不适合刷胶粘剂的位置或部件上，可以采用贴胶带来进行固定，很多工厂选用宽度不同的双面胶带，目的是产生临时性粘合，以利部件的缝制。双面胶带的规格有0.5、1、1.5、2cm等多种尺寸，使用时选用合适规格贴在目标位置上，要求严格按照设计要求的宽度进行粘合，而且胶带尽量粘接平整，无皱褶产生，然后撕去胶带纸粘合即可。粘合的基本要求是平服、结实，大面积边角粘合要求稍紧。

在高档箱包产品的生产中，贴合与胶粘一样对产品质量起到非常重要的作用，由于高档箱包在各方面的要求都非常高，包括设计、制作、材料、包装及该品牌的文化内涵等。只有充分把握每个细节，才有可能达到最佳的产品效果。

三、立体件的粘合

箱包产品按其工艺需要可分为粘合面层后定型和成型后粘合面层两种粘合方式。其中立体件的粘合即是成型后粘合方式，平面件的粘合属于先粘合面层再定型方式。

1. 胖形立体件的粘合

胖形立体件经模压成型后，轮廓呈立体圆弧形，粘合有一定难度。如旅行箱的盖、底、胖面等。须先按胖形形状定型，然后再完成粘合。

粘合方法如下：

① 在胖面及与其粘合的皮料边沿上扎好中心眼，以便粘合时对准位置。

② 在皮料网状层揩水，略润湿即可，静置10~15min，使水分渗透均匀、皮料柔软。

③ 在皮料肉面刷上胶粘剂，将皮料复合到胖面上，位置对准中心眼。

④ 从皮料中间向四边推平，里面不能残留空气。把四角推好，表面圆润平服，用钳子把皮料边拉紧使皮料边缘紧缩折裥，将金属箍套上，把皮料的边缘紧箍在胖面的口边上。用钳子拉平，从而保证边缘挺括平整。

⑤ 待皮面干燥后，除去金属箍，切除边缘多余皮料。

2. 方形立体件的粘合

方形立体件一般多用于公文箱、仪表箱等的制作，箱体用胶合板制成，表面包上皮料而成。

粘合方法如下：

① 片削并组装零部件，使产品整体成型。

② 在皮料肉面层揩水，10~15min后待皮柔软，在皮料肉面刷胶粘剂，并在箱体表面刷胶粘剂。

③ 待胶粘剂不粘手后，将平面体复合到箱体上，先把一头粘牢，然后向另一头推平，使皮料平服地粘合在箱体上。

要求表面平整、粘合牢固，接头要结实，不会脱胶。

3. 半圆角立体面的粘合

半圆角立体面指的是一面四角中两角为圆角，两角为直角的造型，是箱类产品中常见的类型，用胶合板制成箱体，外层包皮料而成。多应用在医疗箱、仪表箱上，粘合方法基本同前。

4. 立体弹性面的粘合

立体弹性面是指在面料层和箱包体中间夹一层海绵体，从而使成型后的表面丰满柔软，富有弹性，效果非常好。例如公文包、女士包等包体和包盖的粘合。

粘合方法如下：

① 按箱包体、盖子的规格裁好海绵体，一般用3~5mm塑料海绵。

② 在木质箱体表面或衬料上涂上胶粘剂，尽量涂满、涂薄，不得有胶疙瘩，待胶干燥后粘上海绵，在四周留有大约10mm的空间，用划刀将海绵的四边修整直顺，然后在四周的空间部

位涂上氯丁胶待干。

③ 在皮料四边涂上氯丁胶，部位、面积同箱体海绵体外空间部分一致，待胶干燥后，把面料粘到箱体上。

④ 粘合包盖时，先将包盖的纸板衬按照包盖的形状定型，然后再将面料粘在衬料上成型，这样做出的包盖开关灵活而且部件平整。

四、平面件的粘合

平面件的粘合一般指面料先粘合后成型的粘合方法。按材料的不同分为以下几种粘合种类：

1. 皮革材料的粘合

操作如下：

① 检查皮料的表面情况，注意伤残位置。

② 肉面揩水并静置10~15min，使皮料柔软。

③ 按规格裁好纸板，并涂上胶粘剂。

④ 把面料与纸板复合到一起，从中间向两边推动使粘合牢固。

要求面料表面平整、不起壳、无起棱、无浆渍。

2. 纤维织物的粘合

纤维织物在粘合时，要注意表面花型。有条格花型的，要注意对格、对条；有倒顺花型或倒顺毛的，注意倒顺规律。在粘合时，不能用玻璃刨重推，以免胶粘剂从布眼中挤出，污染表面。

3. 人造革的粘合

人造革是用纤维织物作为底层、聚氯乙烯为面层制造而成，其弹性比皮革和纤维织物强，而强度、透气性、可塑性比皮革差，柔软性、透气性比纤维织物差。因此，造成人造革的粘合比皮革和纤维织物难度都大的特点。粘合时，粘合方法同皮革材料的粘合，粘合好、推平服后，用重物压15~30min待胶干燥后才能使面料粘合牢固。

4. 弹性平面体的粘合

粘合前，把海绵按标准裁切好，粘合时，先把海绵粘合在纸板上，然后在海绵体边沿和面料边沿涂上氯丁胶，使粘合牢固即可。

5. 零件挨芯

零件挨芯是在零件中间填芯料，使零件表面形成凸起，成型后造型更加美观。挨芯前，先用纸板或皮革裁切好填芯，在面料上揩适当的水分；挨芯时，在填芯表面涂胶粘剂，粘合在零件的衬里上；然后在面料上涂胶粘剂，把面料复合到填芯上面并用力推平，再把边缘轮廓挨出即可。

6. 捏褶包角

捏褶包角工艺主要用于较高档的皮革箱包产品。操作时先将包角材料多余部分裁切去掉，在边缘处涂上胶粘剂，然后将包角两边的直边折捏平直，当折捏到临近包角部分时，将包角处转移到右胸方位，同时用左手按住部件，用右手进行折捏，操作时要注意将褶捏均匀，四角的褶数要相等，一般每个包角折捏6~8个褶为好，从而保证包角弧线的圆顺。包角褶完成以后，用锤子敲平，如内部有硬衬，则在敲平时用力应向内倾斜，以保证包角紧贴内衬。

7. 对合拼缝

零部件操作见前面所述的边缘的镶接部分，而成品对合则是指包袋的面料部分与里料部分在包袋上口部分的粘合，此工序是将包袋里、外部件缝合的基础固定手段，成品对合粘接采用全光边粘合、半光边粘合和全毛边粘合三种形式，视包袋设计而定，以全光边粘合为主。在操作时，一般先将面料和里料上口边缘做折实边处理，然后在折边部位刷胶，待胶干燥以后再将里、外部件上口粘合在一起。要求严格按照对接剪口粘合，不得有牵拉扭曲现象出现。

8. 粘合拉链

箱包上大多带有各种拉链袋，粘合拉链是一道非常重要的工序。拉链属性较软，初粘时因容易形成扭曲，而且有拉链头阻碍，比较难粘。初学者可在台案上粘条双面胶，把拉链固定，然后把与拉链连接的皮革部件均匀粘好，这样可以降低操作难度。然后将拉链从双面胶上拿下，将拉链从上到下拉一下，调整均匀使其拉合顺畅，因为在粘贴时，由于拉头的阻碍，有时会造成不均匀粘合的缺陷，导致拉链拉动不畅的现象。

第六节　基础缝制工艺

缝合是连接产品各零部件的主要手段。通过缝合才能使分散的零部件装配成一件完整的产品，缝合工艺是箱包产品操作过程中的主要部分。

针码是缝合的具体体现，针码除了起连接作用外，也起到装饰作用，用针码来美化箱包产品的形式是非常常见的。另外，针码还起到加固的作用，如缉线的口边，就比不缉线的口边强度大，双缝线比单缝线强度大等。

在箱包产品的制作中，主要以机器缝合为主，有时由于缝纫机功能的限制，使得某些缝合必须用手工缝合工艺。基础缝制工艺缝合的方法主要可总结归纳为八种类型。

一、压茬缝法

压茬缝法在产品生产过程中是常采用的一种方法。这种缝法是先把上压件的边缘折光（也有毛边的），在下压件边缘上画好缝针线迹并涂上胶粘剂，下压件边沿片削粒面层，然后把上压件边沿压在下压件的边沿上，两部件相互重叠，重叠量的宽窄度根据需要缝线的道数而定，一般为8~15mm。如图12-14所示。

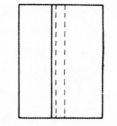

图12-14　压茬缝制

缝制时先缝第一道线，第一道线距离边缘2~3mm，第二道线距离第一道线5~12mm。当然也有只缝一道线迹的或缝三道线迹的，要视产品工艺需要而定。

压茬缝法比较坚固，表面平整、美观，应用广泛。这种缝法在皮箱、皮包面料的缝合中经常采用。

二、反缝法

反缝法是将两部件面与面重合，在缝纫机上进行缝制，缝制线迹在部件的反面。缝合前，先把两部件边沿厚薄片削均匀，用划刀把边缘修整齐。缝合时，把两部件面与面重合，两边缘并齐，然后按缝制余量规定值在边缘处缝一道线，缝合后将两部件展开垂直或摊平，视工艺要求而定。有时需要在缝线的两边各缝一道缝线，从而使部件之间的连接更为平整。

反缝法在箱包产品生产过程中应用比较广泛，尤其是软体结构的包体。这种缝法的特点是：缝线不外露，可避免缝线被磨损而造成脱线；两部件连接处光滑；操作简便，效率高。

三、翻缝法

翻缝是在反缝的基础上进行的。可用于箱包产品的镶边、沿口、包底等处。

缝合前，把部件边沿的厚薄片削均匀，缝合时把片削过的两部件面与面重合，两边并齐，先在离边2~3mm处缝一道线，然后将两部件展开摊平，使反面与反面重合，把缝合处刮平服，再在离边3mm或10~15mm处各缝一道线。如图12-15所示。这种缝法第一道缝线不外露，第二、第三道缝线使部件缝合牢固，边缘平整、光滑。

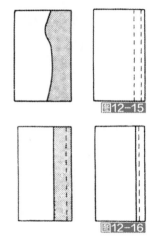

图12-15　翻缝法
图12-16　滚缝法

四、滚缝法

滚缝是在反缝的基础上进行的。一般用于部件边缘的滚边。

缝合前，把部件边沿的厚薄片削均匀，裁切好滚条皮，滚条皮有本色滚条和异色滚条，滚条皮厚薄应片削均匀，厚度多为0.2~0.5mm。如滚边要求粗滚条时，滚条皮应厚一些，要求细滚条时，滚条皮应薄一些。

缝合时，把片削过的两部件面与面重合两边并齐，先在离边2~3mm处缝一道线，然后将两部件展开，把滚条皮折向反面，在滚条皮反面涂上胶粘剂；部件边沿反面上口涂上胶粘剂，使滚条皮粘牢在边沿上，在正面滚边的边缘缝一道线。如图12-16所示。

这种缝法在箱包产品上是常采用的，尤其是在女式皮包的制作上。如滚口、滚边、部件与部件镶接处的滚边等。这种缝法的特点是：边缘圆润、光滑、牢固。

五、包缝法

包缝是将一个部件包在另一个部件的边缘上。缝合前，把部件边缘裁切平直，画好包边线的位置，裁切好包边皮，同时把包边皮厚薄片削均匀，厚度一般为0.3~0.6mm。

缝合时，在包边皮的反面涂上胶粘剂，把包边皮粘合在另一部件的边缘上。包边皮的两边边缘均与所画线条对齐，以保证包边的平直。待胶干燥后缝一道线，缝线离包边皮边2~4mm。如图12-17所示。

这种缝法的特点是：操作简单，边缘光滑、整齐、美观。这种缝法一般用于皮箱的包口，各种皮包部件与部件连接处的包边，袋口包边以及包盖包边等。

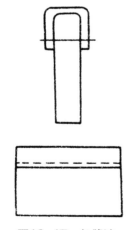

图12-17　包缝法

箱包设计与制作工艺

六、嵌线缝法

嵌线缝是在两部件连接缝合中间镶嵌线，嵌线有实芯嵌线和虚芯嵌线两种。实芯嵌线在嵌线中间裹有纸芯纸、纱芯纸和塑料筋，嵌线中间裹芯产品成型后线条轮廓圆润丰满，虚芯嵌线在嵌线中间不裹芯。嵌线中间是否用芯，是要根据产品设计需要而定。

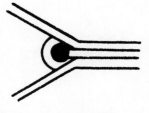

图12-18 嵌线缝法

嵌线缝工艺多用于软箱、软结构包的扇面与墙子等部件的连接。缝合前，先把两部件边缘裁切好，厚薄片削均匀，同时把嵌线皮裁切好，虚芯嵌线皮宽为15~18mm，实芯嵌线皮宽为18~25mm。嵌线皮的长度为部件边缘的周长，厚度为0.3~0.5mm为宜。

缝合时，首先把嵌线皮从中间对折，实芯嵌线中间需裹线，虚芯嵌线中间不裹线，如图12-18所示。将嵌线边缘与部件边缘并齐，缝一道线时，把嵌线皮缝合在部件的边沿上，缝线离边2~3mm，针距不宜过密，每25mm缝合4~6针为宜。嵌线缝合后把另一部件面复合到嵌线上，边与边并齐，离边3~4mm缝一道线，针距可比第一道略密，每25mm缝合5~7针。

这种缝法的特点是：缝线不外露，表面清洁，两部件展开连接处嵌线突出，轮廓线条圆润美观，但操作较复杂。

七、平缝法

平缝是在平面上缝线的方法。这种缝法往往只适用于装饰，即在单一的部件上进行。缝制时先在表面上画好图案纹路，然后按画好的线迹进行缝制。如皮箱夹里的装饰及包体、包盖的装饰等。

八、曲折缝法

曲折缝法是两部件对接以后的一种拼接方式，两部件都不需要缝制余量，缝纫机的压脚在两部件之间来回交叉移动，线迹为曲折形。一般用于边角料的拼接和部件的装饰上。

零部件制作工艺

第一节　包袋零部件的种类与作用

对于包体而言，不管其组成部件有何不同，包体都由前后扇面、侧部、底部和上部组成，只不过有的部分由部件单独组成，有的部分由其他的部件延伸而成，而有些部分的部件因设计的需要省略（如敞口包的上部）罢了。例如，包底可由前后扇面延伸构成；包体的侧部和上部、下部可由整体部件构成，也可单独构成。但不论是哪一种细分结构的包体，包体的部件都由外部部件、内部部件和中间部件三部分组成。

一、外部部件

外部部件由外部主要部件和外部次要部件组成，而实际上，外部主要部件已从根本上决定了包体的形状和尺寸，次要部件是依据流行或设计构思做进一步的平衡和变化。在外部部件中，前后扇面、堵头或墙子、包底、拉链条、包盖等为包体的外部主要部件，而某些小袋盖、插袢、钎舌和钎袢、提把、把托、外袋以及各种袋饰件等是包体的外部次要部件。

扇面是包体的主体部件，在由前后扇面和墙子组成的包体结构中，前后扇面是单独存在的；在由大扇和两个堵头组成的包体中，前后扇面合为一体成为大扇的同时也形成了包底部件；在由前后扇面和包底组成的包体结构中，前后扇面要向外延伸形成包体的侧部部件，也可能与拉链一起成为包体的上部部件结构；而在由整个大扇组成的包体结构中，扇面独立形成所有的部件结构。

包底与扇面一样也是决定包袋形状的关键部件，在由前后扇面和包底组成的包体结构中，包底的形状和尺寸决定扇面的尺寸和形状，包底的形状也同扇面相似，有长方形、椭圆形、圆形等。圆形的包底使包体成为类似圆筒的外形；当然，长方形的包底也使包体的造型富于棱角，多一些刚度；而带有圆角的包底会使包体的外观多几分女性的温柔。

包体的堵头专指包体的侧部结构部分，堵头的高度主要取决于扇面的高度，而其上部的宽度则取决于包的开关幅度，堵头的形状同时也决定包体的侧部形状。平堵头最为常见，结构也是最简单的，可用于各种包体结构的设计；带堵头条的堵头多用于硬结构包或半硬结构包的设计，有利于缝制时缝纫机压脚的操作，同时也带来包体的细腻别致；单褶、双褶和多褶堵头的内装容积比较大，外观也规则正式，多用于公事包、女包或钱夹的设计。

墙子与堵头的不同在于它不但构成包体的两侧，而且可以构成包体的底部或上部，从而环绕在前后扇面的两侧而构成包体。根据它的定义可知，在包体结构中墙子可有如下不同的结构分类是：下部墙子——构成包体两侧和底部的墙子；上部墙子——构成包体上部和两侧的墙子；环形墙子——构成包体整个侧部包括两侧、上部和底部的墙子。墙子的形状有长条形、上宽下窄形以及异形的形状之分，根据墙子形状的不同所形成的包体的形状也不同。如果包体采用上宽下窄形结构时，会在一定程度上增加包体的储物容积，长条形墙子外观朴素而方正，比较适合风格正式或具其男性风格特征的包体结构。

在包体的结构中，包盖是非常重要的，不但是一种开关方式，而且是包体的装饰手段。带有包盖的包体在整体上给人一种严谨干练的感觉，外观效果更是庄重大方，许多职业用包都选择这类部件设计，如公事包和职业女包的设计。包盖的形状和尺寸大小直接影响包体的款式风格，例如方直规整的设计风格体现男性的阳刚，而曲线圆润的设计赋予女性的温柔，应给予足够的重视。

外部次要部件是指那些不构成包体主体结构的外部部件。当然，并不是说这些部件对包体的造型和应用不重要，而且往往是这种部件对包体的外观效果的形成起到相当大的作用和影响，在一定程度上可以进一步烘托或发展包体的设计意图和风格，这些次要部件说明的是包体的细部设计，体现着设计师与众不同的匠心，这类部件往往同时也是功能部件，也具有独特的实用功能。

二、内部部件

包体的内部部件是指里子、内袋、隔扇等部件。

里子是包体内部用于保护面料并方便使用，增加包体外形美观性的部件。在里子的设计上，考虑较多的是里料的材质和颜色。一般而言，里子可选用丝绸、仿丝绸面料、人造革面料等，里料的附加值和成本随面料的变化而相应调整，重要的是里料的花纹图案或文字应尽量选用与品牌形象相关的图形。一般而言，采用高档面料的包体也选用高档里料。

在多数情况下，硬结构或半硬结构的包体里料以选用仿丝绸面料居多，软结构包体也可选用人造革面料作为里料，目的之一是清洁性非常好，再有就是使包体的外形或手感更为丰满一些，有利于满足包体造型的要求。里料的颜色除了与面料相配外，多数选用较深的色调。这主要是从应用的角度来考虑的。

在做里子设计时，还有一点是值得注意的，即：无论包体是由多少块面料组成，里料的裁剪下料都应尽量合并部件，尽量采用整体下料或少量较简单的部件料片。这样既可以节省所选里料的消耗量，而且可以简化里料的制作工艺，美化整包产品里料的外观。

在大多数的包体设计中，里子上均设有各种各样的小袋，用以存放体积小而重要的物品，内袋的种类有很多种，各自有各自的应用特点，例如贴袋、带盖袋、松紧袋、拉链袋、敞口袋等。一般而言，普通的包类产品内袋一般只有1~2个，包体的内袋设有一个拉链袋和其他类型的包袋，比如松紧袋、敞口袋等，用于盛装手机、CD机、MP3等时尚用品。在包袋的设计上，内袋应用最多的是公事包的设计，公事包的内袋根据其用途划分得非常详细而清楚，有用于存放卡片的，有用于存放票证的，也有用于放眼镜、文具的等。

隔扇是将包体的内部空间分成几个各自独立部分的部件，隔扇一般与包体的侧部缉合在一起，与包底留有一定的距离，通过与侧部的固定将包体分成若干个空间，从而形成侧部的多褶墙子或多褶堵头结构。有的时候，隔扇装设在包的里料上，在包体的外侧观察不到。而在隔扇上加设的口袋，即称为隔扇袋，使用拉链、带盖或扣子将其闭合，等于相对增加了包体内部的分隔空间，也增添了包袋内部设计的层次性的多彩性，这种结构经常应用在公事包及女用包的设计中。

总地来讲，包体的内部部件仍然是看得见摸得着的部件，既属于装饰部件也属于实用部件，对包体的外观效果起到一定的烘托和营造作用。

三、中间部件

相对于外部部件和内部部件来讲，中间部件并不在人们的视野之中，它处于外部和内部的中间，但对包体的造型效果和手感的好坏确实起到非常大的作用，它所选材料的好坏和结构设置的合理性直接影响到包体的外观效果和使用价值。

一般将中间部件划分成两大类，即硬质中间部件和软质中间部件。使用硬质中间部件的目的，是使整包具有较好的造型性并使包的结构牢固，具有一定的刚度，而且在使用中对包内的物品起到一定的保护作用。这类部件可以用硬纸板、聚氯乙烯塑料等材料，其中硬纸板有钢板纸、纤维板纸、白板纸和黄板纸等种类。在这几种材料中，钢板纸的刚度及韧性都是最好的，但它的成本也比较高，因此它更多应用于较高档的硬体结构包的主要部位，如前后扇面、包盖等部位，一些较次要的部位应用白纸板，如把托、背带鼻等部件，而黄纸板由于其强度和韧性都不是很好，因此它主要应用于中小型箱体的内衬材料，但只能应用于平面部件，而不能应用在可弯折部位，否则容易引起材料的断裂。

软质中间部件主要是为了增加包体的丰满度，改善手感，同时也赋予包体较好的外形，应用泡沫、海绵、棉花、衬绒、无纺布等材料。海绵等弹性较大的材料还可与纸板配合使用，用于硬结构包体使包体外形丰满、凹凸感强，改变其僵硬的质感。

另外，包体的装饰方法及装饰材料也是非常重要的，在多数情况下，金属的光泽和圆润的质感都是包体良好的装饰，抽象的图案和字体以及异色的粗线也是包体常用的装饰手法。此外，彩色印花、蜡染、扎染及其他的艺术手法也可应用到包体上。

箱包产品是由许多不同形状、不同作用的零部件组成的，在基础缝制的学习之后，我们需要讨论关于各个零部件的制作工艺。

第二节　手把的制作工艺

随着新工艺和新材料的高速发展，产品的时效性和经济性日益要求零部件实行通用化，各种金属手把、塑料手把及各类把托、钎舌、钎袢等成型的零部件纷纷涌现。通用化次要部件的使用，既可以增加和丰富包袋品种，也可以提高劳动生产率，产生可观的经济效益。但用皮革等面料制成的手把、把托等次要部件，在实际包体设计中也占据着较大的比例。下面分别介绍用包的面料制成的各式手把、钎舌的制作方法。

箱包产品上使用的手把式样很多，各式各样的手把不但增加了箱包产品的使用价值，而且成为款式设计的延续，根据不同的产品需要配上不同式样的手把，使产品更加美观而实用。

一、平面手把的制作工艺

箱包上常用的手把有立体式和平面式两大类型。平面式手把的类型款式如图13-1所示。手把的种类很多，包括用包的面料做成的手把、金属手把、木手把、塑料手把和链条手把等。其中金属手把、木手把、塑料手把和链条手把常为成型把，属于配件类，这里主要介绍用包袋面料制作的手把。

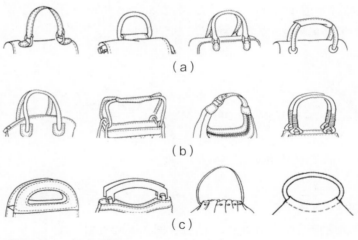

（a）

（b）

（c）

图13-1　各式手把图
（a）普通手把　　　（b）背带式手把　　　（c）花式、绳式手把

1. 不同结构手把的制作方法

不同造型的包体，应选择不同形状和结构的手把。通常根据其结构和组成的部件不同，手把的制作方法可分为三类：

（1）由一个部件制成的手把

由一个部件制成的手把是指由一个把面构成，采用不同的制作方法而形成的手把。由材料边缘对头折叠，在手把上缉两行平行线加固而形成的手把，如图13-2（a）；由材料边缘搭接折叠，在手把中央缉一行线加固而成的手把，如图13-2（b）；由材料边缘搭接折叠（上部边缘折边），在手把中央缉一行线加固形成的手把，如图13-2（c）；由材料的两边缘折边并对折，再在手把中央缉两行平行线加固形成的手把，如图13-2（d）；由材料两边缘折边后对折或以毛边对折，再在边上缉一道线加固形成的手把，如图13-2（e）；由材料两边缘为毛边，加镶牙子皮，再在边上缉一道线加固形成的手把，如图13-2（f）。

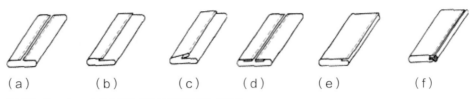

（a）　　　　（b）　　　　（c）　　　　（d）　　　　（e）　　　　　　（f）

图13-2　由一个部件制成的手把结构示意图

（2）由两个部件制成的手把

由两个部件制成的手把是指由一个把面、一个把里构成，采用不同的制作方法而形成的手把。

其中，由两个部件的两边均向里折边，在手把两边各缉一道线加固形成的手把，如图13-3（a）；由上部部件的两边缘向外包边，在手把两边各缉一道线加固形成的手把，如图13-3（b）；由上部部件的两边缘向里折边，在手把两边各缉一道线加固形成的手把，如图13-3（c）；由两部件以毛边缝合加镶牙子皮，在手把两边各缉一道线加固形成的手把，如图13-3（d）；由一边合缝后将两部件翻转，另一边为毛边加镶牙子皮，再缉一道线加固形成的手把。这种方法一般用来制作各种款式的花式手把，如图13-3（e）。

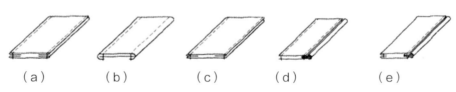

（a）　　　　（b）　　　　（c）　　　　（d）　　　　（e）

图13-3　由两个部件制成的手把结构示意图

（3）由多个部件制成的手把

由多个部件制成的手把是指由把面、把芯、把底板垫皮和半圆圈等构成的手把。这种手把造型别致、美观，使用方便、舒适，而且抗拉力强，是立体手把常采用的形式。但其结构与工艺制作比前两种复杂，技术要求相对较高，是评定提包类包件产品质量优劣的一个重要标准。

把面是手把的外层表面，主要采用天然皮革或人造革制造，它要求皮面平整光滑，厚度为0.5~1mm。把芯是手把的核心部分，它决定着手把的立体造型。通常把芯是用两层粘合的黄纸板和厚度约5mm的海绵制成。把底板垫皮是手把承重的核心部分，手把就是通过把底板垫皮与半圆圈连接组合，再与把托固定。半圆圈是手把与把托的连接部件，它属于皮件产品中的五金饰件，根据设计的造型采用冲压工艺和各种表面处理工艺制成。

2．手把的固定位置和固定方式

根据手把结构和制作方法的不同，其固定位置一般在包盖开口、堵头或墙子上部、包的扇面和架子口的上部等，如带盖包的手把通常固定在包盖的开口部位。为了使制品整体布局合理，关键要确定手把长度和手把两头固定点即把托之间的距离。从固定牢度的角度分析，把托合理位置的确定显得尤为重要。

通过对花式手把、普通手把和背带把的带盖包进行实测分析，发现手把、包盖开口或扇面的长度和手把两头固定点之间的距离是紧密相关的。若手把位置安装不正确，会使包变形，破坏整个在制品的平衡并造成附加应力。固定在口框上的手把受力分布规律和固定在包盖开口上的手把相同，只是由于金属口框比包盖开口部分的材质硬度大得多，所以其弯曲度和变形性较小。

手把通常用金属把托固定，如框形把托、圆环形把托、半环形把托等，还有各种弹簧钩、金属插套、球形锁钉和皮带扣等，以及用面料制作的各种把托利用线缝、胶粘或铆接等工艺固定，如图13-4所示。

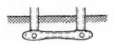

图13-4　手把的部分固定方式

二、手把的制作工艺

有关平面式手把的设计制图，我们已经在设计篇中介绍过了，它的工艺制作也比较简单，在这里主要介绍结构比较复杂而又非常实用的几种类型，如"香蕉式"手把、"蛇头式"手把和"和合式"手把。

1."香蕉式"手把的制作

"香蕉式"手把系箱包上常用的传统设计，它的特点是造型好、抗拉力强，提拎时手抓舒适。其造型如图13-5所示。

（1）手把的部件结构

手把的部件结构包括三部分，也就是说这种手把由三种部件构成，分别是外部部件、中间部件和内部部件。外部部件有把面、半圆圈，中间部件有把芯、垫把芯，内部部件有把底板。

① 把面：把面是手把的外层表面，是手把上最显眼的部件，所用面料一般与主料相同而且需要用较好部位的面料，它要求表面平整光滑，面料厚度在0.5~1.0mm。如用人造革为面料要求取用横丝方向。把面的外形图和尺寸如图13-6所示。

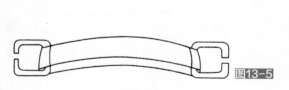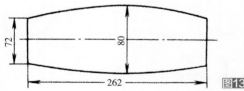

图13-5　"香蕉式"手把

图13-6　把面

② 把芯：把芯是手把的核心部分，它决定着手把的造型和舒适度。把芯外形似梭子，是由数层黄纸板和数层皮革重叠胶合而成。纸板用三层至四层黄纸板，并在黄纸板中间夹两层皮革材料。纸板中间夹皮革材料的目的主要是为了增强把芯的强度，防止弯曲成型时出现纸板芯断裂缺陷。把芯的总厚度一般为12~15mm，其外形如图13-7所示。

③ 把底板：手把底板是手把承受重量的核心部分。手把是通过把底板连接半圆圈，再由半圆圈连接把托而成，提拿时它承受着箱子的所有重量。

把底板是用2.5mm或3.0mm的装具革，也可用二层或三层薄革胶合而成。如用一层人造革则需要与黄纸板胶合，而且在成型时中间需夹衬宽15mm、厚0.3~0.5mm的铁皮，以增加底板承受重量的强度。一般来讲，底板承受重量的能力应在50kg以上。把底板选料的好坏决定着手把使用的寿命，其外形如图13-8所示。

④ 垫把芯：垫把芯是垫在把底板下面的部件，手把在成型后它能使把底板圆整丰满。垫把芯是用三层至四层黄纸板重叠复合而成，位置在把底板的下面。把手弯曲成型时，将垫把芯两端片斜拗弯复合在把底板上，然后用针缝线固定。垫把芯的外形如图13-9所示。

⑤ 半圆圈：半圆圈是手把连接把托的金属圈，它有半圆形和长方形两种。如图13-10所示。

（2）手把的制作工艺

手把的制作工艺复杂、细致，技术水平要求较高。操作工艺如下：

① 胶粘把芯：把黄纸板裁切成四块长165mm、宽26mm的料块，再把皮革裁切成两块长165mm、宽26mm的料块。然后用胶粘剂把纸板逐块重叠胶合在一起，在第一层纸板和第二层下各夹一层皮块，如果用一层厚革则用纸板把皮块夹在中间。胶粘好后在压力机上压10~15min，取出等胶粘剂干燥后待用。

② 切把芯：把胶粘好的把芯两头切平，长度尺寸是160mm，然后将把芯样板复合在两头切平的把芯上，用锥子或划纸板锥沿把芯样板边边缘画线，线条深度为一层纸板厚度的

箱包设计与制作工艺

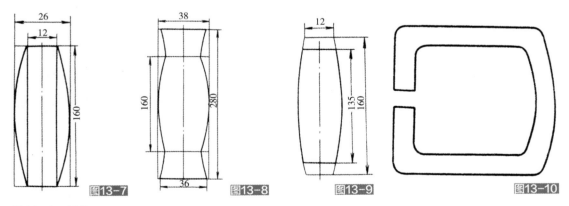

图13-7　把芯

图13-8　把底板

图13-9　垫把芯

图13-10　半圆圈

1/2。用划刀沿画好的线迹把两边线外多余的纸板边裁切掉。裁切好的把芯呈梭蛛状，如图13-7所示。成批生产时可用刀模在裁料机上裁冲。

③ 搭把芯：先在把底板坯料网状层一面粘贴一层长160mm、宽38mm的黄纸板，然后把裁切好的把芯在正面（画线的一面）涂上胶粘剂，搭在贴好的纸板上，两头距边缘距离相等。如图13-11所示。

④ 扦把芯：把胶搭在把底板上的把芯横放在平整的垫板上，先在把芯两端用片刀片斜，操作时从右片向左，起刀离把芯端部的长度为把芯的1/3左右。把芯端部保留的厚度为把芯厚度的3/4或2/3，如图13-12所示。

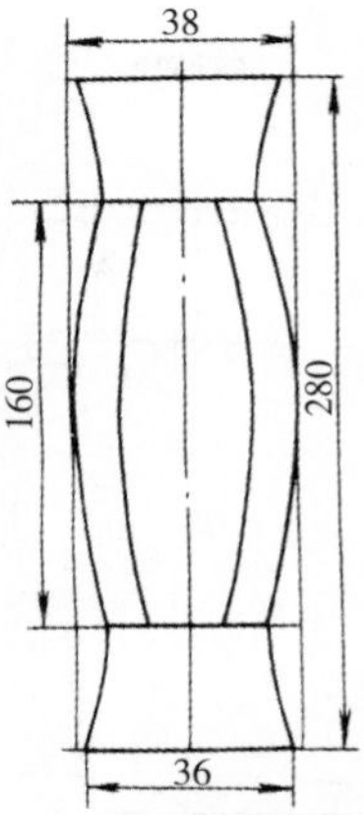

图13-11 搭把芯
图13-12 扦把芯
图13-13 扦圆扦把芯
图13-14 做倒角后的扦把芯

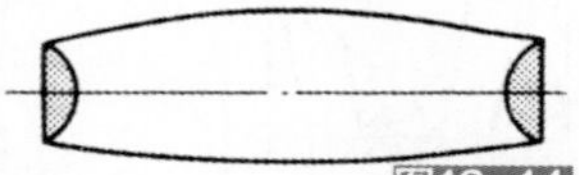

把芯两端片斜后将把芯竖放在平整的垫板上，用划刀将把芯扦成半圆形。扦把芯时用左手的大拇指、食指指面撳在把底板端部，开始时进刀扦削量可大些，以后随着表面圆形的逐步形成，扦削的进刀量可逐渐减少，直到表面扦圆为止，如图13-13所示。注意表面要扦圆、无接刀痕，扦好后再用砂纸砂光，然后做两头倒角。操作时，把扦好的把芯横放在平整的垫板上，用左手的食指指面撳在把底板头上，右手执刀，刀口与把芯相交，刀面与把芯交成45°~55° 夹角。把刀口切入把芯至把底板，但不能切伤把底板表面，使把芯头成为45°~55° 斜头，注意两头尺寸要相等，如图13-14所示。

⑤ 修切底板边：把扦好把芯的底板皮竖放在平坦的垫板上，在把芯两边的把底板皮上各画一条线，该线离把芯边缘为6mm。

线条画好后，将把底板皮放在案板上，用划刀把线外多余的边料切除掉，切边时用左手的大拇指、食指捏住把底板的一端，右手执刀，把刀角从画过的线条内切入，刀口与线条成25°~30° 夹角。使刀口沿线条移动，把底板皮两端稍放宽，把线外多余的边料切除掉，一个边切好后用同样的方法切另一个边。如图13-15所示。

⑥ 胶粘把面皮：在胶粘把面皮前，首先在把面皮上揩水使皮变得柔软一些，如皮质较硬可用手把皮搓软。把切好把底板皮的把芯平放在平整的垫板上，把胶粘剂涂在把芯和把芯外的把底板皮上，胶粘剂要涂得均匀。然后将把面皮的中间部位在台角上拉几下使皮面中间呈弧形，再把皮复合到涂过胶粘剂的把芯上，用手把皮面撳牢使皮紧贴在把芯上，然后把皮面及两边刮平服，使把芯表面圆顺无褶皱（图13-16）。把面皮粘合好后放在一旁晾干。

⑦ 钉半圆圈：在粘好把面皮手把的两头离把芯8mm、离把底板边缘2~3mm处，用划刀将把面皮垂直切开，注意两边刀缝一定要对直。如图13-16所示。

切口开好以后，在把面皮两端揩水使皮柔软。将把底板两端边缘上的把面皮重叠包在把底板皮头上，然后将半圆圈圆头套上，如重叠的把面皮大于把底板皮边时，可把多余的把面皮剪去。半圆圈套上后将把底板头向里弯曲与把底板重合，使之包住半圆圈。将把面垫放在平滑

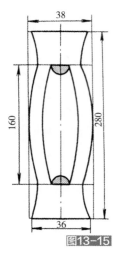
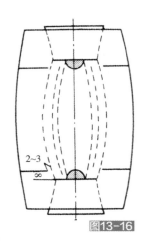
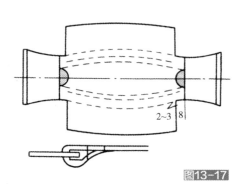

图13-15 修切底板边
图13-16 胶粘、缝把面
图13-17 钉半圆圈

箱包设计与制作工艺

的垫板上，用左手的大拇指指面揿住把头皮，然后用两只5分钉把半圆圈固定，第一只钉离半圆圈5mm，第二只钉离半圆圈10mm。两头半圆圈钉好后，用片刀把钉处多余的把头皮片掉，操作时从右片向左，斜度为10°~15°，如图13-17所示。

⑧ 缝把面：两头半圆圈钉好后，在把芯的两边要进行缝制，从而将把面皮固定在把底板皮上。第一针从离把头10~14mm处起针，第一针双环针封线头，然后沿把芯边由前向后直至离把头10~14mm处落针，最后一针仍然用双环针止针。针距稀密要一致，针码排列要整齐。两面起落针的位置要对齐。如图13-16所示。

⑨ 垫把底板：缝好后在把面上揩水可防止手把在弯曲时皮面断裂，使手把略弯似香蕉形状，然后在把底板上垫上纸板芯。

先把纸板裁切成与把底板皮一样宽的外形，用3~4层，长度视两半圆圈中间的距离而定，然后把裁切好的纸板条对好长度，把纸板两头的同一面片斜，片纸板时从左片向右，斜度与底板片的斜度复合镶接。四层纸板重叠在一起用6分钉将其固定在把底板上，钉钉时为了保持手把有一定的弯度应从中间钉向两头。纸板固定好后按照把底板的尺寸把多余垫把芯纸板裁切掉。

为了使把底面圆润光滑需要将垫把芯纸板的两边扦圆。扦垫把芯纸板时，将把面皮上折到把面上，使垫把芯纸板边缘全部露出，左手将手把握住，要扦的边缘外露，右手执刀把纸板边缘扦圆。垫把芯纸板两头中间的厚度要均匀，两边圆弧要匀称光滑。

⑩ 绞缝：将把面皮包在垫把芯纸板上，使绞缝把皮的边缘在垫把芯中间相接。绞缝把皮边缘大于垫把芯中心时，剪去多余部分，用针把绞缝把皮两边缘绞合接拢，绞缝时左手握手把，把面向手心方向使垫把芯外露，右手拿针用针尖戳穿皮面并在线头上打结。第一针从皮的网状层戳向粒面层穿出使线结在里面，做双环针，然后交叉进行缝制（类似于穿鞋带的方法）线迹

距离边缘2~3mm，每针相隔5mm。收线时用力不宜过重，以防止皮边缘拉脱，针次排列要整齐均匀，最后一针用双环针。如图13-18所示。

注意两头垫把芯纸板不能外露，绞缝把皮皮面要平服不能有褶皱。手把绞缝好后两边边缘厚度要均匀，垫把边缘要圆整，两边宽窄要相等，缝针针码要整齐。

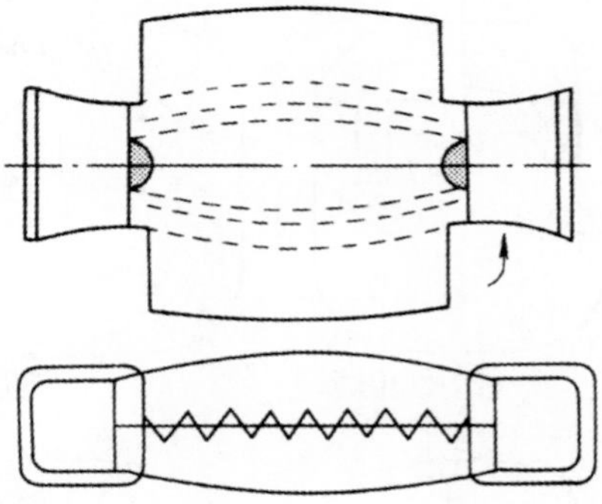

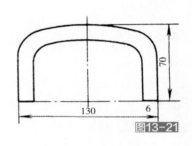

图13-18　绞缝

2."和合式"手把的制作

"和合式"手把的特点是：造型优美大方，使用时两只合在一起方便灵活。造型如图13-19所示。

（1）手把的部件结构

手把的部件包括把面、把芯、把底板和方圈等。其形状与尺寸如图13-20、图13-21所示。

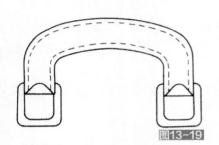

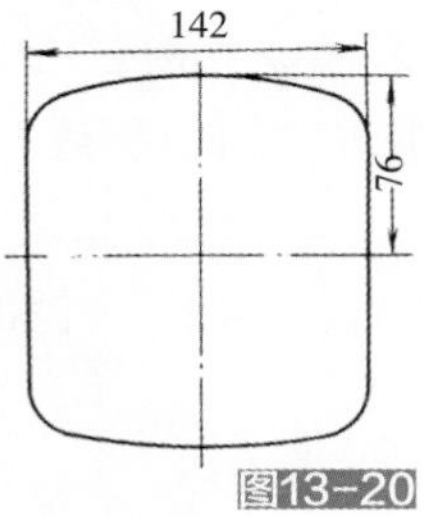

图13-19　"和合式"手把
图13-20　把面、把底板
图13-21　把芯

（2）手把的制作工艺

① 胶粘把芯：将把芯样板复合在纸板上，用锥子沿样板边在纸板上画出把芯的轮廓，然后用划刀照轮廓线条裁切，每个手把需四层结构，层与层之间用胶粘剂重叠粘合，在压力机上压10~15min取出，等胶干燥后待用。

② 搭扦把芯：首先将把底板皮片削到所需厚度，尺寸为1.5~2mm，然后在把芯表面涂上胶粘剂，将把芯搭在把底板皮上距离边缘6mm处，如图13-22所示。

把芯搭好后，用划刀将把芯表面扦圆，应无接刀痕迹，扦好后用砂纸把表面磨光滑。把芯表面扦好后两头要倒角，操作如前所述。

③ 胶粘把面皮：先在把面皮上揸水使皮柔软，然后把扦好的把芯平放在平整的垫板上，将胶粘剂涂在把芯和把芯以外的底板皮上，注意胶粘剂要涂得均匀。然后把揸过水的把面皮覆盖在把芯上，使周边距离相等，用手将把面皮撽牢使皮面贴紧把芯，最后把皮面、把芯边角内刮平服，使把芯表面圆润无褶皱，如图13-23所示。

把面皮胶粘好待干燥后，将把底板皮向里对折，对折弯曲部位用锤子敲平，然后涂上胶粘

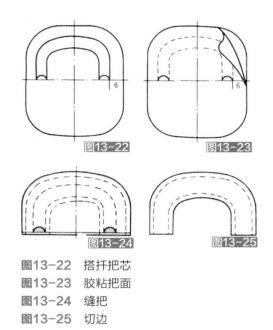

图13-22 搭扞把芯
图13-23 胶粘把面
图13-24 缝把
图13-25 切边

剂，胶粘剂不要涂到对折边，以免使方圈不容易被装入，如图13-24所示。

④ 缝把：将把底板皮对折复合好后，在把芯边脚缝内缝针。第一针从距离把端10~12mm处起针，从一头缝至另一头，针距为每25cm缝5~6针，在距离把端10~12mm处止针，先缝外半圈然后再缝内半圈，缝内半圈时起落针要保证与外半圈一致。如图13-24所示。

⑤ 切边：切边的操作工艺技术要求较高。比裁切其他零件的边缘要复杂得多，成批生产可用刀模冲裁。手把缝好后把手把平放，两边用圆规画线，线距离把芯边缘为3~5mm。如图13-25所示。

⑥ 手把边缘的修饰：由于手把的边缘是毛边，因此需要进行边缘的修饰，在手把上一般应用染色法和撩边法，具体的操作方法如前所述，做撩边法时，切边后用撩边缝法直接缝制。

⑦ 装方圈：撬开把端底板皮连接处，然后把方圈嵌入把头内。嵌入后用锤子把方圈接头敲拢即可。

3."蛇头式"手把

"蛇头式"手把的特点是：造型美观大方、头呈三角形似蛇头伸缩自如，使用起来十分方便。其造型如图13-26所示。

（1）手把的部件结构

"蛇头式"手把由把面、把芯、把底板和方圈等组成。其外形和尺寸如图13-27至图13-30所示。

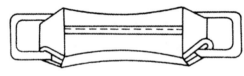

图13-26 "蛇头式"手把

（2）手把的制作工艺

"蛇头式"手把制作工艺比较复杂，是公文包上具有代表性的手把之一。

① 裁切把芯：将纸板裁切成长92mm、宽30mm的长方形，把样板复合在纸板上，用锥子沿样板四边画线，把芯和填把芯各一块，然后用划刀裁切。作把芯的一块需在中间裁去3mm分成两块。如图13-28所示。

② 裁切把底板皮：先将把底板皮坯料片削到标准厚度1.5~2.0mm，然后把样板复合到底板皮的粒面层上，用圆锥沿样板边在粒面层上画线，用划刀照画的线条裁切，直到线外多余的边料完全切除。如图13-29所示。

③ 搭扞把芯：在裁切好的把芯正面涂上胶粘剂搭在把底板皮的粒面层上，把芯的直边在中间凹边与底板皮的凹边并齐，两块搭好后中间空出3mm的窄槽，待胶粘剂干燥后在把芯中间做倒角，使把芯头成为25°~30°的斜头，操作如前所述，然后用砂纸磨光滑，最后再把底板皮两头弯曲连接处的边缘进行修饰。如图13-30所示。

箱包设计与制作工艺

④ 胶粘把面皮：首先对把面皮两边的边缘进行修饰，边缘修饰好后在把面皮中间和把芯上涂胶粘剂，待胶粘剂不粘手以后，将把面皮复合到把芯上并向把芯槽内挨牢，最后刮平服粘牢在把芯上。如图13-31所示。

⑤ 搭垫把芯：垫把芯是夹在手把中间的部件，它在把底板皮弯曲接合时能保证把端留下空隙使方圈能伸缩活动。操作时，先在垫把芯两端揩颜色，然后在两面涂上胶粘剂，将垫把芯复合在把底板皮中间，垫把芯两端与把芯两端对齐，用锤子敲牢。如图13-32所示。

⑥ 片接把底板皮：将搭好把芯和垫把芯的把底板皮两端用片刀片斜，一面片粒面层，另一面片网状层。斜面的长度为20~25mm，然后在两端的斜面和垫把芯面上涂上胶粘剂，同时将把底板皮两端复合到垫把芯的部分也涂上胶粘剂，待手感无黏性时，将把底板皮两头弯曲对揭，然后将方圈套在把底板皮头上，再将两把底板皮头接合与垫把芯复合。如图13-32所示。

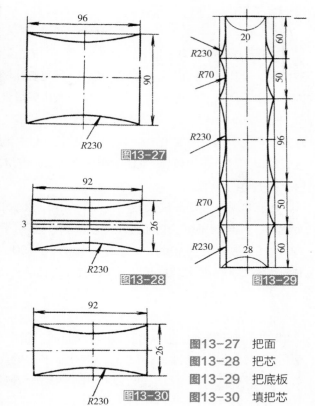

图13-27　把面
图13-28　把芯
图13-29　把底板
图13-30　填把芯

⑦ 缝制手把：缝制时把针码缝在把芯的中间槽内，第一针与最后落针要把针码落在把面皮边上，针距为每25cm缝6~7针，注意起落针线头要留长些，便于两头反面打结。

⑧ 绞缝：先在把面皮上揩些水使皮柔软，将把面皮包在把底板上，在中间画线然后把多余的皮剪去，另一边同样操作使两边相接，然后用针线把两边绞缝。绞缝时第一针离边2mm，针从反面穿出双环针，以后交叉进行，每针间隔5mm，似穿鞋带。最后一针双环针结束。如图13-33所示。

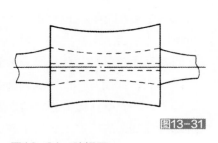

图13-31　胶把面

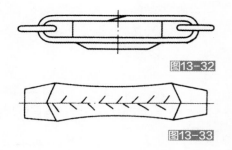

图13-32　片接把底板皮
图13-33　绞缝

第三节　口袋的制作

对于箱包产品而言，口袋既是实用部件，又是装饰部件，在产品式样的变化方面起着重要的作用。箱包产品的口袋包含两大类，一类是装在产品外部的外袋，另一类是装在产品内部的内袋，由于使用的面料不同，因此制作方法也有很大的不同。

根据袋子的结构特点，可分为三大类，即贴袋、挖袋、悬袋。在内袋的设计中，主要强调它的使用方便性。在制作中，口袋可以设计成一个整体部件，也可以由两部件或多个部件组成，袋口边缘一般用包袋的面料滚边。通常硬质袋需使用厚纸或纸板等中间部件，以起到定型和支撑袋体的作用。

袋子的规格主要指其长度和高度的尺寸，在设计中袋子的长度和高度应与包的尺寸成一定比例，并与袋子所装物品的尺寸相一致。通常情况下，中型和小型女包的各种贴袋尺寸为120mm×70mm，140mm×8mm，160mm×90mm；大型女包和旅行包的各种贴袋尺寸为180mm×100mm，200mm×110mm，230mm×150mm。

一、贴袋

贴袋是在部件料片上贴缝一块袋片而成。制作在包体外部的贴袋需要选用面料，做内袋使用的贴袋选用里料。贴袋的式样变化很多，除了最基本的长方形之外，还有椭圆形、圆形、三角形等各种形状。在贴袋上可附有袋盖和嵌线，也可以应用刺绣、折裥、针迹缉线等各类装饰。

贴袋在袋类中所占比例较大，其特点是由一片扇面部件构成，根据袋扇的不同结构分为长方形扁平贴袋、带褶堵头的贴袋、帷幔式活褶的贴袋以及堵头和袋底连为一体的贴袋、墙子袋等多种。在工艺上，不管是平贴袋、折叠式贴袋，还是带墙子或堵头的贴袋，其制作方法基本相同。

1. 扁平贴袋

长方形的扁平贴袋结构较简单，其规格由包的尺寸、所盛物品的大小和袋子所处的位置决定。通常袋子可做成一个整体结构，长方形扁平袋的工艺加工余量一般是10mm。平贴袋的制作比较简单，制作时将面料裁好以后沿上口对折，再将口袋的三边按照加工余量进行折叠形成光边，从上口的一边起针并固定，然后沿口袋边缘缉线固定在口袋装贴的面料上，止针时同样需要固定牢固。注意袋底部拐角线迹，不可有拐歪、跳针现象出现。外部扁平贴袋如图13-34所示。

2. 带褶堵头的贴袋

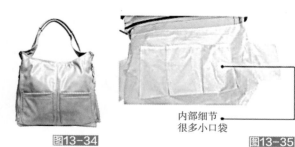

内部细节
很多小口袋

图13-34
图13-35

图13-34　扁平贴袋
图13-35　带褶堵头的贴袋

这类袋子既可以设计成一个单袋，也可以几个袋子连在一起，袋子的各段之间相互紧密连接，且每段袋子的宽度可以不同，如图13-35所示。其制图关键是确定袋长度、宽度和袋褶深度。做好部件基础图后根据工艺要求放出加工余量。折叠式贴袋在裁好用料以后，首先沿口袋上口线对折，然后沿折叠线折叠好之后，再将口袋三边的加工余量折进形成光边，注意一定要先做好折叠线再将余量折进，这样在口袋的下部形成光滑的直线，最后，沿口袋的边线缉线固定，袋口要做来回针加固袋口牢度。

3. 帷幔式活褶的贴袋（松紧带袋）

这是一种软袋，袋子上部用缝纫机在褶缝处缝一根松紧带。一般用一根松紧带即可，有时也并列缝两根松紧带以增加褶子的丰富性。打帷幔活褶的余量大小取决于褶子的多少，一般约为整个成品袋子长度的3/4，如图13-36所示。根据工艺要求放出相应的加工余量。松紧带袋多用在箱包的内袋上。制作时，先将松紧带在袋口部位抽好，抽松紧带时，要注意线迹的平直和松紧的均匀，然后折进边缘的加工余量，沿边缘用明线缉合。

  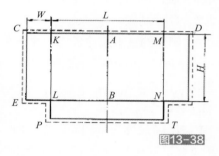

图13-36　帷幔式活褶的贴袋
图13-37　立体式整体贴袋
图13-38　立体式整体贴袋图

4. 立体式整体贴袋

这类袋子的制图关键是袋子的长度、高度、袋底和堵头宽度的确定。制图过程同前后扇面组成的包体结构扇面制图。如图13-37、图13-38所示。

带墙子或堵头的立体贴袋可用一个部件形成，也可用两个部件形成，用一个部件形成时，先缝合袋底的切口，形成贴袋袋底，然后再用明线沿边缘缉合固定贴袋，完成制袋工艺，用两个部件时，先将墙子部件与贴袋面缝合，有时再在正面用明线固定，然后用明线沿边缘固定贴袋，从而形成立体式悬袋。

5. 墙子袋

墙子袋由一个袋扇和墙子构成，多使用在休闲包和旅行包的表面，有些包的墙子袋在扇面和侧面并列和重复使用，突出一种粗犷、立体的艺术风格。如图13-39所示。

图13-40是袋扇的部件图，墙子是一个长方形，其长度根据袋扇的周边长度确定，宽度等于袋子成品宽，如图13-41所示。若袋扇的两个拐角为直

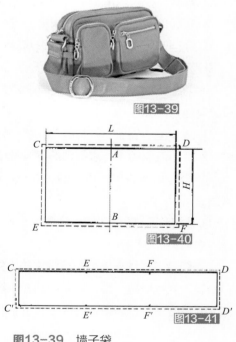

图13-39　墙子袋
图13-40　袋扇图
图13-41　墙子图

角，则在墙子的对应部位需做切口，便于墙子袋成型后棱角分明、清晰。

在缝制口袋时，首先要将墙子与袋扇缝合，注意对好对位点，需要缉明线时把明线缉好，明线距边为1~3mm，最后再按照平贴袋的缝合方式将口袋缝合完毕，袋口处要打来回针固定。

二、挖袋

挖袋又称开袋，是在一块完整的料片上，于口袋部位将料片剪开，内衬双层袋布缝制而成。常见的挖袋有单嵌线、双嵌线两种，可以附有各种式样的袋盖。这类袋子既可作内袋也可作外袋，袋口可用袋盖、拉链来关闭，也可做成敞口袋。挖袋可用整块材料制成，也可以用两个或数个部件制成。

挖袋制图的基本尺寸是袋子的长度与高度，其长度等于挖口长度加上袋子两侧的缉线余量，一般为15~20mm，而高度与袋深和挖口宽有关。挖袋嵌线长与袋子样板的长度相同，其宽度取决于挖口宽。

1. 单嵌线袋

单嵌线袋是挖袋中较简单的一种。缝制时，一种方法是袋布采用同质同色衬里布，嵌条和袋垫采用与面料裁片同质同色面料，另一种方法是袋布、嵌条、袋垫都是相连的，采用本色料片材料。第二种方法应用得比较少，一般在薄型面料上用得比较多。具体缝制方法如下：

① 缉袋口线，用缝纫机缝制，工艺要求是四角要方正，线迹宜密，头尾打来回针数针；

② 剪袋口，用手工剪，要求两端呈斜线形，四角要剪足，但不能剪断缝线；

③ 翻转，要求四角拉平，按袋口宽度折转，烫平；

④ 在袋口缉明线止口，要求针迹宜细密，线头抽到反面打结；

⑤ 缝合两层袋布，拷边，要求两层对叠整齐，平顺。

2. 双嵌线袋

在缝制双嵌线、带袋盖挖袋前应先做好袋盖，如果面料较厚，袋盖的里层可采用衬布料代替。制作方法如下：

① 缝袋垫、袋盖上口与袋布，要求袋垫对位准确；

② 缉缝双嵌线，要求位置准确，宽度符合要求，上下一致；

③ 缝好后剪袋口，烫嵌线，要求两端斜线形眼刀，角要剪足量，不能剪断缝线，折烫好嵌线；

④ 封嵌线，要求宽度一致袋口两端三角折准，与嵌线来回针封牢，袋口正面要求四角方正、清晰；

⑤ 缝合下嵌线与外袋布后绱袋盖，先正面缉袋口明线，将袋盖从袋口掏出，对准两端袋盖口沿袋口嵌线缉缝一圈，均采用漏缝缉线，正面不露针迹；

⑥ 缉合里、外袋布，要求上、下平服整齐。

三、拉链袋

拉链袋属于挖袋的一种，需要在依附的材料上开口以装入。对于皮革面料来讲，一般有两种制作方法，一种是切口式拉链袋，另一种是剪口式拉链袋。而对于人造革、纺织纤维面料而言，就只有剪口式拉链袋一种制作方法。如图13-42所示。

切口式拉链袋工艺操作如下：先直接在皮革面料上切开规定尺寸的长方形袋口，长方形内部的皮料直接剪去，然后再装入拉链和口袋布制袋。制作时，首先将口袋下方的拉链和口袋布缝合在一起，在袋口表面缉一道缝线固定，然后将口袋布向上折叠并对好口袋的上边位置，留下10~15mm的

图13-42　剪口式拉链袋

缝制余量，在面料正面对好固定下部拉链的第一个针孔起针，将其他三边用明线固定，注意起针和止针的方法，表面以不露接痕为好，最后翻到口袋的内部将口袋封闭，即完成口袋的制作。

剪口式拉链袋工艺操作如下：先把拉链和下拉链口袋布缝在面料上，注意在袋口的四角处应用来回针固定，而且一定要形成规矩的长方形外形，否则做出的口袋会歪扭。然后沿线迹剪开袋口，如图13-43所示。将拉链和面料的中间部分一并折向反面，先用明线在正面固定下部拉链部分，然后将口袋翻过来在反面沿口袋边线固定两个小角，只将小角和口袋布缝合在一起，表面没有明线，再翻到正面用明线固定袋口的另三面，注意线迹的接合部分，最后翻到反面，封闭口袋布形成内袋。

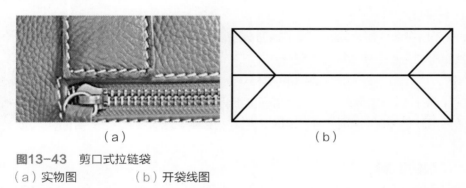

（a）　　　　　　　　　　　（b）

图13-43　剪口式拉链袋
（a）实物图　　　　　（b）开袋线图

四、悬袋

悬袋由两面袋扇组成，常用在旅行包或休闲包的表面，表现一种自然、豁达的艺术风格。袋扇可做成整体，也可以由两部分组成。其制作方法与长方形贴袋相似，首先将口袋做好，然后再用线缉合在面料上即可，要求袋子要平服顺直，不得做拧。如图13-44所示。

五、隔扇与隔扇袋

隔扇是在包内形成多个空腔的部件，它的制作也非常简单。一般在隔扇的内部都有硬纸板作衬，而隔扇部件用羽纱等里料做材料，因此在裁料时多用整块面料。制作时在隔扇上口部位折叠，折叠时将硬纸板包在两层布料的里面，在隔扇的两头留有毛边，与包体的侧部用明线在正面缉合固定，或者是与里料的侧部和底部缉合固定。

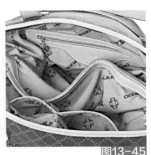

图13-44 悬袋

图13-45 隔扇与隔扇袋

如果在隔扇上装设有隔扇袋时，那么需要用两块面料来完成，在隔扇的上口部位将拉链放在隔扇和口袋布的中间固定在上口的两端，绱上拉链形成拉链袋，再按隔扇的制作工艺固定而完成制作。如图13-45所示。

第四节　其他零部件制作工艺

一、上牙条

牙条一般用在两部件之间的接缝中辅助造型，在制作时，通常先将牙条固定在一个部件的边缘，然后再把它和另外一片部件缝合。

操作时，将牙条首先固定在两部件中相对而言边形比较复杂的那个部件上，线迹距边缘3mm左右，将针码调到最大，注意拐角部位不可拉伸或过于吃紧，否则容易出现皱褶或绷紧现象，然后把牙条夹在两部件的中间用反面缝制法缝制完成。

二、背带的缝制工艺

缝制背带时，左手的中指、无名指、小拇指要弯曲，用拇指与食指捏住背带的右侧，向左折弯。折边后用左手食指和中指轻轻抵住其后方部位，再将右手食指伸直压住其前方部位，指尖要靠近压脚双手配合，利用机体送料装置的前后移动将工作物轻轻向前推进。背带一般为两条明线，两侧边沿部位折弯后在中间相对衔接，因此要按上述方法缝制一边后再缝制另一边。操作时，要注意两侧边折后相对衔接紧密，中间不得有空隙。

三、上巴掌（包括上穿带）

操作前，先用左手将大片或墙子平放在缝纫机上，使上巴掌（穿带）的位置靠近压脚装置，再按技术资料中的有关规定用右手把巴掌（穿带）摆放在大片或墙子上，摆放时使其右上角偏高于左上角2mm左右，以抵消压脚与送料牙板工作时造成的公差。操作时，左手按住巴掌（穿带），右手按住大片或墙子，两手配合自右向左缝制；缝至弯角处，要特别注意两手协调一致，并应适当降低缝制速度，以使缝制后的巴掌不斜，无褶皱；线迹直正，弯角、圆弧处过渡自然。

四、中间部件的制作

包体的中间部件是指位于外部部件和内部部件之间的部件。根据材料和用途的不同，中间部件可分为两类。

1. 硬质中间部件

硬质中间部件是指用硬纸板、塑料和厚纸等制成的部件，其作用是增加包的刚挺度和牢固性，突出包体的流线型和单纯化设计，体现一种现代感和时尚感。无论男包、女包还是日常用包和节日用包等都可以加硬质中间部件。根据硬质中间部件的使用部位不同，可分为硬结构包和半硬结构包。硬结构包是指包体的主要部件全部用硬质中间部件加固，有些次要部件如提把、插袢等也使用硬衬垫。半硬结构包是指部分的主要部件用硬质中间部件加固，如有些包的扇面和包底加有硬质中间部件而堵头部分不加。

在硬质中间部件的设计中，样板轮廓线一般与包的面料基础图相一致。但需考虑扇面、堵头或墙子中加有硬质中间部件部分的形状与面积。如有些包只在堵头的两侧加有纸板而中间部分为软褶，这时堵头的纸板衬垫图只需与硬质部分的形状相同即可。

用整体大扇或大扇和两个堵头制作的包，包盖和大扇的纸板衬垫可以设计成整体下料，但弯折处需稍薄或开口子，如图13-46所示。若包的底部拐角处棱角分明，则大扇的硬质中间部

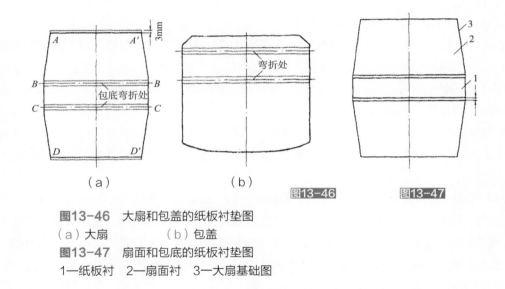

图13-46 大扇和包盖的纸板衬垫图
（a）大扇　　　　　（b）包盖
图13-47 扇面和包底的纸板衬垫图
1—纸板衬　2—扇面衬　3—大扇基础图

件常分成扇面衬和包底衬，扇面衬以大扇的基础图为依据做出，包底衬的长度与扇面下底长相同，而宽度小于包底宽3mm左右，如图13-47所示。

若包体边缘加有堵头条，为了减少边缘厚度，满足工艺制作的需要，大扇衬的轮廓线一般小于面料基础图2mm左右，而堵头衬小于面料的基础图约5mm，且对于较厚的纸板需片压茬，压茬量为6~8mm。对于高频焊接包的硬质中间部件，其衬垫图的轮廓线应小于包的面料轮廓线1.5~2.0mm。

衬垫部件裁好后，按照技术要求和位置设计情况，将各个衬垫部件用胶粘的方式固定在一起，粘合时要注意是平面件还是立体件的粘合。衬垫部件制作好以后，将边缘打磨光滑平直，然后均匀刷上胶粘剂或用大针码线迹固定在需要的位置上。

2. 软质中间部件

软质中间部件是指用海绵、棉花、无纺布、厚绒布等制成的部件，其作用是充填包的结构，使包体主要部件或次要部件的表面隆起，体现一种丰满、柔和的视觉效果。软质中间部件既可用于硬结构包，也可用于软结构包。

在软质中间部件的设计中，其样板的轮廓线应小于面料的基础图约2mm。若包体部件既使用硬衬垫，也使用软质中间部件，则它们的轮廓线应小于硬衬垫1~1.5mm。

软质中间部件也基本是通过胶粘剂固定在里料或面料上的。

五、衬里的缝制工艺

里子是包体的主要内部部件，包体结构不同，里子部件的制作方法不同。通常里子可分为两类：一类是单独制作的里子部件。即把里子部件单独做成一个整体，缝合后将其套在包体内，沿包的上口将里子固定。反面缝制的包多采用这种结构。另一类是与外部部件相似的里子部件。即把里子部件分成几个部件，其形状和尺寸与包体相对应的外部部件的形状与尺寸相似。在制作过程中，里子直接粘贴在相应的面料上，若有海绵、纸板等中间部件需提前固定，然后将包袋装配成一个整体。这种里子一般使用在内部装饰要求平整或包体尺寸较大的包袋上，如旅行包、运动员用包等。在制作个别部件（如包盖、连接板、插袢、钎舌等）时，也常采用此法。这种结构多用于正面缝制的包体中。

不论采用哪种方法，里子部件图一般按面料部件的基础图制作，根据不同的工艺要求放出加工余量。若采用单独制作的里子结构，并在其中设有中间部件，则为了使包体内部贴紧，应将里子部件的轮廓线标在距离面料部件基础图内2~3mm处，然后根据包体不同的缝制方法和工艺要求，放出里子边缘的加工余量。

在绘制架子口包的里子部件图时，扇面里子的上部轮廓线应和扇面基础图轮廓线相一致，而堵头里子上部轮廓线应比堵头基础图的轮廓线高12~15mm，以保证堵头能较好地塞入口槽。

由大扇和两个堵头组成的包，其里子的制作方法主要取决于包体的制作方法和面料边缘的加工方式。若采用正面缝制法，包体的里子部件与相应的外部部件相似。如果大扇与堵头边缘两侧同时折边，则里子基础图和相应的面料基础图相同。如果大扇边缘单侧折边或为毛边，则大扇和堵头里子基础图的整个轮廓线比面料基础图减小1~1.5mm。若采用反面缝制法，包体的里子部件常设计为一个整体结构。为了使包体内部贴紧，应将里子部件的轮廓线标在距离面料部件轮廓线2~3mm处。这种里子缝制时，先将两侧部缝合在一起后再与扇面上口缝合。如果里子上部要缝接面料作为贴边的话，则需将里料的相应部位剪去后与贴边面料缝合，然后再在侧部缝合。

由前、后扇面和墙子组成的包体多采用反面缝制，它的里子一般有两种制作方法：里子设计为两部分，沿侧面和底部的中线缝合，缝制时，将侧部缝合在一起成型后再与扇面面料上口缝合。里子部件与包体的外部部件相同时，分为扇面里子和墙子里子。缝制时，将里子与面料组合在一起作为一个部件缝合，首先将两个扇面与墙子在反面合缝后，用沿条把内部的毛边部分包边，使包体内部平贴、整洁。而有些包的扇面与墙子正面粘合后，毛边部分加沿条进行外包边，使边缘线迹清晰、轮廓分明，体现一种粗犷美。

由前、后扇面和包底板组成的包体，这种结构的包体常采用反面缝制法，一般里子设计成两个部件，将包底部分的量与扇面加合在一起，缝制方法基本与上面所述一致。

由整体大扇组成的包体结构的里子与外部部件相同，设计为整体大扇。里子基础图轮廓线的两侧应距包的面料基础图2~3mm，且B_nT_n=包底宽-2，放出加工余量即得大扇里子的基础图与施工图。由前、后扇面组成的包体多采用反面缝制法，其里子可以设计为一个整体部件，也可以与外部部件相似，但扇面的里子基础图需在其面料基础图的周边向内收2~3mm。若包体底部宽度较大，则在扇面的里子基础图中加上包底宽度的一半减去2~3mm即可。

由前、后扇面，两个堵头和包底板组成的包体常采用正面缝制法，而且部件边缘两侧同时折边缉缝。扇面、堵头和包底的里子基础图与面料相同，根据工艺要求放出折边余量即得里子的施工图。若包体的上口边缘有垫皮，则扇面的里子基础图应除去垫皮部分。在制作中里子部件与垫皮反面合缝，再与外部部件缉缝固定。

不同结构包体的制作工艺

第一节 由大扇和堵头构成的包体

由大扇和堵头构成的包体，结构变化丰富，种类繁多，在所有包体中所占比例较大。其结构特点是前、后扇面与包底构成了整体大扇，大扇围绕堵头缝合一周。堵头形态的变化决定了整个包体的造型。在工艺制作中正面缝制法、反面缝制法均可采用。

一、堵头的形状变化与制作工艺的确定

根据堵头的形状和数量，一般设计为倒三角形堵头、底部呈圆形的梯形堵头、双褶堵头、三角形堵头、圆形堵头、组合式堵头、嵌入式堵头等。堵头形状不同，包体造型各有特点。

1. 倒三角形堵头

倒三角形堵头是指上底宽下底较窄的堵头，关闭状态下，堵头上底向包内折入。通常包体采用半硬结构或软结构。采用半硬结构时，包体扇面加有硬质中间部件，而堵头采用软质材料。如图14-1所示。这种类型的包袋按照正面缝制方法制作。首先将大扇、海绵、纸板、大扇里料，按技术要求粘合在一起形成组合部件，将堵头与堵头里料组合在一起，这时可以将扇面和堵头各自看成一个统一的单一部件；如果需要折边则先折边，然后再将扇面和堵头部件通过正面缝制缝合在一起。如果上口有拉链条拉链的话，需要先将拉链与里料缝合在一起，再缝合拉链和拉链条，折边后与包袋上口对合，用正面缝制法将扇面、堵头拉锁条缝合起来，完成包袋的制作。注意拐角部位的转折要流畅圆顺。

2. 梯形堵头

梯形堵头有两种：一种堵头上底较宽呈倒梯形，关闭状态下堵头折入包内；另一种堵头上底较小呈梯形结构。这种结构制作方法较简单，下面以上底较宽、两底角呈圆形的倒梯形堵头为例介绍其制作方法。这类包由于堵头形状而给人大方、得体的感觉，设计中多以直线为主，同时搭配一部分大弧度曲线以表现整个包体流畅的线条，增加柔美感以弱化直线产生的生

图14-1 倒三角形堵头包
图14-2 梯形堵头包

硬和平乏感。由于成品包堵头上部折有朝里的软褶，因此堵头的上端低于扇面水平线，从而形成折线而影响包的美观和有效容积。在梯形堵头中，堵头底部也常设计为曲线，既增加了包体的形体变化，更表现出女性的柔美和典雅。如图14-2的包袋，其制作采用方面缝制法的较多。

缝制时，面料与里料分开制作。面料上的标牌、装饰品甚至包袋扣都要先制作在表面上，之后再将扇面、堵头部件缝合在一起；制作里料时，先制作内袋、隔扇，然后将里料部件缝合在一起，缝合上口拉链拉链条，将面料、里料贴皮分别折边，在包上口用线固定一圈，完成包袋制作。

3. 长方形堵头

长方形堵头形式、结构简单，包体多以直线表现为主，简洁明快，在传统式样中运用较多。软结构或半硬结构包体制作时，注意直角的角度，缝制完成后不能变成有弧度转角，应该保持标准的直角。对于硬结构包体来讲，需要在堵头下部制做小切口。若采用正面缝法，堵头底部拐角处切口为10~12mm，从而使缝纫机的压脚能够顺利通过，切口越大，堵头弯入包内越深。若采用反缝法，切口应比加工余量小约1mm，切口太大，包体翻折后堵头拐角处线迹外露，影响美观；切口太小，包体翻折余量不足容易产生皱褶，使拐角处翻折不畅，造成包体曲线不够流畅，影响包的外观效果。

4. 多褶堵头

多褶堵头一般适用于功能细分、分门别类盛放物品的公事包、职业包、学生用包等，工艺多采用明缝法，包内一般设置有隔扇，形成两褶或三褶堵头，有些公事包在扇面侧边另设有拉链隔层或由侧盖遮蔽的多功能文件插袋，实用大方。另一种多褶包，堵头与隔扇只是部分固定，在堵头上部约1/2或1/3的部位做切口，将隔扇加入以此形成多褶包，这种结构多用于女包，显得休闲、随意。如图14-3所示。

多褶堵头包在制作时，如按正面缝制方

图14-3 多褶堵头包

图14-4 单褶堵头包

法缝制，则将面料、里料的各个部件分别制作。隔扇部件要先将隔扇袋制作完成，将隔扇做好后，按照设计要求的位置，把隔扇装配到堵头的相应位置上。最后，再与扇面缝合在一起。考虑到工艺需要，包体在放出加工余量后在堵头底部拐角处需做切口以便于压脚通过，切口的确定与长方形堵头相同。缝合时要注意堵头底部的切口，以及包体曲线的圆顺流畅。

5. 单褶和双褶堵头

这种结构与前面的多褶堵头视觉效果不同，结构处理方法也不同。多褶堵头由长方形堵头加有隔扇和褶裥形成，其中隔扇与扇面的形状相似。而单褶或双褶堵头，由于结构的影响使其完全褶入包内，若加有隔扇，则隔扇的形状与褶入的堵头形状有关。单褶堵头的包体效果如图14-4所示。双褶堵头结构与前面介绍的多褶堵头不同，这类堵头的褶裥全部折入包内，其堵头宽度尺寸包括两部分，一部分是褶裥部分，另一部分是侧视图投影图中呈现出的长方形投影部分。

单褶堵头或双褶堵头包虽然在外观效果上与多褶堵头包有较大的区别，但是其制作方法上却基本相似，首先制作包体的内部部件，如有内袋、笔插等小部件需要先制作完成，中间加设的隔扇和隔扇袋要先做好，然后在侧部与堵头固定，有时根据设计需要，在外部不显示隔扇的存在，这种情况下，隔扇要装配在包袋里子上。然后，再将扇面与堵头缝合，最后完成整个包的制作工作。

6. 三角形小行李箱式堵头

三角形在箱包设计中运用越来越多，如三角形堵头、扇面、包底和各种三角形装饰件等。三角形由于棱角分明、醒目而对视觉冲击力较强。

三角形堵头上底窄而下底宽，所以包内容积较大，但开口小取放东西不方便。所以在结构设计中，常把三角形堵头从中间分割，以保证包体的充分开启。但在里部件设计中，需增加堵头挡层，以防止包内物品遗失；或者直接在堵头上部做拉链切口以增大包体开启程度。若包体尺寸较大，则堵头不用分割，如短途旅行包等。见图14-5。这种包在制作时，由于堵头部件比较复杂，首先要把堵头部件上加设的堵头挡层或拉链做好，然后再与扇面缝合起来。

7. 圆形堵头

圆形堵头在现代坤包中常见，包体外形呈圆柱形，造型小巧，结构简单，是都市女性喜欢的一类包款。如皮手包、圆柱形双背带肩包等。如图14-6所示的包袋，制作时首先将堵头上部与扇面缝合在一起，然后将拉链与堵头上部和扇面缝合，最后缝合扇面和堵头下部。

图14-5 三角形堵头包视图
图14-6 圆形堵头的坤包视图

箱包设计与制作工艺

这种结构主要体现在堵头的位置变化上，圆形堵头既可设计成嵌入式的，也可设计成向外凸出的曲面式堵头，或者在包体上部设计延入堵头的长方形外贴皮作为拉链开口的包。该种结构较简单，不再详述。

二、大扇的制作

大扇是包体的主要外部部件，可以形成前、后扇面与包底，从而构成整个大身结构，扇面与不同设计的堵头连接形成变化各异的包体造型。在这种包体的结构中，大扇主要由堵头的尺寸和形状来决定，而大扇多为长方形或方形。大扇的制作方法大同小异，只要掌握和处理好每种变化的关键点，在样板中稍作变化与修改即可。在制作时，主要根据缝制方法的大类来确定。如果是正面缝制方法，则先将大扇的衬料、里料与面料组合在一起，然后再与堵头部件缝合；如果是反面缝制，则将扇面面料与堵头面料缝合，将扇面里料与堵头里料缝合。最后，里面相合完成包体的制作。

在制作时，要注意大扇的周边长度一定要与堵头的周长相符合，否则会出现包体歪斜或不平的外观缺陷。

第二节　由扇面和墙子构成的包体

在这种结构的包体中，扇面是主要的基础部件，扇面的形状和规格尺寸决定了包体的造型及墙子的规格尺寸。工艺制作时一般采用反缝法、正缝法，具体方法与中间部件的性质和包款设计有关。

一、扇面工艺

包袋的扇面部件在设计中起着至关重要的作用，包体的外轮廓形状、色彩及材质等特征主要由扇面来体现，其形态特征对视觉的冲击力较强，而且不同扇面体现的性格特征不同。

根据扇面形状、规格尺寸及其变化规律，扇面可分为两大类：一类是前后对称式的扇面；另一类是前后扇面形状和规格不同的不对称式扇面。对称式扇面在箱包设计中运用较普遍，多以规则形变化为主，包括以长方形、梯形、三角形、圆形等几何形为基础做外形线的变化，如边缘、拐角采用一些圆角、内弧、外弧、不对称等形式变化，使包体造型丰富而别致。

由几何图形设计的规则形扇面，制作方法较简单，根据效果图确定缝制方法是正面缝制还是反面缝制，然后确定基本的制作程序。在扇面制作时，首先根据效果图将扇面部件上设计的附属小装置制作完成，如拉链、口袋、标牌、印烫花纹图案、锁扣等小部件，扇面部件如果衬有内衬纸板，要注意纸板与扇面的装配要求。

二、墙子工艺
1. 下部墙子

下部墙子是指围绕扇面构成包底及侧面的各类墙子，如上宽下窄型、上窄下宽型、长方形、多褶式、两片式墙子等。

图14-7
图14-8

图14-7　上宽下窄型墙子包体
图14-8　上窄下宽型墙子包体

（1）上宽下窄型墙子

包体在关闭状态下，上宽下窄型墙子朝包内折入呈梯形结构，而打开包体时墙子呈倒梯形，其目的在于增加包内容积，多采用软质或半硬结构，体现自然、随意的效果。如图14-7所示。

这种结构关键是墙子上部和扇面拐角部位的制作。在部件制图时，根据不同设计的不同缝制工艺要求，在部件上放出加工余量后并标明相应的对位标志点。由于扇面中拐角部位的圆弧加放余量后长度有所增加，而与它相吻合的墙子中的直线长度并没有发生任何变化，若要使它们的标志点在缝制时严格对位，需要在墙子样板中的相应部位线段上打剪口，以便由于剪口的张开而带来长度尺寸上的增加，用以补充两部件尺寸上的差量，这点在实际制作上非常重要。制作剪口时，剪口要打得均匀，长度不能超过缝制余量的2/3，以避免由于剪口外露而造成成品包外观上的缺陷。

同时，在制作墙子上口部位时，由于上口部位中间一般由于需补夹角的需要而有一定的弧状凸起，制作时，要注意圆弧的对称和圆顺，在做上口圆弧的折边时，多余的余量做细褶收紧，所做细褶要尽量细小而且均匀分布。

如果扇面是长方形，在制作时，为了保证扇面与墙子的顺利吻合，并得到一个合乎外形要求的长方形的断面形状，则需在墙子侧面与包底的分界处作约5mm的切口。一般切口数量为一个，从而保证转折部位的余量要求，使包体的转折角方方正正，规规矩矩，从而保证包体外观成型要求。

（2）上窄下宽型墙子

由上窄下宽型墙子构成的包体，结构简单，包体棱角分明、弧形饱满、线条流畅自然，运用比例较大。包体可采用软质、硬质或半硬结构。虽然款式变化很多，但制作工艺相对比较简单，在包体下部拐角处的处理同上宽下窄型墙子包体，只是由于这种墙子上部没有夹角需要补充，外形为一水平直线，墙子上口沿净折边线折净即可，要求折边平直对称。如果上口有拉链，则可将扇面上口、墙子上端与拉链缝合在一起，完成包袋的制作，如图14-8所示。如果包袋上口有拉链条，则缝合上口后的内部位置如图14-9所示。如果墙子上口是自由端，其内部工艺位置如图14-10所示。

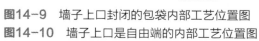

品牌专用里布

内侧拉链袋
拉链夹层袋
钥匙扣
证件袋

手机袋

图14-9

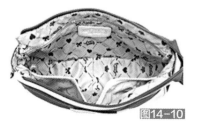

图14-10

图14-9　墙子上口封闭的包袋内部工艺位置图
图14-10　墙子上口是自由端的内部工艺位置图

（3）长方形墙子

长方形墙子，形式自由，结构简单，因中间部件的有无而风格各异。对位标志点的确定和制作方法与前面方法相同，这里不再详述。

长方形墙子的包体因造型和线条流畅、简洁，所以多用于"日"字型背包、公事包、学生用包及旅行箱包中，女包中也较常见，但设计重点在于扇面形状的变化或外部次要部件的创新中。

（4）多褶墙子

多褶墙子常使用于公事包，其中双褶与三褶墙子较多，目的是用隔扇将包体完全分割为若干空间，以便装盛各类物品和文件。

图14-11 多褶墙子包
图14-12 上部墙子包

多褶墙子的制作方法同多褶堵头相似。但由多褶堵头构成的包体，隔扇只是与堵头缝合，与包底没有固定。而多褶墙子与隔扇、包底可以都进行缝合，从而将包体完全分为中间不通的若干空间，所以在多褶墙子包的制作上，需要重点考虑墙子与隔扇的缝合操作。当然，由于隔扇的缝合，在墙子部件的结构制版时，需要把隔扇的宽度数值加进去，也就是需考虑缝合隔扇所需的加工余量，只有这样才能保证缝合以后包体各部分尺寸的合乎标准。一般来讲，隔扇在包体底部只是缝合中间的直线部分，在包体底部与侧部的拐角部位要留出一定的没有缝合的位置，一方面有利于缝制，另一方面是方便包袋的使用。如图14-11所示。

2. 上部墙子

由上部墙子构成的包体多以拉链作为开关方式，墙子被分割为两部分或者在中间做拉链切口，前后扇面常设计为整体大扇。由于上部墙子围绕着扇面缝合，所以扇面上口线多设计为圆角，以便于制作。这种包体的扇面形状多为上底为圆角的梯形、半圆形、扇形。包体采用反面缉缝时，边缘多加有埋条（边骨），起支撑定型的作用。如图14-12所示。

设计中墙子的宽窄以设计者的意图及包的用途为依据，墙子长由大扇的周长决定。由扇面与上部墙子构成包体的制作方法与下部墙子相似，但由于上部墙子也具有自身的特点，所以也常可派生出新的结构与造型。下面介绍常见的两种款式。

（1）上部墙子嵌入包内的包体

上部墙子嵌入包内的包体施工投影图如图14-13所示。嵌条的作用是使上部墙子嵌入扇面中。它的形状和尺寸与大扇的外边缘重合，可以直接从大扇中取样。由于大扇整个边缘较长，常在嵌条拐角处进行分割并加放相应的加工余量。在缝制时首先将上部墙子与嵌条在反面缉缝，然后再与大扇正面缝合而成。

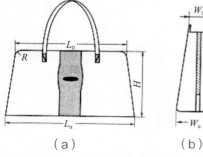

图14-13 上部墙子嵌入包内的包体视图
（a）主视图　　　　（b）侧视图

（2）墙子向扇面外凸出的包体

墙子向扇面外凸出是由于墙子借助了结构线的曲率及凸向变化而形成的立体效果。根据效果图14-14可知，在制作时，一定要注意结构线的曲率及凸向变化的具体制作程序，尤其是要注意各个标志点的准确对位，否则会影响成包的外观效果。

3. 环形墙子

环形墙子是指环绕扇面一周的墙子，包括包口部位的开合部件，一般来讲，环形墙子包体的开关方式多半是拉链方式。以图14-15为例，在制作过程中，首先将里料上的内袋、商标制作完成，之后将拉链与墙子按要求缝合在一起；如果有牙条装饰的话，需要将牙条与扇面预先缝合，注意拐角部位扇面长度与牙条长度的配合，不得出现牙条过于紧短，造成扇面四角向内扣缩，四角不挺括而造成包体外观的不舒展。然后，再将扇面与墙子缝合在一起，缝合时，注意对位标志，严格按照对位记号操作，以免造成扇面两边墙子对位位置不正，造成包体歪拧不正，影响产品外观。最后，将扇面与墙子的缝合部位进行包边，美化包体内部，同时增加包体的使用性。

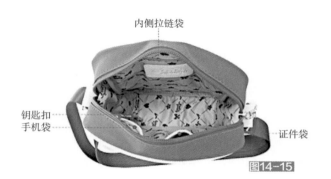

内侧拉链袋

钥匙扣
手机袋

证件袋

图14-14 墙子向扇面外凸出的包体
图14-15 环形墙子包袋内部图

第三节　由扇面和包底构成的包体

这种结构由前、后扇面和包底三个主要外部部件构成，其中包底特征明显，包底的形状和尺寸决定了整体造型及其他部件的形状与尺寸，是包体设计和制作的基础部件。在绘制包体视图时需附加包底视图，以利于各部件样板的制作和在制作过程中的位置对照。

包底从形状上分，有长方形、圆弧形包底、两头弯入包体侧面的包底、其他包底等；从包底的结构分有普通包底、嵌入式包底、双包底等。而在扇面设计中，主要表现为对称式与不对称式扇面两类。由于扇面是围绕包底缝合，所以扇面下底长与包底周长一定相等，而且扇面需与包底准确对位，否则整个包体会出现歪斜现象。

一、由长方形包底构成的包体

长方形包底包括普通的长方形、四角略圆的长方形、长方形的各种变形等，如图14-16所示，其中前两种运用较普遍，普通长方形根据包底视图的尺寸即可绘出。有时由于设计的需要，会在包底部件上加牙条进行装饰，以满足造型和美观的需要。

图14-16 长方形包底

在制作时，如果包底部件镶有牙条，需要先将牙条缝合到包底上，注意牙条在包底拐角部位的制作，四角牙条余量要均匀一致，牙条不可过松或过紧，以免造成部件的不平展。直角包底很少镶嵌压条，如果必须要用的话，在直角转角部位要在压条上打剪口，以保证压条长度尺寸与包底边缘的尺寸符合。另外，要先将两个扇面部件在侧部缝合，最后，再将包底和缝好的扇面缝合在一起，缝合时，严格注意各个标志对位点的正确对位，对称部位要绝对对称，否则会造成包体外形的歪斜。

二、由椭圆形、圆形包底构成的包体

由椭圆形包底构成的包体，在实际缝制过程中，缝制顺序与由长方形包底构成的包体一样，只是椭圆形包底的转角曲线比较长，制作难度低于较小半径的转角，可以按照近似直线来处理。由圆形包底构成的包体，多由长方形或梯形扇面构成桶形包。这种包的形式变化表现为在包体上口通过不同方式的绳带穿结而产生不同的视觉效果，或者在包体侧面另加贴皮以增加粗犷感等。有些包体采用锥形扇面构成，其制作方法与桶形包类似。

由半椭圆形包底构成的包，前、后扇面一般为不对称式。不对称扇面的形式变化自由、丰富，主要表现在以下几方面：以添加硬质部件的后扇面为基础，前扇面做各种形式的变化，如前扇面的平面、曲面变化等；后扇面向包盖及前扇面延伸的造型变化；包底向前扇面延伸的造型变化等。在缝制时，缝制程序与由长方形包底构成的包体基本一样，只是需要注意直线与弧线连接部位的对位问题。

三、向包体延伸的包底制图

在现代箱包设计中，包底常有两种变化：一种是包底两端向侧面延伸，端头形状的不同变化增加了包体的形式变化；另一种是包底一边或两边同时向扇面延伸，使包体造型新颖、别致。

这种结构需作两个投影图即主视图和侧视图才能更清楚地了解包底的延伸状况，通过侧视图可以确定包底弯入侧面部分的形状和高度，以此为基础制作包底样板。包底端头的形状一般有三角形、圆弧形、长方形等，下面以端头形状为圆弧形的包底为例介绍制作方法。根据图14-17绘制包体视图（图14-18）。

端头形状呈圆弧形

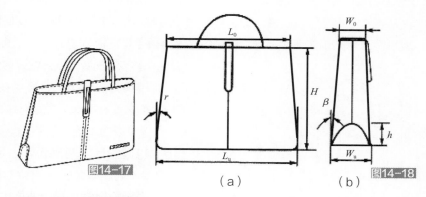

图14-17 包体效果图
图14-18 包底弯入侧面部分的包体视图
（a）主视图 （b）侧视图

的包底是由弯入侧面的部分与长方形包底组合而成，在扇面制图中要减去包底延入包体侧面的圆弧部分，因此弯入侧面的圆弧形包底在缝制中还是将其看作包底，而不是包的侧面。缝制时，尤其要注意弯入侧面部分的缝合，因为这部分多为异形，具有一定的制作难度，缝合时尤其要特别注意拐角和弧线部位与扇面的连接，尽量保证连接的顺滑圆润，曲线的流畅，千万不能由于缝制的问题造成装饰的失败。制作时，按照反面缝制法制作，现将前后扇面缝合后再将包底与扇面缝合，最后在包袋上口将面料和里料缝合在一起，完成包体的制作。

由前、后扇面与包底构成的包体结构，虽然包底是包体的基础部件，但前、后扇面的形式变化也异常丰富，如包底厚度变化及数量变化，可以增加包底的厚度，表现皮具的现代感，或者通过纵向空间的分割形成多功能包；前、后扇面与包底之间的结构线位移及形态变化，其变化原理是在基本结构的基础上进行部件的"扩张"或"缩减"，而其他部件作相应的调整，缩减不足时则另加其他部件使整体结构发生质变，进行结构的创新。

第四节　由前、后扇面构成的包体

由前、后扇面构成的包在造型和风格上与前面几种结构不同，它的包底和堵头是由前、后扇面的延伸部分构成，自然弯折形成的外轮廓造型呈现出休闲、自然、随意的设计特点。虽然该结构由前、后扇面两个主要外部部件构成，但由于部件结构线位移、平面延伸与曲面构成等形态要素的变化，可派生出许多新颖、别致的皮包。

一、由对称式扇面构成的包

由对称式扇面构成的包，其基本特征为前后扇面的结合线在包体侧部的中线位置，前后扇面可根据造型不同而进行不同形式的变化。如果结构完全对称，两片扇面部件完全一致，制作工艺常以反缝法为主。

1. 由简单的前、后扇面构成的包体设计

（1）容积较小、扇面底部不做褶缝的包体

由简单的前、后扇面构成的包，扇面一般为长方形或梯形，工艺采用反缝法或加有埂条以支撑包体形状。由于包体较扁薄，所以常在前扇面上设计有立体式贴袋，既增大了包的容量，又从视觉上增加了厚实感。而袋形与扇面轮廓相似，统一而谐调。如图14-19的制作具一定的典型性。首先制作扇面上的立体贴袋，然后将手把缝制固定并缉好明线，再在侧部把前后扇面缝合在一起。里料做好内袋缝合成型，将面料和里料的上口折边，最后在包袋的上口部位将里、面装配在一起，完成包袋的制作。

由简单的前、后扇面构成的包在造型变化中也常设计为两用包，一种是在包体侧面高度的2/3处加有背带，肩背时包体上部自然下垂，显得轻松自然；另一种是在包口处设计挽带，手提时显得休闲大方，如图14-20所示。这种包的缝制方法与加有立体贴袋的扁平式手提包类似，先

图14-19　加有立体贴袋的扁平式手提包
图14-20　提背两用的扁平式休闲包

将背带装好，然后分别制作里料和面料，成型后将包袋上口折边，并按设计要求将手把固定在相应的位置上，最后将包袋上口里、面装配整齐。

另外，这种结构的包还可以将底部做一些变化，形成新的外观形象，如在扇面的底部呈直角或锐角，此时包底宽度增大，容量增加，整个包体也呈现出不同造型。这种包缝制时，首先将前、后扇面通过反缝而缝合，从而在包体底边形成两尖角，然后把尖角沿侧缝线向上折起，按设计的底部宽度缉缝并固定，形成加宽的包的底部。底部宽度可大可小，随缉线的宽度变化而变。

（2）扇面底部做褶缝的包体

在扇面底部做切角形成褶缝，使包底宽度增加、包体容积增大，扇面形成曲面造型，如图14-21所示。这种结构多以扇面中的切角、长度、位置变化为设计重点，包体造型随着切角大小、长度、位置的不同而不同。扇面底部切角越大，形成的隆起越明显，则包底宽度越大；切角越长，所形成的褶缝越长，则包底越扁平。切角根据需要一般多设计在扇面底部两角和包底中部，使形成的隆起效果沿整个包体边沿较均匀；如果只在扇面两底角做切角，则包体两侧边隆起较明显，而包体中部呈自然弯曲状态。扇面切角大小、位置、长度对包体造型的影响需仔细比较和体会，掌握结构变化对造型影响的规律方能举一反三，该种结构常使用成型性较好的材料。

缝制时，先将扇面上褶缝做好，注意在褶缝两端要固定牢固，尤其是在扇面内部的端头一定要封好线头，再把拉链部件缝合好，之后将抠手部位成型，最后再将前后扇面缝合在一起。

（3）扇面底部做缩褶的包

扇面底部做缩褶与做褶裥目的相同，但呈现出的视觉效果不同，如图14-22所示。缩褶可以增加包袋的内部容积，而且外观效果活泼生动，具有一定的时尚感。缩褶的多寡引起的外观效果有较大的不同，缩褶量越大，包袋的容积越大，女性的修饰感越强。这种包袋在缝制时，尤其要注意包袋底部褶皱的均匀性，有必要先用大针码将缩褶拿捏好后，再进行前后扇面的缝合操作。

图14-21 扇面底部做褶缝的包体

图14-22 扇面底部做缩褶的包

2. 由包含堵头和包底的前、后大扇面构成的包体

（1）底部和堵头均向包内缩进的包体

这种结构包底和堵头均向包内缩进一定的深度，包体中间加有隔扇，隔扇上部设置有内贴皮，隔扇用里部件材料包覆制成，适用于女式背包、拎包等，由于堵头和包底均向包内缩进，

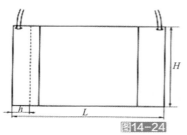

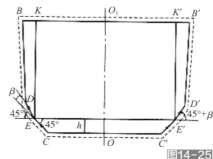

图14-23

图14-24

图14-25

图14-23 包的效果图
图14-24 包体视图
图14-25 包的大扇面图

所以容积较小，常设计为两格或三格结构。根据包体扇面、堵头与垂直方向是否有夹角，制作方法有所不同，如果包体的正面与侧面投影呈长方形即没有 β 角和 γ 角，效果图及包体视图如图14-23、图14-24所示。若包体正面投影呈长方形，扇面与垂直方向呈 β 角，但由于扇面与垂直方向呈 β 角使扇面倾斜，所以必须在大扇底部作切角，如图14-25所示。

这种结构的包袋缝制时，首先要将扇面上的拼接做好并缉好明线，按照工艺要求做好内部的隔扇和隔扇袋，然后再将隔扇与前后扇面缝合在一起，从而形成包袋中间的内缩效果。对于正面投影呈长方形，扇面与垂直方向呈 β 角的包体，在制作方法上没有太大的不同，基本类似以上所述。注意大原则是先做好平面上的附属设计部分，或拼接或口袋或装饰件一律首先完成，然后再将内部部件做好，之后将前后扇面缝合，并对包袋上口进行折边，最后将里、面在上口部位对位缝合。

（2）前、后扇面做不同形式变化的包体

这种结构在设计中着重前后扇面上的相互延伸变化，部件在制图时已经按照余缺原理将后（前）扇面向前扇面延伸的部分在前（后）扇面中减去以保证包体造型不变。效果如图14-26所示。

在制作过程中，仍然把延伸部分看作与原扇面为一体的，制作程序同一般几何形扇面，只是在缝制延伸部分时要充分注意延伸部分的外部形状，尤其是延伸部分最前端部分与另一扇面的连接，一定要保证缝接的平整顺畅。

图14-26

图14-27

图14-26 包的效果图
图14-27 由不对称扇面构成的包体

二、由不对称扇面构成的包体

由不对称扇面构成的包是在对称式扇面基本结构的基础上，经过结构线的位移，前、后扇面的平面及曲面变化而派生出来的新款包。这类包结构新颖、变化丰富，适合个性化的青年女性，如图14-27所示。其中由结构线位移而设计的包是指扇面、堵头及包底外形轮廓线根据造型及结构需要所做的位置变化，变化中遵循余缺原理，即一个部件向其他部件延伸而增加的

部分，需在被延伸部件中减去以保证总体形态不变。但无论结构线如何转移，只要掌握变化原理及规律，就能做到举一反三、灵活运用。缝制时，与由对称式扇面构成的缝制方法类似。

第五节 由扇面、堵头和包底构成的包体

由扇面、堵头和包底构成的包，堵头底边有切口，包底和堵头均向包内凹进，包体造型简洁、棱角分明，工艺采用正面缝制法，是职业坤包、公事包经常采用的结构，如图14-28所示。

堵头的下底部边缘设有切口，其尺寸及位置如图14-29所示，其中a表示堵头凹进包内、距离扇面边缘的深度，深入程度根据造型需要确定，一般为20mm左右，a值越大堵头向包内凹入越深，堵头与扇面重合部分越多；b表示包底凹进包内、距离包底边缘的高度，一般为10mm左右，目的是保证缝纫机压脚从包底向扇面缉线时能顺利通过。这种结构设计多体现在堵头底边和扇面形状的变化，扇面多为方形或梯形，底角为直角或圆角，而堵头底边切口作直线或弧线变化。

 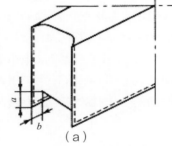 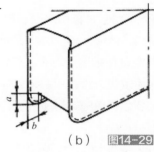

图14-28 包体效果图

图14-29 包的部件连接图

（a）长方形扇面 （b）底部呈圆弧形扇面

这种结构的包多是正面缝制法缝制。首先将扇面部件上的附加设计做好，包括标牌、标志、口袋、拉链、扣锁等，将里料上的小袋、各种笔插、卡插、眼镜袋、手机袋等附属部件做好，如果有隔扇的话，需要将隔扇做好备用。做好扇面、包底、堵头等部件的面料，和里料按照平面粘合的方式粘合在一起，需要折边的折好边；之后将隔扇与堵头和包底缝合，如果需要缉明线的话，要将明线缉好。然后，用正面缝制法将扇面与堵头和包底缉合在一起，注意底部拐角一定要缉顺。最后，将包体上部折边，缉合，完成包体的制作。

堵头底部呈圆弧的包袋造型精致，结构新颖，包体的效果图如图14-30所示。根据效果图分析，堵头切口呈弧线，而包底随着堵头切口的弧线与堵头下底边缝合，所以包底宽度的尺寸由堵头切口的弧线长度决定。这种结构在制作中需注意：整个圆弧切口线应包含两段直线部分，使包底与扇面缝合时压脚能顺利通过。缝制方法与长方形扇面包体类似。

对于图14-31所示的包袋，应用反面缝制法制

图14-30 堵头底部呈圆弧的包袋效果图

作。将扇面与包底先缝合，之后再将堵头缝合，缝制顺序基本与由扇面和堵头组成的包体一致。

图14-31 反面缝制法制作效果

第六节 整体下料的包体

整体下料包是指由扇面、包底和堵头组成一个部件制成的包。这种结构中间部件一般采用软质材料，体现休闲、简洁、大方的风格。考虑到资源的经济性和天然材料的合理套裁，整体下料包在设计中运用较少，但随着箱包设计的日益简洁化和单纯化，这类包体逐渐被人们看好，在休闲包、背包和购物包中被广泛运用。整体下料包的设计主要包括扇面形状的对称和不对称式变化、包底的侧面特征、形状的变化及结构的组合变化等。

一、由对称式扇面构成的整体下料包

由对称式扇面构成的整体下料包，扇面的形状多为方形和梯形，而且扇面多以规则形变化为主，休闲中透出一丝庄重。由对称式扇面构成的整体下料包一般有以下5种：

① 扇面与堵头轮廓呈长方形、包底侧面为直线的包体。

② 扇面轮廓呈梯形、包底侧面为直线的包体。

③ 扇面轮廓呈长方形、包底侧面呈折线的包体。

④ 扇面外轮廓呈梯形、包底侧面呈折线的包体。

⑤ 包底和堵头均向包内缩进的包体。

扇面与堵头轮廓呈长方形、包底侧面为直线的包体结构较简单，堵头中间有接缝，整个包体显得休闲、自然，一般为软质结构，包体视图如图14-32所示。如图14-33所示的大扇结构图可作为基型图，其他形态变化以此为基础进行结构变形，如扇面、堵头的形状变化，或整体下料包与堵头、上部墙子等其他结构的组合变化等。

这种结构的包袋缝制时，先将包侧部缝合，然后再缝合包的底部和扇面的侧部下端，使包袋成型。这种结构的包袋里子与面料多半采用

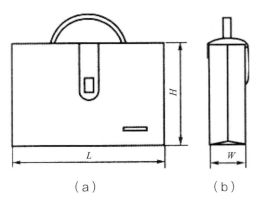

（a） （b）

图14-32 扇面与堵头轮廓呈长方形、包底侧面为直线的包体视图

（a）主视图 （b）侧视图

一体缝合的方式反面缝制法缝合，然后在反面缝份处包边加固并美化包体内部。

第2~4种结构的包体与第一种包体的制作方法相似，这里不再赘述。第5种包底和堵头均向包内缩进的包体特点是包底和堵头均向包内缩进，包底较窄，扇面底边棱角分明，中间常加有隔扇或隔扇兜。在实际设计中，前扇面表面常设计与扇

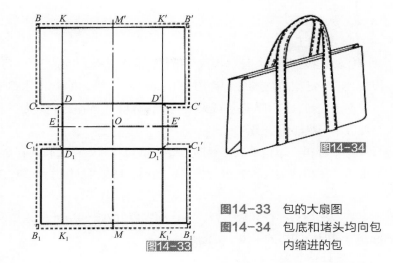

图14-33　包的大扇图
图14-34　包底和堵头均向包内缩进的包

面形状相似的外兜，以加强和突出包体的总体特征，或者不加任何装饰而以简洁的宽背带、粗线条为表现手法，以突出大方、简约美，在女式休闲包中多见，如图14-34所示。

制作方法与前面内容基本相同，而包底与堵头均向包内缩进的结构处理方法考虑到工艺制作要求，需在部件转折处做切口，具体制作过程这里不再详述。

二、由不对称式扇面构成的整体下料包

由不对称式扇面构成的整体下料包，其结构主要以对称式扇面的基本结构图为依据进行结构线变化而派生的包体，体现在扇面、堵头、包底及包盖等轮廓线的分割与组合的变化，形式自由、变化丰富，运用这种方法可以进行结构、造型的创新，设计出新颖、别致的箱包产品，使简约中透出几分活跃和新意。

包体的缝制与由对称式扇面构成的整体下料包类似。

第七节　典型包袋的制作工艺流程

一、公文包

本部分以由前后扇面、墙子和包盖结构形成的公文包为例。

1. 工艺流程

（1）裁料工序

裁纸板—裁面料—裁零料、里料—裁海绵

（2）粘合工序

粘扇面—粘包盖—粘零部件

（3）缝制工序

缝把鼻—缝扇面—缝包盖—缝里袋、里料—合包

（4）铆合工序

铆底—铆手把、把鼻—铆锁

2. 制作工艺

（1）裁料工序

① 裁纸板：严格按照样板尺寸下料，扇面纸板、包底纸板、手把纸板采用1.0~1.6mm的钢板纸，前袋纸和前袋盖纸采用0.6~1.0mm的白板纸，把鼻纸用0.8~1.0mm的白板纸。

② 裁面料：选用人造革或天然皮革，裁料时严格按样板下料，注意排料的合理性，要合理应用与躲让伤残部位。

③ 裁零料、里料：裁零料时，要注意与扇面大料之间的配合，包括颜色、光泽、粒面的粗细等，里料裁前要预先进行排料、铺料，用电剪刀进行裁料，如用量少也可以用手工进行裁料。

④ 裁海绵：根据样板下料，选择海绵厚度为3~4mm。要求不得拉扯海绵以免引起海绵变形，尽量保持四边的平整、无起翘。

（2）粘合工序

① 粘扇面：将里料与纸板粘合在一起，注意刷胶粘剂要匀，然后再在纸板上粘上海绵，粘海绵时只需要在中间部位薄薄地刷一层胶粘剂即可，然后在海绵的边缘进行切边，使海绵距边大约10mm，确保边缘平直，在边缘纸板上刷胶粘剂，待胶粘剂干燥以后，将面料覆盖在海绵上，将边缘处的面料与纸板粘合牢固，最后沿四边进行折边，用锤子敲平即可。

② 粘包盖：将白板纸与里料粘合，再在需要的部位粘好钢板纸，注意留出弯折处的空隙，然后按包盖尺寸进行折叠成型，再将面料粘合，粘合的同时应完成包盖的造型，最后将边缘进行折边。

③ 粘零部件：包括手把、背带等，要求刷胶粘剂要匀而且保持清洁。

（3）缝制工序

① 缝把鼻：在包盖上对正位置进行缝制，要求线迹平直圆顺，止针牢固。

② 缝扇面：首先缝扇面上的拉链袋，缝拉链袋时，袋口拉链的第一道线距边2mm，如缉双明线则第二道线与第一道线间距3~4mm，针距为每10cm缝28±2针。将扇面做好待用。

③ 缝包盖：按规矩点在后扇将包盖缝合，要求包盖不得歪斜。

④ 缝里袋、里料：里袋要按样板尺寸制作，要求褶量均匀、弧度圆顺对称，里料按要求接合，无松皱现象。里料缝制要平顺无皱，与面料吻合一致。

⑤ 合包：对准中心点将扇面与墙子部件缝合，必要时先用胶粘合再缝制，要求合包要正，缝线要包紧。

（4）铆合工序

① 铆锁、铆底：按样板铆正。

② 铆手把、把鼻：要求位置对称，铆合牢固。

（5）材料要求

① 人造革：

a. 面积不大于8mm²的不露白底的斑点，在扇面、墙子部位不多于一处，底部不多于两处。

b. 面积不大于4mm²的露白底斑点，在后扇面、墙子部位不多于一处，底部不多于两处。

c. 面积不大于2mm²的不明显凸起疙瘩，在后扇面、墙子底部不多于一处。

d. 长度不大于8mm的划伤，后扇面部位不多于一处，墙子、底部不多于一处，严重划伤不允许使用。

② 天然皮革：

a. 色泽基本一致，花纹清晰。

b. 包的后扇面、墙子、包底允许存在不影响包袋内在质量的、总面积不大于28mm²的伤残存在。

c. 皮革厚度按实物标样为准，偏差±1mm。

d. 皮革材料涂层牢固，厚薄均匀一致。

（6）技术要求

① 尺寸偏差不大于4mm。

② 负重量标准：规格在300mm以下的包负重不低于3kg；规格在300~450mm以内的包负重不低于7kg；450mm以上的包负重不低于12kg。

③ 线迹：上下线吻合，平直，针距均匀，明线不得有跳线现象，暗线部分不露针眼。

④ 包内的里子平服、牢固、无死褶，剪边整齐、洁净、无污迹。

⑤ 商标位置明显、缝制牢固。

⑥ 包体四角对称，不歪斜。

⑦ 五金配件安装牢固、平服，位置适当，偏差不大于3mm。

⑧ 拉链缝合牢固、平整，宽度均匀，使用流顺。

二、旅行包袋

旅行包容积较大，可装放衣物、洗漱用具及其他旅游用品，包底有加硬衬的，也有不加的，一般来讲扇面及墙子均不加硬衬，包体形状随内容物变化而变化，旅行包面料多采用人造革、尼龙布、帆布。近年来，也有用天然皮革材料制作的旅行包问世，档次较高。

1. 工艺流程

（1）裁料工序

裁面料—裁里料—裁底纸板—裁零料

（2）粘合工序

粘把鼻—粘手把—粘拉锁—粘牙子

（3）缝制工序

缝拉链—缝扇面—缝口袋—上牙子—缝扇面、墙子—缝把鼻、手把—缝里袋—缝里料—合包

（4）铆合工序

铆锁—铆背带—铆金属扣

2. 制作工艺

（1）裁料工序

① 裁面料：按样板严格下料，注意面料的丝缕方向。

② 裁里料：按样板严格下料，袋布要求用横丝。

③ 裁底纸板：严格按样板尺寸进行。

④ 裁零料：严格按样板尺寸进行，注意零料与整料之间在颜色、粒面及柔软度方面的协调性。

（2）粘合工序

旅行包的粘合工艺用得比较少，而且比较简单，只是在需要时才使用，如粘把鼻、粘拉链等部件，操作时一定要注意胶粘牢度及清洁。

（3）缝制工序

① 缝合口袋拉链：直接用剪口式挖袋法缝制或用简易式缝法都可以。要求线迹平直，装配平服，宽窄一致。缝包口拉链时需用双明线缝合固定。

② 零配件的装配：包上的装饰带、金属环、布带、把鼻、手把等要先装配在预定位置。

③ 上牙子：先用大针码将牙子固定在扇面上，线迹尽量靠边，以免合包后露出痕迹，然后将扇面与墙子缝合，要求牙子应上紧上牢。

④ 合包：将里外相应部件合并为一体用反面缝制法进行合包，缝好后，在内部毛边处用沿条包齐、包好。

⑤ 整形：合包后将包翻过来，并对边角进行整形，使包体外观丰满，符合设计要求。

（4）铆合工序

① 将把鼻、手把铆合在包体上，要求对称铆牢。

② 铆合背带、包锁。

3. 材料要求

（1）人造革

要求同公文包材料要求。

（2）帆布、各种化纤布

① 色泽均匀一致，染色效果好。

② 长度不大于23mm的跳纱，在墙子部位不多于一处，底不多于一处。

③ 格布要求格子方正、对称，偏差不大于8mm。

（3）五金配件

牢固，光亮无锈，无残缺，使用灵活。

（4）拉链

要求开合顺畅、坚固耐用。

三、硬结构女包

硬结构包一般来说个体中等或较小，扇面、包底、包盖均采用纸板作硬衬将包的形状固定。这种类型的包，造型美观，款式多样，一般用来装随身携带的物品，如钥匙、餐纸、镜子、化妆用品以及证件、钱票等。

本款以由扇面、包底、带堵头条堵头、包盖组成的包为例。

1. 工艺流程

（1）裁料工序

裁纸板—裁面料—裁里料—裁海绵—裁零料

（2）粘合工序

粘扇面—粘包底、堵头—粘包盖—粘背带、把鼻—粘手把—粘拉链

（3）缝制工序

缝合堵头条与堵头—缝扇面、包底—缝背带鼻—缝内袋—缝里子—做包盖—缝合包盖与包体

（4）铆合工序

铆底—铆背带、手把—铆锁

2. 制作工艺

（1）裁料工序

① 裁纸板：要严格按样板尺寸下料，扇面纸板、包盖纸板、包底纸板用0.6~1.0mm的钢板纸，背带纸板、把鼻纸板用白板纸。

② 面料：

a. 应用天然皮革材料时，要注意表面伤残情况及丝缕方向，尽量提高出裁率。

b. 采用人造革材料时，采用纵向丝缕方向裁剪，仔细按样板排料。

③ 裁里布：按样板尺寸下料，注意内袋用横料。

④ 裁海绵：根据样板尺寸下料，厚度为3~4mm。

（2）粘合工序

① 粘扇面：把扇面纸板一面刷一层薄胶，晾干后与里料粘合，要求对位准确，然后在扇面纸板另一面刷匀胶粘剂，晾至不粘手后粘好海绵，沿四边用刀将海绵削齐，距纸板边7~10mm为宜，在纸边四边和扇面皮料刷匀胶粘剂，晾至干燥不粘手，将皮料与海绵粘合，用竹片或锥把将四边刮紧刮牢，按纸板边缘折边。注意边角部位，褶要拿匀，外形圆顺流畅。

② 粘堵头：将堵头纸板与堵头面料粘合牢固，然后与堵头条缉合，将里料与纸板粘合。注意里料与面料的吻合。

③ 粘包底：将纸板与包底直接对位粘合，折好边待用。

④ 粘包盖：先将海绵与纸板粘牢，然后沿纸边四周距边7~10mm处海绵削掉，纸板边刷匀胶，皮料肉面刷匀胶粘剂，晾至不粘手，将皮料与海绵、纸板粘牢，从中间向两边推匀，四边粘牢，折边圆顺均匀。

⑤ 粘零部件：粘手把、把鼻、背带等零部件时，按纸板尺寸粘牢，折好边待用。

（3）缝制工序

① 缝前袋、内袋：位置对正，按样板要求严格缝制，缝里子布内袋要按样板尺寸进行，有褶时褶量应均匀分布。

② 缝把鼻、背带鼻、扣鼻：要求位置对称准确，不歪斜，外形自然流畅。

③ 缝扇面、包底、堵头合包：线迹平直，对位要正确，不得有跳线现象。必要时先用309胶粘合，然后上缝纫机缝合，缝线要包紧包靠，商标要缝在明显部位。

④ 缝包盖：按要求尺寸、位置缝合包盖，要求线迹平直，止针牢固，包盖不歪斜。

⑤ 缝手把、背带：要求线迹平直，宽窄符合样板尺寸规定。

（4）铆合工序

① 铆锁、铆底：要求按样板铆正，锁头要按锁底取正铆牢，切忌歪斜。

② 铆背带、手把：要求按样板位置铆准、铆正、铆牢。

四、休闲购物软包类

软结构包类一般有购物包、街市包等品种，造型各异、款式繁多，随包内容纳物形状改变而改变包体形状，适合购物上街及日常工作等使用，具有使用方便、美观适用的特点，是比较受欢迎的包袋产品。

本部分以由扇面、包底结构包体为例，开关方式为带拉锁条的拉链。

1. 工艺流程

（1）裁料工序

裁扇面料—裁包底料—裁拉链条—裁背带—裁里料—裁口袋料—裁纸板—裁内衬料

（2）粘合工序

粘包底纸板—粘包上口边缘

（3）缝制工序

缝前袋—缝合扇面、包底—缝背带—缝拉链—缝内袋—缝里料—合包

2. 制作工艺

（1）裁料工序

① 裁面料：先裁大面积主料，然后再裁零部件、小部件，裁皮革面料时，注意表面情况，合理排料。

② 裁里料：里料裁剪之前，如不平应先熨平，按样板下料，内袋用横丝方向。

③ 裁纸板：一般来说，包底板、袋口衬纸等用白板纸，要求按样板尺寸严格下料，纸板边应平直。

④ 裁泡沫等内衬料：要求按样板尺寸下料。

（2）粘合工序

① 粘包底：将纸板、面料刷匀胶粘剂，晾至不粘手，粘合牢固。

② 粘包上口：画好折边线，将拉锁条、包上口刷胶粘剂折边，折边后再刷胶粘剂将拉锁条与扇面上口粘合，要求不露口，包上口要平直无曲折。

（3）缝制工序

① 缝前扇面口袋：袋口的袋布边缘低于面料边缘1mm左右以防止露口。

② 缝扇面、包底：将前后扇面与包底缝合在一起，包底两边做单明线处理。

③ 缝背带：背带选用两部件结构，两边缘均缉单明线，双折边处理。

④ 缝里料：

a. 封闭拉链：将拉链封口皮条缝合到拉链的一端或两端（视款式而定）。

b. 缝合拉链、拉链条、里料：缝合时，将拉链夹在拉链条与里料的中间，用反缝法缝合，然后，翻到正面在里料边缘缉单明线将里料做倒做顺。

c. 合里料：将拉链条、里料两端缝合成一封闭袋状。

d. 拉链条上口折边：按折边线将拉链条上口边缘折边，要求边缘平直，无凹凸现象。

⑤ 固定背带：将背带与面料上口用线缉合固定，如若是用金属配件装配则需要将此操作放在合包以后进行。

⑥ 合包：将包里面上口折边边缘处用明线缉合，要求线迹顺直，无露口现象。

当然，有关包袋的品种还有许多，但是基本工艺都大致相同，只不过加上一些特殊的工艺而已，在这里就不再赘述了。

Chapter

15 / 第十五章

箱的制作工艺

第一节　制作工艺基础流程

一、排料与划样

样板要沿着距底边1cm处底边的平行线开始划料，划料的分段要保持与底边垂直，产品样板的各个边线可以互相压线划料。为了便于生产，每段半成品的片数一般以偶数为宜。为了节约原料，降低消耗，每段的放量为1~1.5cm，见图15-1双搭茬线图。排料：一般按大扇片、墙子、后条、提把带子等的顺序进行，按比例的乘积关系为宜，如大扇片或盖条成梯形则可将梯形上下边交叉划料以节约原料，图15-2梯形为前后交叉排料示意图。

二、裁剪

裁剪时，要注意保持裁剪样板四边洁净，用剪刀剪料要直，不要歪料，剪断的料口与原料大面垂直。箱所用材料品种多样，裁剪的方法也有不同。总地说来，箱裁剪方法有手工裁剪和机械裁剪两种，又细分为以下几类：

1. 推

推是应用电剪刀裁纤维原辅料的技术，向前推动

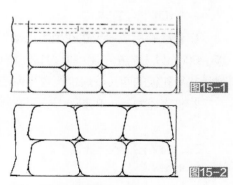

图15-1　双搭茬线图
图15-2　梯形前后交叉排料示意图

时要保持不离画线痕迹，电剪刀底板保持与案板全接触，这样才能保证刀刃与布面垂直，推时要注意安全。

2. 切

切的技术有两种，一种是用手刀切大料切角，另一种是用裁纸机切料。用手刀切大料时，刀刃向怀内移动，要保持刀面垂直，刀口衔接无毛刺。切大料时左脚稍在前，右脚在后，身体重心落到切割线上，切完后重心线回到右脚上；在切角时手刀不宜过大，切角厚度以100层左右为宜，厚度在40~70mm，应保证切料时与底部垂直，确保切角时上下一致。用裁纸机切料时，要调整好切纸机的相关尺寸。

3. 拉

使用拉刀时，要用左手压住尺板，右手直握刀柄，拇指在刀柄后抵住刀柄，刀柄以不同角度向前倾斜，料越厚，前倾斜度越大。

4. 冲孔

冲孔是指使用剪刀对原料进行的剪口操作。操作时要注意位置的准确和标记的尺寸大小，太小不易看清，起不到应有的作用；太大，对部件缝制会有一定的影响，应尽量避免。

5. 冲料

冲料是使用刀模通过下料机冲压裁片的一种基本操作方法。需要制作合适的刀模。

三、缝制

缝制技术与包袋产品基本一致，但软箱缝制时更多的是应用里、面一体缝合的工艺，然后在内部的缝份边缘上采用包边沿条来修饰和加固。

四、铆合

在硬体或半硬体箱的制作中，有些部件的装配有时会用到金属配件的子母组合，如螺丝、铆钉等，在多数手把的装配上、硬衬钢板的固定上还有走轮与拉杆的装配上很多时候都是应用金属螺丝或铆钉来完成的。所以，铆合工艺在箱的制作中占据非常重要的位置，应给予足够的重视。

第二节　钢口胎线缝软箱制作工艺

一、钢口胎工艺

① 将冷轧板按要求在裁板机上裁下，尺寸为60cm以下的箱子用厚度为0.8~1.0mm的冷轧板，60cm以上的箱子用厚度为1.2~1.5mm的冷轧板，裁好后，用压筋机压筋，再用冲床冲眼，然后将冷轧板的两头按规定尺寸冲扁，用握角机握角成型。

② 将直径为3mm的钢丝按尺寸裁下后伸直，握角成型。

二、裁料工艺

1. 选料

选用牛津布、人造革、尼丝纺等面料，要求材料厚度为1mm以上，材料表面光泽度好，无波折和残次，色泽一致。

2．裁料

① 严格按照样板尺寸进行裁剪，特别注意条格位置要裁正，需要用刀模下的面料注意两边对称，边沿无毛刺，同时一定要注意横纵丝道的正确使用。

② 箱里子一般采用纺织材料和塑料布等，裁剪时要求色泽均匀无色花，如有不平现象，要用熨斗熨平后严格按样板下料，塑料布的厚度为1.4~1.6mm。

三、粘合工艺

① 将裁好的面料按样板尺寸要求定好规矩点，规矩点不可点得过大，以免造成材料的人为伤残。

② 凡需要折边的部位，必须按要求制作，宽窄一致，均匀平直，折边宽为10mm。

四、缝制工艺

① 按规矩点将箱面带子缝好，要求两线间距一致，针码均匀，第一道线距离边缘1.5~2.0mm，两线间距为4mm。

② 上牙条时，四角要均匀，压条距边一致，压条口一般留在箱的下部，接缝长为5mm，要求上下线结合紧密，里布平直。

③ 接墙子时，要严格按照规定尺寸缝合。

④ 合包时先将前片对准规矩点进行缝合，然后再合后片，注意合包要正，四角要平行，合包的同时要将拢带一并缝合，商标要钉在明显的位置上。

⑤ 按规矩点缝好手把、把鼻部件。

五、铆合工艺

① 把铆好的钢圈放入缝合好的包内，用电钻在钢圈的中间打眼，先将钢圈固定在包内，然后再铆合它，铆手把要牢固，钉子长短要适宜，铆牢，铆平，无毛刺。

② 铆箱轮时，箱轮的位置要对称，箱轮转向要灵活，箱轮两边的钉子要铆牢固，底纸板要放平，底纸粘平、粘牢。

③ 铆钎子长短要适宜，牢固，位置合理，松紧适宜。

④ 铆拉带要正、牢固，位置适宜。

⑤ 包铁口布。

⑥ 内袋四合扣要铆牢、铆正。

第三节　旅行软箱制作工艺

一、下料

下料前，要认真检查材料是否符合质量要求。严格按样品、样板、模具、尺寸下料，并严格按照使用规程正确使用不同的工具和设备下料。

① 衬料的下料：操作人员按《裁料机操作规程》操作机器，严格按规格尺寸下料，合理排料，正确使用材料的横纵丝向，误差为±1mm。同一部位上纸时，面、里要一致，面纸允许

大于里纸1mm，裁料后核对数量，做到准确无误，将裁好的料排放整齐。

② 皮革、人造革等下料：先检查样板是否准确完整，工具完好，尺杆要直，裁料刀要锋利。严格按样板尺寸要求下料，合理排料，使用面料的竖丝。下料边要直，圆角顺滑。

③ 布、塑料布等下料：按样板和尺寸要求，正确使用电剪刀，合理排料。

④ 刀具下料：按《XJIA2-Y25T龙门液压下料机操作规程》，使用XJIA2-Y25T龙门液压下料机和完好的刀模，下料要求完整无缺，无毛刺。

⑤ 严格按规格尺寸裁剪拉锁，剪口整齐、准确。

⑥ 严格按样板要求点规矩点，画规矩线。剪口要对称、准确（大面四个剪口，墙子四个剪口），修边要齐，不允许有留边和不足。EVA箱壳修边整齐。规矩点、线要清晰，大剪口不要过大，剪口深3~4mm。

二、箱框的成型

1. 钢丝制作

（1）下料

严格按《调直切断机操作规程》来操作设备。根据加工钢丝的规格要求，选择符合规格要求的盘圆，并调定裁断尺寸，操作GT4-8型钢筋调直切断机将钢丝调直下料，经下料后钢丝要直，尺寸准确。

（2）折弯

按《折弯机操作规程》操作机器。折弯前根据样板尺寸要求，检查钢丝是否符合规格质量要求，安装好所需弯度的模具，定好折弯位置后折弯，要求折弯弧度及位置符合样板尺寸要求。

（3）接封口

按《冲床操作规程》操作设备。根据不同规格的钢丝，选用合格的封口片（Φ3.2mm钢丝封口片长40mm，Φ2.5mm钢丝封口片长25mm）。封口时双手握稳钢丝，对接严紧、封牢。操作中拿取钢丝严禁生拉硬扯，防止钢丝变形。

（4）质量要求

钢丝制作完成后，钢丝规格角度符合样板尺寸要求，四角圆顺，误差±2mm，接口封牢，无明显毛刺。

2. 钢口制作

（1）下料压筋

认真按《钢板压筋机操作规程》规定操作压筋机，根据钢口的规格要求，选择符合规格要求的带钢，按所需长度准确调定下料尺寸，将钢板经压筋机挤压成型截断，起筋居中，均匀一致。

（2）冲孔

开口圈冲孔前先将起筋钢板两端经压力机做扁，扁长5cm。使用可倾斜式曲轴冲床，在扁上做接底板孔眼。第一个孔眼距端边10mm±1mm，两孔眼间距25mm±1mm，其他孔眼长度位置严格按样板尺寸定位冲孔。冲孔位于钢板凸筋中心，孔眼Φ5mm±0.1mm，不歪斜，无明显毛刺。

（3）折弯

根据样板尺寸要求制作钢口，安装好所需模具，定好折弯位置，开口圈接头两端长度、弧度一致，允许误差5mm。

（4）钢口焊接

根据钢口尺寸定出焊接点，焊接钢口时，钢板起筋重合，焊点在凸筋中心距接头15~20mm处，两接头边各一焊点。接茬处重叠7~9cm。

（5）质量要求

钢口尺寸、角度准确，四角圆顺，对称一致，误差不高于5mm。冲孔符合要求，孔眼位于钢圈凸筋中心，不歪斜，误差不高于1mm。开口钢圈接头处做扁，扁长5cm。整圈接头处起筋重合，重叠量为7~9cm。

3. 制作塑料口

（1）选料

根据产品货号，塑料口规格要求检查蜂巢板的质量、规格尺寸是否符合要求。

（2）板材加温

按《烘箱操作规程》操作烘箱。烘箱温度（155±5）℃，将符合要求的板材放入烘箱，加温时间20~25min。加温时翻倒一次，使之加温均匀。

（3）折弯定型

选择正确的模具，操作折弯定型机，将加温好的板材迅速准确地装入模具，使板材紧贴内模，扣紧外模后，浇水定型。冬季1~2min，夏季1.5~2.5min，循环水冬季每周换水一次，夏季每周换两次。定型出模后，箱口整齐码放，码高不得高于3m。

（4）接口

接口时，严格检查箱口尺寸是否满足尺寸要求。大于尺寸时用电锯去掉多余部分，按《电锯操作规程》正确使用电锯，锯口与板材基本垂直，不足时用料头补齐，补接部分与箱口用料宽窄一致，长度不大于3cm。对接塑料口接茬要齐，两口径尺寸一致，不得有翅边、残缺。对接完成后，整齐稳固码放，码高不得高于3m。

（5）质量要求

塑料口符合样板尺寸规格要求。四角圆顺，允差2mm，接口要紧、齐，不得有翅边、残缺，箱口内外光滑、洁净、平整，口径平直，两口径一致。

三、箱面成型

1. 粘压

按《液压机操作规程》正确使用四柱液压机。压合前，检查面料、EVA板材、塑料薄膜质量和规格尺寸。根据EVA板材的规格、厚度，按要求准确调整压合机时间、温度、工作压力。粘压压力机工作压力7~8MPa，时间（14±2）s，温度（157±2）℃，并经常进行检查。压合后，大面平整清洁，无布面褶皱、脱层现象，并整齐摆放。

2. 压EVA箱壳

正确按《压力机操作规程》操作压力机。准确安装模具，根据EVA板材的型号、规格调整压壳定型时间、烤箱加温时间。现将粘压后的板材布面向下放入烤箱加温，温度以（185±5）℃，时间（60±10）s。板材加温后迅速放入模具，板材居中，留边基本一致。压壳成型入模趁热进行，压力8MPa下定型时间（60±10）s。要求箱壳鼓形饱满，表面图形清晰，箱壳四边基本一致，箱壳无溢胶、污染。

根据生产需要，各种型号规格可进行交叉生产，做到充分利用，操作迅速，保质保量。箱壳脱模后，整齐、竖立排放以防变形。

四、缝制部件

1. 设备要求

严格按《缝纫机操作规程》使用机器。缝制上牙子部件使用GA-2603型、GC6-6型缝纫机，安装专用压脚。缝制其他部件使用GC6-6型、GC6-5型缝纫机，装配与所缝制部分相配套的专用压脚和专用工具。操作人员在缝制前，对照所缝制产品的样品或首件，检查上工序是否符合规格质量要求，然后严格按工艺操作。

2. 机缝线路和针码要求

① 针码要求为：明线每10cm缝25±3针，暗线每10cm缝18~22针。

② 机缝线路要求：缝线颜色与面料基本一致（特殊要求除外）。线路平直，上下线吻合，第一条线距边2mm，第二条线与第一条线间距3~4mm。

3. 缝制拉链

要求松紧适度一致、平服、开合流畅，拉链布边间距一致。5#拉链布边为3~4mm，8#拉链、10#拉链布边为4~5mm。

4. 上牙子

要求四角对称，大面平服，无褶皱，距边一致，直边平直，弧边圆顺。牙子接头一般在大面底部。

5. 缝零部件

按规矩要求位置缝制准确，缝压条、小袋。缝线平直，弧线圆顺，无褶皱。

五、箱体成型

① 正确按《缝纫机操作规程》使用GC-7型缝纫机，并安装专用压脚和专用工具。

② 在合箱前，依据样品或首件产品检查上工序是否合格。缝制合箱时，按样品或首件产品认真操作。

③ 合箱距边一致，墙子与大面规矩点对齐。四边平整，四角圆顺、对称，沿条包边包紧包牢，沿条接头在箱内底部中间。

④ 合箱时商标缝在箱盖里左上方处。拢带缝制位置对称，底后背缝制底部居中，不得歪斜，误差不高于3mm。

合箱完成后，翻箱整理，按样品和各工序要求，检查各部件缝制是否齐全、正确。箱面、箱体平整无皱褶。用剪刀剪净箱体内外线头，使箱内外洁净、无线头，翻整好的箱体周正，不歪斜。

六、组装成型

操作人员首先检查加工的部件使用的材料是否合格，是否符合规格要求。

1. 包钢口

塑料布要平整地包在钢口上，松紧适宜，包紧包牢。开口圈两接头处挂住，四角用胶带纸粘牢，整钢口圈四角和接头处均用胶带纸粘牢。

2. 包塑料口

在口外面中间粘一圈2cm宽的双面胶带，将包口布一边平整地粘在胶带的1/2处，包口再粘住另一边，包口时松紧适宜，包紧包车。包口布对缝要齐，间隙5mm，不得有重叠。并在对缝处加胶带纸固定，包口完成后，口内外平整、洁净。

3. 包钢丝牙箱

操作时检查钢丝、塑料牙条是否符合规格尺寸、质量、颜色等要求。使用穿牙条专用工具，将钢丝包在塑料牙条槽内，塑料牙条接头在底边中间，留搭茬重叠余量5~10cm。

4. 开口圈铆接底板

按《铆钉机操作规程》使用铆钉机，严格按尺寸定口，底板居中，铆牢，使用钢钉规格参照《软箱钢钉使用规格表》。

5. 装口

装口时，根据样品或首件产品，检查使用的部件是否符合规格等要求。按样品操作，装口要正，塑料板、纤维板、五合板装置到位，装好后要求箱体平服、周正，四角圆顺、饱满。

6. 安铆提把等配件

安铆箱提把时，先按规矩点经冲孔机准确冲孔，根据不同的手把，选择合适的螺丝或钢钉。手把安铆要端正，且使用灵活。

小车和底脚安铆居中，不歪斜，左右误差不超过2mm。用电钻打眼，用铆钉机铆牢固。拉链锁按规矩点安装端正、牢固，使用时开合灵活。泡钉、标牌按规矩点安铆牢固，位置适宜，不歪斜。使用钢钉均参照《软箱钢钉使用规格表》。

七、整理验收

1. 整理

软箱成型安铆完成后进行整理时，用剪刀和DHA带风焊枪清理内外线头，清理沾污，封好箱里，用AT-6热熔枪粘牢后背底板。

2. 验收

验收人员按《软箱质量检验标准》参照样品或首件，对产品逐件整理验收，箱体内外无污染、无线头、无伤残，各种配件安铆牢固，位置准确，箱子平整、饱满。箱体内放置相应的说明书、附件，箱体外加挂吊牌等。

八、包装

① 箱内包装：按规格尺寸包装塑料袋，塑料袋不宜过松或过紧，封闭好，提把处需要剪口。

② 外包装：按规定要求数量装纸箱，数量准确，松紧合适，必要时加防摩擦措施，纸箱说明填写字迹清晰正确、齐全。

③ 封箱用胶带封贴牢固，松紧适宜。

④ 按规定区域码放整齐，码放高度不得超过2.5m。

第四节 ABS塑料箱制作工艺

一、板材挤出工序

1. ABS颗粒拌料

（1）拌料配比

用PA-747S新料挤出黑色板材时，填加1％色母料。用PA-747S再生粉碎料挤出黑色板材时，填加0.5％色母料。色母料如有特殊要求时，应按注明要求填加。

（2）拌料

按比例配比，拌料均匀后装入包装袋，运到挤出机料斗工作台上，添加料时，料斗内存料要在透视口以上、水平面以下。

2. 挤出板材

按《挤出机操作规程》操作，设定各加热系统的温度，根据产品所需要的尺寸、规格剪切板材，逐件检验后，按指定位置摆放。

3. 贴色膜

需贴色膜的产品，要根据所需尺寸规格选用色膜，用专用杠套固定住色膜，安放在挤出机压辊上方专用支架上，要注意色膜的松紧度及反正面。

二、箱壳成型

（1）真空成型

按产品选用所需要的模框、模盘、模具和板材，按《真空成型机操作规程》操作安装，压力表参数0.5~0.8MPa，真空表参数93.3~10.1kPa（700~760mmHg）。加热，吹气，真空，冷却，离型及延连时间调整等。

注：在正式吸服之前要进行试模，公文箱热模5~8个，旅行箱热模8~10个。

（2）锯箱壳

用半自动修边机，根据产品要求规格锯箱壳，锯完箱壳按指定位置摆放。

（3）需冲孔、烫孔的箱壳

按照箱壳标记用专用冲床或专用烫孔工具分别冲孔和烫孔。

（4）检验

箱壳成型、锯壳后按《检验指导书》逐件检验，检验后摆放在指定位置。

（5）粉碎

边角料及不及格板材、箱壳要粉碎后重新使用，粉碎时按照《粉碎机操作规程》操作粉碎，超过粉碎机料口需要粉碎的材料，用电锯破碎后再粉碎，粉碎后装入包装中并摆放在指定位置。

三、箱框成型

1. 裁料

根据产品规格所需的尺寸，按《箱口切割机操作规程》裁取箱框长度尺寸。

2. 冲孔

首先选择所需冲模，根据产品配件的位置调整对应尺寸，安装在冲孔机上。冲孔时按《冲孔机操作规程》操作冲孔，冲孔后放在指定的货架上。

3. 折弯成型

根据箱框形状分别采用手动、自动折弯机，折弯前要按箱壳调整对应弧度，折弯时按《折弯机操作规程》操作。

箱框检验合格后，进行喷涂。

4. 连接箱框

箱框喷涂后，按箱壳所需数据用钉书机连接，按指定位置摆放。

四、箱子成型

1. 下料

根据样板及数据，用电剪和专用刀具下料，下好的料摆放在指定位置。按净样要求点规矩点，需粘合时，用毛刷按所需刷胶粘剂、粘合，需净边的料用专用工具或剪刀净边。

2. 箱里缝制

用电动缝纫机，按《缝纫工艺标准》操作缝制，缝制完成后摆放在指定位置。

3. 箱里安铆

箱子根据样板或要求的数据，用专用工具安铆对应的配件，完成后放在指定的位置，待检验。

4. 箱里整理验收

整理验收人员依据《检验指导书》逐件检验，检验后摆放在指定位置。

五、组装成型

1. 安铆泡钉

用铆钉机和规定的铆钉及垫圈，在箱壳对应的位置上安铆。

2. 安铆箱轮、包角

用专用风钻在箱壳指定位置上钻孔，根据箱轮、包角的不同，分别用气动拉铆枪或铆钉机和规定的铆钉操作安铆。

3. 安铆标牌

先用专用烙铁和专用铆钉机在箱面对应位置上烫孔或冲孔，然后把标牌固定在箱壳上。

4. 安铆拉杆

用风钻在箱壳对应的拉杆位置钻孔，用拉铆枪或风动螺丝刀和规定的铆钉、螺丝垫圈，把拉杆固定在箱壳上。

5. 粘箱壳里布

粘合箱壳里布时用毛刷或专用喷胶工具，将胶粘剂刷或喷在箱壳里面，待能粘合后粘贴对应的箱里布，用专用工具净去多余布边。

6. 安铆箱框

按要求将箱框固定在对应的位置上，用液压压口机或钉书机固定箱框。

7. 粘压条

用毛刷把胶粘剂刷在压条反面的箱壳对应位置上，待能粘合后把压条和箱壳粘在一起。

8. 安铆拢带

用冲床在规定位置上冲孔，用拉铆枪和规定的铆钉将带夹片固定。

9. 安装箱嵌条

安装前将箱嵌条经烘箱烘烤（烘箱温度100~150℃），用专用工具安装在箱框的对应位置。

10. 安铆锁件

用铆钉机和专用风动螺丝刀及规定的铆钉、螺丝和垫圈，安铆在箱框对应锁孔位置上。

11. 安装手把

用专用风动螺丝刀和规定的螺丝、垫圈将其固定在箱框对应的位置上。

12. 安铆边扣

用风钻在箱框的规定位置钻孔，用拉铆枪把规定的抽芯钉固定在箱框上。

13. 安铆锁钩及衣架座

根据锁孔位置调整冲孔模具尺寸，用冲孔机冲孔，用铆钉机和规定的铆钉把锁钩固定在上框上。安铆中锁钩同时安铆衣架座，用拉铆枪和规定的抽芯钉固定。安铆连体锁的锁钩时，要在箱框上框锁孔对应位置用专用风钻钻孔，用专用风动螺丝刀和规定的螺丝、螺母固定。

14. 安铆合页

用冲床在箱框下框规定位置上冲孔，用铆钉机和规定的铆钉、垫圈固定。箱体扣合以后用风钻在箱框上框对应位置钻孔，用拉铆枪和规定的抽芯钉固定。

15. 粘合后背

用专用热熔枪在后背两长边上按要求打胶粘剂，并将后背粘合在箱体对应位置上。

六、整理验收

1. 整理

首先用木锤整理箱框，用塞尺检验调整底盖间隙，使各部件配合适当，安装牢固。

2. 验收

按成品《检验指导书》逐项检查，合格后按需要放入衣架说明书、保修卡、钥匙，最后把合格证挂在中把或侧把上。

七、包装

包装前粘贴标志，包装时用规定的塑料包装袋，且中把处要开口，刀口处用胶带纸封口，然后按规定装箱，装箱后用胶带纸封口，在封口的垂直面上，用半自动化捆扎机捆扎，并在外包装纸箱上用毛笔注明货号、规格、颜色、数量、生产日期等，同时按要求摆放在指定位置。

第五节　公文箱制作工艺

一、裁料

裁三合板、五合板、纸板，要求尺寸准确，边角呈90°，不吊角。裁面料、里料、海绵，要合理排料，注意所用材料的横竖丝道的运用。

二、制作公文箱木胎

木盒粘合后要求尺寸准确，四角要粘三角条进行加固，边角圆弧符合要求。

① 箱壳外径：430mm×310mm×65mm（盖25mm，底40mm），前圆弧$R=10$mm，后圆弧$R=6$mm。

② 箱底面、盖面进行片边，片边宽度1cm，留边厚不少于1mm。

③ 四边剃槽12mm左右，槽深1mm。

④ 锯箱壳盖、底尺寸准确，锯口要直，盖里片边不窄于1.3cm，片边后边缘要保留1.6~1.7mm厚度，底帮剃子口，子口高度3.5~4mm，厚1.5mm。锁孔位置准确（在未粘合之前打好锁孔），以方便操作，要求每只箱壳箱底、箱盖做配套标识，以使盖底吻合。

三、片皮

箱盖底面四边片边宽2cm，底帮条一边片茬1~1.2cm，另一边片边3.5~4cm，盖帮条一边片边1~1.2cm，另一边片边3.5~4cm，后背底四边片边1~1.5cm。

四、粘合

① 粘做箱面条、里条、后背：均使用汽油胶，要两面涂胶，内衬纸平整粘在面料、里料的反面上，留折边8~9mm，然后齐衬纸握边，把握边的皮面打毛后缉缝明线。

② 箱壳底盖面上粘内衬海绵：箱壳盖、底面按要求画规矩线，用汽油胶粘海绵，海绵净边要整齐。

③ 粘箱面：先把箱面皮反面擦水浸潮湿，使用309胶，齐箱壳剃槽线、面皮四边涂胶，粘正箱面，要求松紧均匀、平整，箱角处圆顺，不许有明显大褶和不平整，粘牢固，多余的部分齐剃槽线净边。

④ 粘箱帮：按净样画线，再按线涂胶粘剂，箱帮面粘平，箱口要平直，边缘和子口用专用工具压实，后背底居中粘正，底部箱帮（后背底）后背与箱条接压茬处宽窄一致，后背底不得窄于箱帮条。

⑤ 粘手把：使用309胶，铁把芯、把皮均匀涂胶粘剂，包把芯时要包紧包靠，内把边打剪口均匀，不得剪过头，以防造成伤残，把环处两边握边宽6~7mm。粘合手把后，手把修边留边3mm，修边圆顺光滑整齐，染边均匀光滑，缝线距边宽2.5~3mm，圆顺一致，起止回2~3针。

五、缝制

使用120#机针，明线用23.3tex×3锦纶丝线，针距为每10cm缝（28±1）针。一道线距边2.5~3mm，两道线间距4~4.5mm，不得跳线，线头不外露，箱盖面拼接平整，内袋缝制准确，兜袋缝端正。

六、铆合

箱面粘好后，按样板点规矩点安铆配件，要牢固端正，锁件、合页松紧适宜，不错位，开关灵活。五金件安铆后清理杂渣，使内外洁净。

七、箱内部里子粘合

① 粘底帮里条：使用309胶，上口距边3~4mm，上口下边粘合平直，平整粘牢。

② 粘后背里：把支架打开，箱底盖打开夹角稍大于90°，粘平、粘牢，后背软档松紧适宜。

③ 粘底里、盖里：把做好的里子居中粘平整，四边粘牢，平整、不翘边。

八、整理检验

内外无线头、胶迹，内外平整、洁净，箱体端正，底盖对边要严，开关松紧适宜，配件安铆牢固，位置准确，锁开关灵活。

九、包装

按要求挂吊牌，内部放防潮珠，手把处加垫防压纸板，每只箱套一塑料袋，每4~5只箱装一包装箱，箱与箱之间加垫纸。

Chapter

16

第十六章

产品的后整理与检验

第一节　产品的修饰整理

箱包经过各步加工制作，极有可能在生产过程中形成不同程度的各种沾污，需要进行清洗擦脏，同时也由于造型和设计要求，还需要对产品进行一系列的修饰整理，因此箱包的整理是保证箱包质量的重要环节。箱包的整理工序包括材料褶皱的消除、面料瑕疵或伤残的修复、污渍的洗除、线头的清剪等。

一、污渍清洁整理

产品在生产过程中，里、外部件沾上污物是非常常见的，在实际生产中不同污物有不同的清洁方法。

1. 污渍的种类

箱包污渍主要可分为可水化类、油污类、蛋白质类、胶水类四种。

（1）可水化类污渍

可水化类污渍如浆糊、汗、茶、糖、酱油、冷饮、水果汁、墨、圆珠笔油、铁锈、红蓝墨水、红紫药水、碘酒等。一般的可水化类脏污用清水、湿布擦干即可。可水化类污渍如红药水、紫药水、碘酒、红蓝墨水，有其鲜明的色彩；茶渍、水渍呈淡黄色且有较深的边缘，不发硬，这是和蛋白质类污渍的区别所在；薄的糨糊渍在织物上发硬，有时也有较深的边缘，但遇水就容易软化。

（2）油污类污渍

油污类如机油、食物油、油漆、药膏等。油污类污渍除油漆、沥青、浓厚的机油之外，一般的油渍边缘可以逐渐淡化，且往往呈菱形（经向长而纬向短）。这类污渍一般较易识别。

（3）蛋白质类污渍

蛋白质类如血、乳、昆虫、痰涕、疮脓等。蛋白质类污渍在织物上一般无固定的形状，但都发硬，且有较深的边缘，其中除血渍、昆虫渍的颜色较深外，其余多数呈淡黄色。

（4）胶类污渍

在箱包生产过程中，很多工序都要用到胶粘剂，稍有不慎就会造成产品污染，对外观造成不良的影响。一般来讲，由于胶粘剂中的溶剂都是有机溶剂，因此用清水是不能清除的，胶粘剂造成的沾污需要用生橡胶块和有机溶剂才可清除，因此在制作过程中应尽量注意清洁卫生。

2．常见污渍去除的方法

不同污渍有不同的物理化学性质，一般是根据污渍的溶解性来进行溶解，然后再除去的原理来处理。箱包产品常见污渍及其去除的方法如下：

（1）水果汁

首先用食盐水或5％氨水在污处搓洗，几分钟后待污物溶解即可清洗除去。如果是桃汁污染的话，由于桃汁中含有丰富的高价铁离子，所以可以先用草酸搓洗，最后用洗涤剂洗净即可。

（2）茶渍

茶渍的除去方法相对比较简单，用加热到70~80℃的热水搓洗，或用浓食盐水、氨水和甘油的混合液搓洗，就可以将茶叶渍洗去。

（3）菜汤、乳汁

如果是菜汤、乳汁等带有油脂性质污染的话，一般先用汽油溶解油脂，接下来用1∶5的氨水溶液搓洗，当污渍除去以后再用肥皂或洗涤剂搓擦，最后用清水冲净。

（4）红墨水渍

先用40％的洗涤剂搓洗红墨水渍，再用20％的酒精溶液或高锰酸钾溶液洗涤即可除去。

（5）蓝墨水渍

如果是刚染上的蓝墨水渍，立即将面料浸泡于冷水中用肥皂反复搓洗，如还有明显痕迹，继续用20％的草酸液浸洗，温度一般控制在40~70℃，然后用洗涤液洗净。

（6）墨汁渍

墨汁的主要成分是炭黑与骨胶，一般用饭粒或面糊涂搓，即可将墨汁溶解除去。另外，也可用1份酒精、2份肥皂和2份牙膏制成的糊状物揉搓之后，用清水漂洗干净。

（7）酱油渍

先将洗涤剂溶液稍微加热至微温，然后加入20％的氨水或硼砂溶液洗刷，最后漂净。

（8）圆珠笔油渍

首先用温水将污染部位浸湿，然后用苯或丙酮反复擦拭，再用洗涤剂清洗。也可用冷水浸湿，涂些牙膏和少量肥皂轻搓，如有残迹，再用酒精溶解洗除。

（9）油漆渍

油漆渍可用汽油、松节油、香蕉水或苯搓洗，然后再用肥皂或洗涤剂搓洗。

（10）汗渍

先用1％~2％氨水浸泡污染部位，然后将其放入40~50℃温水中搓洗，如果还有痕迹的话，将其放入草酸溶液中进行洗涤。丝绸类织物切忌用氨水清洗，一般多用柠檬酸洗涤，以免损坏面料。

（11）碘酒渍

可将污染部位浸入酒精或热水中使碘溶解后洗涤除去。也可以用淀粉糊搓擦后再用清水洗涤干净。

（12）动植物油渍

动植物油渍一般在有机溶剂中溶解性良好，所以可以采用汽油、香蕉水、四氯化碳等有机溶剂去除。

3．污渍清洁整理的注意事项

纤维面料不同，污物不同，去除方法也不同，一定要注意操作方法和所用面料种类的特性，否则有可能会对产品面料造成一定损坏。因此，在实际清洁时要十分小心，并注意以下几个方面：

（1）产品面料特性与去污材料之间的合理选用

由于毛织物是蛋白质纤维织物，在染色过程中主要选用以酸作媒介的染料，因此要避免使用碱性去污材料，因为碱能破坏蛋白质（毛织物），使面料受损，并在一定程度上破坏酸性媒介，产生局部退色，从而产生色差。棉织物一般用碱性物质作染色媒介，所以使用酸性材料后可能会引起面料的变色，还要用纯碱或肥皂来进行还原。另外，凡是深色织物，由于需要对颜色进行保护，所以使用去污材料时以先试小样为妥。

（2）选择正确的去污方法

一般而言，污渍的洗涤去污方法分水洗和干洗两种类型，具体选择时要根据面料的特性和污渍的种类来定。对于纺织面料来讲，如果没有特殊设计或工艺上的要求，都可以采用水洗方式，但如果是在半成品状态下时，有可能不方便进行水洗，需要采用干洗方法。干洗时的除污工具有牙刷、玻璃板、垫布、盖布等。垫布必须是洁净白色、浸湿水并挤干的棉布，折成8~10层平放在玻璃板上。

除污时，先将除污板放在有污渍的织物下面，然后涂用去污材料，再用牙刷蘸清水垂直方向轻轻地敲击，或加热使污垢和除污材料逐渐脱落到热垫布上去。有的污渍往往要反复多次才能去除干净，所用垫布必须经常洗涤以保持干净。若使用化学药剂干洗，操作时要从污渍的边缘向中心擦，防止污渍向外扩散，同时用力不能过大，避免面料起毛，引起视觉缺陷。

对于皮革或人造革面料来讲，只需要用相应的化学试剂擦拭，即可将污物溶解除去。

（3）重视去污后处理，防止形成残留痕迹

去污后，由于织物局部遇水易形成明显的边缘，如不及时处理就极易留下一个黄色的圈迹。无论使用何种去污材料，在去除污渍之后，均应马上用牙刷蘸清水把织物遇水的面积刷得大些，然后再在周围喷些水，使其逐渐淡化，以消除其明显的边缘轮廓。

二、整形

产品在制作后期，需要对其进行整形以形成完美的外形，另外，在产品的搬运和堆放过程中，也会造成产品变形或局部变形，同样需要进行整形。经过整形使产品造型饱满，轮廓线条清晰、自然，符合设计的要求。具体做法是：用工具把产品表面下陷部位拉出、圆角挨圆、边角挺出、边缘捏刮平整。

三、修疵、补残

产品在制作搬动过程中，常会有划伤、擦伤、脱色、脱浆、起壳、起泡、脱胶、脱线、线头、线结、裂面等疵点。这些疵点会影响产品的外观质量和等级率，必须进行修补。皮革表面的擦伤、划伤、脱色、脱浆等需用皮革补残剂进行修补，脱胶则需要再进行补胶，线头要剪去，跳线部分需返回生产车间修补。

四、校配五金配件

产品上装有各种锁和五金配件。锁要进行校对，确定开关自如才为合格，系好钥匙确保使用安全。五金配件因生产过程中的种种原因可能会弄脏表面或镀层脱落，造成配件表面光泽暗淡，用干布把配件表面擦清洁，使五金配件表面光彩夺目，起到对产品装饰和美化的作用。如表面损伤严重，需要更换相应配件。

五、防腐处理

产品在存放和搬运等过程中，因受自然条件的影响常会发生受潮和霉变现象，使产品质量下降。经过整理的产品内必须加放干燥剂、防霉剂，以确保产品不受自然条件影响而发生霉变。

第二节　产品的检验

产品制成以后，按规定的方法来进行测定，将测定结果与产品的质量标准进行比较，从而判断产品是否合格的过程即是检验，检验工作是保证产品质量的重要环节，通过检验可消灭和减少副、次品，提高产品质量。

检验可以通过感官和物理机械两种方法来鉴定产品是否符合质量标准。感官检验与物理机械检验是相辅相成、互为补充的。检验工作穿插在生产的整个过程中，有进货检验、工序检验和成品检验等内容。

一、检验方法和内容

1. 感官检验

感官检验是用人的感觉器官与经验来鉴别产品上某些方面的优劣，确定产品在某方面是否符合质量标准的方法。

（1）产品造型的鉴定

鉴别产品的每个表面胖度是否饱满、均匀、自然，角度是否对称，表面有否翘裂、裂缝，折叠是否平服，外形轮廓线条是否自然、平直、匀称、清晰等。

（2）外观疵点的鉴定

在产品的外表疵点中，有的是原料本身就存在的，有的是生产操作过程中产生的。如产品表面的清洁程度如何，有无浆渍、水渍、色差、脱色、变色、划伤、擦毛缺陷，有没有生锈、脱镍、脱色、起泡、斑点、划伤、瘪堂等现象出现。

（3）内在疵点的鉴定

产品除表面有质量标准和要求外，内在同样也有质量标准和要求。内在质量不符合质量要求同样会影响产品的使用寿命和美观度。例如，要检查产品夹里有否浆渍、水渍、褶皱、色差、跳纱、缝线跳针、针码歪曲、起壳、起棱、夹里露底、修口及修边歪曲、夹里口边不齐等缺陷存在。

（4）工艺质量的鉴定

检验产品部件组装是否歪斜，色泽是否有差异，零部件有没有变形等，同时也要检验是否存在缝线浮底面线、跳针、并线、断线、针码歪曲等缝制缺陷，还有是否存在修边毛糙、弯曲、涂色暗淡、起线不清、烙线焦面、铆钉松动、铆钉弯曲、铆钉脱头、表面铆瘪、纽扣松动、包边空松、折边脱胶、修边刀伤、镶边宽窄不一致等缺陷。

2．物理机械检验

物理机械检验是用科学方法、根据物理性能机械原理，来鉴定产品在某些方面的优劣，以确定产品的质量。

（1）产品使用性能的鉴定

① 产品抗压强度的测试：用规定的重物压产品表面，检测产品各部分产生的变化。

② 产品体形弹性测试：用规定的重量压产品表面，除去重物以后，观察产品恢复原形的能力。

③ 产品承受重量的测定：将规定重量的重物放入产品内，然后按照规定的高度自由下落观察产品各部位零部件的变化情况。

④ 手把的拉力测定：用拉力器测得抗拉能力。

⑤ 材料的抗张强度：用拉力机检测材料的抗张强度。

⑥ 走轮测试：产品内装规定重量，装上测试仪器，按规定的时间、速度、距离行走，观察走轮表面的磨损程度情况。

⑦ 产品的耐干湿情况：用测湿仪测试，测出产品对干燥和潮湿环境的抵抗能力。

（2）产品外观缺陷和工艺质量的鉴定

可用量具测得产品表面的划伤、擦伤、疵斑等伤面的大小，用皮革测厚仪测量部件边缘的厚薄是否一致，五金配件表面的镀层用盐雾测试等。

二、检验的安排

1．进货检验

进货检验是对原辅材料进行的检验。多采用抽样方式来进行，通常使用的是计数抽样检验法，要注意查阅首批样件的检验标准、供方的合格证明书、进货检验标准和进货检验原始凭证等材料。

2．工序检验

工序检验的目的是防止和控制不合格零部件或半成品流到下一工序，主要包括首件检验、巡回检验和定点检验。

进行首件检验是为了尽早地发现系统性缺陷，这种缺陷往往是由于工具有问题或样板不准确或规格不清等引起的。通过首件检验的工件，应以适当的方式做上标记，并在该批产品生产完成之前单独存放备查。

巡回检验是由检验员深入到各个工作岗位来进行检查，抽查操作者刚刚加工完毕的工件是否符合质量标准和技术要求，若发现工件有缺陷，则在此之前的所有工件都必须检查，巡回检查应有记录，并及时公布。

为了防止由于种种原因而产生的缺陷一直被忽视，到下一次产品的首件检验时才被发现，往往在成品车间的末道工序之后设成品检验台，由检验人员对本车间生产出的成品逐一进行检验，检验不合格的产品退回有关工序，并及时修正。

3. 出厂检验

出厂检验的内容有性能、规格、外观三个方面。

产品的性能和规格可以用检验方法进行测量和测试，但外观只能用感官检验。成品出厂检验是按检验单规定的标准程序来进行的，每检验一项后立即填写有关栏目。

三、产品检验实务

1. 产品检验的有关文件

在进行产品检验之前，应提供有关的文件资料，例如产品的款式图、施工投影图以及工艺流程图、检验流程表和检验指导书等。其中检验流程表是根据工艺流程图来制定的，目的是明确各工序应进行的主要检验工作和记录检验结果。以纸胎箱面检验流程表为例，见表16-1。

2. 缺陷原因分析

检验流程表制定以后，检验人员应根据表中的内容逐项进行检验，并填入结果，最后要对缺陷原因进行较全面的分析。检验指导书是指导检验的重要文件，包括以下内容：明确质量要求，对产品技术资料上的相关技术指标做出补充规定，明确质量标准和技术要求，并详细列出检验的工序名称、次数和方法。

表16-1   **纸胎箱面检验流程表**

生产车间班组	产品名称型号	加工部件名称	负责人	检验员
二车间二组	T119旅行箱	纸胎箱面		
工序号	工序名称	操作者检验内容	检验数量	合格率
1	刷水	宽度和均匀状况		
2	焖纸板	湿度与渗透状况		
3	涂粉	均匀状况		
4	焖型	四角高度与圆弧状况		
5	锯壳	四角与四周高度		
6	修壳	表面圆滑情况		
7	粘面	平服程度与外观状况		

3. 检验内容

箱包的检验有外形检验、部件检验、内衬检验三种。其中外形检验主要包括测量它的长、宽、高尺寸和表面轮廓是否符合标准等；部件的检验主要是检测部件的装配是否符合要求；而内衬的检验则主要检验内衬部件的尺寸以及是否洁净等。

（1）外形检验

① 目测：目测外形是否对称、均匀性如何，尤其是包盖有否存在倾斜现象，箱包表面直线的匀直或曲线的圆顺是否符合要求等。

② 测量尺寸：用卷尺、木尺或三角尺测量长、宽、高尺寸是否符合设计要求，手把、背带装配尺寸是否标准，金属配件装配质量是否合格等。

③ 材料质量的检验：材料的伤残情况、布面的疵点及疤痕状况是否符合质量要求。

（2）部件检验

部件的检测包括以下几个内容：

① 普通部件的检测：主要是检测各个部件的装配是否与设计一致，装配质量如何等。

② 嵌线等装饰部件的检验：检验嵌线的圆滑与均衡，接头的位置与接合的质量是否符合质量要求。

③ 金属部件的检验：主要检测金属部件装配的位置是否与设计位置一致，装配质量是否符合质量要求。

④ 塑料部件的检验：检测塑料部件有无裂缝和其他缺陷存在，装配的牢固情况如何等。

（3）里料、内衬的检验

① 纸板的检验：检察纸板的型号、韧性以及位置是否符合设计要求。

② 里料缝制质量的检验：里料有无跳线、裂线和没有缝到的缝制质量问题存在，同时要检查里料的清洁状态。

③ 内袋质量的检验：检查内袋的尺寸、位置是否符合设计要求，有无歪斜，如为拉链袋要检查拉链滑动情况等。

④ 拎带的装配质量检验：检查拎带的位置是否端正、带扣是否开关自如等。

第三节　箱包产品质量缺陷及其修正方法

箱包产品的质量缺陷包括多个方面，如设计缺陷、工艺缺陷、材料缺陷等。设计缺陷会导致产品使用的不便和寿命的缩短；材料缺陷会对产品的外观和使用造成一定的影响；而工艺缺陷则是最常出现的质量问题，例如裁剪缺陷、缝制缺陷、配件装配缺陷等，但以缝制缺陷最为多见。

一、合包不正

合包不正即是包的外部造型歪斜不正，严重影响产品的外观质量。

1. 原因分析

① 部件上的剪口位置有偏差或位置对位不正。

② 合包时操作手法不当，由于缝纫机压脚的力量使某部件产生过分的延伸，从而形成歪斜。

③ 扇面四个角的角度不对称。

2．修正方法

① 合包前校核剪口，发现问题，及时纠正。

② 找出操作方法的问题，加以克服。

③ 仔细核对扇面四角的角度，缝制时注意四角拉带力度和部件长度的配合，使其尽量保持对称一致。

二、墙子歪斜扭曲

1．原因分析

① 剪口不正。

② 墙子两端折边尺寸不一致。

③ 缝墙子时操作方法不当，多半是由于缝纫机自身的功能所限引起的。

2．修正方法

① 缝合墙子前校核剪口，发现问题及时纠正。

② 注意将墙子上部两端的折边尺寸保持一致。

③ 找出操作方法的问题，加以克服。

三、嵌线合包后牙子缝线外露

1．原因分析

①上牙子时缝量过大。

② 合包时缝量过小。

③上牙子时缝量不均匀或缝迹不顺直。

2．修正方法

① 上牙子时按操作要求留缝量。

② 合包时注意按牙子净线画迹操作。

③ 操作时保持缝量均匀和上牙子的线迹顺直。

四、扇面拐角不圆

1．原因分析

① 拐角处边缘不圆顺，缝制参照线不合格。

② 缝制时拐角太急，造成有棱拐角。

③ 缝制拐角处时，机针尚未下降到最低处即急于拐弯，使面线不能很好地甩出夹线器造成跳线，引起拐角不圆顺。

2．修正方法

① 剪顺部件边缘，使其圆滑顺畅。

② 缝制拐角时，稍微放慢速度使缝线圆顺。

五、明袋歪斜、有皱褶

1. 原因分析

① 漏粉线或规矩点不正。

② 缝制时料片被压脚推拉变形。

2. 修正方法

① 上口袋前校核漏粉或规矩点是否直正、准确，发现问题及时纠正。

② 研究并把握好左右角的缝制技巧。

六、包边漏空

1. 原因分析

① 包边嘴器有问题。

② 包边时操作手法不当。

2. 修正方法

① 修理或更换包边嘴器。

② 找出操作手法的问题，加以克服。

七、拉链缝制不平整

1. 原因分析

① 操作时两手用力不协调，有吃料现象。

② 缝纫机压脚的压力或送料牙板过高。

2. 修正方法

① 熟练操作技巧，两手协调用力，特别是扶持拉链的手不要递送过快或按住不动。

② 调整压脚的压力或送料牙板的高度。

八、针距逐渐增大

1. 原因分析

主要是由于缝纫机的高速运转造成牙叉等机件失调。

2. 修正方法

经常观察针距是否一致，发现问题及时调整有关机件。

九、铆钉歪斜

1. 原因分析

① 铆钉过长。

② 操作时工作物扶持或按压不正。

③ 垫块不平整。

2. 修正方法

① 按工艺要求选用长度适宜的铆钉。

② 操作时将工作物或按压调正。

③ 修整或更换垫块。

十、巴掌不正或不对称

1. 产生原因

① 缝制时未掌握好左右角的缝制公差。

② 合包时剪口未对正或扇面上的巴掌对位剪口不正。

③ 巴掌的中心线或规矩线与大扇的巴掌线剪口未对正。

2. 修正方法

操作前应仔细校核剪口位置，操作时将剪口对正再缝。

十一、明缝拐角跳线

1. 产生原因

缝制拐角处时，机针尚未下降到最低处即急于拐弯，使面线不能很好地甩出夹线器，造成跳线。

2. 修正方法

操作时，用右手转动缝纫机走轮，使机针下降到最低点后再行拐弯。

第四节 产品的包装与保管

一、包装

包装既可以保持产品的完整和清洁，又可以防止微生物和虫害的损坏以及环境中的温度、湿度和有毒有害气体对产品质量的影响。因此，包装对保护产品质量起着重要的作用，同时成品的包装还能为储存和运输创造良好的条件。

1. 包装材料

包装必须根据不同产品的性质和客户要求来确定包装材料。产品包装用的材料有包装纸、纸袋、塑料薄膜袋、纸盒、瓦楞纸箱、木箱、无字碎纸等，要根据产品储存和运输的需要来选择。比如无字碎纸塞在产品内能防止产品受压变形而保护形体饱满，塑料薄膜内包装防潮防水，而外包装用木箱或纸箱，木箱的周边用铁丝或铁皮捆扎，在纸箱上打铁皮或尼龙带腰箍，使木箱、纸箱更加牢固。

外销箱包的包装比较严格，除了要在包内塞碎纸外，还要在外用无色纸包好后单只用纸盒包装，然后用纸箱合装成箱。织物包袋采用5只或10只装入塑料薄膜袋，然后用纸箱合装成箱。外销皮箱、家用衣箱采用大小套装，3只一套或4只一套。套装时箱内要衬无色纸以免夹里弄脏，外用牛皮纸或防潮纸包好，然后用纸箱装好，一套装一箱或几套装一箱。

对于内销箱包产品的包装来讲，高档产品需单只装入塑料薄膜袋，然后合装成箱。低档软性产品一般数只一叠用绳子捆扎后合装成箱。皮箱或其他衣箱采用大小套装内衬无色纸外用牛皮纸或防潮纸包好，然后合装成箱的方式。散装进仓进店产品采用套装合装，是为节省包装费和运输搬动方便。

2. 包装前的保养工作

产品经过检验符合国家标准后才能进行包装。

产品包装不仅要保证产品外形不变，还必须保护原来的性能不被破坏，要做到这一点必须了解产品所具有的性能，以及这些性能与自然条件的关系，提出预防措施，把它变为必须遵守的制度，以便保证产品质量。

（1）清洁工作

做好清洁工作能保持产品的清洁和美观。如果成品包装时有污物灰尘没有清除，脏物不仅沾污成品的外表，还很容易引起害虫和微生物霉菌的滋生。产品发霉后主要的结果是使皮革粒面变脆，油脂被水解而减少从而使面料发硬，导致抗张强度降低。如果所产生的霉菌分泌出能溶解蛋白质的酵素，就会使皮质腐败和霉烂。因此，产品的清洁工作对维护产品质量有着重要的作用。

（2）金属材料的防锈保护

因为金属直接与空气接触，被空气氧化后会引起生锈或变色，而且还会引起金属件周围皮革表面色泽发黑，使皮革纤维逐渐脆弱，因此对金属材料均应做防锈保护。可在五金配件表面用干布擦去污物，然后用纸包扎或在表面涂上防锈剂以免生锈变色。

二、产品的保管

产品在保管和运输过程中因受自然条件的影响，不断发生物理变化与化学变化，这些变化轻则会使产品质量降低，严重的可能会使产品霉烂变质。例如：箱包产品保管不当的话就会造成胖形下陷、翘裂，使体态改变、皮面变色、夹里发霉、内衬脱胶，造成严重的质量事故，影响使用寿命。

产品的保管必须根据产品的特点和客观条件确定适合的保管方法。

1. 日光

强烈的日光照射在皮件产品上，会把皮革内的水分与油脂部分蒸发掉，皮革内如果没有一定的水分和油脂就会发脆和断裂；色布在日光的照射下就会退色和皱缩。相反，日光弱时，空气中的湿度就加大，皮革由于过多地吸入水分，使产品容易发霉和变形。因此，合理和适当地利用日光，对保证产品质量是有利的。

2. 温度

温度对成品的影响非常大。例如，皮革是经过化学方法鞣制的，如果保管不当就会引起质量的变化，使产品缩短使用寿命。如果产品放在0℃以下时，皮革内的水分和油脂就会改变形态，使革面变硬发脆，待温度提高后硬脆立即消失，但革质不能恢复原来的紧密状态，这就会造成产品的使用寿命缩短。因此，要调整仓库的温度，常用的方法是通风。当仓库温度上升时，打开通风装置和门窗使冷空气流入，适当降低库内温度。仓库温度一般为25~35℃较适宜。

3. 湿度

用相对湿度计测定相对湿度的变化，相对湿度大时成品吸收空气中的水分就增多，相对湿度小时成品中的水分就降低。

成品中的水分含量过高，容易造成微生物的繁殖和发霉，金属零配件容易发生氧化。相对湿度过低时，也会由于干燥影响产品的质量，例如皮革中水分过少时容易发脆断裂。所以，各种成品都应在稳定的相对湿度条件下保管，相对湿度一般为50%左右为合适。

4．卫生条件

卫生条件不良会严重地影响产品质量，如灰尘、油垢、垃圾、有害有毒气体等，不仅会沾污成品的表面，而且会引起害虫和微生物的滋生，造成产品的损坏。因此，在存放产品时，必须对周围环境进行经常清洁。

5．成品的堆放

成品堆放对产品质量的影响也是很重要的。例如存放产品的木箱、纸箱接近地面或靠近墙壁时，就会引起产品吸湿而发霉。因此，存放产品的木箱、纸箱在放置时应与地面和墙壁需有一定的距离。与地面的距离至少为40cm，雨季更要垫高；与墙壁的距离至少为30cm。成品散放时应把产品坚立和直立排列整齐，前后保持一定的距离。堆放不宜太高，防止最下面的产品被压坏或变形。

参考文献

1. 杜少勋，万蓬勃. 皮革制品造型设计［M］. 北京：中国轻工业出版社，2011.
2. 王立新. 箱包制作技术与生产经营管理［M］. 北京：化学工业出版社，2008.
3. 王立新. 箱包结构制图与计算机辅助设计［M］. 北京：化学工业出版社，2006.
4. 王立新. 箱包艺术设计［M］. 北京：化学工业出版社 2006.
5. 王立新. 箱包设计与制作工艺［M］. 北京：中国轻工业出版社，2001.